아무르산양의
생태와 행동

아무르산양의
생태와 행동

알렉산더 미슬렌코프·이나 볼로쉬나 지음

박인주 옮김

Ecology and behavior
of Amur goral

본 책은 우리들의 스승이며 친구인
Ilie Borisovich Volchanetzky에게 드리는 바입니다.

옮긴이 서문

박인주(中国黑龙江省野生动物研究所)

이 번역본의 러시아 원서는 1989년에 출판되었고 2002년 제가 원저자의 허락을 받아 번역을 시작하여 오늘 현재 2012년 드디어 번역본의 출판을 앞두고 있습니다. 어느새 10년에 또 10년, 전부 20년이란 길고도 짧은 세월이 덧없이 흘렀습니다. 바위틈 사이를 스쳐 지나가는 햇볕을 빠르다고 말하고 싶지만 그 짧은 시간과 좁은 공간을 뛰어 사라지는 산양의 모습을 포착하려면 얼마나 기나긴 시간의 기다림과 초조함이 필요했을까? 오로지 육안과 기껏해야 쌍안경의 도움 아래 바위틈 속에 살고 있는 수백 마리 산양 중 85%의 개체를 틀림없이 익혀온 사람이 바로 본 책의 저자입니다. 한 쌍의 젊은 박사이자 연인인 두 사람은 모스크바를 떠나 만km라는 까마득히 먼 여정을 마다하지 않고 오로지 산양 하나만을 위하여 시베리아 극동지역을 찾았습니다. 유배나 다름없이 기나긴 30여 년의 춘하추동이 흘러 쌓인 주옥같은 글과 사진이 바로 본 책입니다. 이는 한 학자의 심혈이자 결정체이며 보람 찬 삶의 궤적입니다. 그 속에는 우리가 아직 모르고 있는 많은 비밀, 특히 산양에 관한 생태적 수수께끼들과 저자의 애정, 열정과 고심이 고스란히 박혀 있습니다.

거의 잊다시피 까마득한 러시아어를 겨우 하나둘 되살리며 한 글자, 한 문장씩 어렵게 번역을 해 나가며 몇 번이고 포기할 뻔 했지만 뒤이어 나타나는 소중한 새로움과 기대감으로, 그리고 저자의 뛰어난 판단력과 결론에 매혹돼 끝내 본서의 번역을 마지막까지 끝마치게 되었습니다.

오늘 저는 역자로서 모든 독자들에게 그리고 자연을 즐기고 동물과 친근해지려는 이들에게 본 책의 일독을 진심으로 추천합니다. 후회가 없을 것입니다. 소득이 클 것입니다. 만약 본 책에서 부족함이 발견되었다면 이는 역자의 책임일 것입니다. 본서의 내용에는 틀린 점이 없습니다. 심오한 자연의 섭리를 한 학자, 한 권의 책자로 다 밝힐 수 없듯이 본 책에도 못다 한 부분이 있을 것입니다. 그 못다 한 부분을 채우는 것은 한국의 학자들이 한국 땅의 산양을 찾아 해야 할 일이 아닐까 생각합니다. 또한 그렇게 할 수 있다고 역자는 저자와 함께 믿어 마지않습니다.

서울대 BK관에서

감수자의 글 1

박그림

산양과 함께하는 삶

오래전 설악산을 오르며 언뜻 스쳐 가는 산양을 보았던 기억은 가슴속에 깊이 새겨졌고 삶을 설악산으로 이끌었습니다. 설악산을 오르내리며 자연의 아름다움 속으로 빠져들었고 드디어 1992년 서울 생활을 정리하고 설악산 언저리로 내려와 설악산을 더욱 가까이 느끼며 살게 되었습니다. 설악산을 날마다 드나들면서 아름다움 뒤에 숨겨진 상처와 아픔을 알게 되었고 짐승들의 삶에 드리운 어두운 그림자를 보게 되었습니다. 더구나 내 삶을 설악산으로 이끌어준 천연기념물 217호, 멸종위기종 1급으로 지정되어 있는 산양은 어디에서도 자료를 찾을 수 없었고 지역민들의 이야기 속에서 가끔 들을 수 있을 뿐이었습니다. 미친 듯이 설악산을 드나들면서 산양의 발자국과 똥을 살펴보았고 궁금증은 나날이 커졌습니다.

발자국에 담겨 있는 이야기를 다 들을 수 없었고 모양이 다른 똥이 왜 다른지 몰랐습니다. 무엇을 먹고 살고, 어디에서 잠을 자고, 언제 새끼를 낳는지, 얼마나 사는지, 몰랐습니다. 산양들이 사는 곳에서 밤을 지새울 때 어둠 속에서 들려오던 산양의 울음소리를 알아들을 수 없었던 안타까움은 아직도 마음을 답답하게 합니다.

산양을 바라보는 눈이 애절해지고 마음은 늘 산양 곁을 맴돌면서 깊이 알아야 되겠다는 다짐을 하게 되었습니다.

나라 안에서 알 만한 사람들을 쫓아다니며 물어보아도 시원한 대답을 들을 수 없어 세계자연보전연맹에 산양전문가를 소개해달라는 메일을 보내게 되었습니다. 그렇게 해서 소개를 받은 사람이 러시아의 알렉산더 미슬렌코프 박사와 이나 볼로쉬나 박사 부부였습니다. 두 사람에게 소개받게 된 일과 우리들이 하고 있는 일을 알려주었고 우리나라에 초청하고자 한다는 뜻을 보냈습니다.

그때 받았던 잊히지 않는 답신은 사람들의 관심이 별로 없는 산양에 관심을 가져 주어서 고맙다는 말이었습니다. 그때만 해도 우리나라는 물론이고 러시아에서도 산양은 멸종위기에 닥쳐 있었으면서도 관심 끌지 못했던 것 같습니다.

그해 2001년 가을 두 사람을 초청했고 열흘 동안 설악산을 둘러보며 많은 이야기를 나누었습니다. 그동안 담고 있었던 궁금증은 모두 풀렸고 두 사람의 산양에 대한 사랑, 학문에 대한 열정을 곁에서 느끼며 지냈던 날들이었습니다.

알렉산더 박사는 날렵한 몸매로 산을 잘 오르내리지만 이나 박사는 뚱뚱한 몸으로 산을 오르내리는 데 힘들어하면서도 끝까지 올랐고 산 위에서 천막을 가져다 달라는 말에 깜짝 놀라기도 했습니다. 산양은 아침, 저녁으로 움직이기 때문에 그곳에서 자면서 산양을 꼭 보고 싶다는 말에 고개가 숙여졌습니다. 무엇이 저들에게 그런 뜨거움을 갖도록 만들었던 것일까? 세계적인 산양전문가가 될 수밖에 없었던 그들의 말과 행동은 그 뒤 제가 산양을 바라보는 마음을 바꾸어 놓는 일이었습니다.

설악산을 다녀간 뒤 러시아에 초청받아 가게 되었고 그곳에서 두 사람과 함께 산양을 찾아 여러 날을 보냈습니다. 두 사람은 그때 시호테알린 자연보호구에서 연구원으로 있었고 러시아 동해바다 절벽을 끼고 있는 아브렉 산양보호구를 드나들면서 산양 연구를 하고 있었습니다. 아브렉 산양보호구로 들어가면서 보았던 수많은 짐승의 발자국과 호랑이가 뜯어 먹다 바리고 간 반달곰의 발목, 호랑이가 자고 간 자리, 절벽 위에서 숨죽이며 바라보았던 산양의 모습은 잊을 수 없는 기억으로 남아 있습니다.

자연 그대로의 모습을 간직하고 있는 시호테알린 자연보호구에서 설악산을 생각하는 일은 슬픔을 부르는 일이었고 왜 그렇게 다른가를 되뇌며 마음을 다지는 일이었습니다. 두 사람은 자연보호구 사무소가 자리 잡고 있는 테르네이라는 작은 읍내에 살고 있었고 현장에서 산양을 살피며 썼던 기록장으로 빼곡했던 서랍장은 아직도 눈에 선합니다. 그때 저에게 선물한 두 권의 책이 "아무르산양의 생태와 행동"이라는 책이었습니다. 러시아 말로 되어 있어서 내용을 읽을 수는 없었지만 이나 박사의 설명으로 어림짐작할 수 있었고 우리말로 번역하여 출판해도 되겠느냐는 질문에 선뜻 그렇게 하라는 대답에 참으로 기뻤습니다. 20일 동안의 방문을 마치고 돌아올 때 이나 박사가 보여 주었던 정으로 가득한 따뜻한 마음을 늘 잊지 못합니다.

테르네이를 떠나 10여 시간을 달려 블라디보스톡에 닿았으나 자루비노까지 차편을 약속했던 것이 어그러지면서 힘들게 슬라비앙카에서 하루를 묵었고 자루비노에서 속초 가는 배에 오를 수 있었습니다. 배에 올라 짐을 정리하고 갑판에 올랐을 때 그때까지 가지 않고 우리를 기다렸다 반가워 팔을 휘두르던 모습이 눈에 선합니다. 이나 박사의 마음고생이 매우 컸던 때였으나 제대로 헤아리지 못한 나의 모자람이 늘 미안함으로 남아 있습니다.

돌아와서 번역을 하려고 알아보았으나 러시아 말로 된 산양 책을 제대로 번역할 사람을 찾는 일이 쉽지 않았습니다. 몇 사람을 소개받았으나 일이 제대로 이루어지지 않았고 박인주 교수를 알게 되었습니다. 산양 책을 러시아에서 가지고 오면서 가졌던 설레던 마음은 '산양을 깊이 알 수 있겠구나' 하는 것과 '산양을 공부하려는 사람들에게 도움이 될 수 있겠다'라는 것이었습니다. 번역된 책을 읽고 길을 헤매지 않고 갈 수 있도록 이끌어 줄 수 있다는 것은 얼마나 기쁜 일일까요. 그러나 번역과 출판에 드는 돈을 마련하는 일은 쉽지 않았습니다. 천연기념물 담당부처인 문화재청이나 환경부에서조차 관심을 보이지 않았고 여러 가지 방법을 찾아보았으나 일이 이루어지지 못하고 미루어지다가 이항 교수의 도움으로 번역을 마치고 출판하게 되었습니다.

돌아보면 참 먼 길을 돌아서 온 듯하고 사람들의 관심은 아직도 반달곰처럼 인기 있는 짐승들에게 쏠려 있는 듯합니다. 그러나 자연은 생명 있는 것 모두 제 몫을 가지고 있고 그 자리를 지키며 살아가야 할 뜻이 있다고 여겨집니다. 산양을 보호할 수는 없습니다. 우리들의 교만한 마음에서 나오는 생각일 뿐, 산양을 마음 놓고 살아갈 수 있도록 해주는 것이 우리가 할 수 있는 모든 것이라고 여깁니다. 그런 일을 하기 위해 산양의 생태와 행동을 깊이 있게 따지고 알아야 할 필요가 있는 것입니다. 산양에 대한 궁금증과 설렘으로 러시아를 오간 지 벌써 10여 년이 넘었습니다. 그때나 지금이나 산양에 대한 무관심은 여전하고 밀렵이나 굶주림으로 죽어가는 산양이 발견되면 관심을 기울이는 척하는 것도 여전합니다. 산양에 대한 지속적인 연구나 조사는 물론이고 분포조사조차 제대로 하지 않는 현실에서 산양들이 마음 놓고 살아갈 수 없는 것은 당연한 일입니다. 서식지 보존도 이루어지지 않고 있는데 증식 복원을 앞세우는 것은 웃을 일입니다. 산양보호구역 지정하는 일조차 제대로 하지 않으면서 먹이 주기를 걱정하는 것은 앞뒤가 맞지 않는 일입니다. 이제라도 분포조사를 제대로 하고 그것을 바탕으로 산양 서식지 보존 대책을 세우는 일, 증식센터에서는 증식이 아니라 생태와 행동에 대한 깊이 있는 연구를 하는 일, 서식지 지역민들이 스스로 산양을 보호할 수 있도록 이끄는 일, 산양을 공부하려는 사람들에 대한 지원과 같은 실제적인 일들이 제대로 이루어지지 않는다면 산양은 멸종의 길을 갈 수밖에 없습니다.

설악산으로 옮겨 살면서 "산양이 뛰어노는 설악산"을 꿈꾸었습니다. 아직 꿈이 이루어지지 않았으나 꿈을 이룰 수 있도록 끊임없이 애쓰며 살아갈 것입니다. 그 가운데 하나 산양을 잘 알 수 있도록 이끌어주는 책이 출판된다는 것은 얼마나 가슴 설레는 일인지 모릅니다. 이 일을 통해서 산양과 더불어 모든 생명 있는 것들이 함께 살아가는 아름다운 세상을 볼 수 있다는 꿈을 꾸게 됩니다.

이 책이 출판되도록 애쓴 날들은 이미 아름다운 세상으로 들어가는 첫걸음이었음을 압니다. 애써주신 모든 사람에게 깊이 고개 숙여 고마움 드립니다.

산양들이여! 아름다운 세상에서 함께 살아가세!

알렉산더 박사, 이나 박사. 당신들의 뜨거운 마음 늘 기억합니다!

감수자의 글 2

산양 연구를 시작한 지 두 해가 되어가는 2001년 봄이었다.

러시아에 산양을 수십 년간 연구한 전설적인 부부가 있다는 말을 들었고, 우여곡절 끝에 이메일을 통해 그들과 연락이 닿았다. 오매불망 설악산의 산양 걱정과 지식의 갈증에 허덕이시던 박그림 선생님, 그리고 설악산의 산양을 주제로 석사논문 작성이 한창이던 나, 이 둘은 어떻게든 이분들을 만나야 한다는 생각을 했고 박그림 선생님은 분주하게 이분들을 모셔올 방도를 마련했다.

그렇게 그 전설의 부부가 한국의 설악산에 왔고, 그해 가을 우리도 2주간 러시아 연해주의 시호테알린 보호구에 다녀왔다.

이때의 경험은 내 인생에 많은 영향을 주었다.

내 아버지가 나에게 영향을 주었던 만큼이나, 어쩌면 그 이상으로.

이들이 연구하는 곳은 도끼 한 자루로 지은 듯한 숲속의 투박한 오두막이었고 1년 중최소 6개월은 이곳에서 머물며 연구했다. 이 오두막 근처에는 호랑이에게 잡아먹힌 반달곰, 멧돼지, 사슴의 털 뭉치와 뼈가 흔히 보였다. 동트기 전에 연구지에 도착해서 해가질 때까지 산양을 관찰하고 어두운 숲을 한참 걸어 돌아오는 두 부부의 뒤를 따라오며 많은 생각이 스쳐갔다.

"호랑이 때문에 뒤에 따라가는 것도 이리 긴장되는데, 이분들은 가끔 혼자서도 30년 넘게 이 생활을 해오고 있구나. 다들 이 지역의 호랑이나 늑대에 게 관심이 더 많지만 이분들은 그도 아닌 산양을 묵묵히 연구하며 이렇게 지키고 있구나. 여기가 진정한 자연이고, 이분들이 진정한 학자로구나. 내 삶에서 추구해야 할 두 가지의 이상을 오늘 함께 알게 되었다."

　구소련이 붕괴하여 그나마 시원찮던 급여가 수년간 나오진 않아 텃밭에 감자를 심어가며 연구하던 이야기, 불곰에 습격당하고 호랑이와 마주친 이야기, 설악산 산양은 자꾸 도망을 가서 이곳처럼 관찰이 쉽지 않다고 하자 산양이 사는 곳에 몇주든 들어가 있으면 언젠가 산양이 당신에게 다가올 것이므로 환경을 탓하지 말라고 우리를 나무라던 모습.

　결국 우리나라의 야생동물이 연구가 안 된 가장 큰 이유는 '나'라는 사람의 탓이었다. 국가의 지원이 아무리 풍부하고 연구 대상 동물이 도처에 널렸어도, 강한 지적호기심과 성실함을 지닌 사람이 있어야 한다. 그 사람은 환경이 열악해도 스스로 극복하며 성과를 만들어 낸다. 그리고 그런 사람을 우리 모두는 고마워하고 위로해줘야 한다. 진정 존경하는 마음으로.

　이번에 이 두 분이 쓰신 책이 우리나라에서 번역되었다.

　이 두 분이 연구를 진행하고 기록하는 과정은 어떠했을까?

　수십 년 된 러시아제 필드스코프, 중국산 저가 쌍안경, 망원이 안 되는 표준 렌즈와 낡은 카메라, 낡은 손목시계, 연필과 노트가 이분들의 연구 장비 전부였고, 빵과 보온병이 낡은 보따리에 추가될 뿐이었다. 하지만 이 분들은 야생의 산양을 수천 시간 넘게 보고 기록했으며, 어떤 개체는 태어나서 늙어 죽을 때까지 관찰하고 기록했다. 그럼에도 아직 모르는 것이 있다며 새로운 연구와 분석을 추구하고 있었고 러시아 정부의 지원이 여의치 않아 실현이 어렵다는 말을 할 때조차 이분들의 표정은 마치 산양처럼 너무나도 겸손하고 어린아이처럼 웃음이 가득했다.

　산양이 발견되면 남편은 곧바로 손목시계를 풀어 부인에게 줬다. 남편은 필드스코프로 산양의 행동을 말로 설명하고 부인은 수첩에 빼곡히 기록했다. 모든 행동은 초단위로 기록되고, 삽화와 표가 추가되었다. 이분들의 집 거실에는 야외 기록을 다시 정리하여 옮겨놓은 수만 장의 기록 카드로 꽉 찬 서랍장이 자리하고 있으며, 여기에 이분들의 청춘과 시호테알린 산양의 삶이 담겨 있었다.

이 책은 이분들의 연구가 전성기를 달리던 1989년, 그 서랍장 속의 기록 일부를 간략하게 정리하여 출간한 학술서적이다. 일반인들이 보기에는 다소 어려울 수 있지만, 이를 위해 러시아 연해주 숲에 삶을 바친 부부의 애환을 떠올리는 것만으로 이 책의 가치는 크다고 생각한다.

아울러 이 두 분의 연구성과들을 우리말로 더 많이 출간하여 산양에 대한 이해를 높이고, 이 부부의 인생 이야기와 경험담도 책으로 엮어서 출간되길 바란다. 산양, 러시아 연해주의 숲, 러시아 부부의 인생이 하나로 묶여 많은 사람들에게 읽혔으면 좋겠다.

두 분이 우리나라 국민이고, 연해주가 과거처럼 우리나라 땅이라면 두 분의 모든 것을 모아서 기념하고 싶지만 그러지 못하는 게 아쉬울 따름이다.

2012. 3. 8.

목 차

목 차

일러두기

아무르산양의 생태와 행동 // A. I. Myslenkov, I. V. Voloshina - M. : 과학, 1989. -128 p. - ISBN 5-02-00492-6

본 책은 소련 적색자료목록(Red Data Book)에 기재된 희귀 유제류인 아무르산양 (*Nemorhaedus caudatus*)의 개체군 성비, 연령 구성, 그리고 생태학과 사회구조의 특징을 연구 서술하였다. 아무르산양의 사회성 행동 표현과 여러 행동자세 및 패턴도 함께 분석 하였다. 1958년부터 1984년까지 아브레크(Abrek)지역 산양 개체군의 개체수와 밀도 변화 자료도 소개하였다. 마지막 부분에 산양 개체군의 보호 대책을 제시하였다.

본 책은 자연보호 분야의 생태학자, 생물학자 및 전문가들을 위해 발간한다.

Ecology and behavior of the Amur goral / Myslenkov A. I., Voloshina I. V. Moscow: Nauka, 1989.

Age and sex structure, as well as ethological and spatial structure of populations of the Amur goral(*Nemorhaedus caudatus*), a rare species of ungulates included to the Red Data Book of the USSR, are considered. The social behavior is analyzed with the detailed description of reactions, posture and patterns. Data are presented on changing the population size and density during 1958 to 1984. Recommendations on goral preservation are given.

For ecologists, Zoologists and environmentalists.

그림 35/표 22/참고문헌 155 편 포함.

평론가: E. E. Syroechkovskii, A. A. Nikoliskii

아무르산양의
생태와 행동 편

서론

아무르산양(*Nemorhaedus caudatus raddeanus* Heude)은 20세기 초까지만 해도 동해안과 하바로브스끼 내륙 오지 및 연해지방, 바위가 많은 지역에 폭넓게 분포하였다. 그러나 그 후 대규모 서식지 개발과 변천으로 그 개체수가 줄어들기 시작하였다. 현재 러시아 전 지역의 아무르산양 개체군은 시호테알린과 라조브 두 개 연해지구의 자연보호구에 집중 분포해 있는 실정이며 이 지역 개체군의 개체수가 약간 회복의 경향을 보인다. 인류가 자연에 끼치는 영향이 클수록 생태계에 미치는 악영향도 대체로 커지며 심지어 한 생물체를 멸종시키기도 한다. 많은 지역에서 아무르산양의 전멸과 개체수 감소는 인간의 직접적인 서식지 파괴가 근본적인 원인이다. 산양이 언제부터 어떻게 멸종의 길을 걷게 되어 소련 적색자료(Red Data Book) 목록에까지 실리게 되었으며, 어떤 과정으로 극히 제한된 지역에서 극소수 개체만 남게 되었는지는 불분명하다. 그러나 특별한 보호정책(금렵구와 보호구의 건립, 생물학적 기술조치, 반야생 상태에서의 번식 성공 등)을 실시하지 않았더라면 멸종했을 것이라는 사실은 자명하다(Sokolov 등, 1977).

희귀 멸종위기 야생동물을 보호·복원하기 위해서는 반드시 효과적인 조치가 성립되어야 하며, 이를 위해서는 이 종에 대한 전문적인 생태학 지식, 그리고 이 야생동물이 분포한 지역에 대한 인간의 장·단기 경제 발전 계획을 정확히 파악해야 한다. 예를 들어 어떤 보호활동을 조직하거나 어떤 형식의 금렵구역을 지정하기 위해서는 반드시 그 보호종이 어떠한 서식지에 어떻게 적응하여 살아가고 있는가를 잘 알아야 한다. 그렇게 해야 그 종을 보호하기 위한 조치를 취한 후 구체적인 작업에 착수할 수 있다. 왜냐하면 우리는 이미 이 종이 서식하고 있는 지역을 잘 파악하고 있기 때문이다. 다음 단계로는 이 서식지에 최대로 복원시킬 수 있는 개체군의 개체수를 알아야 한다. 이 역시 사전에 이 종에 대한 생태연구가 필요한 것이다. 예를 들어, 한 개체군의 개체수를 측정할 때 보통 새로운 방법을 이용하거나 사전에 알려진 자료를 수정해서 쓴다. 재도입 즉 본래의 분포지구에 다시 본 종을 되살리려면 사전에 개체군의 성비율, 연령구성, 그의 공간구조 및 사회조직 그리고 그 종이 특수한 분포지역에 적응한 과정, 여러 무리의 구성원과 숫자 등을 모두 잘 파악해야 한다.

열린 공간에 서식하고 있는 종들이 그러하듯, 산양도 육안으로 관찰할 수 있을 정도까지 접근할 수 있다. 따라서 1년 4계절 어느 때나 자연환경 속에서의 산양 행동을 관찰하고 연구할 수 있다. 포유류 행동 연구에 있어서 반드시 야외에서 직접 관찰 연구를 해야 한다고 강조하는 이유는 야생 상태에서만이 그들이 어떠한 체계하에서 움직이는지, 모든 행동 표현의 적응적 의의가 무엇인지를 정확히 해명할 수 있기 때문이다.

유제류에 대한 생물생태학 연구는 최근 20년에 걸쳐 본격적으로 진행된 실정이다(Baskin, 1970; Geist, 1971; Lent, 1974; Estes, 1974). 그중 많은 종이 주요 수렵종이거나 희귀종이어서 그 종에 대한 보다 많은 보호와 연구가 절실히 필요하다. 야생동물의 관리, 수렵 방법의 개선, 사육 상태에서의 보전, 번식과 순화를 위하여 유제류 동물의 행동을 더 많이, 보다 깊게 세부적으로 연구해야 할 것이다. 개체군의 안정성, 특히 희귀종 개체군의 안정성은 그의 사회구조와 크게 관련되며, 또한 특이한 행동의 기초가 되어 개체군 내부의 자체조절 기능과 일치한다. 이런 점을 감안하여 앞으로 무리를 형성하는 야생동물을 연구할 때는 당연히 그 개체군의 내부 조직과 상호지역 간의 소통 방식을 규명하는 데 집중해야 할 것이다.

아무르산양의 생태학 연구에는 아직 불충분한 점이 많다. 주요 문헌을 살펴보면(Abramov, 1939: 1963; Bromley, 1963: 1977; Veinger, 1963; Yurgens, 1963), 주로 확산, 개체군 개체수, 형태학, 서식, 일주행동 등 분야를 다루었다. 그리고 외국 저자들의 문헌에는 산양의 인공 사육에 대한 방법과 결과가 다소 언급되어 있다(Dolan, 1970; Dobroruka, 1968; Volf, 1936: 1983). 그러나 행동과 개체군 구조에 대한 연구는 전혀 없었다. 그리고 똑같은 문제에 대해 여러 저자의 의견이 완전히 다르다는 점은 산양의 생태연구가 아직 미약하다는 것을 말해주고 있다. 한 예로 K. G. Abramov(1939)는 산양의 청각과 후각은 발달했지만 시각은 아주 떨어진다고 간주하였다. 그러나 G. M. Veinger(1963)는 산양의 청각은 그리 뛰어나지 않았고 후각과 시각도 그리 좋지 않다고 강조하였다. 또한 G. F. Bromley(1963)는 산양의 청각, 후각과 시각 모두 뛰어나지 않다고 주장하였다.

본 책에 실린 자료는 주로 아브레크 산악지대에 분포한 산양 개체군의 연구에서 수집한 것이다<그림 1>. 그 외, 즉 5, 7, 11장에서 인용된 일부 자료는 극동지역의 산악지역에 설치한, 최대한 야생 환경을 모방한 조건하에서의 사육장 내의 산양 생태 연구 결과이다.

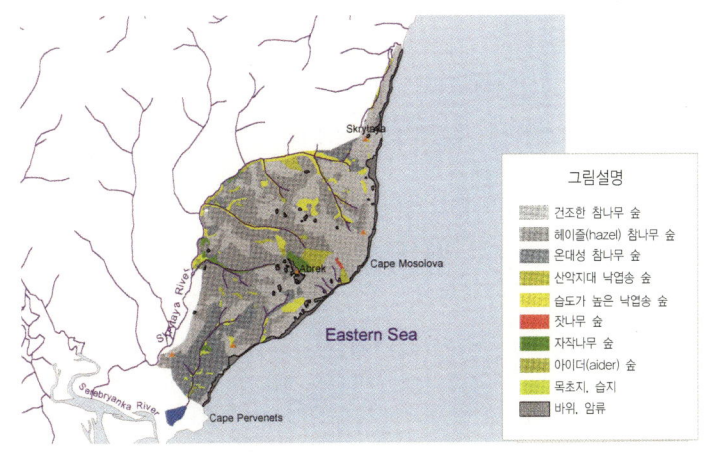

〈그림 1〉 아브레크 산악지대 산양 서식지 유형

시호테알린 보호구 내의 아브레크 산양 개체군은 고립된 개체군이다. 따라서 이곳은 개체군 수준에서의 여러 생태학 연구, 즉 개체군 생태학에서 중요한 자리를 차지하는 개체수의 변동 추세, 개체군 구조 특징과 자연 확산 등 문제를 연구하기에 매우 적합한 지역이다. 본 아브레크 연구 지역은 Ternei 마을의 서쪽에 위치하고, 16㎞ 떨어진 해안선에 자리 잡고 있다. 제일 가까운 곳의 한 산양 개체군은 기존 분포지역의 서남쪽에서 115㎞ 떨어진 곳에서 서식한다.

시호테알린 보호구에서 완성된 산양의 생태와 행동에 관한 연구 자료는 그곳의 관리인들의 협조덕분임을 알리고 싶다. 특히 처음부터 마지막까지 논문을 지도해주신 L. M. Baskin에게, 또한 우리에게 귀중한 충고와 가치 있는 비평을 아끼시지 않은 A. A. Nasimovich에게도 깊은 감사를 드리는 바이다. 그리고 우리의 협조자인 모스크바 국립대학의 O. L. Rossolimo, E. N. Matyushkin, 소련 과학원 동물 연구소의 협조자 I. M. Gromov, I. I. Sokolov는 개인이 수집한 자료를 제공하여 주었고 G. A. Klevezal은 산양의 연령 측정에 많은 도움을 주었다. 이상 여러분과 본 논문에 많은 협조를 주신 보호구의 협조자들에게도 뜨거운 감사를 함께 표하는 바이다.

재료와 방법

연구의 주요방법은 ZRT-457의 30~60배수 쌍안경을 이용한 육안 관찰법(Voloshina, Myslenkov, 1976)이었다. 관찰은 지정된 지점에서 1년 4계절 모두 진행되었고, 해발이 낮은 숲에 위치한 바위와 풀이 섞인 공간 위쪽에서 주로 관찰하였다. 동물과의 관찰거리는 200~300m로 비교적 먼 편이었고 그 중간의 관목, 교목, 그리고 바위 등이 좋은 은폐물이 되어 몇 시간 동안 자신을 노출하지 않고도 산양의 자연적인 행동을 관찰할 수 있었다. 하루의 최대관찰 지속시간은 12시간이고 보통은 4시간이었다. 산양의 개체군 개체수는 관찰시야에 지속적으로 나타난 개체를 관찰 기록하여 확정하였다. 산양이 분포한 16㎞의 범위 내에서 37개의 고정적인 관찰지점을 선정하고 관찰하였으며 다른 여러 관찰지점에서 보충관찰을 추가하였다. 산양의 상세한 울음소리는 자동기록기로 현장에서 정확히 기록하였다. 생태학연구에서 행동의 양적측정은 중요한 가치가 있다. 전형적인 행동에 대해서는 자동 녹음기 또는 직접 받아 기록하며 상세히 묘사하였다. 산양의 이동 노선은 1:1,000 또는 1:5,000 비례의 지형도에 기록하였다. 산양의 자세와 특징적인 외부 형태는 그림으로 스케치하였다. 연구 전 과정에서 비디오카메라를 수시로 널리 사용하였다.

산양의 방어행동은 사람이 직접 그들에게 접근하면서 연구하였다. 동시에 산양이 선택한 장소의 지형특징과 형태, 그리고 사람과의 거리도 함께 기입하였다. 또한 산양의 성별과 연령도 구별해 적었고 탈주 방향은 고의적으로 놀라게 한 후 기록했다.

산양의 통로에서 발견된 모든 생활 흔적, 즉 자주 다니는 오솔길, 수피를 벗긴 흔적 등을 전부 기록하였다. 그중 은폐지(잠자리)와 배설지(공중화장실)에 대해서는 그 길이와 넓이, 두께를 측정하였다. 한 배설지를 사용하는 개체군의 개체수는 될수록 정확히 확인, 측정하였다. 몇 개 무리(flock)가 존재하는 경우에는 서로의 거리가 1m 미만이면 이를 한 배설지(공중화장실)를 사용하는 혼합 개체군으로 간주하였다.

수피를 벗긴 흔적에 대해서는 아래와 같이 기록하였다. 수종을 확정하고 벗긴 흔적지의 수간 지름을 재고 땅 위에서 그 흔적까지의 높이도 측정하였고 벗긴 흔적 자체의 길이도 함께 기록하였다. 산양의 성별과 연령을 식별하기 위하여 많은 분변 샘플을 수집하였다. 이를 위해 먼저 성별과 연령이 확실히 알려진 개체의 분변을 배설 후 몇 시간 내에 전부 수집하였다. 그리고 그 당일에 이 한 무더기의 모든 분변(알똥)의 길이와 폭을 각기 버니어 캘리퍼스(vernier callipers)로 측정하였고 그 오차는 ±0.05㎜로 하였다. 각각의 똥 무더기의 낱알 숫자도 세어 정확히 기록하였다.

겨울에는 산양의 발자국과 통로 흔적을 조사하였다. 조사방법은 A. A. Nasimovich(1948)와 E. K. Timofeeva(1974)에 따랐다. 산양이 거주한 지역에는 눈이 많지 않아 발자국이 많이 발견되지 않았다. 발견된 발자국은 신선도(지나간 시간), 방향, 성별(오줌 표시행동 특징으로 결정), 똥과 오줌반점, 수피를 벗긴 흔적, 식흔(먹힌 식물) 종류 및 발자국 굽간 거리를 하나하나 측정 기록하였다.

다른 기타 유제류와 달리 산양의 성별과 연령 구별은 매우 어려웠다. 그것은 산양이 이성 간의 형태차이나 연령에 따른 변이가 뚜렷하지 않기 때문이다. 우리는 산양의 성별과 연령 식별 방법을 연구하였다. 라조브 보호구 내의 산양 개체군이 나타낸 뿔의 모양은 앞에서 볼 때 특징적이었으나(Bromley, 1963) 이것만으로는 구별하기가 어려웠고, 아브레크 산악지대의 산양 수컷 뿔의 크기는 변이 폭이 커서 암컷의 뿔 크기와 구분이 힘들었다.

성별 구분

아성체(2세 이상)와 성체의 성별은 뿔의 굽은 정도와 뿔기부의 굵기에 따라 식별한다. 수컷의 뿔은 뒤로 심하게 굽어졌고 기부가 보다 굵게 보이며, 뿔에 돋은 물결융기도 암컷보다 매우 선명하다. 수컷의 뿔 모양은 옆에서 볼 때 뚜렷한 곡선으로 나타나고 암컷의 뿔은 거의 곧추서고 끝 부분만 굽어 있다<그림 2>. 만약 뿔 원호의 현에 수직선을 내리면 수컷의 경우는 뿔 중앙을 통과하고 암컷은 뿔 끝 쪽으로 편평하다. 성별 구분의 정확도는 배뇨할 때(암컷은 뒷다리를 심히 굽힌다)나 교미할 때의 자세를 대조하여 점검하였다.

산양 이마 부분의 털색은 특징적이어서 구별이 가능하다. 수컷의 이마 부분의 짙은 색깔은 보다 넓고 균일하고 어두우며 흔히 갈색, 짙은 갈색, 심지어는 거의 검은색을 나타낸다<그림 3, 오른쪽>. 암컷의 이마는 흔히 밝은 어두운 색이고 중앙선이 좁고 뚜렷하게 보인다<그림 3, 왼쪽>. 이의 정확성도 뿔 달린 두개골과 가죽 샘플을 수집하여 암컷의 특징을 대조하며 재확인하였다. 동시에 우리는 모스크바 국립대학 동물 박물관과 소련 과학원 동물 연구소의 두개골과 표피 표본을 대조하여 정확한 견본을 작성하였다.

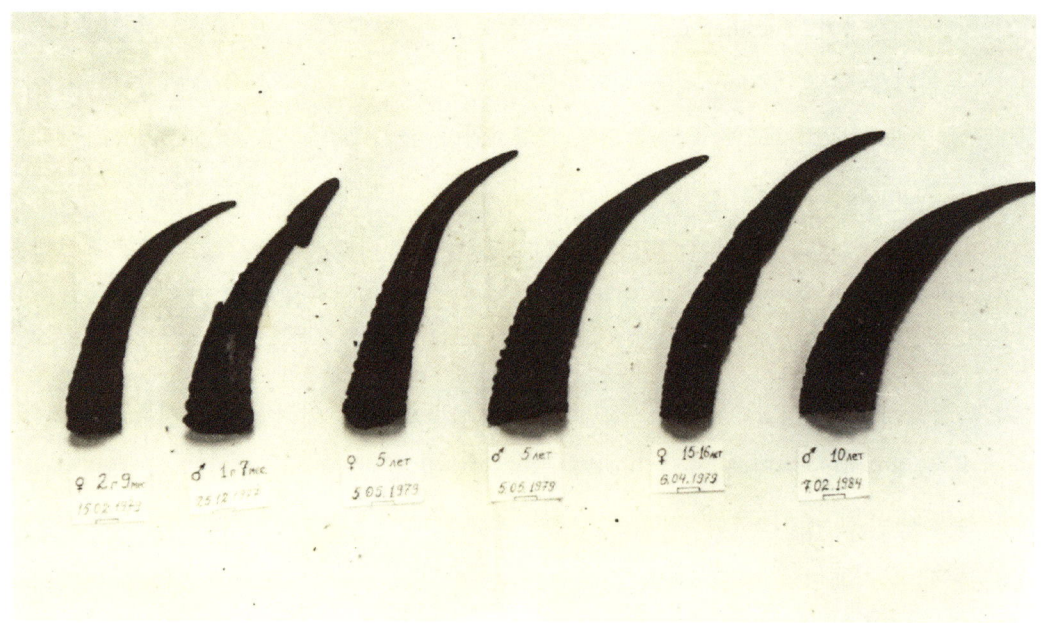

〈그림 2〉 뿔의 굽은 정도와 기부 굵기로 산양의 성별이 구분된다. 2년 9개월령 암컷(1979. 02. 15) / 1년 7개월령
　　　　　수컷(1977. 12. 25) / 5년령 암컷(1979. 05. 05)/ 5년령 수컷(1979. 05. 5) / 15～16년령
　　　　　암컷(1979.04. 06) / 10년령 수컷(1984. 02. 07)

〈그림 3〉 이마의 털색과 형태에 따라 산양의 성별이 구별된다. A-암컷,　B-수컷

연령 측정

산양 새끼는 성체보다 몸이 작고 뿔이 없으나 12월 말이나 1월에는 새끼들도 작은 뿔이 털 위로 드러나기 시작한다. 이때 새끼의 어깨높이는 성숙한 산양보다 약 30%가 낮다. 12개월 자란 산양의 뿔 길이는 5∼8㎝로 대체로 귀 길이의 절반 정도에 해당한다.

1살부터 2살 때의 산양은 뿔이 짧고 곧으며 끝이 뭉툭한 것이 특징이다. 뿔의 색깔은 밝은 회색이다. 산양은 암수 모두 뿔을 지닌 그룹이다. 최초 성장기에는 뿔 표면에 피부가 덮여 있으므로 그 뿔을 초생용(初生茸)이라 부르고, 후에 골격화되면 뿔이라고 한다(Sokolov, 1953). 즉 생장 과정 중에서 초생용은 점차 골격뿔로 전환된다. 동시에 뿔의 각 부분의 성장 속도는 달라지며 다양한 유두상의 혹이 돋거나, 기부에 무딘 톱날 같은 물결융기, 그리고 끝에 덮개와 같은 것들로 덮인다. 뿔의 색상도 검은색으로 전환되며, 아울러 복잡한 물결융기를 형성한다. 물결융기의 숫자는 이듬해 연중 5월에 2줄, 연말에 4∼5줄이 생긴다.

2∼3세의 산양을 아성체라고 한다. 이때 산양의 성장과 성성숙은 계속된다. 물결융기의 숫자도 4∼5줄에서 7∼8줄로 증가한다. 성숙한 산양의 뿔 물결융기를 헤아려 나이를 판단하는 것은 바람직하지 못하다. 그러나 물결융기가 뿔의 어느 위치에서부터 되는지 정확히 지적하는 것은 연령 측정 시 중요하다. 즉 이 성장시기(성성숙전)에 산양의 물결융기는 뿔의 기부 약 1/4을 차지하게 된다. 연령이 증가되면서 뿔 위의 물결융기가 차지하는 부분도 넓어지며 또한 그 넓이를 양적으로 정확히 측정할 수 있다. 3살이 되면 물결융기 부분은 뿔의 기부 약 1/3을 차지하게 된다. 10살이면 거의 기부에서부터 뿔의 절반을 차지한다. 만약 물결융기 부분이 뿔의 절반 이상을 차지한다면 그 연령은 10살 또는 그 이상이다<그림 4>. 본 방법의 정확도를 연령이 뚜렷한 아래 몇 개체를 통해 점검해 보았다. 1973년에 출생한 한 새끼의 뿔이 이듬해 1974년 봄에 부러졌다. 또 1974년에는 이마가 하얀 새끼 한 마리가 태어났다. 때문에 이들을 다른 개체와 쉽게 구별할 수 있었다. 1978년 10월에는 그해 태어난 한 새끼의 귀에 표식을 달아 주었다. 이상 개체들에 대해 지속적으로 관찰을 진행했으며 그들의 외모 특징의 변화를 상세히 기록하였다. 이들에 대한 감시 추적은 1980년까지 지속적으로 이루어졌다.

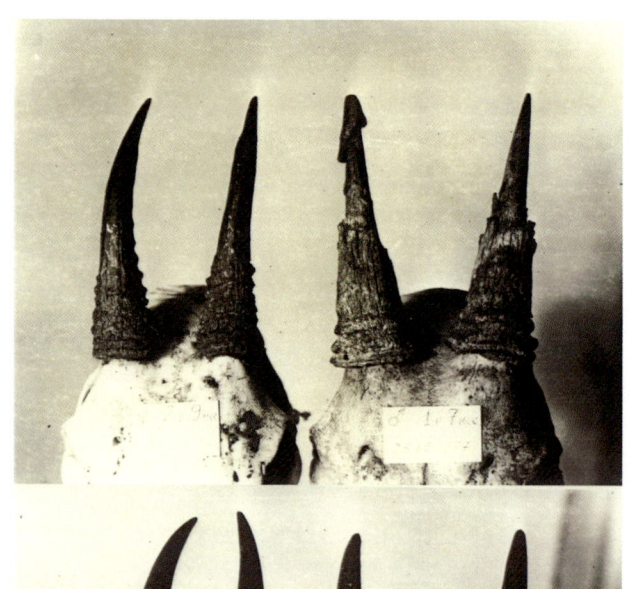

〈그림 4〉 산양의 각 연령별 뿔의 형태
왼쪽 위: 2년 9개월 우(1979년 6월 15일), 오른쪽 위: 1년 7개월 ♂(1979년 12월 25일)
왼쪽 아래: 15~16년 우(1984년), 오른쪽 아래: 10년 ♂(1984년 7월 2일)

먼저 다음과 같이 산양을 9개 성장 그룹으로 나눈다.

1. 새끼-한 살 미만

2. 1년생 수컷-한 살에서 두 살까지

3. 1년생 암컷-한 살에서 두 살까지

4. 아성체 수컷-두 살에서 세 살까지

5. 아성체 암컷-두 살에서 세 살까지

6. 성체 수컷-세 살부터 열살까지

7. 성체 암컷-세 살부터 열살까지

8. 늙은 수컷-열살 이상

9. 늙은 암컷-열살 이상

자, 그럼 이제부터 식별을 시작해보도록 하자. 첫 번째, 두 번째, 세 번째 그룹은 쉽게 구별된다. 그러나 그 외 그룹(아성체에서 늙은 개체까지)의 결정은 일정한 관찰 기술과 장기적인 육안관찰경험이 필요하다.

우리의 연구에도 기타 식별 방법을 폭넓게 적용하였다. 연구 중 우리는 다른 연구자의 유제류 개체군 우두머리의 행동관찰 방법들을 이용하였으며 그 과정에서 보다 의미 있는 성과를 얻었다(Lavik-Goodall, 1974; Espmark, 1974; Buechner Roth, 1974). 한 동물의 생태를 연구할 때, 주로 직접적인 관찰방법(발자국, 자주 다니는 오솔길 조사 등)을 널리 이용하는 것(이것은 생태학 연구의 기본 방법이다) 외에 간접적인 관찰 방법, 심지어는 꼭 같은 개체 또는 한 개체군에 대해서도 장기적인 추적 관찰이 필요하였다. 모든 연구자가 다 그러하듯이, 첫걸음은 우선 연구대상의 '얼굴'을 점차 익히는 데 있다. 우리가 산양의 개체 식별에서 처음 겪은 것이 바로 뿔의 변화, 그리고 어릴 때의 털색 변화에 신중을 기해 인식하는 것이다. 즉 100~300m 밖에서 60배 쌍안경을 이용하여 가급적 외부 형태 특징을 잘 관찰하여 파악하는 것이다. 산양이 어떤 형태, 어느 정도 크기의 뿔을 가지고 있으며, 뿔의 기부와 끝에 덮개나 커버가 있나 없나, 있다면 모양은 어떠한지, 뿔 위의 물결융기 숫자는 몇이며, 털의 빛깔과 얼굴, 잔등, 꼬리와 주둥이의 특징적 색깔은 어떤가 등을 잘 관찰하는 것이다. 1976년까지 우리는 이미 52개 산양의 초상화를 스케치 및 기록하였다. 이는 우리가 정기적으로 관찰하는 개체군 개체의 80%를 차지했다. 1980년에 이르러서는 80개 초상화가 기록되었으며, 이는 총 개체군의 약 70%를 차지했다.

서식지 연구는 지구식물학 단면법을 사용하였다(Yaroshenko, 1969). 관찰자는 분수령에서부터 수직으로 해수면까지 내려가며 동시에 지형과 식생을 기록한다. 분수령의 해발고도와 매 산봉우리의 경사면 면적도 계산해야 한다.

사각형의 수정방법(Heran, 1975)은 산양의 영역 연구에 이용되었다. 확인된 개체의 관찰자료에 의해 그 개체의 하루 이동 경로를 확정한다. 그리고 그 경로를 1:2,500비례의 지도에 옮긴다. 본 작업은 1년 4계절 동안 계속 수행하였다. 예를 들어, 1976년 11~12월 하나의 분할 지역에서 18개체의 232궤도를 작성하였다. 각 개체의 이동 경로에 대한 기록은 시즌별 혹은 연도별 특정한 날을 기준으로 표(틀, 도식)에 담는다. 이렇게 하여 우리는 그 영역 내에서의 생존과 관련한 필수요소 정보를 알 수 있고 이는 곧 서식지에 대한 정보이다. 우리는 이 지역을 영역(home range)이라고 부른다(Burt, 1943; Baskin,

1977). 그다음 사각형(다변형) 망을 연결시켜 그 면적과 궤도의 길이를 측정한다. 이렇게, 산양의 이용 특징에 따라 거주 지역을 몇 개 지대로 구분했다.

야생동물 개체군 생태 연구 중, 특히 희귀종일 경우 서식하고 있는 개체군 개체수의 측정은 보다 중요한 의의를 가진다. 그러므로 우리는 산양 개체군 개체수의 계산 방법을 상세히 서술하고자 한다. 즉 산악지대에서의 유제류 개체군 개체수의 조사 계산 원리 (Nasimovich, 1940: 1941; Zharkov, 1949)를 상세히 적기로 한다. G. F. Bromley(1963)의 보고에 의하면, O. V. Vendland는 1936년에 처음으로 산양의 개체군 개체수를 수주크힌스키(Sudzukhinskii)(지금의 라조브보호구) 지역에서 조사하여 계산한 바가 있다고 한다. 그는 고산지대, 바위가 많은 험한 조사라인을 도보로 답사했다고 한다. 24시간 동안의 활동거리는 몇 개 이동 경로를 조사한 후 그 평균치를 사용했고, 임의로 구한 계수를 20으로 정하여 곱해주어 그 수치를 증가시켰다. O. V. Vendland는 둠마노아(Tumanaya) 산지의 산양 개체수를 1936년에는 60마리, 1937년에는 87마리로 측정하였다(Bromley, 1963). 여기서 반드시 유의해야 할 점은 Vendland가 1936년에 산양 개체수를 측정한 것은 9월이었고 1937년에는 3월이었다. 산양은 새끼를 보통 5~7월에 낳는 것으로 알려졌다. 이 시기에는 이동할 가능성이 희박하다. 그러면 60 또는 87마리의 개체수는 본 개체군의 개체수가 거의 변화하지 않았다는 것을 의미한다. 즉 이 방법은 문제가 없다. 3월에는 모든 산양이 전부 바위 지역에서 움직이기 때문에 쉽게 눈에 띄지만, 10월에는 대부분 시간을 산림 속에서 지낸다. 이 때문에 산양의 연간 개체수 변동을 비교해 보려면 당연히 같은 계절에 조사해야 할 것이다.

주의하여 볼 만한 것은 G. M. Veinger(1963)의 연구논문이다. 그는 몇 개의 관찰지점을 지정하여 직접 육안으로 산양의 개체수를 세었다. 그의 기본적인 관점은 눈이 많이 온 해 산양은 아주 국한된 해안가의 어떤 좁은 협곡 지대에 집중한다는 것이다. 그곳에서 적당한 곳, 돌출한 바위를 선택하여 관찰 조사하는 것이다. 관찰 기록팀은 동틀 무렵에 사전에 설정된 관찰지점에 도착하여 관찰에 유리한, 제일 가까운 위치에 자리 잡는다. 그리고 해 뜬 후 2시간 이내에 자기 시야 내의 모든 산양을 가능한 한 다 관찰한다. 이 결과를 지도에 모아 옮긴다. 산양이 나타난 시간과 운동방향도 기입한다. 기록이 끝난 후 관찰자는 될수록 자료를 정확히 분류하여 매 개체군의 수를 분류하여 기록한다. 그리고 발견된 지역 전체지도에 기입 보관한다. 마지막으로 이 해안 바위가 많은 지역에서 발견된 총 산양 개체수를 합한다. 5명이 동시에 관찰했다면 이 방법으로 1~1.5㎞ 암석 지역 내의 모든 산양을 빠짐없이 관찰할 수 있다. 하지만 눈이 많지 않은 해에는 일부 산양이 나무나 관목 숲 속에 계속 남아 있기 때문에 반드시 일정한 계수(배수)로 수정해야 한다 (관찰자의 시야에 나타나지 않은 그 부분을 첨가해주는 것이다. 보통 2배로).

나아가서 중복되거나 부족한 수치를 고려하여 산양이 분포한 총 해안지구의 개체수를 보충 수정한다. 이러한 방법으로 1958~1961년 2~3월에 통계조사를 실시하였다.

Veinger 방법의 평가는 다음과 같다. 장점으로는 한 지역의 모든 동물을 거의 전부 통계할 수 있다는 점이고, 단점으로는 5~7㎞ 서식지 범위 내의 산양을 조사하는 데에는 보다 많은 인력이 소요되는 것이다. 문제는 수정치의 처리법이다. 지역에 따라 산양의 분포 밀도는 다른 데 근거 없이 일괄적으로 2배로 수정하는 것은 부정확한 것이다. 약 2㎞ 정도의 좁은 지역에서 실시한 통계라면 정확도가 많이 떨어져 통계 결과가 지나치게 우연성을 띤다는 것이다.

우리 연구 작업은 Veinger 방법의 원칙을 따르되 아래의 방식으로 적당한 수정을 첨가한 것이다. 1) 통계는 1년 중 동일한 시기에 진행한다. 즉 2~4월, 바다를 향한 산비탈에 아직 눈이 덮여 있을 때 진행한다. 2) 조사지역은 적어도 5~7㎞ 이상으로 넓게 연장시킨다. 3) 계수 수정법을 사용하지 않고 가급적 산양 서식지를 모두 선정하여 조사 연구한다. 우리의 첫 통계는 1974년에 시작되었다. 조사를 통해 우리는 큰 눈이 온 후에는 단 2~3일이면 전 조사지역을 모두 끝낼 수 있음을 알게 되었다. 매 조사원은 동시에 각자의 관찰지점에 도착하여 해 뜰 무렵에 조사를 시작한다. 보통 오전 7시에서 오전 11시까지 관찰이 지속된다. 매 조사원은 발견된 동물의 위치를 지역 약도에 정확히 기록한다. 조사가 끝난 후 약도를 정리하고 중복 기록된 개체를 삭제하고, 발견된 총 개체수를 계산한다. 조사를 해보면 알겠지만, 언제나 첫날에는 제일 많은 개체수가 기록된다. 그리고 이튿날, 3일째는 점점 줄어든다. 때문에 이듬해에는 단 하루만 개체수를 계산하면 된다.

1974~1975년 개체수 조사 지역의 길이는 6㎞(16개 관찰지점), 1976~1978년에는 8~9㎞(20개 관찰지점)였고, 1979년에는 처음으로 모든 산양 분포지역, 즉 16㎞ 37개 관찰지점을 전부 조사하였다. 또한 바다에서 보트를 타고 같은 지상 분포지역을 동시에 조사하였다. 이것은 육상 조사의 좋은 보충이 됨과 동시에 Abrek 전 조사지역의 산양 개체군 총 개체수를 확증하는 데 큰 도움이 되었다(Myslenkov 등, 1983).

두 가지 샘플 라인 조사 방법(절선법)으로 같은 지역의 산양 개체수를 계산하였다. 첫 번째 방법은 해안가를 거닐며 조사하는 것이다. 이 방법은 효율성은 떨어지나 노동력이 제일 적게 드는 방법이었다. 이 방법으로 기록된 개체수는 고정된 관찰지점에서 동시에 계산하는 개체수보다 5～10배 정도 적었다. 두 번째 방법은 조사원이 산림 한계선 아래 주변부를 따라 통과하며 바위가 많은 산양 분포 공간을 조사하는 것이다. 바위가 심하게 단절된 지역에서는 본 방법을 통해 기록한 개체수는 총 개체수의 36%뿐이었고, 고정된 관찰지점에서 동시에 계산한 개체수보다 2.5배 낮았다. 그러나 바위절단면이 덜한 지역에 서는 그 개체수가 80%에 이르렀다.

1974년부터 1980년까지 관찰은 해마다 계속되었고, 야외 작업 기간은 46개월에 달했다. 이 기간에 직접 육안으로 산양의 행동을 관찰한 시간은 총 986시간에 달하였고 관찰된 산양의 누계 수는 총 938마리였다. 기록된 개체수는 2781번이다<표 1>. 개체군 총 개체수는 120마리 전후로 추측되었다. 그중 한 개체가 수차례 관찰된 적도 있고, 어떤 개체는 단 한 번밖에 관찰되지 않았다. 예를 들어 제일 빈번히 관찰된 개체는 제26번 산양인데, 그는 전형적인 수컷 특징을 지닌 개체로 B분할구, 11지구 관찰지점에서 3년 내 85차례나 발견 되었다.

〈표 1〉 Abrek 지역에서 관찰된 산양 개체군 개체수와 육안 관찰 지속시간

연도별	관찰된 산양 개체군 수	기록 개체수	육안 관찰 시간
1973	35	110	37
1974	134	450	172
1975	208	733	354
1976	212	808	275
1977	45	77	18
1978	143	262	50
1979	121	253	75
1980	40	81	5
합계	938	2,781	986

아브레크 산악지대에서 야생 상태의 산양 생태와 행동을 연구한 1978년부터 우리는 반 야생 상태의 사육장 내에서 여러 관찰을 거쳐 야외 연구에서 얻을 수 없고 해결하지 못

한 일부 자료를 획득했고 부차적으로 이전에 하지 못한 측정치들도 얻을 수 있었다. 1978년부터 1985년간 사육장 내에서 육안으로 직접 관찰한 시간은 총 3,773시간이다.

반 야생 상태에서의 산양 사육(즉 라조브 보호구에서처럼)은 모스크바 동물원(Bromley, 1963), 브라스키(Dobroruka, 1968; Volf, 1983), 샌디에고(Dolan, 1970) 공원에서의 인공 사육과는 완전히 다른 것이다(Solomkina, 1978). 반 야생사육장은 Abrek의 동남쪽에 위치하고 그 면적은 6ha 이상이다. 이 사육장의 환경과 조건은 야생 상태와 별 차이가 없다. 사육장은 5칸으로 나뉘어졌지만 실제는 오직 2칸, 1.5ha만 산양이 이용하고 있었다.

본 사육장에서 사육된 산양의 총수는 16마리였고 그중 7마리는 사육장 내에서 태어난 것이다.

행동 형성의 개체 발생(나이대에 따라 달리 나타나는 행동 패턴)은 이 7마리가 태어나서부터 3살까지 관찰 연구했다. 1983년의 통계에 의하면 이 사육장의 성비와 연령구성은 다음과 같았다. 노년 수컷 Bur, 아성체 수컷 Yasnui, 노년 암컷 Beta와 Dusya, 청년 암컷 Flora, 1981년생 새끼 Dina와 Bella, 1982년생 새끼 3마리 Ryzhik, Fen과 Bart였다.

산양을 포획하는 데는 아래 3가지 방법을 사용하였다.

1) 유인망 포획, 2) 정치망(定置網) 설치, 3) 세 가지 올가미 설치(발목 올가미, 목 올가미와 스프링 상승 올가미) 설치. 그중 제일 효과적인 방법은 유인망의 사용이었다(망 안으로 산양을 몰아넣는 방법). 실례로, 53마리 산양을 몰아넣었는데 그중 32마리가 그물 속에 빠졌다. 그중 19마리가 잡혔고 13마리가 도망갔다.

계통분류학적 위치

*Nemorhaedus*는 *Capricornis*, *Oreamnos*, 그리고 *Rupicapra*와 함께 Rupicaprini를 이룬다. 이는 Caprinae에, 더 위로는 Bovidae과에 속한다(Simpson, 1945). *Nemorhaedus*의 규정과 그 증거는 불충분한 상태이다. R. Lydekker는 산양을 5개 독립종으로 분리시켰다 (Lydekker, 1913). 그러나 기타 학자들은 모든 산양을 한 종(*Nemorhaedus goral*; Ellerman, Morrison-Scott. 1951; Heptner 등 1961)으로 간주했다. 또한 우리와 I. I. Sokolov(1959) 와 I. Volf(1976)의 견해는 산양을 2개 종, 즉 히말라야산양 *N. goral*과 아무르산양 *N.*

*caudatus*으로 나눈다. 후자는 3개 아종을 포함하며, *N. c. caudatus*는 중국 서부, 중부와 북부, *N. c. raddeanus*는 중국 동북부, 러시아 극동부와 한반도, *N. c. griseus*는 중국 남부, 서부, 버마에 분포한다.

또 세 번째 견해가 존재하는데, 어떤 학자는 2개종으로 나누어야 옳다는 것이다. 그러나 위와 다른 두 종 즉 *N. goral*은 러시아 극동지구, 한반도, 중국, 미얀마이고, 다른 한종 *N. cranbrooki*는 미얀마, 인도(Assam), 티베트(Hayman, 1961; Walker, 1968)에 분포한다는 것이다.

제1부
행 동

제1장 채식행동(Food behavior)

　행동은 동물 개체 운동의 지속적인 표현이다. 우리는 이러한 운동이 어떻게 개체간 교류를 만들고, 그 행동이 생존에 주는 의미가 무엇인지 파악해야한다. 행동 자료에 관한 분석도 무리의 사회계층 원칙에 따라 진행되어야 할 것이다(Panov, 1978). 아울러 각각의 행동 구성단위를 정확히 표기하기 위하여 우리는 포유류 문헌에서 흔히 쓰는 전문 용어를 쓰기로 하고 그 조직 행동을 4개 수준으로 나누었다. 즉 반응, 자세, 형태와 형식으로 나누었다.

　개체의 매개 행동을 정확히 기록하기 위하여 처음부터 구성 부분을 세밀히 나누어야 한다. 행동의 기초 부분을 최소화하기 위하여(예비과정을 준비하기보다는 실질적으로 이루어질 행동에 초점을 맞춰) 우리는 먼저 Panov(1978)의 기본적인 운동 지침에 따라 그 반응을 구분한다. 그다음, 보다 복잡한 구조 단위를 구성한다. 기록의 편리를 위하여 산비탈에 분포한 제일 흔히 먹는 식물종들의 특징도 파악하는 것이 좋다. 기록은 관찰 때의 최초 몸 상태로부터 머리를 들고 무엇을 쳐다보는가 등 여러 자세 변화를 전부 명확히 기록해야 한다<그림 5>. 관찰 과정에서 아래 주요한 반응으로 나누어 상세히 기록한다.

　① 머리를 숙인다.

　② 머리를 돌려 먹이를 선택한다.

　③ 풀을 뜯는다.

　④ 씹는다.

　⑤ 머리를 든다.

　⑥ 방향을 판정하는 반응-씹으면서 주시한다.

　⑦ 걷는다(걸어서 자리를 변경하다).

　⑧ 방향을 판정하는 반응-주시한다.

　이상 목록에 채식행동과 연관이 없는 2차적인 반응은 포함시키지 않았다. 이런 반응은 극히 드물게 나타나며, 실제 목초지에서 매 10~15분씩 기록할 경우 불필요한 2차 반응들은 거의 나타나지 않았다. 꼬리를 흔들거나 귀를 움직이고, 혀로 핥는 동작 등은 채식

〈그림 5〉 채식행동의 첫 출발 자세

행동과 연관이 있다. 비록 방향을 판정하는 반응이 고유한 채식행동과 직접적인 연관은 없지만 이를 기초 부분에 포함시킨 것은 이러한 행동이 빈번히 발생하며 기타 일련의 행동에서도 수시로 자연스럽게 혼합하여 나타나기 때문이다. 이로부터 우리는 채식 행동을 주로 6개 반응으로 구별하였다. 그리고 그 반응 과정과 지속성을 유심히 관찰하였다. 예로, 〈그림 6〉은 자동 기록기가 기록한 어미 수컷 산양의 6분 동안의 채식행동과정이다. 반응의 총 기록 숫자는 94차례, 그중 ③ 풀 뜯기 반응은 28차례 중복 기록되었고, ④ 씹는 행동은 25차례, ① 머리를 숙이는 행동은 10번, ⑤ 머리를 드는 행동은 9번, ⑧ 방향을 판정하는 행동은 7번, ⑦ 걸음걸이 행동은 6번, ⑥ 씹으면서 방향을 판정하는 행동은 5번, ② 머리를 돌리는 행동은 4번이었다. 그리고 기타 배합적인 반응 총수는 22차례였다. 이 사실은 성체 수컷 산양의 일상적인 행동 표현이 기타 개체(자동 기록기에 기록됨) 또는 아성체보다 얼마나 더 다양한가를 설명해 준다.

　지속되는 반응과정을 분석하면 나타나듯이 하나의 반응은 여러 동작으로 배합되어 구성되었으며, 또한 여러 번 반복되는 것이 특징이다. 보듯이, 3-5-6의 연속 동작은 3번 반복되었고, 3-4-3-4는 3번, 3-4-3-4-3-4는 3번, 3-4-8-1-3은 4번 반복 출현하였다. 모든 연속적 행동하에 전형적인 패턴이 목적에 도달하기 위한 행동 패턴이 될 것이다.

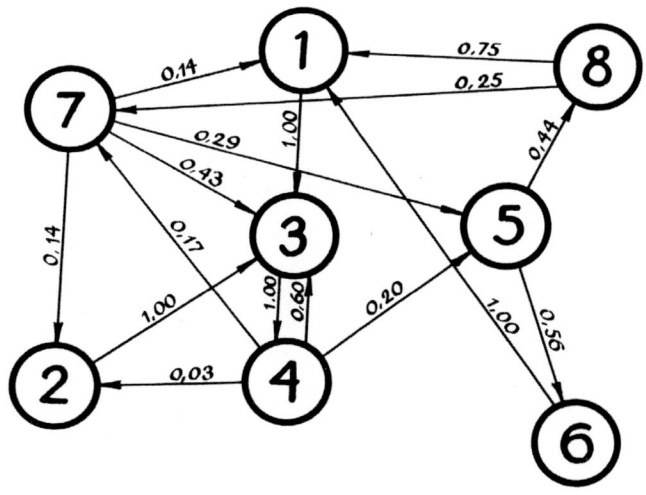

〈그림 6〉 성체 수컷 산양, 겨울 채식 행동중의 주요 반응의 연속과정과 발생 빈도(1975. 5. 1.)
(괄호 속의 숫자는 반응 번호이고, 화살표 밑의 숫자는 그 반응이 일어나는 빈도이다.)

인접한 두 반응을 분석하여 한 반응에서 다른 반응으로 전환되는 확률을 계산할 수 있다(발생한 반응기간의 상호 관계를 밝힐 수 있다)<그림 6>. 최종 목적은 그에 해당한 행동과 가능 출현한 행동의 일치 여부로 행동을 3개조로 나눌 수 있다. 첫 번째 조는 저확률전환(P<0.3): 1-7, 1-8, 3-5, 4-2, 4-7, 4-5, 6-1, 6-7, 6-8, 8-6, 8-7이고, 두 번째 조는 중확률전환(0.3<P<0.6): 2-1, 2-3, 4-3, 5-6, 5-8, 6-2, 7-1이고, 세 번째 조는 고확률전환(P>0.6), 1-3, 3-4, 7-3, 8-1이다.

위에 표현된 연속 행동의 다양성도 고정된 것이 아니라 1년생 산양에서는 14개조(같지 않은 배합 행동의 숫자)로, 성체 수컷에서는 보다 복잡해 22조까지 나눌 수 있다. 지속적인 반응이 나타나는 과정을 연구할 때 우리는 고확률전환 그룹보다 큰 흥미를 가졌다. 왜냐하면 오직 그 반응의 출현만이 높은 확률로 예측이 가능하기 때문이다(P>0.6). 관찰에 의해 확인된 사실에 의하면 산양은 아래의 연속 반응을 한다. 즉 1-3, 3-4, 4-3, 5-6, 6-1, 7-3, 8-1로<표 2>, 이렇게 산양의 채식 행동은 여러 반응의 교체로 일면 고정적이고 명확한 과정인가 하면 다른 한편으로는 주위 환경의 변화, 이웃 개체의 행동과 채식지의 미세한 변화 등에 따라 달라질 수도 있는 것이다.

위에서 우리는 각종 반응의 출현 과정과 전환 빈도를 언급하였다. 이제부터 보다 복잡한 몇 개 반응으로 주어진 행동과 그 결과로 이루어진 자세를 살펴보기로 하자.

E. N. Panov(1978)의 방법에 따라, 하나의 자세에서 나타난 임의의 한 반응을 1로 기재하고, 반응이 없음을 0으로 적는다. 위 목록에 따라 8개 반응을 숫자화하여 좌우로 나타난 순서대로 배열해 적는다. 이렇게 숫자로 기록하는 방법이 무엇보다 간편하고 과학적이다. 머리를 들고 있는 산양의 첫 자세를 00000000으로 기록한다.

우선, 복잡한 연합 반응은 그렇게 많지 않다는 것을 알아야 한다. 예로, 만약 ③ 반응이 없으면 ④, ⑥ 반응도 나타나지 않는다. 때문에 연합 반응의 숫자는 생각보다 훨씬 줄어든다. 둘째, 이론적으로 가능 발생할 연합 반응은 실제에서 나타나지 않을 수 있다.

채식 행동 관찰 중, 우리는 머리를 숙이는(반응①) 자세로부터 시작할 수 있다. 이로부터 다음 고개를 숙일 때까지를 일회 주기라 하고, 다음 새로운 자세를 시작하게 된다. 예로, 성체 수컷 산양의 채식 행동은 아래와 같이 기록할 수 있다.

1-3-4-3-4-3-4-3-4-3-4-2-3-4-2-3-4-5-6-8; 2-8-7-3-4-3-4-5-6; 1-3-4-3-3-4-3-4-7-3-4-5-8;
<u>1-7-2-3-4-5-6</u>;<u>1-7-3-4-2-3-4-3-4-5-6</u>; <u>1-3-4-3-4-2-7-3-4-5-6</u>; 1-3-4-3-4-5-6;

1-2-3-4-3-4-2-3-4-5-6; 1-2-7-2-3-4-5-8-7. 본 자세를 아래와 같이 기록할 수도 있다.
11111101 11111111 11111110 11111110 10111011 11111110 10111100 1111110011 1111011. 총 9개 자세 중, 3개는 같은 중복으로 나타났다. 허나 실지 이 3종의 자세는 완전히 같다고는 인정할 수 없다. 그리고 매 단계 행동을 양적으로 평가하기 위하여 반드시 나타난 반응의 순서와 지속시간(초)을 기록해야 한다. 그렇기 때문에 나타난 그 반응의 번호 위에 지속된 시간을 첨가해 준다. 그리하여 밑에 줄을 그은 자세를 아래와 같이 기록한다.

시간(초)	0.5		0.5		13		0.5		2.0		0.6		9
행동	1	-	7	-	2	-	3	-	4	-	5	-	6

시간(초)	0.5		0.5		0.5		4.0		56		1.0		6.0		0.5		4.0		0.5		10
행동	1	-	7	-	3	-	4	-	2	- 3		-	4	-	3	-	4	-	5	-	6

시간(초)	0.5		0.5		5.0		0.5		3.0		4.0		0.5		1.0		8.0		0.5		9.0
행동	1	-	3	-	4	-	3	-	4	-	2	-	7	-	3	-	4	-	5	-	6

〈표 2〉 8개 산양 개체의 채식 연속 반응 일람표

반응조	1년생 23번, 수컷	1년생 30번, 암컷	성체 수컷			성체 암컷		새끼 32번
			26번	37번	45번	31번	35번	
1-3	+	+	+	+	+	+	+	+
1-7		+	+	+	+	+	+	+
1-8			+					
1-9								+
1-5							+	
1-2					+	+		
2-1			+	+				
2-3	+		+		+			
2-5		+						
2-7		+			+	+		
2-8		+			+			
3-4	+	+	+	+	+	+	+	+
3-5			+			+		
4-3	+	+	+	+	+	+	+	+
4-5	+	+	+	+	+	+	+	+
4-2	+	+	+	+	+	+		
4-6							+	
4-7	+	+	+	+	+	+	+	+
5-6	+		+	+	+	+	+	+
5-8	+	+	+	+	+	+	+	+
5-1		+						
5-2		+				+		
6-1	+		+	+	+	+	+	+
6-2			+	+				
6-7		+	+	+			+	+
6-8			+		+			
7-1	+		+	+		+	+	+
7-2	+	+			+			
7-3	+	+	+	+	+	+	+	+
7-5	+					+		+
7-6							+	
8-1	+	+	+	+	+	+	+	+
8-2		+					+	
8-3							+	
8-6		+	+					
8-7			+	+	+		+	
총계	16	19	22	17	19	16	17	16

이런 기록 방법의 특징은, 모든 자세의 총 지속시간(첫 자세가 3번씩 잠깐 나타났고), 중복된 행동 횟수와 그 지속시간이 전부 뚜렷이 나타나는 것이다. 위에 선택한 3개 주요한 자세 중, 첫 번째 행동에는 먹이선택이 5%의 시간을 차지했고, 그것을 소비하는 데는 거의 44%의 시간이 흘렀다. 두번째 행동에서는 먹이의 선택과 소비가 각각 67%와 37%였다. 이렇게 어떤 한 반응(머리를 들거나⑤ 숙이고① 풀을 뜯는③)은 고정적이면서도 시간이 짧고, 다른 반응은(씹는④, 삼키는, 씹으며 방향을 판정하는⑥, 그리고 방향을 판정하는 주시 반응은⑧) 변화가 심하고 시간도 길었다.

상세한 자세의 묘사를 위하여 반드시 언급해야 할 점은, 어떤 행동이든 그 관찰된 순간에 모든 자세 특징을 묘사하는 것은 불가능하다는 것이다. 어떤 반응들을 글자로 표현한 것으로 구별하기는 극히 어렵다. 왜냐하면 다른 행동을 취할때에도 그 몸체의 자세가 같을 수 있기 때문이다(같은 행동임에도 각기 다른 반응으로 인식되는 경우들, 예를 들어 고개를 숙이는 경우 풀을 뜯기 위함일 수도 있고 단순히 아래로 숙이는 경우일 수도 있음). 그렇기 때문에 모든 자세의 특징을 총체적으로 묘사하기 위해 반드시 매 반응의 지속적인 과정을 시리즈로 상세히 기록해야 한다. 하지만 연구 목적에 따라 요구가 다를 수 있고, 다 같이 유사한 묘사를 요구하는 것은 무모한 일이며 노동력과 시간의 낭비이자 또한 언제나 실현할 수 있는 일이 아니다. 때론 유사한 자세를 신속히 비교 판단해야 할 때가 있다. 이때를 감안하여 우리는 주요한 반응만 기록하는 방법을 이용했다. 즉 매 연속적인 행동을 하나하나의 특징적인 반응으로 분리시킨다. 만약 주요한 반응과 그와 유사한 모든 자세를 익혔다면 행동의 목록 범주 속에서 해당 목적 부분을 찾아내기에 어렵지 않을 것이다. 이 부분을 어떤 행동 유형이라 정의하도록 하자. 즉 E. N. Panov(1978)가 제기한 3개 행동을 추려내면 그 행동의 목적을 알아낼 수 있다. 위에 묘사된 분류의 채식 행동은 산양과의 모든 초식동물의 채식 행동을 기준으로 한 것이다. 이러한 행동의 본질은 식물의 계절변화에 따른 영향도 받지 않고 그대로 유지된다. 즉 언제나 같은 반응을 유지하고 단지 그 지속시간만이 변하는 것이다. 그렇지만 행동 표현의 등급에는 커다란 차이가 없다. 봄이 오면 푸른 초목이 어디서나 돋아나므로 동물이 먹이를 찾는 시간은 아주 짧아진다. 반면 풀을 뜯어 먹는 시간이 매우 길어진다. 여름이면 식물체가 높게 자라 동물들이 머리를 숙이지 않아도 된다. 겨울과 이른 봄도 마찬가지이다. 한 자세에서 다른 반응을 일으킬 때도 그 목적을 파악할 수 있다. 같은 행동유형이라도 어떠한

〈그림 7〉 풀을 뜯어먹는 산양, 주요 행동-풀을 뜯다.

반응을 나타내는 것인지 구분하는 것이 중요하다. 산양은 1년 4계절 풀을 주로 먹기 때문에 우리는 위와 같이 채식 행동의 주요 견본을 다시 연구 검토하는 바이다. 전부 8개 기본적인 반응에서 29개 자세를 체계적으로 나열하여 포함시켰다. 본 행동유형의 주요목적이 곧 풀을 뜯어 먹는 자세의 표현이다<그림 7>.

풀을 뜯어 먹는 행동 이외의 산양의 채식 행동에는 아래와 같은 행동 유형이 포함된다.

나무를 먹는 것-이 행동에서의 주요 반응은 잎을 뜯거나, 갓 돋아나는 싹눈이나 어린 가지를 뜯어 먹는 것이다. 본 관찰도 만 1년 동안 계속되었다.

관목을 먹는 것-주요 반응 표현은 앞다리를 사용하여 관목의 잎을 뜯는 것이다. 위에 열거한 주요 표현 외에 또 두 가지 표현이 보충 관찰되었다. 즉 뒷발을 들거나, 앞발을 움직이는 것. 산양은 앞다리를 힘차게 들어 나뭇가지 위에 올려놓아 아래로 휘게 하거나, 관목 끝 부분을 가까스로 물어뜯는 것 등이 있다. 이런 행동은 발정기에 나타나곤 한다.

바위 식물을 먹는 것-주요 반응은 산양이 뒷발로 서서, 앞발은 바위 절벽 면에 기대고 식물을 뜯어 먹는 것이다. 이 반응이 위의 행동과 흡사하지만 앞다리의 작용과 본질적인 차이점이 있다. 여기서는 앞다리가 보조적 작용을 하고 주요는 뒷다리로 몸을 세워 지탱하는 것이다. 이 반응은 1년 어느 때나 관찰되었다.

땅에서 신갈나무나 호두나무 등의 열매를 주워 먹는 것-주요 반응은 입술로 열매를 주워 먹는 것이다. 보조 동작은 주둥이로 낙엽이나 눈을 헤치고 열매를 찾는 것이다. 이 행동은 가을과 겨울에 나타난다.

뿌리를 먹는 것-주요 반응은 뿌리 주위를 돌며 뜯어먹는 것이다. 보조 동작은 앞발로 흙을 파헤치는 것이다. 이 행동은 늦은 겨울철에 관찰된다.

<u>**채식행동의 생태 유형**</u>-산양의 연간 생활 주기는 4계절로 나눌 수 있다.

겨울은 전체 기간에서 제일 길며, 얼기 시작해서부터 - 이때 녹색 식물은 사라진다(11월) - 이듬해 다시 풀이 돋아날 때(4월)까지를 말하고, 총기간은 약 6개월 지속된다. 이 기간의 주요 특징은 메마른 풀과 관목 식물이 먹이의 절대적 비율을 차지한다는 것이다. 채식지에 따라 다소 다르겠지만 이때 운동시간의 90%를 채식을 위해 소모한다. 먹이 중 나무-관목 식물이 때론 40%를 초과한다. 이 기간 중 산양이 선호하며 맛도 좋고 양도 많은 먹이식물은 4종의 쑥을 포함하여-그멜린쑥(*Artemisia gmelina*), 해변쑥(*Artemisia littoricola*), 만주쑥(*Artemisia mandshurica*), 넓은잎외잎쑥(*Artemisia stolonifera*), 사이토쑥(*Artemisia saitoana*), 띠(*Imperata cylindrica*), 피침형 띠(*Imperata sp.*), 산새풀(*Calamagrostis langsdorfii*), 신갈나무(*Quercus mongolica*), 싸리(*Lespedeza bicolor*), 굴참나무(*Quercus variabilis*), 개암나무(*Corylus heterophylla*), 아무르매발톱나무(*Berberis amurensis*)이다. 특별히 좋아하나 양이 많지 않은 먹이는 갈퀴나물(*Vicia angustifolia*), 향살갈퀴나물(*Vicia*), 오이풀(*Sanguisorba officinalis*), 왕머루(*Vitis amurensis*)와 보리수나무(*Elaeagnus umbellata*)이다. 이런 먹이 식물들은 1년 4계절 내내 높은 출현빈도를 보인다. 초겨울 눈이 아직 깊이 쌓이기 전에는 신갈나무도 먹이의 커다란 비중을 차지한다. 이외 매발톱나무의 장과도 먹는다. 산양이 이용하는 나무류 세 가지의 직경은 평균 4.5㎜로 최고 9㎜까지 달한다.

산양의 주된 행동은 채식지를 찾아가서 냄새를 맡으며 먹이를 선택하여 입으로 뜯고 씹어서 삼키는 일련의 행동으로 이어진다. 산양의 활동 시간분배는 <표 3>에 기입하였다.

〈표 3〉 산양 겨울 채식지 산비탈 눈이 없는 지역에서의 시간 분배(%)

행동유형	1974년 12월 17일(n=3의 평균치)	1975년 1월 5일(n=8의 평균치)
기본채식 행동	84.6	72.4
방향판정 반응	5.9	10.2
움직임	5.2	4.7
방향판정+씹는 행동	4.3	12.7

채식지에서 움직임의 속도는 40~120m/h, 평균 60m/h(Voloshina 등, 1976)이다. 폭설이 오기전과 온 직후 산양은 언제나 뚜렷하게 먼 거리를 이동한다. 즉 눈이 많이 오면 산양은 제한된 지역에 고립되며 이 시기에 먹이가 부족하여 한 곳에 오래 머물지 않고 먼거리를 이동하는 것이다.

봄은, 4월 푸릇한 식물이 자라나서부터 시작하여 5월 말 참나무 잎이 무성해질 때까지를 말한다. 이 시기의 특징은 대량으로 녹색 새싹을 먹는 동시에 마른 식물도 함께 먹는 것이다. 식물체 높이는 2~5cm이다. 주요 먹이식물은 달래(*Allium monanthum*), 갯그령(*Elymus mollis*), 사초(Carex sp.), 양지꽃(*Potentilla fragarioides*)이다. 그중 특히 즐겨 먹는 것은 달래라고 할 수 있다. 달래는 험준하고 돌이 많은 지역에서 자라고, 4월 초 심지어는 3월 말에도 제일 먼저 나타나는 식물의 하나이다. 4~5월에는 달래의 새싹을 발견하기 아주 어려워진다. 이때 채식지는 다른 식생으로 변한다. 산양에게 이처럼 적합하고 맛있는 식물은 달래 외에는 없을 것이다. 더욱이 겨울철에는 산양이 달래가 지상에 노출된 녹색부분을 신속히 뜯어 먹는다. 이 때문에 겨울에 비해, 단위시간에 뜯는 빈도가 10배 이상 증가한다. 예로 1월에 분 당 뜯는 빈도가 2~7차례(평균 4.5차례)라면 봄이 되면 평균 약 30차례가 된다. 산양은 풀 외에 참나무, 자작나무와 물박달나무, 개암나무와 매발톱나무 등 나무의 잎도 즐겨 먹는다. 이때의 이동속도는 매 시간당 약 240m이다.

여름이 되면 산양의 먹이는 녹색먹이식물의 출현으로 풍족해진다. 그러므로 산양은 작년에 돋았던 마른 식물은 전혀 먹지 않고 올해 돋은 녹색부분만 먹는다. 이 기간은 약 3개월간 지속된다. 먹이식물의 종수는 급격히 증가한다. 식물학자 N. A. Shaulskaya(1980)의 자료에 의하면 여름철 산양이 먹을 수 있는 풀, 관목과 나무는 268종이라 예측하였는데 그중 223종을 선택하였다고 한다. 우리가 관찰한 바에 의하면 여름철에는 봄철의 탐스러운 먹이를 먹기보다는 질 좋은 먹이를 선택하는 것이 특징이다. 그렇기 때문에 시간당 먹이를 뜯는 빈도는 다시 저하된다. 그러나 채식지 내에서의 이동 속도는 겨울보다 빨라 매시간 33～200m, 평균 91m/h(n=9)이다. 식물을 뜯는 높이는 30～50㎝이다. 키가 큰 식물의 경우 끝 부분만 먹는다. 예로, 1975년 6월 강기슭에서 길이 50m, 넓이 1m의 공간에 뜯어 먹힌 식물이 451개체였는데, 그것들은 23종의 초본식물에 속했고, 그중 70%가 달래였고, 산새풀(*Calamagrostis langsdorfii*)과 띠가 다음으로 많았다. 또한 보다 낮은 산비탈지역에는 풀도 보다 높게 자랐고 큰 바위도 있었다. 이곳 단위 면적 내에서 먹힌 흔적은 145개체였고 그 종수는 14종에 달했다. 첫 지역에서는 띠가 50개체를 차지했고, 그다음은 산새풀이 22개체, 오이풀(*Sanguisorba officinalis*)과 싸리(*Lespadeza bicolor*)가 약 12개체를 차지하였다. 이 4종의 식물이 총 먹이의 58%를 차지하였다.

산비탈의 보다 윗부분(해발 200～300m)의 50×1㎡ 지역에서 100개체의 먹이 흔적을 발견했다. 식물종수는 11종에 속했고 그중 띠가 26개, 산새풀이 18개, 싸리가 10개였다. 이 몇 종이 총 먹이의 54%를 초과하였다. 다른 지역의 먹이 비례관계를 보아도 산양은 계절적으로 산비탈 초원지대를 선호한다는 것을 알 수 있다.

산양의 영양차원에서 볼 때 가을철은 10월부터 시작된다. 10월이면 많은 식물체가 시들기 시작한다. 이곳의 가을철은 짧아 오로지 두 달만 지속된다. 이때의 먹이 특징은 녹색식물과 마른식물을 함께 먹는 것이다. 열매와 장과가 중요한 위치를 차지한다. 그중 신갈나무(*Quercus mongolica*)의 열매가 제일 중요하며, 이 나무의 열매가 풍작인 해에는 신갈나무 열매가 산양의 주요 식량을 구성한다. 늦 가을, 산양의 먹이 행동에는 재미있는 특성이 관찰된다. 처음에는 땅에 쓰러진 풀줄기와 잎을 먹고 뿌리 부분은 그대로 두고 거의 먹지 않는다. 보다 연한 식물인 털손이풀(*Geranium*), 쥐손이풀(*Geranium sibiricum*), 우단쥐손이풀(*Geranium vlassovianum*)과 넓은 잔대(*Adenophora sublata*)를 먼저 먹었다. 이렇게 눈 올 때까지 지속된다. 채식 행동에서의 이런 특성은 더욱 합리적인 먹이 이용을 가능케 한다. 눈이 덮이기 전에 먼저 윗부분을 먹어 이용함으로써 산양은 50～100ha의 극히 제한된 범위 내에서도 월동할 수 있게 된다. 만약 눈이 별로 오지 않는 해라면 산양은 보통 먹이 부족의 곤경에 빠질 걱정이 없다. 위에서 지적한 바와 같이 산양은 기타 여러 발굽동물과 달리 겨울에 먼 채식지로 가지 않는다. 산양은 깊은 눈 속의 먹이를 섭취할 수 없다. 오로지 식물의 지상 부분만 뜯어 먹을 수 있다. 그렇기 때문에 산양은 눈 깊이가 10㎝ 이하여야지만 주둥이로 눈을 파헤칠 수 있다.

산양은 산속의 샘터나 개울가의 물을 마신다. 산양은 흔히 산 개울의 물흐름 폭이 0.5 ～1m인 개울을 택하여 1～3㎞ 범위 내에서 이용한다. 개울은 절벽이 있는 곳에서는 폭포를 이룬다. 이외 수많은 작은 개울들이 급한 경사면이나 좁은 절벽 사이를 지나 흐른다. 산양은 운동 중 가끔 물을 발견하면 적당한 자리를 선택하여 머리를 숙이고 1～2분 정도 물을 빨아올려 먹거나 입술로 물을 핥아 먹기도 한다. 차후 관찰에 의해 알려진 일이지만 산양의 음수처는 사람의 손바닥만 한 곳이었다. 겨울이 되면 샘물은 얼어붙고 산양은 눈을 먹기 시작하여 하루에도 몇 번씩, 특히 먹이를 먹은 후는 꼭 물을 마신다. 눈을 한번 먹는 지속시간은 평균 1분이지만 긴 기록은 8～25분까지 있다. 눈을 먹을 때는 흔히 혀로 핥아 먹는다. 그러나 때론 입술로 덮쳐 삼키기도 한다. 미량 원소의 결핍을 느낄 때는 바닷물이 튕겨 소금이 붙어 있는 식물을 먹어 보충한다. 겨울철, 폭풍우 후에는 장소에 따라 소금으로 덮인 자리가 뚜렷이 바위와 풀 위에 하얗게 한층 쌓인다. 당연히 이러한 지역에서 위와 같은 먹이를 먹으면 산양은 충분한 소금과 미량원소를 섭취할 수 있다. 이외 특히 험준한 지역에서는 가끔 노출된 토양이 있는데 거기에 산양의 발자취가 나타나는 것으로 보아 산양은 점성 토양이나 기타 토양 등을 섭취하는 것이라 추측된다. 이러한 곳의 토양에는 거의 높은 함량의 미량 원소가 포함되어 있으며, 이는 유기체의 생명에 불가피한 물질이다.

산양이 바닷물을 마시든가 파도에 밀려온 해초를 먹는 것을 우리는 수차례 육안으로 또는 발자국으로 관찰 판단하였다. 바닷가에서 산양 발자국이 흔히 발견되는데 그 특징은 바닷가 근처를 배회하는 것으로 직접 바다를 향해 멀리 가는 것은 아니었다. 산양이 바닷물 가장자리에서 5～10m 떨어진 바닷가에 서 있는 모습을 우리는 여러 차례 보았다. 그러나 그들은 바닷물, 밀려온 해초에 대해서 아무런 관심이 없는 듯하다. 문헌(Bromley, 1963; Veinger, 1963)에는 산양은 바닷물을 먹고 밀려온 해초를 먹는다고 기록되었다.

먹은 식물은 반추된다. 산양도 기타 반추동물과 같이, 우선 제1위에 식물을 가득 채운 다음 다시 반추한다. 반추는 누워서 휴식할 때 진행한다. 반추는 누우면 즉시 하기도 하고 때론 10～15분 지난 후 하기도 한다. 산양은 선 채 반추하는 일이 아주 드물다. 그러나 겨울에 눈이 많이 내린 경우에는 눈 위에 잘 눕지 않는다.

산양은 먹은 식물을 덩어리로 엉키게 한 후 토해 새김질하여 다시 삼키고 그다음 소화시킨다. 이렇게 한 번 되씹는 전 과정을 다 완수하려면 30～118차례, 평균 70.6(n=282)

차례 씹어야 하는 데 걸리는 시간은 25~82초, 평균 63.4초(n=263)이다. 반추 기간은 수십 차례의 주기적인 되씹는 행동으로 구성한다. 10~40차례의 측정에 의하면 전 반추과정의 시간은 11~36분 걸린다<표 4>.

주기 내 반추동작의 수는 개체에 따라 다를 뿐만 아니라 한 개체일지라도 때마다 그 변화가 심하게 나타난다. 한 개체에 제일 적은 변화는 60~77차례이고 제일 큰 변화는 36~80차례에 달하였다. 즉 그 변동률은 20.7~75%로 그 범위가 폭넓었다. 매 주기 내에 반드시 몇 번 되씹어야 한다는 고정적 수는 없었고 성별에 따라서도 차이가 나타나지

<표 4> 여러 산양의 반추 차례 수와 지속시간

날짜	성별, 연령	주기 내 씹는 동작 수			한 번 씹는 시간			반추 주기 수
		평균	최소	최대	평균	최소	최대	
1976.4.3	새끼	72	64	87	58	52	69	11
1976.4.3	암컷	64	60	72	53	47	60	8
1976.4.3	암컷	66	55	76	52	44	57	8
1975.10.26	수컷, 26번	87	79	95	64	57	75	5
1974.11.23	암컷	67	57	73	49	41	53	5
1974.11.23	암컷	75	60	90	52	45	60	2
1975.11.7	수컷, 26번	66	36	80	56	30	66	8
1975.11.8	암컷	93	87	100	72	69	75	6
1975.11.8	수컷, 26번	75	65	86	51	45	57	18
1975.11.19	새끼	98	80	110	55	45	68	3
1976.12.2	새끼	93	75	118	57	47	82	5
1976.12.2	암컷	68	60	77	56	47	69	22
1976.12.15	수컷	68	57	83	48	43	56	10
1976.12.15	암컷	82	75	92	57	52	62	8
1976.12.17	암컷	64	42	79	49	31	61	18
1974.12.20	수컷	68	61	74	52	45	63	17
1975.5.10	암컷	69	60	78	57	48	64	17
1975.5.12	수컷	68	30	95	49	25	71	33
1975.5.24	암컷	55	54	68	49	44	58	8
1975.5.30	암컷	62	52	80				11
1975.7.3	암컷	81	71	96	55	48	67	19
1975.6.3	암컷	69	43	79	58	50	71	15
1975.6.9	암컷	74	64	90	55	47	65	7
1975.6.9	수컷	65	56	72				8
1975.6.21	암컷	68	58	72	47	41	59	7
1975.6.2	암컷	68	61	73	39	35	42	3
합계		71	30	118	53	25	82	282

않았다. 그러나 새끼의 반추 수는 성체보다 1.17배 높았다<그림 8>. 계절적인 변화와 개체 간의 특징도 찾아볼 수 없었다. 성체 개체의 반추 평균수는 70차례 전후였으나 날짜와 개체에 따라 변화하였다. 그러나 알려진 바에 의하면 어떤 유제목 동물에서는 매우 고정적이라고 한다. 예로 사향노루(*Moschus moschiferus*) 한 개체의 반추 횟수는 언제나 고정적이고 각기 다른 개체에서는 변화가 있는데, 그 횟수가 45~63차례 범위를 가진다(Sokolov, Prikhod'ko, 1980). 히말라야타르(*Hemitragus jemlahicus*)의 반추 횟수도 한 개체에서조차 일정하지 않다(Schaller, 1973). <표 5>에 유제류에 해당하는 평균치를 인용 기입하였다.

<그림 9>에는 반추 수와 그 지속시간의 관계를 나타내었다. 즉 반추 주기 지속시간을 표하였다. 그림에서 개체 간의 또는 한 개체의 날짜별 변화의 상관 계수를 뚜렷이 엿볼 수 있다. 이상 특정치 간의 변이관계는 때론 일반적이고(r=0.6), 때론 아주 긴밀하게 (r=0.9) 나타났다. 모든 산양 개체의 상관 계수 평균치는 r=0.8로 관계는 긴밀하지만 그리 깊지는 않았다. 이것은 산양의 반추 주기의 지속시간은 64%의 변이확률하에서 반추동작이 변화되고 있다는 것을 말해준다. 성체와 유체 간의 반추 속도에는 커다란 차이가 나타나지 않았다. 성체의 반추동작 속도는 초당 1.3차례였고 1년생에서는 1.7차례였다.

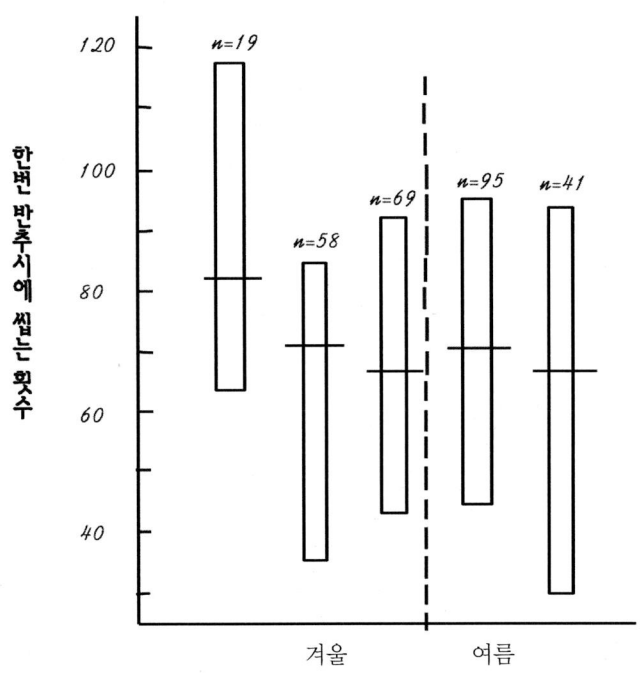

<그림 8> 암수 성숙개체의 대표적인 반추 수 비교. 횡선은 산수 평균치를 의미한다.

반추 주기의 반추 수와 지속시간 간의 변이성을 비교한 결과, 산양의 이 치수는 가축 면양과 히말라야 타르와 별다른 차이가 없으나 기타 종과는 차이가 크다. <표 5>에 인용된 각종의 반추 주기 지속시간은 비교적 고정적이다. 이로 볼 때, 히말라야타르의 씹는 속도가 제일 빠르고 미흐노브시키족면양의 속도는 중간 정도에 속한다.

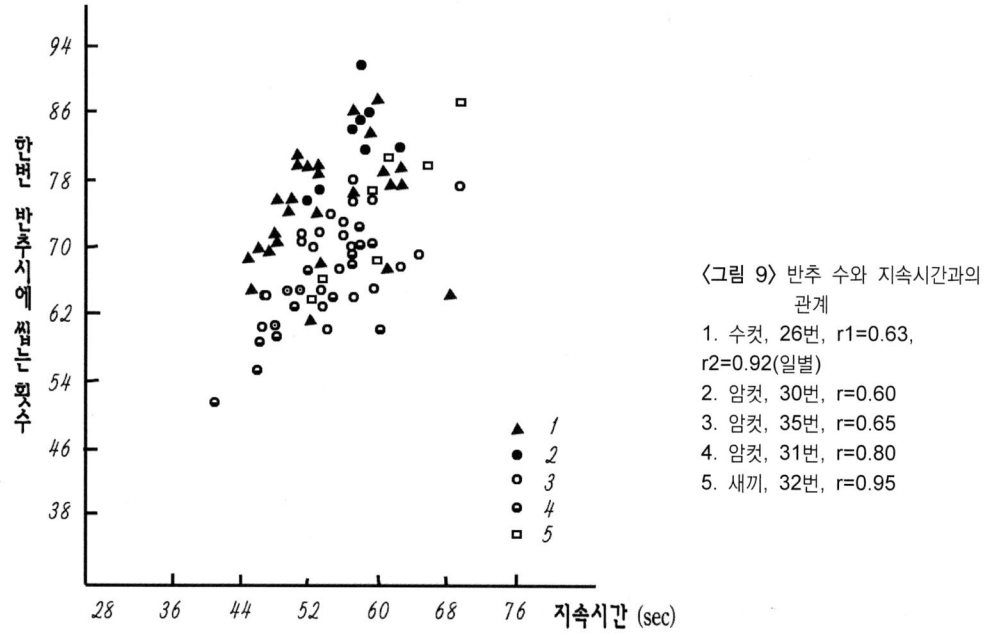

〈그림 9〉 반추 수와 지속시간과의 관계
1. 수컷, 26번, r1=0.63, r2=0.92(일별)
2. 암컷, 30번, r=0.60
3. 암컷, 35번, r=0.65
4. 암컷, 31번, r=0.80
5. 새끼, 32번, r=0.95

〈표 5〉 유제류 반추 주기 내의 각 반추 수와 지속시간 변화 비교표

종별	주기 내 반추 수			일주기반추지속시간(초)			n	출처
	평균	최소	최대	평균	최소	최대		
아무르산양	71	30	118	53	25	82	282	저자 자료
히말라야타르	78	65	87	49	40	65		Schaller, 1973
면양 (아스츠로꼬스끼)	76	65	86	49	42	70	542	Yarov, 1969
면양 (미흐느브스키)	66	58	74	51	45	72	578	Yarov, 1969

결론

1. 산양의 채식행동은 8개 주요 반응으로 구성된다.

2. 채식행동의 36개 배합 반응조 중 제일 많이 나타나는 반응은 아래 6개조이다. 머리를 숙이고 풀을 뜯기, 뜯고 씹기, 씹고 뜯기, 씹고 머리 들기, 씹으며 걷기, 걸으며 풀 뜯기이다.

3. 채식 행동의 6개조 전형적 반응의 분할법은 먹이의 소화에도 적합하다.

4. 산양의 식생범위는 아주 넓다. 즉 서식지에 분포한 총 식물종수의 60%를 선택(500종 이상)한다. 동시에 초본을 많이 섭취하는 경향이 보인다. 특히 1년생 산양은 초본을 주로 먹는다.

5. 채식지에서의 이동 속도는 봄철이 제일 빠르고(240m/h) 겨울이 제일 느렸다(60m/h).

6. 한 먹이 덩어리를 되씹는 숫자와 이를 위한 소모시간은 개체마다 많이 달랐다. 반추 숫자와 속도는 유체(한 살 미만)가 성체보다 훨씬 빨랐다.

제2장 경계행동(Defensive behavior)

　모든 동물체는 서로 작용하며 살아가는 과정에서 언제나 자기보호 본능을 나타낸다. 만약 동물이 어떤 위험을 느꼈을 때, 모든 자발적 행동은 차단된다. 때문에 경계행동에 대한 보다 많은 연구가 필요하다.

　방향판정 행동은 경계행동과 밀접한 관계가 있다<그림 10>. 때문에 방향판정 행동이 항상 먼저 나타나고 그 후 다음 형식의 행동이 뒤따른다. 한 행동형식에서 다른 형식으로 전환할 때 항상 직접적으로 바뀌는 것이 아니라 짧은 시간이나마 방향판정 단계를 거쳐야 하는 것이다. 물론 이것은 여러 기초적인 반응으로 이루어지겠지만 어떠한 행동이 먼저 오는가에 따라 약간 달라질 수 있다. 동물은 반드시 주위 환경을 그처럼 단순히 보지 않고 있다. 일련의 사실이 이야기하듯 동물은 언제나 자기 행동을 지배한 그 환경적 자극원을 애써 찾으려고 한다. 이는 L. M. Baskin(1976)의 명언이다.

　이렇게 지속적인 행동 과정에서 방향판정 행동은 언제나 다른 행동에 비해 우위를 차지한다. 경계행동을 일으킬 방향판정 행동의 주요 원인은 상황이 불명확하기 때문이다. 만약 채식 행동 전에 방향판정 행동이 일어났다면 다음은 먹이를 찾아가는 행동일 것이고 또는 번식 행위 전이라면 짝짓기 대상을 향할 것이다. 이때 시각 청각과 후각 분석기관은 동시에 작동하여 미심쩍거나 위험이 나타난 방향을 향한다. 때문에 경계행동 전의

A　　　　　　　　　B

〈그림 10〉 산양의 경계자세
A. 2년생 수컷,　　B. 3개월 새끼 산양

방향판정 행동은 풀을 뜯을 때, 편안하게 쉴 때 또는 번식과 모성애를 표현할 때보다 훨씬 긴 시간이 지속될 수 있다.

분명히 유제류의 여러 대표동물은 방향판정과 경계행동에서 나타나는 일련의 기초적인 반응이 서로 유사한 점이 많다. 몸 구조가 그만큼 흡사하기 때문이다. 그러므로 아래 묘사될 아무르산양의 전형적 행동은 기타 유제류에 해당하는 행동과 공통점이 많을 것이다.

강조할 점은 방향판정이나 놀람 등 반응과 연관된 산양의 특징적인 행동은 항상 똑같은 결과를 초래한다. 이로 볼 때 그 사이에는 어떤 근본적인 내부적 연계가 있는 것이다. 즉 한 개체가 신호를 표현하면 다른 개체가 그것을 접수하는 것이다(Panov, 1978). 기타 유제류 동물과 같이, 산양의 경계행동에는 흔히 심각한 소리 신호가 동반되고 동시에 이동 행동과 표기 행동이 뒤따른다. 경계행동은 형태적인 경계행동과 생태관점의 경계행동이라는 두 종류로 구분할 수 있다. 특히 전자는 반응 자세와 종합적인 경계행동을 위주로 묘사한다<표 6>.

〈표 6〉 경계행동의 통계량

연도	만난 그룹 수	그룹의 개체 수	쫓긴 그룹 수	쫓긴 개체 수	불안한 소리를 낸 행동 수
1973	35	110	4	21	41
1974	134	458	5	54	102
1975	298	733	14	77	131
1976	212	808	11	60	115
1977	45	77	2	24	43
1978	139	254	3	70	119
총계	863	2,440	39	306	551

형태적 경계행동

산양의 행동은 제일 낮은 수준에서 제일 높은 수준까지 구성이 복잡하나 기초적인 반응을 아래와 같이 구분할 수 있다.

1. 의심스러운 쪽으로 머리를 돌리기

2. 뒷다리를 바르게 펴기

3. 앞다리를 바르게 펴기

4. 몸 돌리기

5. 걷기

6. 한쪽 다리를 들어 공중에서 정지

7. 한쪽 앞발로 땅 차기

8. 두 앞발로 땅 차기

9. 꼬리 들기(흔들기)

10. 뜀질

11. 경고음('하프')

12. 앞다리 구부리기

13. 뒷다리 구부리기

14. 몸을 땅 쪽(아래로)으로 누르고 목을 길게 빼기

15. 귀를 머리에 붙이기

16. 꼬리를 몸에 딱 붙이기

17. 관찰

위 여러 반응으로 아래와 같은 자세를 이룬다.

A. 산양은 누운 상태에서 머리를 위험이 있는 쪽으로 돌린다.

반응17, 1 혹은 17, 1, 12, 13 또는 17, 1, 12, 13으로 구성된다.

B. 멈추어 서서 위험 있는 방향을 관찰한다.

17, 1, 9; 17, 1, 4, 9; 17, 1, 4, 5, 9; 17, 1, 2, 3, 4, 9 반응이 일어난다.

C. 세 다리가 땅에 닿는 걸음걸이(천천히 걸으면서 가끔씩 세 다리로 멈춰 서는 것)

5, 6, 5, 6, … ; 5, 6, 5, 6, …, 17, 1.

D. 돌발적으로 발걸음을 떼며 앞발로 땅을 구르기.

5, 7, 5, 7, …, 17, 1; 5, 7, 5, 7, …, 17, 1, 9.

E. 시위적인 뜀질

10, 8, 10, 8, … ; 10, 8, 10, 8, …, 1.

F. 지속적인 경고음

11, 11, …, 9; 11, 11, … 17, 1, 9; 11, 11, …, 17, 1, 4, 5, 9.

G. 질주

10, 10, ….

H. 땅에 눕기

14, 15, 16; 12, 13, 14, 15, 16.

I. 은폐장소에 서 있기

17, 1, 4, 5; 17, 1, 4.

전형적인 행동은 지속적인 여러 자세로 이루어진다. 우리는 경계행동을 3가지로 나눈다.

'탈주'는 위험이 뚜렷이 밝혀진 상황에서 나타난다. 위험이 나타나면 산양은 머리를 돌리고(A, B)*, 만약 누워 있는 자세라면 벌떡 일어나서 신속히 탈주한다(G). 이상 행동은 1~2분 이내에 끝마친다.

'불안'은 불명확한 위험 속에서 나타난다. 위험이 나타나면 산양은 머리를 돌리거나(A) 만약 누워 있었다면 일어난다(B). 다음은 가깝고 시야가 넓은 쪽으로 몸을 옮긴다(B, C). 그리고 위험이 어디서 발생하는지 자세히 살펴 본다(B). 그 다음 높고 짧은 뜀질로(시위 행동; 이리 뛰고 저리 뛰며) 두 앞발로 땅을 구른다(E). 다음 돌발적으로 발걸음을 뗀다 (D). 그리고 경고음을 내거나(F) B 자세를 취하거나 뛰어 움직인다(E). 산양은 외칠 때 보통 머리를 위험 있는 방향으로 돌리고 몸을 한쪽으로 향하고 서 있다. 경고음을 보낼 때 항상 꼬리를 함께 흔든다. 대체로 꼬리를 흔드는 것은 어떤 행동(외침, 걸음, 몸돌림)을 취함을 의미한다. 만약 위험이 사라지지 않는다면 산양은 서서히 움직여(C) 숨어버리 거나 뛰어 달아난다(G). 이런 행동을 취하기 전 산양은 보통 위험 쪽을 멀리 떠나면서 옆으로 그곳을 쳐다본다. 이러는 과정에서 길을 선택하고, 꼬리를 들어 흔들며 선택한 통 로를 향해 탈주한다. 이렇게 산꼭대기나 돌이 돌출한 은폐장소 부근에 도착해 멈추어 서 서 뒤를 돌아본 다음 다시 움직인다. 이 일련의 행동은 2시간 지속된다. 이러다가 F 자세 로 돌아와 경보의 외침을 보내기도 한다.

'숨기'는 갑자기 위험이 맞닥뜨릴 때 나타난다. 만약 누워 있던 상태라면 머리를 앞으 로 빼고 몸을 땅에 밀착한다(H). 만약 서 있던 상태라면 어디론가(나무통이나 가지 뒤로) 감쪽같이 사라진다(I). 또는 살그머니 누워 'H' 자세를 취한다. 만약 위험이 사라지지 않 거나 증가하면(예로 사람이 15~20m로 접근하면) 행동은 '탈주'하는 행동으로 전환된다.

*: 괄호 속의 알파벳은 자세 번호이다.

생태 관점에서의 경계행동

일정한 경계거리를 두고 관찰하며 우리는 산양이 어느 간격에서부터 경계행동의 기본 반응이(탈주, 숨기 등) 나타나기 시작하는지를 연구하였다. 몸을 숨기는 습성이 없는 동물인 경우, 이는 경계거리이자 탈주거리이다. 즉 이 거리에서부터 동물은 위험이 발생한 곳으로부터 멀리 피하기 시작한다(걸어서 또는 잰걸음으로). 아무르산양같이 숨는 습성을 지닌 동물이라면, 경계거리는 숨는 거리 또는 탈주거리와 일치한다.

경계행동의 서술은 사람, 또는 모터보트, 작은 배의 접근 반응을 표준으로 하였다. 우리는 산양을 306차례 쫓아 관찰하였다. 그러나 그중 99차례만이 사람이 점차적으로 산양에 접근하면서 그의 행동을 완벽히 관찰할 수 있었다. 때문에 이 부분자료만을 경계거리 분석에 쓸 수 있었다. 산양의 탈주거리는 사람이 평균 87.7m(25~200m)(n=57)에 접근하였을 때였고, 모터보트와 작은 배의 접근 거리는 154.3m(0~400m)였다. 숨는 행동이 나타나는 거리는 75m(50~110m)(n=10)였다. '불안'을 느끼는 거리에서는 경고음을 내기 시작한다. 그 거리는 63.8m(35~90m)(n=4)였다. 이로부터 위 3개 거리(작은 배의 탈주거리는 제외)의 평균 경계거리는 84.1m였다. 이 수치의 변화는 서식지 특징, 산양의 성별과 연령 등의 차이에서 온 것이다. 그러므로 단독적으로 생활하는 개체에는 85.1m, 새끼는 60.8m, 1년생 독신 또는 새끼와 함께 있는 성체는 66.8m이고 2~5개체의 혼합 군집은 94.8m의 탈주거리를 보였다. 이렇게 젊은 개체가 제일 두려움이 없는 것으로 나타났다. 흥미 있는 일은 단독적으로 생활하는 개체와 개체군생활을 하는 개체의 경계거리는 대체로 같은 것이다. 알려진 바에 의하면 개체군을 이룬 동물은(특히는 순록 *Rangifer tarandus*) 경각성이 떨어지고 가깝게 접근할 수 있다고 하였다(Baskin, 1970). 이로 볼 때, 산양은 그룹 종과는 달리 단독 생활과 그룹 생활의 중간 상태의 종인 듯하다.

경계거리는 당연히 서식지의 조건과 크게 관련된다. 열린 공간에서의 경계거리는 산림 지역보다 훨씬 먼 것이다. 즉 산양이나 사람이 모두 산림 속에 있다면 39.7m이고 만약 사람이 산림 속에 있고 산양이 개활지에 있다면 그 거리는 97.5m이고, 만약 사람과 산양이 모두 개활지에 있다면 경계거리는 95.5m로 멀어진다. 즉 산양이 개활지에서는 보다 먼 거리를 두고도 위험을 느낄 것이고 만약 사람이 나무 중간에 서 있다면 그것을 감지하기 어렵기 때문에 위험 거리가 무척 짧아지는 것이다.

위험에서 벗어나는 산양의 전략은 가급적 신속히 그 시야에서 벗어나는 것이다. 끊어지고 기복이 심한 지역이 오히려 산양에 유리한 조건이 된다. 산양은 제일 가까운 협곡으로 사라져 산봉우리로 올라 피신한다. 이렇게 경사면을 따라 산 위로 올라 탈주하는 종은 산양 외 순록, 사이가(*Saiga tatarica*), 사향소(*Ovis moschatus, Zimmermann*) 등 기타 유제류가 있다. 아르갈리양(*Ovis ammon*)은 우선 사람 먼저 사람의 육안을 피하려고 노력한다(Baskin, 1976). <그림 11>에 산양이 선택한 탈주 방향을 제시했다. 보시다시피, 산양은 자신이 잘 알고 있는 산비탈을 질러서 산봉우리로 오르는 방향을 선택해 탈주한다. 사람이 산비탈 위 측에 나타났을 때, 산양은 위 쪽으로 탈주하지 않는다. 만약 사람이 산기슭에서 쫓으면 산양은 원래 익숙한 주요 방향으로 탈주한다.

탈주 방향이 달라지는 일은 아주 드물다(Bromley, 1963). 보통 쫓기는 산양은 언제나 바위가 있는 쪽을 우선으로 선택한다. 문헌에도 이러한 상황이 많다고 기입되어 있듯이, 산비탈을 따라 위로 탈주할 때가 제일 많고, 산허리에 있는 절벽지대를 지나 산림 속으

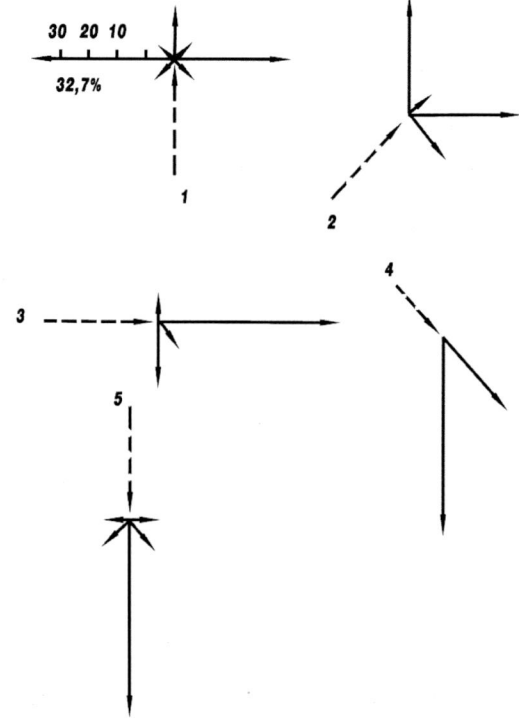

〈그림 11〉 같지 않은 방향에서 쫓을 때 산양이 선택한 탈주 방향.
쫓는 방향: 1. 위로; 2. 비스듬히 위로(사상);
3. 옆에서; 4. 비스듬히 아래로; 5. 밑에서.
점선 화살표는 쫓는 방향, 실선 화살표는 탈주 방향

로 사라진다. 정착성 동물처럼, 산양은 탈주거리를 최대한 애써 줄인다. 이렇게 산양은 자기가 차지한 서식지를 쉽게 버리고 떠나지 않는다. 만약 부득이한 경우, 떠났다가도 빠른 시간 내에 되돌아오려고 한다.

위에서 우리가 분석하듯이 산양과 사람이 가깝게 만났을 때, 이 상황을 '명백한 위험'이라 명명할 수 있다. 즉 경계거리 이내에서 산양이 갑자기 사람과 부딪힐 때 상황을 말하는 것이다.

이 상황을 다시 검토해 보면, 산양은 불의에 은폐처의 사람을 발견하고 알아차린다. 우리는 이 상황을 '불안' 상태라고 할 수 있다. 왜냐하면 이때 산양은 위험의 존재를 즉시 판단할 수 없기 때문이다. 그래서 방향판정 반응(관찰)을 나타낸 후, 계속해서 정지 상태에 있거나 경계행동으로 전환한다. 이 마지막 행동의 출현은 불안이 나타난 거리, 불안의 강도와 지형 조건의 여하에 의해 결정된다. 강도의 표현은 사람의 외형인데, 즉 머리만인가, 완전한 몸체인가 또는 신체의 어느 부분(개활지 또는 나무 틈 사이로 보이는가, 움직이는가, 정지 상태냐)만 보이는가에 따른다. 거리 수는 3개 그룹으로 나눌 수 있다. -근거리(20m 이내), 중거리(21~50m)과 원거리(51~100m)이다. 강도는 2급으로, 즉 약한 불안은 머리 또는 움직이지 않는 신체 일부분, 강한 불안은 움직이는 몸체이다. 가까운 거리에서 약한 강도의 불안인 경우, 아래 5가지 중 어느 한 반응을 일으킬 수 있다. 즉 신속히 탈주, 천천히 탈주, 위험 등급을 판단(2분 이상), 경보적 외침을 내며 신속히 탈주, 계속 경보적 외침내기. 강한 불안은 단 하나의 반응만을 일으킨다-즉 신속히 탈주하는 것이다.

중등 거리에서의 상황은 또 다르다. 불안 강도가 약할 때 산양은 보통 즉시 탈주하지 않는다. 강한 불안 때의 반응은 여러 가지이다.

먼 거리의 약한 불안은 위와 같이 즉시 탈주하지 않고, 심한 불안이라면 반응은 각기 다를 수 있는데 신속한 탈주를 많이 선택한다. 약한 불안이라면 거리가 멀수록 반응은 적어지나 강한 불안 속에서는 반대로 거리가 멀수록 반응 수는 증가한다. 하지만 어떤 거리든지 강한 위험 속에서는 언제든지 신속히 탈주하는 것이 주요 반응이다. 위와 같이 초조한 심정이 심각하게 나타나는 반응은 대부분 탈주 운동을 자아낸다. 불안이 약한 수준에서는 개체에 따라 각기 다른 행동을 나타낸다. 확실한 위험이 결정되지 않는 한, 그들의 반응은 개체의 습성에 적합한 방식이나, 체험 등에 따라 다양해질 수밖에 없다.

결론

1. 경계행동은 "탈주", "불안"과 "숨기" 3개형으로 나뉜다. 사람이 접근할 때 86%가 탈주 행동을 나타냈다.

2. 사람이 접근할 때 탈주거리는 평균 87.7m이고, 작은 배인 경우는 154.8m였다.

3. 젊은 산양의 경계거리는 성체보다 1.5배 낮아, 평균 60.8m였고 성체는 85.1m였다.

제3장 성적행동(교미)(Sexual behavior)

과거에는 산양 발정기에 관한 전문적인 연구가 없었지만 성적 행동의 특징 및 발정기 생태학적 연구를 통해 *Nermorhaedus* 속뿐만 아니라 분류학적으로 근연 관계를 갖는 Bovidae (소과) 속들(*Capricornis, Oreamnos, Rupicapra, Capra, Ovis*) 사이의 분류학적 관계가 해결의 실마리를 던져줄 수 있다. 이 속들의 대표종들은 모두 고산이나 고산 산림 생활에 적응한 유형이다.

알려진 바와 같이 성적 행동은 4가지 기능이 있다. 즉 배우자 상호 간의 탐색, 교미과정에서의 상호작용, 잡종화 방지 그리고 배우자의 성적 경향을 촉진시키는 것 등이다. 성적 행동을 통해 이성 간의 상태가 일치되고 쌍방 배우자는 '구애'와 '교접' 속에서 교미반응을 일으킨다는 것을 우리는 알게 된 것이다. 우리의 과제는 이 과정을 세밀히 정리하고 수량화하여 기록하며 종의 성적 특징을 확립, 파악하는 데 있다.

형태학 성적행동

산양은 대부분 기타 유제류 동물과 같이 일부다처제 동물이다. 발정 초기에 수컷은 활발한 구애 행동으로 자기 영역 내의 암컷을 유인 자극한다. 일단 발정기에 도달한 암컷을 발견하면 수컷은 한시도 그 곁을 떠나지 않는다. 수컷은 수시로 교미를 시도한다. 이렇게 1~2일 동안 반복 교미를 이룬다. 수컷은 교미를 끝낸 후 또다시 다른 암컷을 찾는다.

산양의 발정은 두 단계-구애와 교미로 나눌 수 있다. 첫 단계에서 아래와 같은 주요한 기초적인 반응이 관찰된다.

1. 머리를 회전(수컷과 암컷에서 모두 관찰 기록되었다).
2. 서서히 함께 움직인다(수컷과 암컷에서 모두 관찰 기록되었다).
3. 함께 빨리 움직인다(수컷과 암컷에서 모두 관찰 기록되었다).
4. 뜀질(수컷과 암컷에서 모두 관찰 기록되었다).
5. *머리를 앞으로 내민다(수컷에만 한함).
6. *앞발로 암컷의 몸을 쓰다듬어 준다(수컷에만 한함).
7. 상대방의 얼굴이나 몸 기타 부분을 핥아 준다(수컷과 암컷에서 모두 관찰 기록되었다).

8. 뒷걸음친다(수컷에만 한함).

9. 머리를 들고 움직임 없이 서 있는다(수컷과 암컷에서 모두 관찰 기록되었다).

10. 머리를 숙이다(수컷과 암컷에서 모두 관찰 기록되었다).

11. 누웠던 자리, 분비물, 오줌 등의 냄새를 맡는다(수컷에만 한함).

12. *머리를 위로 올린다(수컷과 암컷에서 모두 관찰 기록되었다).

13. *머리를 이리저리 돌린다(수컷과 암컷에서 모두 관찰 기록되었다).

14. *입을 벌린다(수컷과 암컷에서 모두 관찰 기록되었다).

15. *윗입술을 올린다(수컷과 암컷에서 모두 관찰 기록되었다).

16. *혀를 내민다(수컷과 암컷에서 모두 관찰 기록되었다).

17. 뿔로 몸을 긁는다(수컷과 암컷에서 모두 관찰 기록되었다).

18. 가려운 곳의 냄새를 맡는다(수컷과 암컷에서 모두 관찰 기록되었다).

19. 가려운 곳을 핥는다(수컷과 암컷에서 모두 관찰 기록되었다).

20. 애~애~애 소리를 낸다(수컷과 암컷에서 모두 관찰 기록되었다).

21. 몸을 돌린다(수컷과 암컷에서 모두 관찰 기록되었다).

22. 머리를 아래로 숙이며 뿔을 과시한다(수컷에만 한함).

23. 뿔로 받는다(수컷과 암컷에서 모두 관찰 기록되었다).

24. 몸으로 밀면서 공격한다(수컷과 암컷에서 모두 관찰 기록되었다).

25. *암컷 음부의 냄새를 맡는다(수컷에만 한함).

구애 단계에 나타난 위 25개 반응은 다음과 같다(괄호 속의 번호는 반응 번호).

A. 걸음걸이(2, 2, …) - 암수에서 모두 기록되다.

B. 뛰어가다(탈주) - (4, 4, …) - 암수에서 모두 기록되다.

C. *아래로 머리를 내민다(low-stretch)(3, 3, …, 5). - 수컷만

D. 암컷의 몸을 쓰다듬는다(6, 7, 8, 8, …). - 수컷만

E. 활동 자국의 냄새를 맡는다(10, 11).

F. 입술을 올린다(12, 13, 14, 15)(Lipcurl, flehmen).

G. "메에에 메에에" 하며 여러 번 소리 낸다(2, 2, …, 14, 20, 20, …).

H. *혀를 내민다(2, 2, …, 14, 16, 16, …)(tongue-flick).

I. 식물 위에 표시행동(17, 18, 19)(marking of vegetation).

J. 뿔로 위협한다(21, 22) (horn threat, jerk).

K. 뿔로 공격한다(부딪치기) (butt, lunge) (21; 22, 23) 또는 (22-23), (22, 24, 23)

L. 갑작스러운 습격으로 위협한다(22, 3, 3)(rush).

M. *음부의 냄새를 맡는다(10, 25)(sniffing of vulva).

N. *암컷을 추격한다(2, 2, … 4, 4, …).

O. 수컷을 피한다(2, 2, … 4, 4, …).

P. 멈춘다(9).

산양의 자세와 기타 유제류의 자세를 비교하기 위하여 우리는 외국 문헌 중의 Dall sheep (*Ovis dalli*), Bighorn sheep(*O. canadensis*, Geist, 1968), 로키 산양(*Oreamnos americanus*; Geist, 1964)과 히말라야타르(*Hemitragus jemlahicus,* Schaller, 1973)의 유사한 자세를 골라 비교해 보았다. 어떤 자세들은, 예를 들어 입술을 올리는 동작<그림 12>, 뿔로 공격하는 동작들은 서로 다른 종이었지만 매우 흡사하게 나타났고, 그 동작들은 쉽게 구분할 수 있다. 기타 자세, 머리를 아래로 내미는 동작<그림 13> 등은 또 완전히 다르게 나타났다.

〈그림 12〉 입술을 올리는 수컷

〈그림 13〉 수컷의 자세-머리를 들다. 암컷은 뿔로 위협하는 자세(오른쪽)

교미 단계에 들어서면 새로운 반응이 나타나며 구애 단계의 일부 반응은 사라진다.

26. *앞다리로 공격(front kick, kick)(암수 모두 관찰됨).

27. *주둥이로 허리나 등을 찌른다(수컷에 한함).

28. *음부를 핥는다(수컷).

29. *암컷의 다리 핥는다(수컷).

30. *땅 위의 액체(물)를 핥는다(위와 같음).

31. *암컷의 등을 핥아준다(위와 같음).

32. *두 앞다리를 들어 올라타려고 한다(수컷).

33. *앞다리로 허리를 껴안는다(수컷).

34. *골반(엉덩이)을 움직인다(수컷).

35. *뒷발로 접근(수컷).

36. *삽입(수컷).

37. *사정(수컷).

38. *꼬리를 올린다(암컷에 한함).

39. *뛰어 내린다(수컷에 한함).

위 서술한 자세에 아래 자세를 보충한다.

Q. 교미를 시도한다(3, 5, 26, 27; 3, 5, 26; 3, 5, 27).

R. *교미(삽입) 실패(3, 5, 32, 3, 5, 33, 33; 3, 5, 33, 33, 34; 3, 5, 32, 33, 34, 35).

S. *교미(결합)(3, 5, 31, 32, 33, 34, 35, 36).

T. *교미 동시 사정(3, 5, 31, 32, 33, 34, 35, 36, 37).

U. *암컷의 교미 자세(9, 38; 9, 26, 38).

V. 점액을 핥는다(28, 29, 30).

* 이곳의 별표는 산양 성적행동의 특수 반응과 자세를 표시하였다.

G, H, J, K, L자세는 동시에 나타나지 않는다. 위 목록에 귀와 꼬리의 움직임은 포함시키지 않았다. 이것은 그 반응이 극히 드물게 나타나기 때문이다.

구애 단계의 성체 수컷의 행동 특징은 활발하고 변화가 다양하며 수시로 자기 영역 내의 암컷이 교미 준비가 되어 있는지를 점검하는 것이다. 수컷은 여기저기 다니며 A와 B의 자세를 바꿔가며 각 산양의 흔적을 세밀히 냄새 맡아본다(E 자세). 그다음은 입을 벌리고는 입술을 올리는 동작(F)을 하거나 주위를 반복하여 맡아 보며 위 자세를 다시 한번 보여주는 것이다. 그러나 반복적으로 입술을 올리는 동작은 아주 짧은 시간 내에 끝낸다. 그러나 3번 이상씩 반복하는 일은 또한 드물었다. 이 자세는 배설물이나 암컷의 오줌을 맡은 후 나타날 수도 있고, 가끔은 누웠던 자리를 맡고도 표시할 수 있다. 수컷은 돌아다니면서 나무나 관목의 굵고 가는 줄기에 많은 표시를 한다(자세 I). 자세 G와 H는 운동 중에서 나타나나 이 두 자세는 서로 바뀌는 경우가 거의 없다. 수컷은 한 암컷을 찾아 5~7m가량 접근한 후 멈추어 서서 유심히 바라본다. 그리고 빠른 걸음 또는 뛰어서 달려간다. 다음은 꼬리를 수평면으로 올린다. 얼굴을 앞으로 길게 편다(자세 C). 또 다른 상황에서는 수컷이 암컷을 1~1.5m거리까지 접근하다 멈추어 섰다가 계속 그대로 서 있는다. 이것으로 구애 행동은 완전히 끝난다. 암컷은 이에 대해 몸을 수컷 쪽으로 돌리며 뿔로 위협을 하거나(J) 피한다(B, O). 또 다른 상황에서는 수컷이 암컷에게 가까이 접근한 후 앞다리를 들어, 발굽으로 암컷의 주둥이, 다리 또는 옆구리를 세심히 쓰다듬어 준다. 동시에 그의 머리를 맡아주는 것이다. 수컷은 보통 이렇게 한 발로 1~7번씩 쓰다듬어주거나 쓰다듬고 냄새를 맡는 동작을 교체하면서 구애한다(자세 D). 이것이 끝난 후는 언제나 뒤로 2~3m 후퇴하고 꼬리를 내리고 멈춰 선다(자세 P). 이러한 구애 반응에 대한 암컷의 반응은 가지각색이다. 머리를 돌려서 뿔로 위협하거나(자세 J), 갑자기 공격하거나(자세 L), 또는 뿔로 공격(자세 K)하는데 때론 소리를 내기도 한다. 이 후 많은 암컷은 대부분 도주한다(자세 B, O). 그러면 어떤 수컷들은 그 방향을 따라 암컷을 추격하기 시작한다(자세 N). 수컷은 암컷 뒤를 따라 걷다가 뛰면서 접근을 시도한다. 이러는 과정 중 수컷은 기회를 찾아 한 발로 점프하여 암컷의 앞에서 길을 가로막는다. 이와 유사한 행동 특징은 시베리아설양(*Ovis nivicola*)에게도 나타난다(Geist, 1964). 이렇게 수컷은 발정 상태에 이른 암컷을 찾아내기까지 구애 행동을 그치지 않는다.

격렬한 행동은 여러 자세의 빈번한 표현으로 이루어질 수 있다. 이러한 자세를 파악하기 위하여 우리는 한 개체에 대하여 한 시간 동안 지속 관찰 기록함으로써 입술 올리기, 아래로 머리 뻗기, 음부냄새를 맡기, 앞발로 쓰다듬기, 외침, 혀 내밀기와 암컷을 추격하는 등 여러 자세를 알게 되었다. 본 관찰은 1974~1977년 10~11월 동안에 진행되었다. 총 관찰시간은 364시간이었다. 젊은 수컷 산양의 한 시간 내의 최소 자세 숫자는 0, 최대는 한 시간에 네 가지 자세가 나타났으므로 그 평균은 0.84(n=75)이다. 성체 수컷, 즉 우리에서 기르는 3살 산양은 한 시간에 자세를 바꾼 숫자는 0~4차례, 평균 0.86(n=64)이었다. 젊은 암컷의 표현 빈도는 조금 낮아 0~3.3, 평균은 0.7(n=11)차례였다. 서코카서스 투르(*Capra caucasica*)인 경우, 수컷 성체는 아무르산양보다 높아 2.7이었고, 젊은 개체의 빈도는 거의 비슷하였다(Veinberg, 1980). 하지만, 보다 정확하게 적절한 행동의 표현을 서술하려면 그 격렬한 행동의 출현빈도만 기록할 것이 아니라 그 지속시간의 상대적 차이도 파악해야 한다.

산양 성적행동 중 몇 가지 특징적인 자세의 출현빈도를 관찰 정리해 보았다. 입술 올리는 자세는 46차례 기록되었다. 그중 구애 단계에 한 번씩 나타난 것이 48%를 차지했고 2회씩 나타난 것이 44%, 3회씩이 8%이었다. 입술을 올리는 동작의 1회 지속 시간은 5~30초, 평균 19초였고, 한 번 반복하는데 2~16초, 평균 12초이고, 3번 하는데 10~12초, 평균 11초였다. 한 살 반 수컷에서 제일 빈번하게 이러한 동작이 나타나 1위를 차지했다. 그러나 그들의 입술 올리는 동작은 아직 성적 발달 수준에 도달하지 않았다. 젊은 수컷은 아직 머리도 그리 높이 들지 않고, 머리의 작용도 그리 다양하지 않으며 입도 크게 벌리지 않으며 이빨만 약간 드러낼 뿐이다. 또한 이러한 자세의 지속시간 역시 짧았다(2~10초). 이 자세가 제일 먼저 기록된 시기는 10월 25일, 제일 늦게 나타난 시기는 12월 22일이었다. 또 하나 반드시 밝혀야 할 점은, 본 자세가 울타리 밖 산양에서는 3차례가 기록되었는데, 각각 3월 31일, 4월 15일과 5월 10일이었다. 시기상의 차이가 큰 것을 보아 이는 산양의 주동적인 성적 행동에 그리 중요한 역할을 하지 않는 것이라고 본다. 입술을 올리는 동작은 유제류 동물의 제일 보편적인 반응의 하나이다. 이는 암컷이 지닌 짙은 냄새와 이를 맡는 후각과 연관된다. 본 행동은 오직 수컷에만 국한된다.

앞발로 쓰다듬기는 수컷의 또 하나의 중요한 자세이다. 구애 중 49차례 관찰되었다. 그중 한 다리인 경우가 34차례(89.2%), 두 다리가 교체하는 것이 15차례(30.8%)였다. 쓰다듬는 동작의 수는 1~7차례, 평균 3차례였다. 위의 자세와 같이, 본 동작도 한 살 반 연령의 수컷에서 이미 나타났다. 본 반응을 수행하는 중 어떤 개체에서는 쓰다듬는 행동이 (6번) 키(key) 반응으로 나타나지 않았다. 이 반응이 나타나는 기간은 10월 20일에서부터 12월 20일까지이다. 3번 나타난 시기는 전부 번식시기 외의 3월 31일, 4월 15일과 5월 13일이었다. 이런 자세는 유제류에서 아주 드물게 나타난다. 이뿐만 아니라 이러한 자세는 Caprinae(염소아과)의 기타 대표종 연구에도 없었던 것이다. 이 자세가 가지는 의미는 과시 목적 외, 수컷의 영역으로 들어오는 모든 암컷에게 표기하는 기능으로도 사용될 수 있다. 수컷이 앞발을 올려 암컷을 쓰다듬어 줄 때 발굽선의 분비가 가능한데, 이런 이유 때문인지 산양 앞발의 발굽선은 뒷발굽보다 훨씬 잘 발달되어 있다.

다음 동작은 *Ovis, Capra, Oreamnos* 속의 대표종에서 가장 흔히 보는 자세이다. 우리는 이 자세를 산양의 구애 단계에서 83차례 관찰하였다. 그중 85.3%가 성체 수컷에서 나타났고, 14.7%가 젊은 개체에서 나타났다. 기간은 10월 25일에서 12월 20일이다. 꼬리 운동은 수컷에서 드물게 나타나곤 한다. 이 자세는 암컷과의 거리가 3~10m에서 나타나고 1~1.5m에서 사라진다.

암컷 음부냄새를 맡는 자세는 9차례 기록되었다. 그중 5차례는 젊은 암컷에 해당하였다. 이 자세는 보통 머리를 아래로 내미는 자세(C) 후에 이어진다. 그러나 구애 단계에서의 암컷은 한사코 수컷의 이 자세를 허락하지 않는다. 때문에 수차례의 머리를 아래로 내미는 자세를 수행한 후에도 음부 맡는 자세가 뒤따르지 못한다. 그래서 우리는 이 자세를 음부를 핥는 자세와 분리시켰다. 이는 둘 사이에 본질적인 차이점이 있기 때문이다. 음부를 핥는 자세는 구애 단계에는 나타나지 않는다. 가령 암컷이 자기 음부를 핥는 것을 허락한다면 이것은 그가 이미 교미기에 도달했거나 짧은 시간 안에 도달함을 의미한다. 때문에 이 자세가 확실히 관찰되었다면, 그 시간이 아무리 짧다 해도, 또는 그 개체가 우리 시야에서 사라졌다 해도, 긍정적으로 예측할 수 있는 것은 이날 이 개체는 결국 교미에 성공했을 것이라는 점이다. Geist(1968)는 음부를 맡는 자세와 핥는 자세를 하나의 맞는 자세로 간주했다.

수컷이 암컷을 추격하는 자세는 10차례 관찰되었다. 그중 젊은 수컷이 젊은 암컷을 추격하는 것이 1차례, 성체 수컷이 젊은 암컷을 추격하는 것이 2차례, 성체 수컷이 성체 암컷을 추격한 것이 7차례였다. 추격은 몇 분에서 2시간까지 지속될 수 있다. 수컷은 언제나 암컷의 뒤를 따른다(N). 그러나 암컷은 도망을 시도한다(O). 이러는 과정 중 암컷은 바위틈 사이로 뛰어들어 피하거나 뒤돌아 수컷을 뿔로 맞서 위협하거나 기타 공격적인 자세를 취한다(K, L). 그리고 또다시 도망치거나 추격한다.

혀를 내미는 자세는 7차례 관찰되었다. 이는 오로지 구애 단계에서만 나타났다. 이는 항상 암컷과 상당히 먼 거리에서 그러나 자기 영역 내에서 자리를 옮기는 이동 중에만 나타났다. 수컷은 주기적으로 입을 벌리고 혀를 2~4번 내밀었다. 이는 아주 흔히 발생하는 행동이다. 히말라야타르(Schaller, 1973)도 이 자세가 관찰되었는데 정지 상태에 서 있는 수컷에 암컷이 가까운 자리에서 정면으로 부딪칠 때 나타났다고 한다. 동시에 머리는 아래로 빼거나 놀라 뛰어가는 암컷을 뒤따르는 행동이 함께 나타나기도 하였다고 한다.

구애 단계 중, 위에 열거한 특징적인 자세 외에도 식물에 하는 표시행동(I)과 소리신호(G) 자세도 관찰된다. 첫번째 행동의 기본은 영역표시이다. 산양은 발굽선의 분비물로써 교목이나 관목의 가는 줄기에 줄을 그어 놓는다. 관찰에 의하면 발정기 내 10월 22일부터 12월 23일까지 한 산양이 모두 52차례 표시행동을 하였다. 소리신호는 아주 드물게 기록되었으며, 11월에 4번, 5월에 1번뿐이었다. 소리 신호의 작용은 아마도 주위 산양들에게(수컷은 암컷에게) 자기(수컷) 존재를 알리는 데 있는 것 같고 역시 영역의 표시이기도 하다. 식물 위의 표시행동은 발정기에 급속히 증가하였고 그 빈도의 증가는 과시 행동의 출현과 일치하였다. 이것은 암수가 성적 자극 하에 나타낸 교미와 연관된 일련의 행동 중의 하나일 뿐만 아니라 편안함을 표시하고 사회 행동의 한 특징적인 표현이 틀림없다(Baskin, 1976). 그리고 또 하나 반드시 언급해야 할 자세는 뿔로 나무를 받는 행동이다. 이는 충동적인 행동으로 암컷이 존재하지 않는 상황에서 나타나는 수컷의 성적 충동의 하나로써 이와 함께 음경의 발기를 초래하기도 한다(Child, Robbel, 1975). 이런 행동 표현을 우리는 발정기간에 단 한 번밖에 관찰하지 못하였다.

그리고 반드시 살펴봐야 할 점은 포유류의 과시 행동에 커다란 영향을 주는 서로 대립되는 요인 기작에 관한 연구가 매우 활발히 진행되고 있다는 점이다(Hinde, 1975). 기타 많은 문헌에도 구애 행동이 많이 언급되었듯이 때론 산양에게 서로 대립되는 반응 유형-'접근과 회피'는 수컷 행동에 많이 관찰된다. 한편으로는 성적 행동의 추세로 암컷에 접근하고 다른 한편으로는 회피하는 행동, 즉 암컷 앞에서 두려움을 느껴 도망가는 것이다. 처음에는 접근하려는 심리가 주가 되어 수컷은 암컷에게 다가선다. 허나 암컷에 가까워질수록 회피하려는 경향이 증가한다. 여기서, 수컷의 내부 상태(흥분 여하)와 암컷이 준 자극에 의해, 또는 둘 중의 하나가 원인이 되어 상황은 달라질 수 있다. 우선, 암컷과 일정한 거리를 두고 서로 평형을 이룬다. 그리고 수컷은 멈추어 서서 계속 밀고 나아갈지를 망설인다(머리를 아래로 뻗는 자세). 이때 만약 성적 충동이 거세게 일어나면 수컷은 암컷에게 과감히 접촉한다. 그러나 그 자리에서 갑자기 위험을 느꼈을 때에는 뒤로 후퇴하며 쓰다듬는 자세로 전환된다. 암컷에서도 서로 상반되는 '회피와 공격'의 행동이 관찰된다. 암컷은 수컷에게서 위협을 받으면 곧 멀리 달아난다. 또 다른 가능성은 성적 행동이 과시 특징 표현으로 끝날 수도 있고 대립 상태로 끝낼 수도 있다. 교미를 위한 지나친 과시 행동은 그로 하여금 다양한 행동으로 교미할 배우자에게 접근하여 나타나거나 또는 서로 각기 도주해버린다(Panov, 1969).

이렇게 수컷 산양의 구애 행동은 뚜렷이 단계적으로 구분된다. 또한 구애 행동에 속한 자세는 쓰다듬는 반응이라 할 수 있다. 그러나 구애 단계를 야외 기록에 정확히 스케치하여 구분하기는 힘들다. 각각 성숙한 숫산양은 암산양과의 구애 단계에서 교미관계로 전환된다. 그리고 또다시 새 암산양을 선택하여 구애를 표하고 그와 교미한다. 이것이 수차례 반복된다. 그렇기 때문에 한 개체군내에서는 하루에 구애와 교미를 모두 끝마칠 수도 있다. 마찬가지로 쌍을 이루기 전과 이미 쌍을 이룬 두 개념상 차이가 말해주듯이 언제나 구애가 먼저 나타나고 그다음 교미가 이루어진다. <표 7>은 다른 기간에 나타난 숫산양의 자세 C, D, E, F, G, H, I, J와 그의 빈도이다. 표에서 뚜렷이 나타나듯이 성적 행동의 최고봉은 11월 하순기에 나타났다. 물론 이는 여러 쌍의 행동일 수 있다. 특이한 점은 머리를 아래로 뻗는 숫자는 점차적으로 감소되는 것이다. 또한 대체로 자극이 심해짐에 따라 이 자세의 대부분은 쓰다듬는 자세(D)로 전환된다.

〈표 7〉 구애 자세의 계절적 빈도 변화

기간	자세 총수	자세 종류	
		머리를 내미는	쓰다듬는
10월 15~31일	37	13	4
11월 1~14일	50	18	10
11월 15~30일	124	35	27
12월 1~15일	43	9	5
12월 16~31일	16	5	3
총	270	80	49

구애 단계가 끝나면 수컷은 발정기에 달한 암컷에 접근한다. 발정기에 처한 수컷이 암컷의 주위나 암컷이 활동하면서 남긴 모든 흔적과 자국을 맡는 것은 반드시 특별한 의미를 가진다. 수컷의 격렬한 구애 행동은 어느 정도 암컷의 발정을 촉진시킬 가능성이 있다. 이렇게 구애 단계에 도달한 수컷의 행동은 계속적으로 발정기에 달한 암컷을 추적하고 그를 자기 영역에 머무르게 하여 교미직전의 모든 준비를 한다.

교미 단계는 수컷이 암컷의 발정을 자극함으로써 시작된다. 이때 암컷은 보통 머리를 아래로 빼는 동작으로(C) 끝내고 대부분 수컷에 위협 행동을 더 이상 하지 않는다. 그러면 수컷은 즉시 암컷의 냄새를 맡기 시작한다. 그리고 더 나아가 암컷의 음부냄새를 맡는다(M). 동시에 수컷은 주둥이로 암컷의 꼬리를 들어주고 또한 뒷다리 표면을 아래위로 깨끗이 핥아주는데 때론 발굽까지도 핥는가 하면 심지어 발 근처의 땅까지도 핥는다. 그리고 수컷은 보통 입술을 올리는 즐거운 표현을(F) 취한다. 이때 암컷은 율동적으로 몸을 떨면서 꼬리를 올린다. 이 모든 과정은 때론 몇 초 혹은 15~20초씩 지속된다. 암컷이 꼬리를 들었다는 것은 교미 준비가 다 된 신호이다. 암컷은 동시에 자신의 옆구리 털을 핥으며 제 음부를 핥고 있는 수컷을 쳐다본다. 이 모든 동작은 또다시 수컷을 자극해 그로 하여금 최고의 흥분단계에 이르게 한다. 수컷은 드디어 삽입을 시도한다. 삽입과 시도를 번갈아가며 주기적으로 행동하는 과정을 교미 기간이라 부른다. 이 과정은 4분에서 78분까지, 평균 32분(n=18, 전 과정) 지속된다. 우리의 시간 측정은 교미기간 시작부터 끝까지 관찰하여 그것을 하나의 완전한 과정이라 기입하였다. 하루에 한 쌍에서 4차례의 교미기간이 나타났다. 이 교미의 연속적인 과정은-삽입을 시도(Q), 삽입 실패(R), 교미 성공(S)으로 나눌 수 있는데, 관찰된 예를 들면 아래와 같다.

1975년 2월 12일: 시도-삽입 실패-시도-교미 성공-교미 성공-삽입 실패-시도-교미 성공-시도-교미 성공-삽입 실패-교미 성공-교미 성공-교미 성공-교미 성공-교미 성공-시도-교미 성공-시도-시도-교미 성공-시도-교미 성공-교미 성공.

1975년 2월 24일: 시도-시도-삽입 실패-교미 성공-교미 성공-시도-시도-시도-교미 성공-교미 성공-시도-시도-삽입 실패.

1976년 2월 23일: 시도-삽입 실패-교미 성공-시도-시도-교미 성공-삽입 실패-삽입 실패-삽입 실패-삽입 실패-교미 성공-교미 성공-교미 성공-교미 성공-삽입 실패-삽입 실패-삽입 실패-시도-삽입 실패.

우리의 관찰에 의하면 실제 과정에서 자세의 고정적이고 뚜렷한 패턴은 없었다. 32차례의 교미기간 관찰 중(불완전한 과정도 포함), 기록된 자세는 256개, 그중 삽입을 시도한 차례는 38%를 차지했고 삽입 실패는 18%이고 교미 성공은 44%를 차지하였다.

교미기간의 시작은 수컷이 암컷의 음부를 핥을 때부터 계산할 수도 있다. 그러면 그 시기는 2~16초, 평균 23초(n=76, 핥는 시간을 정밀 측정)이다. 암컷의 다리와 그가 서 있던 자리를 핥는 행동은 아주 드물게 관찰되어 총 195차례 핥는 행동 중(V) 11%밖에 안 되었다. 이 동작을 끝마친 후 수컷은 긴장된 상태에서(P) 암컷 뒤에 0.5~3분가량 우두커니 서 있는다. 직접 암컷의 엉덩이를 접촉하기도 한다. 이때 긴장 상태로 서 있는 기간은 5~65초, 평균 35초이다. 이어서 수컷은 신속히 암컷에 뛰어오르거나 아래 3가지 행동 중 하나를 선택할 가능성이 있다. 1) 삽입을 시도함(Q)과 동시에 앞다리로 땅을 친다(26번 반응), 앞다리를 땅에서 20~40cm 높이 들거나 주둥이를 암컷의 엉덩이에 쑤셔 넣거나 목을 암컷 등에 올려놓기도 하는데 때론 이 두 가지를 함께 실행하기도 한다. 2) 시도가 실패되었을 때(R), 수컷은 다시 한 번 뛰어 오르거나(32번 반응), 뒷발로 암컷에게 접근하는(35번 반응) 등 반응을 일으킨다. 3) 삽입이 성공하거나 교미가 이루어진 경우에는 32~35번 반응을 모두 끝마치고 36번 반응-삽입을 더 첨가한다. 수컷이 뒷다리로 조금씩 발걸음을 옮기며 암컷에게 접근할 때 암컷의 행동은 결코 서서 움직이지 않는 것이다. 골반의 움직임은 보통 36번 반응(삽입)이 있었던 후에 시작된다. <그림 14>는 교미 자세를 나타낸다. 교미가 이루어질 때 수컷은 항상 암컷의 등에 위치해 있다. 그러나 때론 순식간의 일치된 행동으로 암컷의 털조차 건드리지 않고 이루어지기도 한다. 수컷은 음경을 삽입한 후 1~13번 평균 5번 골반으로 밀어준다. 교미 지속시간은 2~8초, 평균

〈그림 14〉 교미

4초(n=55) 동안이다. 교미 성공은 총 112차례 관찰되었다. 사정과정은 관찰이 곤란하나, 만약 수컷이 골반을 움직이고 멈추는 동작으로 추측한다면 아주 드문 것으로 판단되며 한 번 교미하는 기간 단 한 번의 사정이 이루어지는 듯하다. 교미 기간을 연구할 때 (n=18) 시도가 관찰된 차례는 0～16번, 평균 6번, 삽입 실패가 0～12번, 평균 3번, 교미 성공이 0～15번, 평균 4번이다. 이러한 점으로 볼 때, 사정은 일련의 삽입 실패와 삽입이 성공한 후에 일어나는 것이다.

알려진 바와 같이, 이렇게 삽입 전에 수컷은 사정에 필요한 흥분지점에 도달할 뿐만 아니라 이로 인하여 암컷 난세포와의 수정 성공률을 높인다.

수컷이 암컷 뒤에 잠시 서 있을 때 암컷의 반응은 아래와 같다. 꼬리를 들거나(38번 자세), 수컷을 뒤돌아본다(1번 자세). 풀을 뜯거나 그 자리에 서 있거나(9번 자세), 앞다리를 들고(26번 자세), 걸음을 걷거나(2번 자세)한다. 이러다 어떤 상황에 이르면 암컷은 수컷이 교미를 위하여 앞다리를 들고 뒤로 걷거나 앞으로 걷기를 하면서 접근할 때 이 동작을 받아들여 뚜렷이 허리를 약간 낮추고 꼬리를 들어준다. 또 다른 상황에서는 암컷이 풀을 뜯고 있을 때도 삽입 동작을 취하기도 한다. 삽입은 암컷이 꼬리를 들 때도 내릴 때도 시도하는데, 0.5～7분 간격으로(평균 1.5분) 진행된다. 이렇게 시도하거나 삽입한 후 수컷은 다시 암컷의 음부를 즉시 핥아준다. 그리고는 멈추어 서 있거나 또다시 삽입을 시도한다. 이렇게 교미동작은 주기적으로 재삽입이 반복된다. 수컷이 암컷의 음부에서 흘러나오는 점액을 핥는 것은 아주 큰 의미가 있는 것이다. 즉 암컷의 성 호르몬이 수컷을 자극하는 것이다. 수컷은 암컷을 핥은 후 대부분 입술을 불룩거린다. 삽입 과정 중에도 때론 관목에 표시를 하는데(자세 I) 수컷에서 11번, 암컷에서 1번이 관찰되었다. 보통 수컷은 먼저 삽입을 중지하고 앞다리를 땅에 내려놓는다. 하지만 암컷은 그대로 서 있으며 자리를 떠나지 않는다. 수컷은 때론 어쩔 수 없이 다리를 땅에 내려놓거나 아니면 계속 뒷발로 천천히 앞으로 접근하면서 골반을 움직여 삽입을 시도한다. 이러한 행동은 1∼2시간까지 지속된 후에야 끝난다. 교미 과정에서 이와 흡사한 행동을 나타내는 종은 들소(Bison)를 예로 들 수 있다(Lott, 1974). 유제류 동물은 대부분 선 채로 교미를 마친다. 암컷은 교미 중에 흔히 풀을 뜯어먹는다. 수컷은 어느 때건 정상적인 교미 상태에 도달할 수 있다. 그러나 그러한 경우 교미 또는 삽입 시간의 지속시간은 10∼20분 증가된다. 수컷 역시 암컷처럼 풀을 뜯어먹기도 한다. 교미시기에 수컷이 누워 있는 상황은 전부 두 차례 관찰되었을 뿐이다. 한 번은 암컷이 앞발을 구르기 시작했다(26번 반응). 이것은 분명히 수컷의 반응 특징과 유사한 것이다. 그 상황을 분석해 볼 때, 이때 수컷은 아마 무엇에 지쳐 흥분이 줄어드는 상태였을 것이다. 마치 Yarhner(1979)가 이야기하듯이 교미 횟수는 암컷에 달려 있다. 암컷이 교미의 성공을 좌우하고 그 빈도와 시간 간격을 제한하는 것이다.

교미기간이 끝나면 예와 같은 불응기가 나타난다. 이 불응기의 지속시간은 27∼198분, 평균 98분(n=9)이다. 이때 산양은 흔히 풀을 뜯거나 누워서 쉰다.

번식기 배우자 간의 상호 관계

우리는 산양의 반응, 자세의 지속성, 전환의 확률성을 관찰·연구하였다. 수컷의 행동은 암컷보다 훨씬 다양하였다. 수컷의 성적 행동은 6가지 자세와 기타 행동형식의 3가지 자세(방목, 관목에 긁어 표시, 누워서 휴식)가 기록되었다. 암컷에서는 단 하나의 교미 자세(서 있는 것)와 풀을 뜯는 자세(이동)뿐이었다. 때문에 우리가 보다 흥미를 느끼는 점은 암수 간의 관계에서 수컷이 어떻게 암컷의 자세에 대응하는가이다. 관찰하면서 측정한 결과를 <그림 15>에 표시하였다. 지속적인 자세는 지속적인 반응의 표현임을 의미한다. 때문에 우리는 차후 자세만을 분석하면 될 것이다<그림 16>. 또한 암컷에서는 단 한 가지 자세 이동이 기록될 뿐이다. 핥는 자세에서 다른 각각의 자세로 전환되는 확률은 아래의 그림과 같았다<표 8>. 수컷의 여러 자세 중 누워서 휴식하는 자세와 풀을 뜯는 자세는 아주 드문 것으로 나타났다. 그러나 핥는 동작과 서 있는 동작 간에는 보다 긴밀한 관계가 있는 것으로 밝혀졌다.

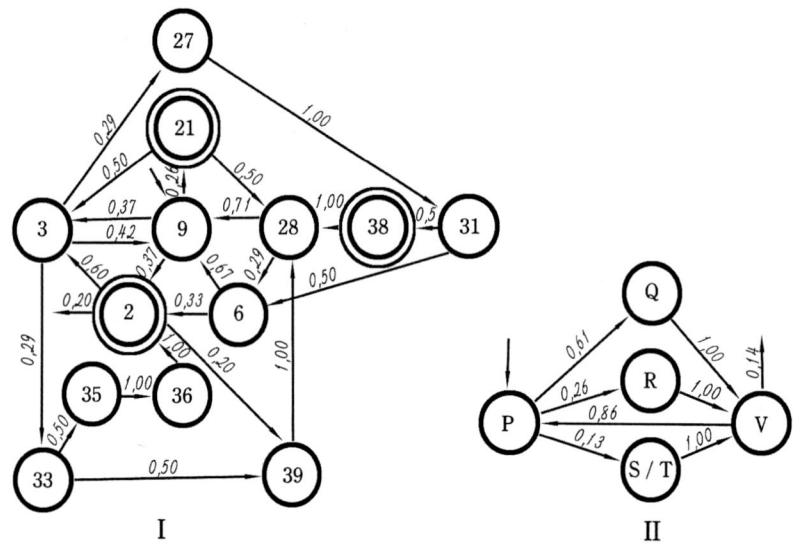

〈그림15〉 교미 기간 암수 반응 전환(I)과 수컷 자세(II)의 지속시간과 발생 확률
1976년 2월 23일. 14:53~15:04 총 전환 수-40(I), 23(II)

2. 서서히 함께 움직인다(수컷과 암컷에서 모두 관찰 기록되었다).
3. 함께 빨리 움직인다(수컷과 암컷에서 모두 관찰 기록되었다).
6. *앞발로 암컷의 몸을 쓰다듬어 준다(수컷에만 한함).
9. 머리를 들고 꼼짝 않고 서 있다(수컷과 암컷에서 모두 관찰 기록되었다).
21. 몸을 돌리다(수컷과 암컷에서 모두 관찰 기록되었다).
27. *주둥이로 허리나 등을 찌른다(수컷에 한함).
28. *음부를 핥는다(수컷).
31. *암컷의 등을 핥아준다(위와 같음).
33. *앞다리로 허리를 껴안는다(수컷).
35. *뒷발로 접근(수컷).
36. *삽입(수컷).
38. *꼬리를 올린다(암컷에 한함).
39. *뛰어 내린다(수컷에 한함).

P. 멈춘다.
Q. 교미를 시도한다.
R. *교미(삽입)실패.
S. *교미(결합).
T. *교미 동시 사정.
V. 점액을 핥는다.

자세	각 쌍의 자세 전환율(%)											평균
이동	10	15	17	13	18	–	–	43	–	11	–	12
멈추어서다	70	54	66	61	64	67	50	57	83	56	89	65
입술 올리기	10	15	–	22	14	33	50	–	17	11	11	17
누워 휴식	5	–	–	–	–	–	–	–	–	11	–	1
풀을 뜯다	–	8	–	–	–	–	–	–	–	–	–	1
관찰을 끝마침	5	8	17	–	4	–	–	–	–	11	–	4

멈추어 섰다가 그 뒤 무슨 반응이 이어지는지를 관찰해 보았다<표 9>. 다음 동작으로 전환되는 수컷의 확률은 낮았다. 풀 뜯는 행동, 핥는 행동, 삽입의 실패였다. 절반의 확률로 행동은 (0.3<p<0.6) 시도와 교미 행동이었다. 기타 동작 전환율도 동시에 측정해 보았는데 교미 후에 멈추어 서 있는 확률은 아주 낮아 0.04뿐이었고, 암컷에 다가가는 확률은 낮았고(0.22), 핥는 동작의 확률은 높았다(0.74). 시도에서부터 멈추어 서 있는 발생률은 적었고(0.1), 암컷에 접근하는 확률도 높지 않았으며(0.15), 핥는 확률은 높았다(0.74). 이렇게 교미 행동의 주기는 여기서 끝마치고 또다시 처음부터 반복된다.

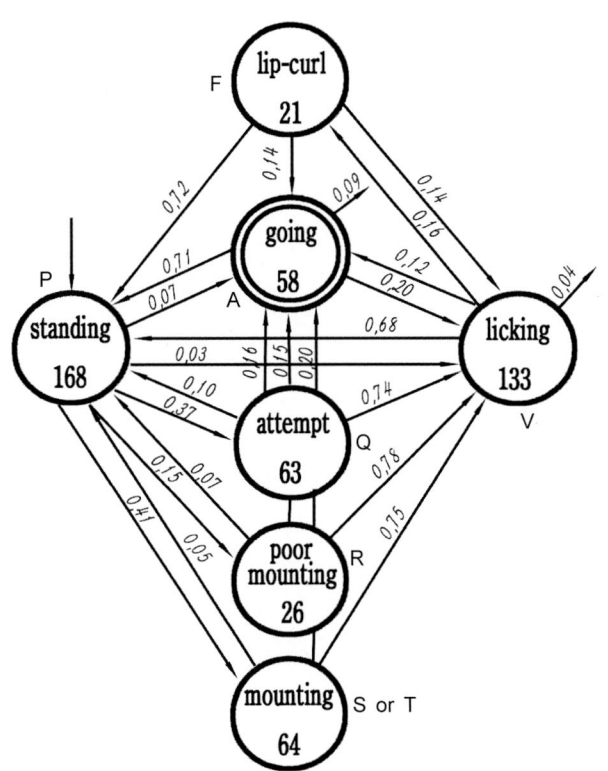

〈그림 16〉 산양 암수 교미 행동 중 교미자세의 지속시간과 변화(교대)발생확률(8쌍, 11차례 교미 기간에 해당한다).

원 안의 숫자는 해당한 행동이 기록된 차례 수. 선 위의 숫자는 자세의 전환율. 단선의 원은 수컷의 행동을 뜻하고 두 겹의 원은 암컷의 행동을 의미
F: 입술올리기.
P: 멈추어서다.
Q: 교미시도.
R: 교미시도실패.
V: 점액을 핥는다.
S: 사정 안 된 교미.
T: 교미 동시 사정.
A: 걸어서 이동.

〈표 9〉 산양의 성적 행동 중 멈추어 선 자세에서 기타 자세로의 전환율

자세	관찰된 여러 쌍에 나타난 전환율(%)											평균
시도	11	52	45	33	62	50	17	55	32	40	—	36
삽입 실패	61	12	—	11	12	—	17	9	14	10	—	13
교미	28	18	55	56	8	50	66	27	39	30	100	43
이동	—	18	—	—	10	—	—	9	11	20	—	6
핥다	—	—	—	8	—	—	—	—	—	—	—	1
풀을 뜯다	—	—	—	—	—	—	—	—	4	—	—	1

이로 볼 때, 산양의 성적 행동에서 교미 행동은 두 번째로 중요한 행동이다. 성적 행동에서 암컷의 주요한 성적인 자세는 교미 자세 V이고 이 자세의 주요한 성적인 반응은 꼬리를 드는 것이다(자세 38번). 수컷의 주요한 자세는 음부를 핥는 것과 교미 동작이다. 야외 관찰에서는 하나의 행동 중 어느 짧은 부분만 보이는 일이 흔하다. 이는 산양이 숨어버리거나 다른 행동을 취하기 때문이다. 그러한 상황에서 제일 효과적인 관찰방법은 주요한 반응이나 자세에 신경을 써서 제때에 관찰하는 것이다. 예를 들면, 산양의 성적 행동에서 확실히 규범 작용을 하는 행동은, 구애 단계에서는 쓰다듬어 주는 것이고(D), 교미 단계에서는 음부를 핥는 것이다(V).

생태학 관점의 번식행동

첫 번째 구애 행동은 10월 20일에 관찰되었다. 구애 행동은 11월에 계속 격렬하게 지속되어 12월에 들어서야 끝난다. 1974~1976년에 교미가 이루어진 날짜 수는 10월에 0일, 11월에 15일, 12월에 4일이었다. 이로 볼 때 아무르산양의 발정기는 10월 하순에 시작하여 12월 말에 끝마친다. 발정 피크는 11월 중순에 나타난다. 연해주 지역의 다른 장소에서도 산양의 발정기는 이와 동일한 시기임이 확인되었다. Korotkov의 보고에서도 라조브스키 보호구 두니야 산지에서도 산양의 커플이 관찰된 날짜는 1966년 11월 24일이었다. 일부 문헌(Abramov, 1939: 1963; Bromley, 1963; Heptner 등, 1961)에서는 산양의 발정기가 9월에서 10월이라고 간주하나 정확하지 않은 것이다. 왜냐하면 위 저자들은 산양의 발정징조를 한 번도 정확하게 관찰하는 데 성공한 바가 없기 때문이다.

이와 연관된 더욱 흥미 있는 작업은, 1961~1967년 브라스키 동물원(Dobroruka, 1968)에서 중국 운남성에서 수입한 한 쌍의 산양에게서 볼 수 있었다. 이는 명백히 *Nemorhaedus goral griseus*(Milne-Edwards, 1871) 종이었다. 이 쌍은 중유럽에서 1961년 9월 말에 발정

이 왔고 1962년에는 9～10월에 발정하였다. 그러나 다른 한 쌍, 한반도에서 수입된 산양(*N. goral raddeanus* Heude, 1894)은, 수컷이 죽은 후였는데, 암컷의 발정은 1964년에는 12월과 1월에 관찰되었고 1965년에는 1월에 관찰되었다. 전자는 꼬리가 짧았고 후자는 꼬리가 길었다. 여기서 추측되었던 것은 이 두 쌍은 각기 다른 종이라는 것이다. 즉 전자는 히말라야산양(*N. goral* Hardwick, 1825)이었고 후자는 아무르산양(*N. caudatus* Milne-Edwards 1871, I. I. Sokolov, 1953에 따라)임이 틀림없다. J. Volf(1976)의 동정 역시, 생리학과 두개골 측정으로 보아 완전히 다른 두 종이라 하였다. 그 후 1970년에 판명되었지만 이는 번식력이 없는 잡종 후대였다. 브라스키 동물원에서는 그 후 산양 번식 예가 없었다.

교미가 관찰된 제일 이른 시간은 아침 8시였고 제일 늦게는 오후 4시로 교미 기간은 72%가 낮에(12～16시간) 나타났다. 만약 발정 지속시간을 첫 교미부터 마지막 교미까지 계산한다면 15～30시간까지 된다. 대부분 암컷의 교미는 하루에만 나타났고 일부 늙은 암컷에서는 2일까지 지속되었다. 만약 암컷이 교미를 하지 못하면 발정은 다음 날, 심지어는 그다음 날까지 지속될 수 있다. 예로, 1975년 11월 12일 한 암컷이 한 수컷과 교미했으나 1975년 12월 20일 또 다른 수컷과 교미하였다. 또 다른 한 암컷도 다른 수컷과 1975년 11월 24일과 12월 20일에 교미한 예가 관찰되었다. 우리의 관찰에 의하면 불임(不姙)을 대비하여 발정이 반복함은 틀림이 없으나 산양은 이러한 면에서 아주 희박하며, 그 비례 수가 오로지 5%에 지나지 않는다. 특수한 예일지도 모르지만 1976년 12월 20일에 관찰된 상황은 두 암컷이 동시에 발정을 시작한 것이다. 한 수컷 산양은 첫 암컷에 삽입을 시도함과 동시에 다른 암컷에게도 같이 삽입을 시도했다.

대부분 젊은 수컷, 즉 2.5살 수컷도 발정이 나타났으며 번식에 참여했음이 관찰되었다. 수컷은 이 연령에 성적으로 성숙에 도달하는 것이 틀림없다. 하지만 그들은 보다 늙은 우두머리 지위의 수컷에 의해 배척당한다. 이런 현상은 기타 유제류 동물에 흔히 있는 일이다(Rashek, 1973; Bergerud, 1974). 산양은 일부다처제 동물이나 가끔은 일처다부 현상도 나타난다. 아무르산양은 기타 *Capra* 속과 *Ovis* 속의 동물과 같이 규정된 암컷 개체군(처첩)만 거느리고 다니는 것이 아니다. 수컷은 자기 주위의 암컷 개체군(처첩)을 유지하기 위해서는 반드시 다른 수컷과 싸움을 해야 한다. 심지어는 격렬한 싸움까지도 자주 해야 한다. 암컷 개체군을 빼앗기 위한 수컷간의 싸움은 영역 내의 힘이 강한 3～4살 수컷 간에 제일 치열하게 발생한다. 그들은 자기 영역을 표시하고 수호한다. 그들 사이의 싸움은 아주 빈번하나(모든 관찰기간에 최소 하루 한 번씩은 관찰되었다). 많은 유제목 동물 중 영역을 보호하기 위한 싸움에는 주로 의식적인 표현 형식이 나타날 뿐이다(Walther, 1979). 새로 나타난 수컷 승리자로 인해 개체군 내의 서열은 재조정된다. 오로지 수컷만이 영역을 가지고 그 안에 몇 개체의 암컷과 같이 살면서 개체군의 번식을 유지해가고 있다. 한 수컷이 하루에 이루어진 최대 교미 수는 17차례이고 2일 동안은 24차례인데 그들의 포옹시도 횟수는 각각 48차례와 59차례였다. 이로 볼 때, 한 번식기에 한 수컷 산양은 몇 암컷과 교미할 수 있고 그 차례 수는 100번이 넘는다. 허나 암컷은 이에 싫증을 느끼며 될수록 적은 수컷과 교미를 가지려 하며 한 번식기에 30차례 이상 교미를 하려고 하지 않는다. 아울러 다른 일에는 신경을 거의 쓰지 않는다(Grubb, 1974). 로키산양의 경우도 1살된 수컷이 성적으로 성숙한 개체가 관찰되었고 심지어는 교미와 수태도 이루어졌다. 그러나 개체군 내의 서열에 의한 제한을 받아 오로지 운이 좋은 개체만이 암컷과 교미할 수 있다(Henderson. O'Gara, 1978).

반드시 지적해야 할 점은, 포유류에 보편적으로 존재하는 수컷의 성적 행동의 하나인-암컷에게 나타내는 모방행동(삽입 동작과 기타 동작 등)이 산양에는 존재하지 않는다. G. Parker와 R. Pearson(1976)이 지적하듯이 암컷을 차지하려는 심한 경쟁 중에서 수컷이 표현할 수 있는 제일 효과적인 행동은 성적 행동의 모방 능력이며, 처첩 개체군을 형성할 수 있는 능력 역시 모방행동이다. 어떤 산양은 처첩군을 지니고 있지 않으므로 수컷의 지배에 주의를 돌리려고 하지 않거니와 암컷을 유혹하지도 않으며 그럴 필요도 없다.

결론

1. 산양의 성적행동은 수컷은 각기 다른 11개 자세, 암컷은 2개 자세로 나누어지고 행동은 구애와 교미 두 단계로 나뉜다.
2. 수컷의 성적행동은 교미 과정에서 일치된다.
3. 산양의 발정기는 10월 하순부터 12월 말까지이다.
4. 개체군 내에서 영역을 형성한 3-4살의 성체 수컷 산양이 번식에 참여하고 보다 젊은 개체는 배제된다.
5. 암컷은 2~5살이 되어서야 발정하기 시작한다.

제4장 모자간의 행동과 번식 생리

(Mother-and-child's behavior and physiological aspects of reproduction)

유제목 동물은 새끼 성장이 빠르다는 특징을 가지고 있다. 유제류 모성 행동의 주요 기능은 새끼의 훈련 기간을 단축시키고 그의 생장을 최고로 촉진시켜주는 것이며 아울러 비교적 안전한 환경을 조성해 주는 것이라 할 수 있다(Lent, 1974).

임신 기간과 발정 주기와의 관계

관찰에 의하면, 야생 상태에서 교미기는 15~30시간이고, 정상적인 시기는 11월 초순에 도래한다. 동물원에서는 3살 암컷의 첫 교미기는 1980년 11월 6일에 관찰되었다. 교미 지속시간은 10시간이 채 못 되었다. 왜냐하면 11월 5일에도 아무런 증상이 없었다가 11월 6일 아침에는 이미 마지막 교미를 끝마친 상황이었기 때문이다. 이 암컷의 출산은 1981년 6월 12일 낮이었으니 그 임신기는 225일이다. 이듬해 이 암컷 산양의 발정기는 11월 15일에 왔고 출산기는 1982년 6월 6일~12일 사이였다(정확한 날짜는 확인하지 못하였음). 두 젊은 암컷이 동물원에서 출산한 날짜는 1982년의 6월 상순이었다. 이는 야생 조건하에서의 평균 출산 기간에 해당하였다.

야생 산양이 일찍 출산한 시기는 1978년 5월 17일, 1974년 5월 27일, 1975년 5월 24일이었다. 아브레크 지역에서 산양이 새끼 낳는 시간은 대부분 6월 중순이다.

7살 암컷(Beta)의 교미기는 12월 30일(1980년) 밤에 시작하여 31일 저녁 7시까지 지속되었다. 즉 13~14시간이었다. 이 기간 아침 3시간 이내에 1.5살의 수컷과 교미하였다. 전 교미기 내에 기록된 총 숫자는 방향판정이 72차례, 성적 접촉이 241차례였다. 암컷 Bella는 1981년 8월 19일에 새끼를 낳았다. 임신기는 231일이었다. 이 암컷의 발정기는 1981년의 낮 기록에는 나타나지 않았다. 허나 1982년 8월 15일 출산하였다. 이 암컷의 마지막 발정은 우리의 포획에 영향을 받은 것이 틀림없다. 야생에서 관찰된 발정기는 12월 하순에 두 번 나타났다. 그리고 그중 한 암컷은 이미 두 번째 발정기였다(첫 번째는 11월 12일이었다). 사육장의 늙은 산양이 1983년 5월에 탈출하자 Buya(암컷)는 젊은 수컷 Yasnei를 맞아 11~12월에 발정하였다. 이 과정은 정상적이지 못하다고 볼 수 있다. 우리가 관찰한 3마리 암컷의 두 번째 발정기의 간격은 18~25일이었다<표 10>.

〈표 10〉 3마리 암 산양의 발정기의 반복 출현과 그 간격일(1983~1984년 사육장에서의 관찰)

암컷이름	첫 번째 발정기	발정기 간격일	두 번째 발정기	발정기 간격일	세 번째 발정기	발정기 간격일	네 번째 발정기
두샤	11월 14~15일	20	12월 4~5일	?	?	?	1월 10~11일
지나	11월 21~22일	19	12월 9~12일	18	12월 26~27일	19	1월 13~14일
베타	11월 27~28일	25	12월 21~22일				

이로 볼 때, 산양이 쌍을 이루는 시기는 12~1월 사이이고 발정기는 반복될 수 있다. 산양의 정상적인 발정기는 아주 짧다(11월 말에 시작).

우리 사육장에서 낳은 5마리 산양 외 N. V. Solomkina는 라조브스키 보호구의 사육장에서도 임신기를 측정하였다. 두 마리 젊은 암컷의 정상적인 출산의 임신기는 212일과 215일이었다. 한 늙은 암컷은 177일과 170일이었다. 이로써, 임신기가 210일이 넘는다면 정상적이라 볼 수 있다(Solomkina, 1983). 하지만 우리가 볼 때, 우리가 측정한 임신기보다 아브레크 산지 야생 개체군이 실제 상황에 가깝다고 여겨진다. 문헌의 발표는 역시 일치하지 않는다. A. B. Walker(1968)는 임신기를 6개월이라 하였고 G. F. Bromley(1963)는 240~250일이라 하였다.

발정 징후

암컷의 행동 중 수컷과 함께 있지 않으면 발정의 토대는 무너지고 발정은 거의 불가능하다. 그러나 동물원 또는 사육장이라 할지라도 수컷과 같이 생활하면 수컷은 암컷을 발정으로 이끄는 주요한 유인 작용을 할 수 있다고 본다. 산양 수컷의 성적 행위는 만 한 살에 나타난다. 이때 구애, 입술 올리는 동작과 기타 암컷을 자극하는 행동 등이 나타나기 시작한다. 입술 올리는 동작, 이는 어떤 강렬한 냄새가 구강과 코 등 기관을 자극해 일으키는 반응이 아니라 오직 암컷에게 존재하는 호르몬 냄새의 작용이라 할 수 있다고 본다. 수컷의 발정 단계까지의 도달은 일단 암컷 오줌에서 원인이 되는 물질의 냄새를 맡으면 그는 그 오줌냄새를 또 맡으려고 여러 번 시도한다. 이것을 위해 수컷은 암컷의 배뇨를 재촉한다. 즉 구애 행동의 여러 전형적인 반응으로 앞발을 계속 구르므로 암컷이 허리를 굽게 한다. 또는 냄새를 맡은 후 입술을 연속으로 오랫동안 불룩거리며 암컷의 허리 굽기를 강요하기도 한다. 때문에 이러한 배뇨행동은 발정기가 가까워져 올수록 잦아진다. 수컷이 암컷의 음부나 항문을 더 세게 자극하면 암컷이 배뇨하게 되고 수컷은 다시 이 오줌냄새를 맡고 입술을 불룩거리게 되는데 이러한 자극으로 암컷의 발정이 개시된다. 암컷의 발정 점액이 흘러나옴으로 인해 성적 행위가 뒤따라 나타난다. 즉 앞발을 구르거나, 허리를 구부리는 자세, 꼬리를 드는 행동과 이에 맞추어 수컷은 암컷에 접근하여 교미를 이룬다. 교미 조건이 주어진 암컷일지라도 만약 입술 올리는 동작이 없으면 항문 밑을 접촉 자극해주는 수준에 달했다가도 삽입은 성공치 못한다.

이로 볼 때, 배뇨유도와 빈번하게 입술을 올리는 동작은 발정에 이르렀다는 표현이다. 교미가 시작되면 입술 올리는 동작은 급속히 감소된다. 이와 흡사한 상황을 M. Y. Treus(1983)도 일런드(*Tragelaphus oryx*)에서 관찰 묘사하였다. 하지만 강제로 배뇨를 자극한다 하여 암컷이 언제나 수컷이 쫓아온 곳(잠자리, 먹이통, 울타리 등)에서 배뇨하는 것은 아니다. 암컷은 신속히 제일 가까운 고정된 화장실로 달려가 그곳에서 배뇨한다. 수컷은 암컷 뒤를 따라 화장실에 가서 배뇨가 끝마칠 때까지 기다린다. 수컷은 암컷이 떠나간 후에야 그 오줌냄새를 맡고 입술을 불룩거린다.

여기서 반드시 지적해야 할 점은, 숫산양이 발정기에 처해 있지 않을 때라도 만약 암컷의 배뇨를 보았다면 역시 그 신선한 오줌을 점검한다. 만약 5~6월, 암컷이 임신 중이면 오줌냄새를 맡는 것까지는 허락하지만 항문 아래를 접촉하는 것은 허락지 않고 신속히 탈출하고, 수컷은 암컷을 추격한다. 이렇게 수컷은 임신한 암컷도 자극 추격하며 그의 주의를 끌려고 한다. 5~6월이 되면 수컷은 봄과 같이 구애 행동을 다시 활발히 하여 암컷에게 빈번하게 구애를 한다. 하지만 입술 올리는 동작은 많이 관찰되지 않았다. 암컷은 이렇게 발정 전에도 강제자극에 못 이겨 배뇨 행동을 나타내기도 한다. 즉 '위협적인' 구애에 의해 발정기간에 나타내는 반응마냥 배뇨 반응을 해 주지만 결국 뿔로 받는 위협 동작을 취하거나 접촉을 피해 도주하는 것이다.

임신 징후

산양 암컷이 확실히 임신하였는지는 출산 1~2달 전에야 그 특징이 나타난다. 그때야 배를 정면에서 볼 때 불러 보이고 배 가장자리가 어느 정도 불어난 것을 볼 수 있다. 만약 임신하지 않았으면 배가 졸라맨 것처럼 보인다. 만약 8월 19일이 출산 날짜라면, 이 임신한 암컷은 6월부터 무리와 떨어져 단독으로 생활하는 경향을 보인다. 출산 10일 전이면 태아의 운동으로 말미암아 배가 여러 차례 꿈틀거린다. 6월 12일 출산기인 암컷이라면 5월 말부터 단독 생활을 하고 동료들의 모든 '놀이 초빙'을 거절한다.

출산

우리는 야생 상태의 출산을 직접 관찰하지 못하였다. 동물원에서도 우리가 관찰한 출산은 새끼가 이미 설 수 있었고 어미를 찾아갈 줄 아는 상태였다. 라조브스키 사육 우리 내에도 야외에서 잡아 기른 암산양이 있었다. N. V. Solomkina(1983)는 자신이 젖 먹여 키운 한 암컷의 출산을 관찰·발표하였다. 때마침 그 암산양이 먹이통에 새끼를 낳았다.

우리가 관찰한 동물원의 한 암컷은 야생 암컷과 같이 언제나 한 마리의 새끼를 낳았다. 출산의 기록은 이 암컷뿐 다른 예가 더 관찰되지 않았다. J. Volf(1983)의 발표에 의하면 브라스키 동물원에서는 총 10마리 새끼를 낳았는데 그중 한 번은 두 마리를 낳았다고 한다.

갓 태어난 새끼와 함께 있는 암컷을 여러 번 관찰하였는데, 암산양이 새끼를 낳을 때 굳이 접근하기 어려운 출산지를 선택하지 않는 것으로 나타났다. 또한 새끼를 낳는 지점과 시간은 거의 모두 같았다. 즉 그 산악지대의 바위가 많고 다소 초원이 섞인 지역에서 해마다 같은 시기에 새끼를 낳은 것이다. 그들이 관찰된 곳은 깊은 계곡 지역이었고 험한 돌이 많은 산비탈이었으나 수직 암벽은 없었다. 출산지역에는 샘물이 존재하는 것으로 확인되었으나 폭포는 보이지 않았다. 사육장 내에서는 여름에 쓰던 굴에서 새끼를 낳았다. 암산양 **두샤**는 출산 후에도 몇 번이고 출산 굴에 다시 들어가 오랜 시간을 누워 있기도 하였다. 새끼는 산비탈 굴에서 5m 아래의 초원에서 걸어 다니는 것이 눈에 띄었다.

암산양이 기타 산양과 떨어져 있는 상태는 정확히 관찰되지 못하였다. 집중 출산기인데도 암컷과 수컷이 함께 바위가 많은 지역에서 특히 많이 발견되었으며 작년의 새끼도 아주 가까운 거리에서 나타났고, 새끼 또는 어미와의 접촉도 있었다. 우리가 지은 사육장 내에서, 늙은 암컷 Beta는 새끼 낳은 이튿날 새끼 Bella를 데리고 5마리 산양 무리와 합류하였다. 새끼는 잘 놀았고 다른 산양들과의 접촉은 후각으로 시작하여 그룹 내의 모든 성원들을 두루 쳐다보고 냄새를 맡아보기도 하였다.

뒤따르기 행동과 숨는 행동

뒤따르기와 숨는 동작은 유제목 동물의 주요한 선천적인 반응의 하나이다. 이 두 행동은 태어난 첫날부터 나타났으나 처음에는 숨는 행동이 앞섰고 점차 뒤따르는 행동으로 전환되었다.

유제류의 새끼는 모자관계에 따라 두 가지 형으로 나뉘는데, 하나는 숨는형(ablieger Typ-Walther, 1964; hiders-Lent, 1974)이고 다른 하나는 뒤따르는 형(nachfolger Typ; followers)이다.

숨는형에 속하는 유제목 동물은 산림에 살면서 소생활권을 가지고 있으며 몸집도 작다. 이 종의 어미는 하루에도 몇 번이나 은신처에 가서 새끼에게 젖을 먹이거나 돌보아준다. 이 그룹의 전형적 대표종의 새끼가 숨는 기간은 2~3개월이다.

뒤따르는 형 동물은 개활지대에서 사는 말, 양 등이다. 그러나 P. Lent(1974)는 중간형 그룹이 존재한다고 했다. *Capra*속과 고산종은 숨는 행동을 나타내지만 그 기간이 아주 짧거나 숨는 동작과 연관된 행동의 출현이 아주 적다. 이는 종간 차이로 보인다.

산양은 산림종인 만큼 보다 뚜렷이 숨는 행동을 표현하는 편이다. 하지만 산양이 숨는 행동을 취하는 기간은 노루(*Capreolus capreolus*)가 2달(Danilkin, 1978), 우간다스키 산양(*Capra sp.*)이 2~4달(Leuthold, 1967)처럼 그렇게 길지는 않다.

새끼 산양의 개체행동 발생기간의 구분, 숨는 행동과 그 후 나타난 뒤따르는 행동의 출현, 또는 뒤따르는 행동에서 숨는 행동으로의 역전환 등에도 종내 차이는 있겠지만 이러한 행동이 새끼 산양의 생장에 커다란 영향을 주는 것만은 사실이다.

어미 산양과 출산 후 곧 뒤를 따를 수 있는 새끼 산양이 일단 헤어져서 어떤 자극을 받았을 때 제일 처음 나타내는 행동이 곧 숨는 행동이다. 심한 충격을 받은 후 나타나는 이런 숨는 행동, 출산 후 핥는 행동과 기타 모자간의 보다 긴밀한 접촉에 대해서는 자료가 부족하여 상세히 기술치 못한다. 반추가 시작되고 혼자서 배설하고 오줌을 누면서 숨는 행동을 취하는 동작은 서로 연결되어 있다고 볼 수 있다. 새끼 산양은 숨는 행동을 취하는 기간동안 아무런 생활 흔적을 남기지 않는다. 갓난 새끼 산양이 처음 관찰된 시간은 1974년 5월 27일이었고 그 지점은 아브레크 산악지대의 바위가 많은 중심지였다. 이때는 새끼가 이미 어미 산양과 떨어진 상태인 것이 분명하다. 어미는 새끼와 80m 떨어진 곳에서 1시간 반 동안 풀을 뜯어 먹고 있으면서도 새끼의 존재 여부에 대해서는 아무런 주의도 돌리지 않는 듯했다. 그 후에야 어미 산양은 10m 가까이 가더니 '음메'하고 소리를 내어 새끼를 부르고는 누워 버린다. 새끼 산양은 그제야 어미에게로 다가가 젖을 빨기 시작한다. 1981년 6월 12일, 사육장 내의 새끼 Dina는 자리에서 1시간 38분 동안 누워 있었는데 어미 Dusya가 새끼 있는 곳에서 25m 떨어진 윗 산비탈에 와서 눕더니 반추하기 시작했다. 이때에야 새끼는 수풀 속에서 뛰어나와 어미에게로 가서 젖을 먹기 시작했다.

은신처에 숨어 있는 자세

Walther(1968)는 가젤 새끼가 선택한 최초의 은신처가 가지는 중요한 의의를 기술하였다. 산양 새끼도 직면한 사태와 내일을 대비하여 적당한 곳을 선택해 은폐할 줄 안다. 어미 또한 초기 일정한 시간 내에는 새끼의 떨어짐을 허락한다. 이것은 그 당시 새끼는 아직 뒤따르는 반응을 일으킬 능력이 없으므로 어미는 새끼가 무성한 수풀 속으로 숨는 것을 막지 않는다. 새끼는 자그마한 구덩이 속, 파인 곳, 바위 및 풀숲 속이나 관목숲 속에 숨는다. 아브레크 지역에는 이러한 은폐처가 적지 않아 쉽게 찾을 수 있다. 사육장 내에서는 풀밭의 풀숲을 찾거나 버드나무잎이 무성하고 관목이 무성한 은신처를 찾아 몸을 숨기기도 한다<그림 17>.

〈그림 17〉 숨어 있는 산양 새끼

숨는 행동은 새끼의 향후 생활에도 전략적 방어 행동의 일부분으로서 커다란 의의를 가진다. 어려서부터 경험이 없는 산양일지라도 은신처를 선택할 줄 알며 인내성 역시 뛰어나 오랫동안 꼼짝하지 않고 머물러 있을 줄 안다. 10달 만에 붙잡힌 암컷 Flora는 사육장 내에서도 강가의 그리 은폐가 잘되지 않는 곳에서도 아주 잘 숨어 있어 우리가 오랫동안 찾아도 찾을 수 없을 정도였다. 사람들이 온 사육장을 샅샅이 뒤졌지만 그를 몇 발자국밖에 두고도 발견하지 못하였던 것이다.

P. Lent(1974)는 강조하여 지적하기를 어미는 몸을 숨긴 새끼의 은신처로 다가가지도 않고 새끼와 어떤 접촉도 하려 하지 않는다. 오로지 10~15m 가까이 와서야 어미는 새끼를 부르는 울음소리를 낸다. 보통 어미는 새끼를 오솔길로 불러내 은신처로 가서 누워서 새끼에게 젖을 먹인다. 어미 Beta는 우리 5~10m 가까이 온 후에야 새끼 부르는 소리를 내기 시작한다. 새끼는 어미가 눈앞에 나타나자 곧 일어나 달려간다. 새끼는 은신처에서 5~6시간까지도 숨어 있을 수 있다. 새끼는 가끔 일어서기도 하고 기지개도 켜며 흙이나 돌의 냄새를 맡아보기도 하고 주위를 둘러보기도 한다. 그리고는 또다시 눕는다.

새끼 Dina가 하루 동안 은신처에 누워 있는 평균 시간은 2시간 47분(n=27차; 15분에서 6시간 35분)이었고 새끼 Bella는 평균 2시간 12분(n=7; 13분에서 5시간 41분)이었다. Bella의 제일 긴 은폐기간은 태어난 후 이튿날까지였고 Dina는 14일이었다. 새끼들은 첫 2주간은 거의 모두 숨어 있으며 3~4시간을 간격으로 젖을 먹을 뿐이다. 그 후로는 숨는 시간이 짧아지며 점차 어미 곁으로 가서 휴식한다. 그 후, 은신처에 숨어 있는 시간은 Bella는 31일에 1시간 10분이었고 Dina는 23일에 2시간 35분이었다. 숨어 있는 시간이 줄어듦에 따라서 어미가 새끼의 항문을 핥아주는 시간도 동시에 짧아진다. 즉 새끼의 배설물을 점차적으로 적게 먹는 것이다. 만약 생후 20일 때 어미가 이미 새끼 배설물을, 특히 밤을 지난 새벽 배설물을 먹지 않는다면, 생후 21일에서 31일까지는 새끼가 젖을 먹을 때 어미가 핥아주는 시간이 2~5초로 줄어들거나 또는 완전히 항문 주위를 자극해주는 행동으로 바뀐다. 이 기간에 어미가 핥아주는 것은 새끼의 배설을 자극할 뿐 배설물을 먹는 것은 관찰되지 않았다. 새끼 산양은 생후 7일부터 식물을 조금씩 뜯어 먹기 시작하였으나 첫 번째 반추는 생후 30일 또는 34일 만에 나타났다.

이로 볼 때, 새끼의 숨는 단계는 생후 20~35일 쯤에 끝난다. 이때는 숨는 동작만 사라지는 것이 아니라 어미가 새끼의 항문을 핥아주는 행위도 없어진다. 새끼 산양은 다른 산양과 가까이에 누워 휴식하고 풀을 먹기 시작하는 동시에 반추도 시작되고 스스로 배설하게 되므로 어미 산양과 함께 생활하게 된다.

숨는 단계에서 새끼 산양은 대부분의 시간을 숨어서 보내다가 젖을 먹거나 활발히 뛰어노는 행동으로 바뀌어 다른 산양과 접촉하게 된다. 어떤 날에는 다른 암컷들과도 오랜 시간을 보내며 어미 산양과 또는 다른 산양과 같이 놀기도 한다. 때문에 때론 숨는 단계가 이미 지나간 것처럼 보인다. 허나 다음 날에는 또다시 몇 시간이고 은신처에 누워 있으며 전혀 뛰어놀지 않기도 한다. 그렇기 때문에 숨는 기간이 끝나는 것은 보다 객관적인 증거가 필요한데 반추가 시작되고 스스로 배설하는 그 시각이 간접적인 증명이 되는 것이지 어미와 같이 체류하고 있다 하여 숨는 시기로 판명되는 것은 아니다.

P. Lent(1974)도 이와 유사한 불명확한 상황을 수컷 산염소와 *Capra* 속의 기타 대표동물에 대해 서술한 적이 있다. 초기는 이 행동을 '뒤따르는' 범주로 간주했고 E. F. Savinov(1962)도 수컷 시베리아설양의 숨는 행동을 기술한 바 있다. M. Couturier(1962)의 관찰은 유럽들소 수컷의 어미 행위의 합리성을 잘 증명하였다. 만약 숫들소가 바위가 아주 많은 지역에서 태어났다면 꽤 늦도록 어미와 같이 국한된 지역에서만 움직인다. 또한 어미는 새끼와 멀리 떨어져 있거나 몇 시간 동안 서로 헤어져 있기도 한다. 이때 새끼 숫들소는 움직이지 않고 있다. 어미는 100m 밖까지 떠날 수 있으나 조심스럽게 되돌아와서 새끼를 보살핀다. 매우 흡사한 상황이 산양에서도 관찰되었다. 산양 새끼도 때론 바위가 아주 많은 지역에서 태어나기도 한다. 그러므로 어미는 새끼를 멀리 데리고 다니지 않는다. 때로는 너무 험준하여 제대로 설 자리도 없고 어미를 따라 빨리 달릴 수도 없으며 심지어는 젖을 빨리다가 넘어지곤 한다. 숨는 행동을 취하는 모든 기간에는 새끼는 언제나 어미와 함께 바위가 많고 매우 제한된 지역에서 동행하는 것이다. 이와 반대로 만약 바위가 보다 적은 지역에서 새끼가 태어났다면 어미는 새끼를 데리고 태어난 바위지대를 떠나기도 한다.

은신처를 바꾸는 것은 새끼의 본능이라 할 수 있다. 하지만 은신처를 주도적으로 바꾸는 것은 어미다. 이와 같이 Dusya는 24일 동안 새끼 Dina를 위해 풀밭에서 은신처를 선택해주었다. 그곳에서 새끼는 7~8일을 계속해서 지냈다. Beta는 Bella를 풀밭의 두 은신처와 우리 속에서 10일을 지내게 했다. 1975년 6월 아브레크 산악지대의 한 암산양은 암새끼를 위해 동굴을 은신처로 선택한 적이 있다.

숨는 행동과 뒤따르는 행동의 개체발생

접근하는 경향과 뒤따르는 행동은 대부분 조류와 포유류의 주요 행동 중의 하나이다. 유제류의 새끼들은 뒤따르는 반응 또는 발뒤꿈치로 걷는 경향이 일반 반응의 하나로 처음부터 존재하는 본능 행동과 유사하고 이런 것을 이용하여 새끼는 적극적으로 적당한 크기의 산양과 친밀한 관계를 유지하려고 노력하는 것이다. 그러나 성체 산양의 반응은 새끼를 쫓아 버리거나 또는 그 옆으로 다가간다(Lent, 1974). 기타 척추동물의 새끼와 같이 유제목 동물의 새끼도 상대방에게서 위험과 공포가 없다고 느끼면 곧 뒤따르는 반응을 나타낸다.

성체 산양의 행동은 아주 전형적이다. 어미 산양은 새끼 산양의 숨는 반응을 일으키기 위해, 일단 새끼를 버리고 떠나거나 어느 정도 높이의 상징적인 점프 동작을 한다. 이것은 숨는 동작을 취하라는 신호이다. 성체 산양도 위험이 나타나면 역시 높이뛰기 시작하거나 앞발을 구르기도 한다. 이 신호의 의미는 '보이지 않게 숨어라'라는 것이고, 반면 꼬리를 옆으로 흔드는 것은 뒤따르라는 신호이다.

〈그림 18〉 산양 새끼는 한 살까지 항상 어미와 동행한다.

앞 산양이 선 상태에서 꼬리를 몇 번 추어올리고는 먼저 움직인다. 그러면 뒷산양은 앞 산양의 뒤를 따라 움직이는 것이다. 어미는 꼬리를 흔들어 새끼가 뒤따르는 행동을 일으켜 자리를 옮기게 하거나 속히 어미를 떠나게 한다. 뒤따르는 반응을 유지하는 보다 효과적인 방법은 지속적인 움직임과 적당한 속도를 유지하는 것이다. 즉 어미와 새끼 간의 적절한 거리라고 할 수 있다. 목장에서 새끼는 어미와 나란히 나타나고 언제나 같이 움직인다<그림 18>.

많은 유제류는 소리로 뒤따르는 반응 효과를 증가시킨다. P. Lent(1974)가 지적하듯이 아메리카 말사슴(*Cervus canadensis*)과 순록(*Rangifer tarandus*)은 발목관절이나 발굽으로 '딱' 하는 소리를 낸다. 산양은 숨는 행동을 유발시킨 상태에서도 분명하게 발구름으로 위와 유사한 소리를 내는 것이다. 숨어 있는 상황에 처해 있는 산양 새끼라면 뒤따르는 반응이 그리 명확히 나타나지 않을 뿐만 아니라 새끼는 흔히 자기 어미와 나란히 걷거나 앞서 걷기를 즐긴다. 이런 상황은 특히 첫 새끼를 낳은 어미 산양인 경우 더욱 많이 관찰되었다. 예를 들면, 새끼 Dina는 숨어 있는 상태에서 약 50%는 어미 Dusya 앞에서 도망쳤다. 그러나 어미 Beta는 새끼 Bella의 행동을 보다 효과적으로 제어할 수 있음으로써 새끼 Bella는 한 번도 어미보다 먼저 도망간 적이 없었다. 흥미 있는 일은, 이듬해 새끼 Lalique는 어미를 뒤따르는 반응을 일으킬 수 있었음에도 어미가 아닌 새끼 형제 Fen의 뒤를 따라다녔다. 세 번째 암컷 Flora는 1982년에 처음으로 새끼를 낳았지만 새끼를 무척 잘 데리고 다녔다. 야생 산양의 경우를 볼 때, 1976년 한 젊은 암컷은 항상 자기 새끼 뒤를 따라다녔고, 새끼는 언제나 어미보다 훨씬 앞에서 뛰었다. 이런 현상은 필시 모성애와 양육경험 부족을 말해주거나 어떤 병적 상태인 것 같기도 하다. 때문에 숨는 단계에서 반드시 단 한 번이라도 어미는 새끼에게 뒤따르는 훈련을 시켜야 한다. 즉, '움직이는 물체를 따르는' 일반 반응을 '어미를 뒤따르는' 반응으로 바꾸어 주어야 한다. 하지만 산양은 위험한 상황에서는 오로지 동종 개체라고 인정만 하면 그 뒤를 따르는 일반 반응을 유발 시킬 수 있다. 위험이 사라지면 어미와 새끼는 다시 함께 모인다.

숨어 있는 반응은 뒤따르는 반응을 일으키는 그 어떤 스위치 작용을 하는 것이다. 종에 따라 이 반응은 어미 행동이 가진 여러 요소에 따라 야기된다. 새끼 산양이 숨는 행동을 취할 때는 몸을 쭉 펴서 자세를 적극적으로 낮추어 땅에 몸을 붙이고 절대 움직이지 않는 것이다. 이 자세를 유지하기 위해 새끼 산양은 때론 근육을 조절해야 한다. 새끼 산양이 숨었다면 어미 산양은 갑자기 위로 높이 뛴다. 다른 사슴 종류에서도 이러한 특징적인 점프 동작을 볼 수 있다(Lent, 1974). 말사슴(*Cervus elaphus*)은 머리로 새끼를 눌러준다. 노루도 똑같은 행동을 보여준다. 물론 새끼를 제일 효과적으로 제어하는 방법은 뿔이나 머리로 새끼를 눌러 땅에 붙여 놓는 것이다. M. Y. Treus(1983)는 일런드(*Taurotragus oryx*)는 뿔로 새끼를 협박하여 새끼로 하여금 땅에 반듯이 눕게 한다고 결론지었다. 이어 '이러한 행위는 도저히 이해할 수 없다'고 하였다. 그는 일런드(*Taurotragus oryx*)가 이런 방법으로 갓난 새끼에게 숨는 행동을 억지로 시킨다고 하였다.

낯선 사람이 갑자기 사육장 우리 근처에 나타났을 때, 누워 있던 성체 산양도 모두 숨는 행동을 취한다. 물론 그것은 자신이 누워 있는 곳이 확실히 안전하다고 느꼈기 때문이다. 숨은 산양들은 사람을 지켜보며 자기를 노출시키지 않으려고 움직이지 않는다. 호랑이가 울타리 근처에 나타나자 수컷 Bur도 똑같은 반응을 일으켰다. 호랑이를 보자 산양은 신속히 관목 속에 숨었다. 그리고는 즉각 땅에 딱 엎드려 눕지만 눈만은 맹수를 지켜보는 것이다. 두 동물 간의 거리는 150m였다. 커다란 맹수를 앞두고 산양은 흔히 이런 숨는 반응을 취하는 수밖에 없을 수도 있다. 바위 많은 지역이라면 사람과의 거리가 100m 밖이라면 누워 있는 산양은 일어나지 않고 사람이 지나쳐 버리기를 기다린다. 황혼 무렵이나 안개 낀 상태 등 가시도가 떨어지면 흔히 이런 반응으로 대응한다. 이처럼 숨는 반응은 모든 연령의 산양들이 채택하는 행동으로 성체가 되면 이 반응이 사라지는 것이 아니라 오히려 한층 연마된다.

사육 상태에서의 행동

유제목 동물에는 젖 먹이기 자세가 보편적으로 존재한다. 새끼는 어미와 일정한 각도를 두고 서서 젖을 빠는데 꼬리는 어미 머리 편으로 둔다. 새끼는 꼬리를 수직으로 세우므로 어미는 그의 항문 주위를 핥아주고 첫 한 달 동안 계속 배설물을 먹는다. 가을이 되면 새끼가 어느 정도 커서 어미 배 밑에 설 수 없으면 무릎을 꿇고 젖을 빤다. 어미젖을 마사지해주거나 주둥이로 찌르는 행동 역시 모든 유제목 동물의 중요한 공통 행동의 하나이다. 새끼가 주둥이로 젖을 찌르는 행동은 생후 20일 후에 나타나기 시작한다. 그때는 어미젖이 급속히 줄어들기 때문이다. 때론 어떤 새끼들은 뒤에서 어미 두 뒷다리 사이로 젖꼭지를 빨기도 한다. 허나 이렇게 젖을 빠는 시간은 어미가 뿌리치고 가버리므로

1~10초밖에 지탱치 못한다. 유사한 자세로는 기타 소과 동물(Lent, 1974), 알프스 영양(Kramer, 1969), 로키 산양(Geist, 1971)에서도 흔히 보인다. 뒤따르는 습성은 많은 유제목 종에서 흔히 볼 수 있는 자세로 산양에서는 뒤따르는 행동이 나타나는 단계에 들면 이 자세가 나타난다.

어미는 숨어 있는 새끼를 불러내서 젖을 먹일 때의 신호를 보내준다. 즉 어미가 때를 골라 새끼를 은신처로부터 불러내는 것이다. 뒤따르는 자세는 새끼가 주도적으로 한다. 젖을 보채는 자세는 독특하다. 새끼 산양은 앞발굽을 어미 등에 올려놓는 것이다(이때 어미는 누운 상태다). 이때, 만약 젖이 있으면 어미는 일어서서 젖을 빨리고 없으면 줄곧 누워 있는다. 이것은 숨는 자세에서 나타난 특징적 표현이다. 만약 새끼가 은신처에 있고 어미에게 젖이 없다면 어미는 5~6시간 동안 새끼 근처로 다가가지 않는다. 실제적으로도 낮에 젖을 빨리는 빈도와 지속시간은 은신처에서만 높아지고 길어진다. 생후 10일이 지나면 젖을 먹이는 행동은 새끼의 기타 행동으로 인해 중지되곤 한다. 생후 20일이면 어미는 스스로 점차 젖 먹이기를 줄인다. 생후 3개월이 되면 새끼 산양은 뛸 줄도 알고 뿔로 방어 행동을 취할 줄도 알며 일어서라는 유인이나 신호에도 반응하지 않기도 한다. 숨는 행동 자세가 적어지면서부터 새끼는 자기 어미를 인식하기 시작하고 다른 암컷의 젖을 먹으려는 시도는 사라진다. 어미 산양은 수시로 새끼의 냄새를 유심히 맡는다. 새끼는 오로지 젖을 보채는 자세를 표시할 뿐 스스로 상대방이 누구인지를 알려고 하지 않는다.

모자간의 행동은 아래와 같은 행동 유형과 자세로 나눌 수 있다.

어미

행동 유형		자세	
I. 젖 먹이기	1. 새끼 찾기	2. 젖 빨리기 유도	3. 젖을 먹이기
II. 새끼 돌보기	1. 새끼몸 핥아주기	2. 항문 핥기	3. 배설물 먹기

새끼

I. 젖을 먹는다	1. 젖주기를 요청	2. 젖꼭지 찾기	3. 젖 먹기
II. 숨기	1. 자리 고르기	2. 자리에 눕기	3. 몸을 쭉 펴 땅에 붙이기
III. 뒤따르기	1. 어미 따라가기	2. 걸음걸이	3. 어미 곁에 눕기
IV. 어미 찾기	1. '음매' 소리	2. 자국냄새 맡기	3. 달리기

젖 먹기 행동의 양적 특징

젖을 먹는 행동을 정량적으로 관찰한 저자는 거의 없다. 즉 젖 먹이 기간 또는 그 기간에 나타난 여러 특이한 행동들을 하나하나 양적으로 측정하지는 않은 것이다. 유제류에 속하는 많은 동물은 종에 따라 이 행동의 양적 특징이 서로 다르다. 우리는 아래와 같은 용어를 제출한다.

젖 먹이 준비시간 – 어미가 새끼를 은신처에서 불러낼 때부터 또는 어미가 새끼를 찾을 때부터 시작하여 젖을 빠는 행동이 이루어지기까지의 시간, 그 기간에 뜀질, 놀기, 기타 산양들과의 접촉 등도 포함한다.

젖 빨기 – 어미 젖꼭지를 빨기 시작해서부터 어미와 새끼가 서로 떨어지기까지의 시간.

젖 먹이는 기간 – 젖 먹는 기간에 여러 번 나타난 젖 빠는 총누적 시간.

숨어 있는 자세 속에서 산양이 낮에 젖 먹이는 빈도는 바로 어미가 새끼와 접촉하는 빈도와 같다는 것을 감안해야 한다. 산양이 젖 먹이는 빈도는 하루에 평균 6차례로 (n=78) 그리 높지 않다. 암컷이 보통 하루에 3번, 아침, 점심, 저녁으로 젖을 먹인다<표 11>. 그러나 실제로 젖 먹이는 동작을 나타내는 빈도는 하루에도 폭넓게 분포한다. 사육 상태의 관찰에 의하면 하루에 1번에서 12번까지(n=14) 매우 달랐다. 때문에 단지 젖 먹는 행동시간만을 계산할 때는 반드시 신중해야 한다. 새끼는 수시로 젖을 먹기 때문이다. N. V. Solomkina(1983)는 출생 첫날의 젖 빠는 빈도가 제일 높아 18차례까지 달한다고 하였다. 그는 젖 빠는 행동의 횟수를 계산한 것이 틀림없다. 그러나 야생 상태에서(아브레크 산악지대) 새끼 산양의 젖 빠는 행동이 출현된 최대 회수는 28차례로, 생후 제3~4일간에 대체로 3끼로 나뉘어 집중 기록되었다. 이것은 야생 상태에서 갓 출생한 새끼가 젖꼭지를 쉽게 찾지 못하는 것과 크게 연관되어 있다. 우리는 이 과정을 새끼가 숨는 자세를 취하는 기간에(새끼가 출생해서부터 10~11일까지) 6마리의 어미와 새끼 간의 관계를 성공적으로 관찰하였다. 야생 상태에서의 본 기록과(41시간 22분) 사육장에서 5마리 새끼와 그 어미와의 연계 기록(총 1,174시간 21분)으로 볼 때, 제일 중요한 대표적인 지표 수는 하루에 여러 번 나타난 젖 먹이 행동의 총 누적 시간이다. 즉, 새끼가 실제 젖을 먹는 데 소비한 시간이 얼마이냐이다.

〈표 11〉 야생과 사육장 내에서 산양이 하루에 젖 먹는 행동의 빈도와 소비시간

산양이름	번수	젖 먹이 행동			젖 빠는 시간		
		평균	최소	최고	평균	최소	최고
디나	57	2.8±0.31	1	11	2.3±0.13	1	6
벨라	11	5.7±1.34	1	16	2.1±0.24	1	3
디키	10	7.4±2.74	1	28	1.9±0.30	1	3

산양의 젖 먹는 지속시간은 생후 10일 전에 제일 길었다. 제일 긴 지속시간은 생후 4일과 5일에 나타났다(Dina는 생후 제5일에 30분, Bella는 생후 4일에 29.8분. 야생 새끼는 1935년 6월 29일에 85분까지 길었다).

새끼의 성장에 따라, 새끼가 어미에게로 다가가는 횟수와 젖 먹는 지속시간은 점점 줄어든다〈표 12〉. 숨는 행동이 사라짐에 따라 새끼 산양은 하루에 보통 한 번만 젖 먹는 지속시간이 좀 길뿐 그 외의 젖을 먹으려는 시도는 전부 실패하였다. 뒤따르는 자세 속에서도 젖 먹는 행동은 계속 나타나지만 성공적으로 이루어지기는 아주 드물다. 즉 젖 먹는 시도는 어미가 다시 발정 상태에 이르기 전인 11월까지 줄곧 나타난다.

뒤따르는 자세에서 어미는 흔히 젖 먹이기를 피한다. 허나 새끼는 빈번하게 젖을 먹으려 시도한다. 젖을 뗄 때가 가까워져 오면 젖을 먹기 위한 시도가 젖을 실제 먹는 경우보다 매우 많다. 새끼가 생후 1.5~2달이 되면, 어미는 젖을 한 번 먹이고는 자리를 옮긴다. 새끼는 다른 암컷의 젖을 먹으려 애쓴다. 한 예로, Fen은 생후 10일째, 자기 어미가 잠시 보이지 않자 다른 두 늙은 암컷과 한 젊은 암컷의 젖을 먹으려 했지만 어미 아닌 암컷들은 위협과 뿔로 박는 행위 등으로 새끼를 쫓아버린다. 이때까지 새끼는 아직 어미와 확실한 우애감을 이루지 못한 것이 사실이다. 그러나 이상 현상은 본 종내 다른 개체 사이에서만 실제적으로 존재하는 것이다. 때문에 숨는 자세 단계에서 어미와 새끼가 잠시 떨어져 있는 단계는 차후 새끼의 독립생활에 커다란 생태적 의의를 가지는 것이다. 이렇게 산양은 특징적인 모자관계를 가지고 있는 전형적인 숨는 동물의 대표종이라고 간주할 수 있다. 산양이 숨는 자세를 취하는 기간은 아주 짧다. 즉 한 달쯤이다. 이 기간에 암컷은 새끼와 자주 연락을 취하는데, 이를 위해 소모되는 시간은 약 낮의 50%를 차지한다.

〈표 12〉 사육장 내에서 새끼의 젖 빠는 지속시간과 젖 먹는 시간, 그리고 어미가 새끼의 항문을 핥아주는 시간 통계(시간)

일령	젖 빠는 행동 지속시간				젖 먹는 기간				핥는 시간			
	평균	최소	최대	표본 크기	평균	최소	최대	표본 크기	평균	최소	최대	표본 크기
1~10	155	3	840	183	316	5	1100	36	43	5	275	54
11~20	121	5	600	65	189	5	1023	28	20	1	70	13
21~30	109	2	450	38	114	5	225	19				
31~40	79	5	270	18	123	15	270	9				
41~50	70	5	190	22								
51~60	55	5	125	28								
61~70	72	2	150	11								
71~80	52	5	120	10								
81~90	120			1								
91~100	40			1								

결론

1. 아무르산양은 정상적인 일차 발정주기를 가지고 있다. 이 시기에 임신이 되지 않으면 2차, 3차 발정이 지속하여 올 수 있다.
2. 아브레크 산악지대 산양 개체군의 임신 기간은 평균 228일이다.
3. 산양은 숨는 행동을 취하는 종이다. 숨는 자세를 취하는 지속기간은 20일에서 35일로 측정된다.
4. 새끼 산양의 행동 개체 발생은 4단계로 나뉜다. 출생 직후－1주일, 숨는 행동－약 한 달, 뒤따르는 행동－1년, 어미와 새끼가 떨어지는 시기(수컷 1년에서 1년 반, 암컷은 1살에서 2~3살까지)
5. 모자간의 행동은 6개 형식으로 나뉘고 이는 18개 자세를 포함한다.

제5장 공격행동(Agonistic behavior)

우리도 Hinde(1975)의 주장에 따라 공격 행동을 습격, 위협, 굴복, 탈주 등 여러 복잡한 행동요소의 복합체라고 간주한다. 공격 행동은 경쟁자 사이에 자주 일어나는 일로 상대방을 제압하여 일정한 서열을 확립하기 위함이다.

위협

산양의 위협 행동을 아래 몇 자세로 나눈다.

A) '존재성 위협': 동물은 경쟁자에게 다가간다. 그리고 몇 m의 거리를 놓고 마주 서서 쳐다본다. 처음 자세는 온화하고 머리를 든 상태에 귀는 앞을 향하고 꼬리가 내려가 있다. 극소수는 몸 측면으로 경쟁자를 대하고 머리를 돌려 옆얼굴만 보여준다. 이렇게 함으로써 자기 몸과 뿔을 크게 과시 한다. 이때 산양은 이 자세로 움직이지 않으며 자신의 존재만 상대에게 과시하여 상대를 물러나게 한다. 그렇기 때문에 본 자세를 일련의 동작 흐름 속에서 나누어 기록하기는 곤란하다. 이 행동은 영역을 가지고 있는 성체 수컷이 흔히 쓰는 방법으로 젊은 수컷에게 자기의 존재를 알리는 제일 효과적인 방법이다. 이 자세가 바로 여러 문헌(Geist, 1964: 1968; Schaller, 1973)에 나타난 '위협을 알리는' 행동과 흡사하다. 예로, 숫설양도 이런 행동을 나타내곤 한다. 한 수컷이 다른 개체 근처로 서서히 다가선다. 그리고 상대방이 싫증을 내지 않을 정도로 다리를 뽐내거나 배를 움츠리거나 앞다리를 구부리거나 머리를 상대방 쪽으로 내리꽂는 등의 행동을 한다. 이렇게 그는 자기의 여러 모습을 과시하는 것이다. 들소(*Bos*), 아이벡스(*Capra sibirica*), 마콜(*Capra falconeri*), 샤모아(*Rupicapra spp*), 북미사슴(*Odocoileus spp* Geist, 1964), 히말라야타르(*Hemitragus jemlahicus* Schaller, 1973)에도 이런 행동이 기록되었다.

본질적으로 볼 때 이런 행동은 한 종내 개체 간에서 자신의 지배적인 지위를 확보하는 것이 목적이다. 산양에서 나타난 이런 존재성 위협이나 기타 영양류 동물에서 나타난 '위협을 알리는 자세'나 모두 똑같은 의미를 가지고 있는 것이다. 즉, 일정한 거리를 두고 자기의 힘을 경쟁자에게 과시하는 목적임이 틀림없다. 그러나 이런 행동이 가져오는 효과는 각기 다를 수 있다. 본 종만이 가지고 있는 특수한 행동이 위협 요인이 되어 상대방을 퇴각시키거나 굴복시킨다.

B) '뿔로 위협': 이 행동은 뿔을 보임으로써 상대방을 공격할 의사를 표시하는 것이다. 산양은 머리로 상대방을 자기 가슴 쪽으로 끌어당긴 후 뿔을 과시한다. 아이벡스, 사슴, 로키산양(Geist, 1964: 1968), 히말라야타르(Schaller, 1973), 샤모아(Blahout, 1975)에서도 뿔로 위협하는 행동이 나타난다. 원칙적으로 소과와 사슴과의 뿔이 있는 모든 대표동물은 전부 이런 행동이 존재하는 듯하다.

C) '습격': 동물은 뿔을 과시하고 경쟁자를 향해 맹습한다. 때론 한 번 점프하고 때론 몇 미터를 달려가기도 한다. 이 행동에 대한 경쟁자의 반응으로는 탈주 또는 다른 방향으로 비켜주는 때가 제일 많다.

D) '뒷발로 일어서다(뜀질)': 이 동작은 2~3달 정도 자란 젊은 산양들이 놀이할 때 흔히 관찰된다. 어미 산양이 곁에 있을 때 새끼 산양은 이 동작을 많이 나타낸다. 성년 산양에서는 8차례 기록되었다. 로키산양(Geist, 1968)과 코카서스 투르(개별적으로 관찰됨)에서도 본 행동이 존재하나 아무르산양과 본질적 차이가 있으며 그들의 뒷발로 서는 동작은 공격 행동의 전조(前兆)이다.

E) '뿔로 나무를 박다': 모두 2번 관찰되었다. 한 번은 영역을 가진 두 숫산양이 경계선에서 만났을 때 나타났다. 그중 한 번은 가는 나무 한 그루를 맹렬히 뿔로 들이박았다. 마치 그 나무를 한 번에 넘어뜨리려는 듯하였다. 그때 한 경쟁자가 그 옆 30m쯤에서 지나갔다. 두 번째는 교미를 마친 수컷이 영역을 순회하고 다른 새끼를 데리고 있는 암컷에 접근하기 전 연속해서 수차례 여러 나뭇가지를 공격했다. 이 행동은 산양이 관목이나 교목에 뿔마킹 하는 동작과 달리 아주 드물게 나타나는 동작이다. 이 행동은 다른 개체가 존재하는 상황에서만 나타난다.

공격

F) '뿔 받기': 전술한 위협의 지속 동작이다. 동물은 보통 뿔이나 이마로 경쟁자를 들이받는다. 그러나 산양이 뿔 끝으로 아래서부터 위로 박는 일은 아주 드물다. 때문에 타격은 심하지 않고 뾰족한 뿔 끝으로 상대방의 피부를 손상시키지 않는다. 뿔은 7살까지 자라며 단 한 번 뿔 공격을 관찰된 예가 있는데 그때는 뿔로 심하게 박아 경쟁자의 어깨에 심한 상처를 입혀 피를 흐르게 하였다. 로키산양도 마찬가지로 자주 뿔로 받지만 상

대방에게 심한 손상을 주지는 않는다(Geist, 1964).

G) '이마 대고 밀기': 두 산양은 동시에 이마를 맞대고 밀어댄다. 이때 꼬리는 항상 들어 올린다<그림 19>. 몇 초 동안 서로 이마를 맞대고 밀고 앞뒤로 이동하는 데 머리는 되도록 아래로 숙인다. 그러다가 한 쪽이 양보하며 옆으로 뛰어 비켜선다. 이러한 경쟁은 서로의 힘을 겨루는 것이다. 이 과정에서 산양은 로키산양처럼(Geist, 1968) 뒷발을 들지는 않는다. 이마를 대고 미는 행동은 연속적으로 발생할 수도 있다. 경쟁에서 이긴 승리자는 산기슭에서 보다 높은 지위를 차지하게 된다. 경쟁자 한쪽이 자기의 힘이 확실히 상대방보다 못하다고 인정할 때 그는 무릎을 꿇고 방어에만 신경을 쓴다. 이 행동은 젊은 개체에 나타나는 특징적인 행동이다. 본 행동은 다른 형식의 경쟁으로 전환될 수 있다.

〈그림 19〉 이마로 받는 자세. 한 살배기 수컷(오른편)과
두 살배기 암컷

H) '회전(머리에서 꼬리로)': 한 위치에서 머리가 꼬리를 향하게 하여 회전한다. 그리고 뿔로 서로 상대방의 몸 아랫부분을 박는다. 하나가 도망가는 것으로 경쟁은 마무리된다.

I) '앞발 치기': 복종자세를 취함으로써 끝난다. 앞발을 땅에서 15~30cm 높이 들어 상대방의 아랫부분을 습격하거나 비켜선다. 이는 성체의 교미 행동에서의 앞발 치기와는 달리 발을 그렇게 심히 굽히지 않을 뿐만 아니라 위에서부터 아래로 치는 행동이다.

J) '추격': 성체 수컷이 다른 수컷에 대한 태도로 흔히 발생한다. 이 역시 교미 행동에서 나타난 암컷에 대한 추격과 달리 빠른 걸음으로 움직이는 것이다. 한 번 추격하는 거리는 200m까지 증가된다.

방어

K) '복종(服從)': 한 산양이 존재적 위협 자세를 전시할 때 상대방은 복종 자세를 취할 수 있다. 양자가 뚜렷한 경쟁 상태에 처했을 때 한 마리가 그 자리에 버티고 있으면 다른 한 마리는 복종 행동으로 피하는 경향을 나타낸다. 회피하는 산양은 머리를 한쪽으로 완전히 돌리고 고개를 푹 숙이고 풀을 뜯기 시작한다. 10~15초가 지난 후 머리를 다른 방향으로 돌리고 귀를 바르르 떤다. 쌍방이 함께 불안을 느껴서 풀을 뜯거나 머리를 흔들 수도 있다. 이런 상황에서 만약 위협이 계속 존재한다면 복종자는 벌떡 뛰어 탈주한다. 경쟁은 아주 뚜렷이 나타난다. 성년 숫산양이 먼저 누워 있는 젊은 숫산양에게 다가가서 2~3m 간격을 두고 선다. 젊은 산양은 일어나 풀을 뜯거나 머리를 흔들며 뒷다리를 제 위치에 놓고 앞다리를 약간 구부린 채 서 있다. 머리도 아래로 숙인 채 서 있다. 약 20초가 지난 후 그는 다시 누웠다가 바로 일어나 탈주한다. 젊은 숫산양은 굴복을 나타내고 서 있다가 재빨리 풀을 뜯어 먹는 동작을 첨가한다.

L) '탈주': 탈주는 주로 빠른 걸음으로 이루어진다. 어떤 위협 또는 지배자의 공격을 받았을 때 굴복자는 복종의 자세를 나타낸다. 그리고 성년 수컷이라도 다른 산양의 영역 내에서는 이와 같은 자세를 취하기도 한다. 탈주의 특징은 절벽 등 접근하기 어려운 곳으로 몸을 숨기려는 경향이 있다. 또는 방향을 바꾸어 추적자와 맞서서 그가 오기를 기다리기도 한다.

M) '피동 방어': 이 행동은 위험을 받은 복종자에게서 주로 관찰된다. 탈주는 주로 험한 바위가 많은 방향을 택하여 임의의 은신할 만한 곳을 찾아 눕는다. 승리자는 풀을 뜯

으며 주위를 돌아다니거나 앞발로 공격(I), 뿔로 공격(F)하는 자세, 또는 이를 강화시키려는 경향을 나타낸다. 이 자세는 복종자가 물러서거나 복종자의 풀을 뜯는 행동 또는 도망으로 마무리 된다. 예로 한 살 수컷은 수직 절벽의 높은 곳에 뛰어올라 즉시 누웠다. 그러자 성체 숫산양도 그곳에 뛰어올라 뿔로 한 살 숫양을 가볍게 찔렀다. 그곳은 절벽에서 15m 떨어진 곳이었다. 이 행동은 분명히 자리가 지나치게 좁아 누울 수 없다는 뜻이다. 성년 수컷은 머리만 들었을 뿐 누워 있던 산양은 일어나지 않았고 안쪽으로 자리를 내주었을 뿐이다. 숫산양은 앞발로 그의 등을 3번 치고는 별로 크게 공격하지 않았다.

공격 행동에서 나타나는 여러 자세를 몇 개 그룹으로 나눌 수 있다. A에서 E까지의 모든 위협자세와 F에서 J까지의 모든 공격 자세가 포함될 수 있다<표 13, 14>. <표 13>에서 볼 때, 공격 자세는 성체 수컷에서 제일 적극적으로 나타났다. 즉 58차례 중 20차례가 성체 수컷이었고 총공격행위의 36%를 차지하였다. 일 년 미만의 새끼 산양에서도 많이 나타났는데 이는 장난이나 놀이 성질을 띤 부분이 많이 포함되었기 때문이다. 놀이이므로 뿔박기와 실제로 심각한 싸움을 정확히 구별하기란 그리 쉽지 않다. 새끼 산양에서 나타난 공격 자세의 출현율은 꽤 높지만(23%), 이는 오로지 다른 산양을 '위협'하기 위한 것뿐이다. 특징적인 것은 성체 암컷의 다른 개체에 대한 실제적인 공격 자세 수는 비교적 적었다. 바로 성체 수컷이 어느 개체보다 흔히 공격적 자세를 취하고 흔히 공격을 받았다. 연령별로 나타난 자세의 특징은 서로 달랐다. 예를 들어 새끼 산양에게도 공격행위가 존재하는데 이는 새끼 산양이 공격받았을 때만 나타나는 반격 행동이다. 이때받은 공격이 아주 약할지라도 새끼 산양은 반격행동을 한다. 어린 산양이 받은 모든 공격자세 중 뿔로 받는 자세는 33%를 차지했다(즉, '뿔로 위협'을 받을 때 그 역시 그에 똑같이 대응하여 가까이 접근하여 뿔로 받는 것이다). 뿔로 위협을 하는 행동은 21%를 차지했다. 여기서 반드시 지적해야 할 점은 마지막 자세의 실현은 새끼가 확실히 위험을 느꼈을 때만이, 즉 뿔이 아닌 이마로 받을 때 일어난다. 이렇게 뿔로 공격하는 상황은 본질적으로 볼 때 기타 연령에도 적용된다. 한 살 수컷이 받은 습격은 더욱 빈번하여 공격 위협을 받은 수는 39%를 차지하였다.

<표 13> 산양이 공격을 나타낸 빈도(n=163)

		반응을 나타낸 연령대							총계
		성체 수컷	2살 수컷	1살 수컷	1살 암컷	2살 암컷	성체 암컷	새끼	
반응을 일으킨 연령대	성체 수컷	20	3	9	4	9	3	10	58
	2살 수컷	–	–	–	–	3	–	–	3
	1살 수컷	3	–	–	2	7	3	5	20
	1살 암컷	–	–	–	1	–	–	4	5
	2살 암컷		1	6	1		1	4	13
	성체 암컷	3	2	13	6	4	8	9	45
	새끼	9		1	1	1	2	5	19
	받는 자세 총수	35	6	29	15	24	17	37	163

<표 14> 각 연령대의 공격 행동 요소 빈도(1974~1976년)

자세 \ 연령대	수컷			암컷			새끼	총계
	성체	2살	1살	성체	2살	1살		
뿔로 위협	14	1	5	9	3	1	5	38
공격 위협	22	1	2	21	6	–	–	52
뿔로 공격	5	–	1	10	1	–	3	20
뿔로 받기	9	2	9	3	3	3	11	40
회전	–	–	–	2	–	–	–	2
뒷발로 서기	2	–	2	2	1	–	1	8
앞발로 공격	1	–	1	1	–	–	–	3
추격	8	–	1	–	–	–	–	9
탈주	7	1	7	2	4	4	1	26
굴복	–	5	1	2	5	2	1	16
수동 보호	–	–	1	–	–	–	–	1
코와 항문의 접촉	5	1	6	3	2	2	8	27
총계	80	13	44	63	32	17	57	306
그중 공격(%)	76	31	48	77	44	24	35	
방어	9	46	20	6	28	35	4	
방향판정(%)	15	23	32	17	28	41	61	

알려진 바와 같이 많은 영양류의 공격적 충동은 같은 성별이나 성체 사이에 보다 빈번히 일어난다(Geist, 1996; Walther, 1978). <표 13>과 같이 성체 수컷 사이의 공격적 자세가 제일 많았다. 2살 수컷이 2살 암컷에게, 1살 수컷이 2살 암컷에게, 1살 암컷이 새끼에게, 2살 암컷이 1살 수컷에게, 새끼가 성체 수컷에게 하는 행위는 모두 적었다. 이로 볼 때, 성체 수컷을 제외하고는 산양의 다른 사회적 등급과 그 사이에는 별다른 특징은 없었다. 또한 산양은 서로 다른 계층에 속하는 4~7개 개체로 그리 크지 않은 개체군을

이루어 생활하므로 대부분의 시간을 한 개체군의 개체들과 함께 보내는 것을 볼 수 있다. 이 때문에 그들은 자기 식구 외 자기와 같은 사회층에 있는 제일 가까운 서열의 다른 개체들과 자주 접촉하여 싸운다.

다음 임의의 성숙한 연령 그룹이 나타낸 자세를 관찰해보았다<표 14>. '뿔로 위협'과 '습격'은 모든 성숙된 수컷과 암컷에서 흔히 나타났다. 각 연령층의 본 자세는 총 수의 3/4을 차지한다. '뿔로 공격'하는 자세는 성체 암컷에서 제일 많이(50%) 나타났다. '뿔로 받는' 자세는 새끼, 1살 때와 성체 수컷에서 모두 나타났다. '제자리 돌기'는 수컷의 추적에 대한 응답 자세였거나 어린 새끼가 피하거나 암컷에 접근하려는 시도이기도 하다. '앞발로 공격'은 공격적인 자세로 성체 암수나 1살 수컷에서 나타난다. '굴복' 자세는 2살 암컷과 수컷에서 제일 많이 나타났고 성체 수컷에서는 관찰되지 않았다. '추적'은 수컷에서만 나타났고 성체 산양의 특징적인 행위에 속한다.

후각 접촉(코와 코, 코와 항문)은 방향판정(정위) 행동과 연관된다. 그러나 이는 또한 공격 행동의 중요 부분과 긴밀히 연관된다. 그렇기 때문에 여기서 이 행동을 취급하는 것이 더욱 적당하다고 본다. 이런 접촉이야말로 공격의 기능을 확보해줄 수 있기 때문이다. 동물은 그런 접촉을 통해 자기 배우자의 성별, 성숙 상태, 그리고 사회적 지위를 확인할 수 있기 때문이다. 젊은 산양은 아직까지 일정한 거리를 두고 배우자의 성별과 연령을 확인하는 능력을 배우지 못하였다. 이로 볼 때 후각적 접촉은 아주 중요한 작용을 하는 것이다. 연령 증가에 따라 후각접촉의 빈도는 줄어든다. 1살 미만의 새끼가 공격 자세를 취한 비례는 61%였고 1살 산양에는 34%(암수의 평균치), 2살에는 27%, 성체에서는 16%이었다. 자기 방어 자세는 2살 암컷에서 제일 많이(46%) 나타났고, 새끼(4%)와 성체 암컷(6%)에서 제일 적게 나타났다.

실제 싸움은 아주 적게 발생한다. 7년 동안 단 한 번만 관찰되었을 뿐이다. 그것은 3살과 10살의 수컷 사이에서 일어났다. 10살 수컷은 그날 한 암컷과 짝을 이루었다. 그 암컷 역시 10살로 성적으로 성숙하였다. 이어 3살 수컷은 암컷에게 다가갔고 냄새를 맡으려 시도했다. 작년 번식기 때 이 젊은 수컷은 항상 늙은 수컷에게 복종을 표시하였다. 그러나 이번에는 늙은 숫산양의 부단한 위협에도 기어이 돌진하여 암컷에 접촉하였다. 늙은 숫산양은 처음에는 가벼운 위협을 나타내고 또한 습격 위협을 나타냈다. 그러자 젊은 숫산양은 뿔로 위협하는 자세로 응답하였다. 그 후 '뿔로 받는' 싸움이 이어졌다. 젊은 산양이 절벽 위로 도망쳤다. 그곳에서 젊은 산양은 자기를 잘 보호할 수 있었고 아래의 늙은 숫산양을 뿔로 공격했다. 그러자 늙은 산양은 암컷에게로 다시 돌아갔다. 늙은 산양은 다시 공격적 위협을 표시하고 젊은 산양에게로 다가갔다. 1.5∼2m 간격을 두고 멈춰서서 쌍방은 꼬리를 들고 소리를 냈다. 그 후 늙은 산양은 줄지어 서 있는 관목에 표시를 하기 시작했다. 젊은 산양도 애써 그 동작을 모방하려 했다. 그러나 젊은 산양은 어떤 공포를 느꼈는지 머리로 자기 몸을 몇 번 긁을 뿐 그 관목을 건드리지 못했다. 유사한 표시행동이 시베리아아이벡스에서도 관찰되었다(Sokolov, Danilkin, 1981). 한 늙은 숫양과 암양이 짝을 짓고 있는데 한 젊은 산양이 나타나 20∼30m 가까이 왔다. 그리고 그들의 발자국냄새를 맡았다. 다시 7∼15m까지 다가가서 그들을 향해 위협자세를 보냈다. 이런 상황은 종일 지속되었다. 우리의 관찰도 7시간 20분 동안 지속되었다. 그동안 늙은 수컷은 20번 공격적 위협에 9번 뿔로 받았고 3번 뿔로 공격하였다. 젊은 수컷의 대응은 16번 뿔로 위협, 10번 도망, 3번 뿔로 공격하였다. 늙은 수컷은 3번 아주 강하게 경쟁자의 몸을 향해 뿔로 들이박았다. 그러나 젊은 수컷은 단 한 번 유사한 공격을 할 뿐이었다. 그 후 두 산양은 머리를 맞대고 밀다가 젊은 산양이 산비탈을 향해 아래로 10m가량 쭉 밀려 내려갔다가 끝내 젊은 산양은 도주했다. 이로 볼 때 젊은 수컷이 늙은 수컷보다 앞서 도망하는 것을 알 수 있다. 늙은 산양은 6번 관목을 긁었다. 그의 경쟁자인 젊은 수컷은 단 한 번뿐이었다. 다시 한 번 공격을 받은 젊은 수컷의 어깨에 피가 흘렀다. 날이 저물자 젊은 수컷은 이미 앞다리를 꿇고 있었다. 하지만 젊은 산양은 계속 그 늙은 산양에게 접근하려는 시도를 멈추지 않았다. 이튿날 젊은 산양은 시도를 그만두었고 늙은 산양의 공격 위협을 이기지 못하고 하는 수 없이 도망하여 다시 돌아오지 않았다. 젊은 산양의 꼬리 주위의 털도 역시 피로 물들어 있었다.

앞에서 우리는 늙은 수컷이 자기 영역을 떠나지 않고 계속 지켜가는 상황을 서술하였다. 이웃 영역을 가진 두 수컷 사이에는 경계선을 두고 항상 갈등이 생긴다. 서로 일정한 거리를 두고 위협을 표시하곤 한다. 영역 주인은 침입자는 공격하거나 위협을 가하고 추격한다. 그러나 영역 경계선만 넘어서면 모든 것은 변한다. 영역 주인인 수컷의 가슴에도 핏자국이 있는 것이 한번 관찰되었다. 그것 역시 발정기의 상황이었다.

일반적으로 유제류 동물에서 뿔은 흔히 경쟁의 무기로 쓰인다(Severtsev, 1951). 심한 상처나 죽음까지 이르는 심한 싸움은 아주 드물게 발생한다. 많은 종은 특수한 적응력을 발달시킴으로 쌍방의 사망률을 최소화시키고 있다(Sokolov, Danilkin, 1977a). 대부분 종의 싸움은 의식적인 표현이다. 그와 더불어 위협적인 표현이 흔히 싸움 전에 수차례, 그리고 지속적으로 나타나는 것이다(Fedosenko, 1977; Walther, 1974). 산양 역시 그런 종에 속한다. 산양의 공격적 행동은 여러 단계로 구성되어 있으며 몇 개의 특징적인 연속적 요소들이 포함되어 있다. 즉, 우선 위협적인 뿔을 사용하고 그다음 위협하는 행동을 취한다. 치명적인 무기를 지니고 있는 종의 상호관계를 연구한다면 자발적인 공격행동이 종 보전에 어떤 긍정적인 의의가 있는지 잘 파악할 수 있다(Panov, 1970). 산양은 원시적인 공격형태를 지닌 아이벡스와 달리 본능적으로 측면이 아닌 정면충돌을 취한다(Geist, 1966). 산양의 싸움은 유형으로 볼 때도 전형적인 영양류의 범주에 속한다고 볼 수 있다. 염소와 면양에 속하는 기타 그룹의 대표종들은 머리를 심하게 부딪치며 싸운다.

이렇듯 산양은 효과적인 공격 행동으로 영역을 확보하고 그룹 내의 계급을 분할하여 유지해 나아간다.

결론

1. 산양의 공격 행동은 4개 유형으로 나뉜다. 위협에는 5개 자세가 포함되고, 공격에 5개 자세가, 싸움에는 5개 위협 자세와 3개 공격 자세, 자기 방어에 3개 자세가 있다.
2. 사회 개체군으로 볼 때 공격이 제일 많은 그룹은 청년 수컷이고 그다음은 2살 수컷과 1살 암컷이다.
3. 산양의 싸움은 보통 정면충돌형이다.

제6장 표시행동(Marking behavior)

표시행동은 의사전달의 신호로써 3개 유형으로 구성된다. 즉 후각, 시각, 청각신호로 나눌 수 있다. 후각신호는 포유류에서 정보교환의 주요한 전달 방식으로 생존에 특수한 의의를 가지고 진화적으로 보다 원시적인 신호 계통에 속한다. 후각신호는 종내 교류 과정에서 개체 및 그룹식별, 연령확정, 성별, 생리 상태, 그리고 개체의 분포지와 영역의 일치, 사회구조, 교류와 그 예측 등 여러 기능을 가진다(Sokolov, Danilkin, 1977b).

산양은 오줌, 똥, 분비선의 분비물로 냄새표시를 한다.('생물학 표시지역으로 분할' – 동물의 냄새표시가 있는 곳을 말함). 성체 수컷은 자기 영역을 돌아볼 때 보통 고정적인 노선을 이용하고 땅, 풀이나 관목들의 냄새를 꼼꼼히 맡아 점검한다. 산양은 고정적인 화장실, 잠자리 그리고 표시 관목에 각별한 주의를 기울인다. 한 지역의 고정노선에 대한 냄새의 점검은 배설물의 재표시로 끝마친다. 표시량은 평상시 배설량(10~300알)보다 적다(20~100알). 배설하는 자세는 암수가 동일하다. 산양은 표시 장소를 택해 그곳에 서서 몸 뒷부분을 약간 낮추고 꼬리를 들어 배설한다. 1회 배설 시간은 20~40초 이내에 끝난다. 그리고 또다시 반복하여 배설하기도 한다. 오줌을 누는 자세는 성별에 따라 다르다. 암컷은 뒷다리를 많이 웅크린다. 그러나 수컷은 선 채한다. 오줌을 누는 시간은 5~10초이다. 산양은 일정한 장소에 똥과 오줌을 누기 때문에 그 장소가 화장실이 되는 것이다. 즉 서식지 내의 한 그룹은 공동화장실을 가지고 있다. 이 그룹의 개체들은 모두 한 공동화장실을 이용한다. 오줌도 역시 대부분 약속된 장소를 찾아 배설한다. 이렇게 배설물은 한 곳에 서식하는 모든 개체의 정보를 나타내며 서식지 내 후각 표시의 중요한 수단으로 사용되며 그들의 생활에 커다란 작용을 한다.

1975년과 1976년의 11~12월에 한 숫산양이 총 2,600m 길이의 오솔길(고정노선)에 표시한 배설물 위치는 12곳이었다. 거기에 표시된 오줌지점은 7~69m 간격으로 평균 23m에 하나씩 있는 것으로 측정되었다. 똥 무더기는 18~509m 간격으로 평균 131m를 지나 하나씩 있었다. 표시가 제일 많은 지역은 이웃 수컷이 있는 영역 경계선 부분이었다. 오줌 지점을 따라 검사한 결과 오줌 반점은 반점형, 연이은 소량의 오줌 줄기(1~3m 길이)형 또는 소량씩 나누어진 오줌 반점군으로 나타났다. 육안관찰에 따르면 수컷은 영역 중심에도 넓은 지역을 표시해두었다. 예로 1974년 11월 23일, 한 수컷은 70분간 500m를 통과하면서 8개의 배설물 자리를 만들었다. 1975년 10월 3일에는 150m 길이에 3개, 1975년 11월 25일에는 150m에 5개 배설물 자리를 만들었다. 계곡의 가장자리, 산 정상 부분 그리고 암석이 줄지어 있는 곳에 표시가 제일 많이 있었다. 그리고 산양이 자주 드나드는 지역에는 배설물이 2~3차례 반복, 5~15m 간격으로 나타났다. 산양의 똥과 오줌 배설은 특징적이다. 사람이 20~50m 두고 산양을 쫓았을 때 산양은 흔히 배설을 먼저 하고 그 후에 도망간다.

산양의 영역 표시에는 또 다른 방식도 존재한다. 우리가 행동연구에서 본 것과 같이 나무에 대한 뿔질(비비기)는 분비선의 분비물을 관목에 묻히는 것과 연관된다. 로키산양에서도 관찰된 행동이다. 이로 예측할 때 산양에게도 어떤 분비선이 존재하는 듯하였다. 그 후에 이마에서 그 선체가 발견되었고 그 중요성도 조사되었다(Sokolov 외, 1982. <그림 20>). 우리는 6장의 가죽과 5마리의 성별과 연령이 다른 살아 있는 개체를 검사하였다. 10%의 포르말린에 고정된 피부에서 5개의 분비선이 발견되었다. 산양의 분비선은 양측에 대칭되는 한 쌍의 분비선이 아니고 뿔 뒤 두꺼운 피부층에 붙어 있었다. 성숙한 개체에서 그 분비선은 대체로 반원형의 열구(裂溝) 속에 위치하고 있는데 세로로 한 쌍과 가로로 3개가 놓여 있다. 그들 사이의 거리와 그 깊이는 개체에 따라 서로 달랐다. 선체의 정면 넓이는 7~8㎝였고 시상(矢狀)의 길이는 약 7㎝, 두께는 0.5~1㎝였다. 열구 내에는 단단하고 황색을 띤 꽃모양의 작은 덩어리 같은 선체가 발견되었는데 그 냄새는 특히 코를 찔렀다.

〈그림 20〉 성체 수컷 산양의 뿔분비선(털 제거 후)

또 하나 지적해야 할 점은 산양의 분비선은 털에 덮여 있어 샤모아처럼 노출돼 있지 않다는 것이다(Schaffer, 1940). 9개월 수컷의 산양, 즉 1980년 2월 말 때는 털 표면을 만져서 겨우 탐지할 정도였고 그 크기는 3×3㎝, 두께는 3㎝ 좌우였다. 1살 수컷(1973년 12월 21일과 1979년 11월 20일)은 발정기에도 발육이 좋지 않아 겨우 털을 약간 비비고 올라오는 상태여서 그 열구를 겨우 감지할 수 있을 정도였다.

유감스러운 점은 우리에게도 성체 수컷의 발정기 관찰자료가 부족한 것이다. 우리가 관찰한 성체 암컷은 발정 초기(1979년 10월 17일)에는 1979년 5월에 관찰했던 그 성체 암컷(5～10살)처럼 분비물이 많이 나타나지 않았다. 즉 아직 발정기가 아니었다. 이로 볼 때 암컷의 발정은 분비선의 크기 변화로는 알아보기 어려운 듯하다. 1979년 5월 3일의 관찰에 의하면 15세 이상의 아주 늙은 암컷의 분비선은 젊은 개체의 것처럼 뚜렷하지 못하였으나 성체 암컷과는 비슷하였다. 성체 개체의 분비선은 털이 성글게 표면에 덮여 있어 잘 보이지 않았다. 1975년 5월 5일 관찰된 한 성체 암컷의 분비선은 잘 발달하여 뚜렷히 보였고 그의 음부는 심하게 부어올라 거의 1㎝ 직경 정도의 원형을 이루고 있었다. 우리는 이 반원형 열구를 중심열구라고 명한다. 이것은 열구가 언제나 0.3～0.8㎝ 정도로 길게 파여 있고 거기서 많은 분비물이 분비되기 때문이다(Sokolov 외, 1982)

산양 뿔선의 주요 기능은, 서식지 돌출부위에 표시용으로 쓰이는 듯하다. 산양은 머리를 강렬히 흔들어서 분비물을 나무줄기나 관목의 수직 가지와 가는 가지에 연속으로 비벼댄다. 산양은 뿔 사이와 뿔 기초 부분을 나뭇가지에 대고 비벼댄다. 이렇게 산양은 나무껍질을 벗기고 그곳을 긁으면서 뿔선의 분비물을 발라놓는다. 그리고 긁은 자리 중간을 맡아보며 분비물의 상황을 점검해보기도 한다. 첫 긁는 행동은 10월 말 반년생 숫산양에서 관찰되었다. 한 계곡을 따라 관찰된 총 68개 표시 중 수컷이 표시한 것이 86%를 차지했다. 암컷은 10%, 1년생 이하 새끼는 4%뿐이었다. 표시행동은 발정기가 다가오면 급속히 증가되어 92%를 차지하였다. 표시시간은 0.1～8분가량 소요되었다. 자주 다니는 통로를 따라 제일 많은 수의 표시가 있었다. 제일 높은 밀도는 1㎡에 6번의 표시가 있었다. 이러한 표시는 분명히 시각적인 자극과 후각적인 표시이기도 하다. 일본 산양(*Capricornis crispus*) 역시 자기가 1년 사계절 줄곧 살고 있는 서식지의 나뭇가지, 관목, 그리고 바위 위에 이러한 표시를 하지만 안와선과 발굽선을 이용하여 표시를 한다(Hama, 1974). 일본 산양에는 뿔선이 없기 때문이다.

관찰에 의하면 사육 상태에서도 산양은 계속 이 습성을 유지한다. 여기서 우리는 보다 세밀한 부분을 확인할 수 있었다. 한 번 표시하는 데 소요된 시간은 평균 77초(최고는 360초, n=45)였고 약 20번 정도 비볐다(최고는 109번, n=90). 한 나뭇가지에 대한 표시 행동은 보통 표시 후 냄새를 맡는 행동 또는 방향을 판정하는 행동 혹은 만족을 표시하는 여러 가지 표현 행동으로 끝난다. 이렇게 하나의 표시행동은 일련의 더 짧은 행동으로 분할할 수 있다(12단계). 한 시리즈는 195초가량 지속될 수 있고(평균 35초, n=71), 그 과정에는 55개 동작이 포함된다(평균 9개, n=176).

산양 뿔선의 기능은 아직 잘 알려져 있지 않아 어떤 학자(Shoven, 1972)들의 주장에 의하면 유제목 동물의 새끼에서는 뿔선체가 잠재 상태이며 발육하지 않으며 유아시절에는 아무 냄새도 없다고 한다. 제일 처음 표시를 시도한 행동은 생후 7~8일이었다. 실제로 생후 3일의 새끼 산양은 벌써 '긁기'와 냄새 맡기를 시작하였다. 유사한 시도로 보통 뜀질, 뿔로 받는 놀이 행동도 동반해 나타난다. 물론 이것도 단순한 놀이가 아니기도 하다. 머리를 나무에 대고 비비는 행동은 보통 긁은 자리의 냄새를 맡는 행동으로 직접 전환되기도 하기 때문이다.

새끼 산양의 첫 번째 표시행동도 나무에 목표를 두고 시도하므로 성체 산양과 별다른 차이가 없다고 본다. 단지 그들의 행동이 항상 놀이 성질을 보이는 것뿐이다. 새끼 산양은 아직 뿔이 돋지 않았기 때문에 뿔로 나무껍질을 벗기지는 못한다. 그래서 새끼는 이마로 나무줄기를 아래위로 비벼 대거나 목이나 귀 뒷부분으로 '표시'를 하는 것이다.

사육장 내의 산양 행동관찰에 의하면 산양은 한여름 동안 계속 우리 안을 정기적으로 순회하면서 영역을 표시하고 자신의 영역 속에 한 마리의 암컷 산양만 허용한다. 동시에 기후조건에 따라서 표시행동의 의존성이 결정된다. 모든 표시행동은 거의 안개 낀 날이나 비가 많이 온 날에 고정적으로 행해졌다. 또한 산양은 비가 오기 시작하자 곧 다시 표시하기 시작했다. 분비물을 긁은 자리에 스며들게 하여 건조한 날씨에 계속 보존되어 있게 하거나 비가 내리거나 안개로 인해 씻기면 이렇게 다시 표시를 반복하는 것이다.

일주일간 평균 표시행동의 시간분배는 아래와 같다. 표시행동이 최고 많은 시간은 오전 10시부터 11시까지였고, 제일 적은 때는 오전 6시부터 오전 7시, 오후 2시부터 3시, 7시부터 8시였다. 오후 5시부터 6시까지는 고정적인 표기가 한 번도 없었다. 이런 본능적인 형태의 표시행동은 눕기 전에 자주 관찰되었다. 이로 볼 때 긁은 자리는 누울 자리의 속성을 결정짓고 그 주위의 일정한 공간이 표시한 개체의 영역이라는 것을 나타내는 듯하다.

그리고 몇 마리 산양이 동시에 서로 인접한 나뭇가지에 함께 표시하는 것을 적지 않게 볼 수 있었다. 즉 차례대로 한 번씩 긁는 동작으로 표시를 하는 것이다. 1981년 7월 29일, 3마리 암컷과 한 마리 새끼로 구성된 한 그룹이 이러한 형식으로 표시하는 행동이 관찰되었다. 즉 한 나뭇가지의 양면에 두 산양이 동시에 표시를 한 것이다. 다시 말하면 새끼는 표시를 하는 어미 산양을 본받아 그 나뭇가지에 긁는 표시를 추가한 것이다. 그룹적으로 동시에 표시하는 것은 분명 그 앞뒤 순서가 주어져 있다고 볼 수 있다. 이것은 대부분 젊은 개체의 고유한 습성이기도 하다. Schaffer(1940)의 보고에 의하면 샤모아에게도 유사한 분비선이 있다. 그는 이를 생식선이라 명명했다. 왜냐하면 분비물의 냄새가 강해 성적 자극을 하게 되고 상대방을 유인하는데 충분했기 때문이다. 산양의 뿔선체는 샤모아보다 발달하지 못하였으나 염소(*Capra hircus*)보다는 잘 발달하였다. 구애 활동에 빠진 수컷이 항상 이 뿔선의 분비물 냄새를 맡는 것을 보아 이는 성적 행동에서 아주 중요한 작용을 하고 있다는 것을 증명해 주고 있다. 이 선체의 분비물 냄새로 수컷은 암컷이 발정기가 다가오고 있다는 것을 확정할 수 있는 것이다. 샤모아의 암수는 뿔선이 모두 잘 발달돼 있다. 그러므로 수컷은 향기롭고 자극적인 냄새를 발산함으로써 암컷을 자극하여 교미에 응하게끔 하는 것이다(Heptner 등, 1961).

포유류 성숙 그룹의 개체 식별은 분비물에 의해 가능하다는 것은 이미 연구에 의해 확인되었다. 말사슴(*Cervus elaphus*)(Hatlapa, 1977)은 안와선 분비물 냄새로(Hatlapa, 1977), 프롱혼(*Antilocapra americana*)은 몸체선으로 그리고 검은꼬리사슴(Mule deer)은 발굽 선체의 분비물 냄새로 그들의 생리 상태를 확증할 수 있음이 증명되었다(Muller-Schwarze, 1974). 산양의 뿔선 분비물 냄새도 이런 식별이 가능한 듯하다(산양에는 안와선이 없다). 우리의 관찰로 아래의 결과를 얻었다. 즉, 성체 그룹의 뿔선 분비물 표시는 1년 4계절 계속되었고, 한 그룹이 동시에 한 그루 나무에 표시행동을 취하기도 하며, 정기적으로 서로의 얼굴냄새를 맡아주거나, 규칙적으로 '자기'와 '다른 개체'가 식물 위의 표시한 흔적의 냄새를 맡아보기도 한다.

유제류 동물의 발굽선체는 개체 간 의사소통에 중요한 작용을 하고 있다(Muller-Schwarze 등, 1978). 산양의 발굽선체는 네 다리 발에 모두 존재하나 앞발의 것이 더욱 잘 발달되었다. 분비물은 점성이 있고 노란색을 띠었으며 자극적인 냄새가 난다. 산양은 분비물을 자주 다니는 오솔길에 남겨놓거나 특히 누웠던 자리에 많이 남겨둔다. 눕기 전에 산양은 면밀히 누울 자리의 냄새를 맡아보고 한쪽 앞발로 또는 두 발을 교체하면서 3~5번 발굽을 문지르는 것을 흔히 볼 수 있다(땅 위에 표기자세).

이렇게 산양에게는 잘 발달된 화학적 의사소통 수단이 있었다. 오줌과 분비물, 나무 위에 긁기 표기, 누운 자리와 오솔길 위의 표시는 후각과 시각의 종합적 표시이다. 이는 산양의 개체군활동에 중요한 작용을 하고 있다(번식, 영역보호, 그룹 내의 서열 유지 등).

음향신호

산양의 773번 관찰 중 40번은 불안한 울음소리를 내었고, 또 다른 25번은 약간 거친 소리를 내었다. 한 개체군 내부의 산양은 서로 잘 아는 사이였고 이웃 개체가 어떤 영역을 가지고 있는지도 알고 있는 듯하다. 그 외 그들이 살고 있는 지형 특징은 그룹 내부 구성원들끼리는 하루에도 수차례 서로 만날 수 있었다. 관찰에 의하면 산양의 울음소리는 비교적 의의가 적은 셈이다. 이것은 아마 산양이 보다 개활된 지역에 서식하고 있기 때문일 것이다. 반대로 산림 속에 생활하고 있는 사슴류에서는 음향신호가 보다 큰 의의를 가지고 있다고 말할 수 있다(Smirnov, 1975). 산양은 보통 시각신호를 많이 이용하므로 음향신호는 그들의 생활에 그리 커다란 영향을 주지 않는다. 산양이 내는 소리는 높지 않고 조용하므로 그들의 소리를 녹음하는 것은 힘들다. 모든 신호는 9개 종류로 나눌 수 있다(Myslenkov and Voloshina, 1980).

위협음

위협을 알리는 "하우 하우 하우…" 하는 불안한 울음소리는 사슴류에도 존재한다(Danilkin, 1978). 그 외침은 2~6개 음절로 이어지는 것이 특징적이다. 그리고 3개 시리즈로 1~2초씩 지속되는 외침이 자주 기록된다. 서 있을 때나 탈주할 때는 높고 강한 울음소리를 많이 낸다. 위험이 닥치면 산양은 1~2시리즈의 소리를 내고 즉시 도망간다. 불명확한 위험에 부딪혔을 때는 평균 17번(n=12), 최고 40번 이 시리즈 음을 반복하기도 한다.

낮은 소리

산양이 내는 낮은 소리의 가청 영역은 약 50m이고 유리한 조건하에서는 150m까지 이른다. 산양은 자신이 다니는 고정된 오솔길에서 익숙한 발자국, 풀, 돌 그리고 관목에 남긴 자기가 긁은 자리를 보면서 걸을 때 흔히 이런 낮은 소리를 낸다. 그리고 만약 다른 개체의 배설물을 발견하면 그것의 냄새를 맡아보고는 헤쳐 버리고 자기 배설물로 다시 표시한다. 이것은 성 자극에 의해 나타난 신호로써 오직 영역을 가지고 있는 수컷만이 이러한 행동을 한다. 이 신호는 여러 기능이 있을 수 있지만 주요 기능은 주위의 다른 개체에 자기가 암컷을 지니고 있다는 것을 알리는 것이고 자기 영역을 표시하는 데 있다.

'메에에…, 메에에…' 울음소리

이것은 산양 모자간의 연결 신호이다. 이 소리는 음이 낮고 짧으며 70m까지 전해질 수 있다. 새끼는 어미가 멀리 떨어지거나 위험을 피해 탈주한 후 어미가 눈에 보이지 않을 때 '메에에…' 소리를 많이 낸다.

경고음

위험 신호로서 음이 아주 낮고 짧은 쉬쉬 소리를 말한다. 50m 밖에서 들을 수 있다. 이런 소리는 발정기 수컷 간에 서로 싸우면서 많이 낸다. 싸우는 두 숫산양은 1m를 사이에 두고 마주 서서 뿔로 위협하는 동작을 과시하기도 한다.

쇠된 소리

위협을 받은 개체가 굴복을 승인할 때 내는 떨림음으로 음조는 높고 곧으며 단음조 소리이다.

애곡

높고 째지는 소리다. 포획될 때 어느 개체나 다 발산하는 소리다. 성체의 소리가 젊은 개체보다 음이 낮고 거칠다.

신음소리

음조가 아주 낮고 완만하다. 사람에게 묶인 상태에서 옆으로 누워서 이 신음을 많이 낸다.

이 가는 소리

불쾌한 심정을 나타내는 소리로 포획된 개체를 묶을 때 이런 소리가 난다.

발 구름 소리

걷는 자세에서 세 발은 땅에 대고 한 앞발을 들어 구를 때 나는 소리다. 그리고 앞발을 구르는 동시에 점프동작을 과시하기도 한다. 경쟁자를 위협하거나 그룹 내의 기타 구성원에게 위협을 가할 때도 발 구름 소리를 낸다.

결론

1. 산양은 발달된 내분비계통이 존재하며 이는 사회활동에 중요한 작용을 하고 있다.
2. 산양의 표시행동 중 후각신호 표시는 4개 자세로 나뉠 수 있고 하나의 행동 모델-서식지 영역표시가 있다. 수컷은 '방뇨', '배설', '식물체 위에 표시', '땅 위에 표시' 4개 표시행동이 있고 또 음향신호가 있다. 암컷에게도 같은 자세가 있으나 음향신호는 나타나지 않는다.
3. 음향신호 중 제일 많이 나타나는 것은 불안한 울음소리와 발 구름 소리이다.

제2부
생 태

개체군이란 하나의 통일조직으로 같은 종이 모여 사는 기능적 그룹이다. 아울러 이는 독립적으로 존재할 수 있으며 장기간에 거쳐 발전해온 하나의 체제이다. 때문에 개체군은 일정한 구조를 가지고 조직 내 성원의 관계를 정리, 확보하고 조직의 기능과 외부 작용에 대한 반응을 통합시킨다(Shilov, 1972). 개체군의 구조는 다방면으로 성별, 연령, 생태적, 그리고 공간적인 구조를 포함한다.

제7장 연령구성과 성비(Age and sex structure)

성비와 연령구성은 개체군의 아주 중요한 특징의 하나이다. 개체군의 연령구성은 다양하고 복잡하지만 언제나 대체로 안정 상태로 발전 유지해간다고 볼 수 있다(Naumov, 1975). 즉 개체군은 일정한 성비와 다양한 연령체의 균형 상태를 나타낸다. 때문에 우리는 반드시 먼저 개체군의 성비와 연령구성을 묘사해야 하며 최종 연구목적에 따라 몇 개 연령그룹으로 나눌 수 있다. 예를 들어 개체군의 통계학 연구를 실시하려면 연령그룹 간격을 1년으로 하여 각 개체의 연령을 정확히 알아야 한다. 그러나 만약 행동학을 연구하려면 이런 구분은 불필요한 것이다. 왜냐하면 연년생 간의 행동상 특징을 구분하기는 곤란하기 때문이다. 그러므로 적당한 연령그룹으로 구분하면 된다. 예를 들어 3살 이상의 모든 산양은 유사한 행동을 나타내므로 이를 한 그룹으로 나누면 된다.

유제류 동물은 보통 1년 간격으로 또는 완전히 성적으로 성숙한 성체그룹, 그리고 사회적으로 발달 적응한 보다 성숙한 노령그룹으로 나눌 수 있다. 여기서 반드시 지적할 점은 대개 개체의 연령그룹 식별은 매우 곤란하여 때론 요구대로 그 분할이 불가능하다. 때문에 몇 개 그룹을 나누는가는 일정한 조건하에 결정되는 것이다. 우리의 연구에서도 3살 수컷 개체의 식별에는 많은 문제점이 있었다. 3살 개체는 생리적으로는 성숙했으나 사회관계는 아직 미숙하다. 왜냐하면 이들은 아직 자신의 영역을 가지지 못했고 번식에 참가하지 못하기 때문이다. 우리의 관찰에 의하면 첫해의 외부형태만으로는 성숙한 수컷 개체 간의 연령을 성공적으로 식별할 수 없었다. 우리는 산양을 9개 연령그룹으로 나누었다(행동학 부문 참조).

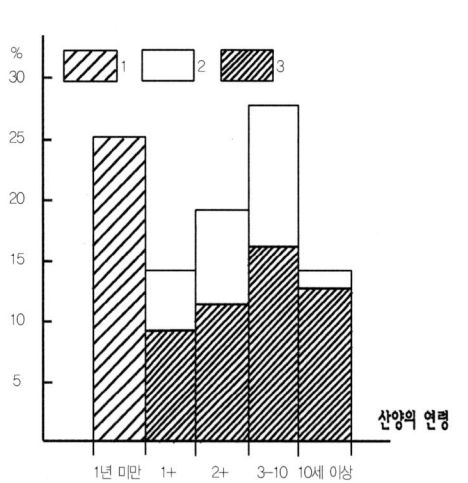
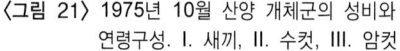
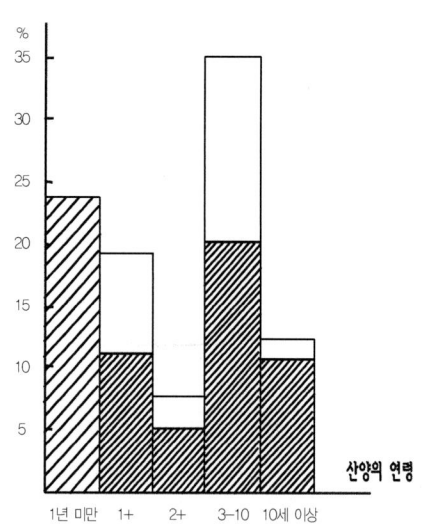

〈그림 21〉 1975년 10월 산양 개체군의 성비와
　　　　연령구성. I. 새끼, II. 수컷, III. 암컷

〈그림 22〉 1976년 10월 산양 개체군의 성비와
　　　　연령구성. 표시는 〈그림 21〉 참조.

　　개체군의 성비와 연령구성을 분석하기 위해 주기적으로 모든 개체를 전부 관찰해야 한다. 이러한 방법으로 어느 한 개체군의 연령 구성을 연구하려면 반드시 본 개체군의 다양한 연령의 모든 개체를 빠짐없이 기재해야 한다. 그리고 동시에 특정 연령그룹의 식별 오차도 함께 파악할 수 있다. 때문에 매 개체를 구별하는 것보다 총 결과를 보는 것이 더욱 정확하다. 1975년과 1976년 10월의 개체군 성비와 연령구성은 〈그림 21〉과 〈그림 22〉와 같다. 1975년 10월의 성별과 연령구성의 통계는 이 개체군의 61개체로 산출하였다(4개 연령그룹, 이는 총 개체군의 50%를 차지한다). 이듬해 통계는 78개 개체로 산출하였다(5개 연령그룹, 총개체군의 약 70%를 차지한다). 성비와 연령구성은 어느 한 해의 시간적 특징을 나타내나 한 개체군의 성비와 연령구성은 늘 일정하다. 1974년 12월의 관찰자료에 의하면 한 산양 개체군의 연령 구성은 34%가 성체 암컷, 29%가 1년생 미만 새끼, 7%가 성체 수컷, 25%가 1년생, 5%가 아성체였다. 1976년 초겨울에 본 개체군의 성숙한 연령 구성은 아래와 같이 변화하였다. 즉 3세 이상의 성체 암컷이 31%, 1년 미만이 26%, 성체 수컷이 13%, 1년생 개체가 18%, 2살 개체가 12%였다. 매 성체 암컷의 번식률은 0.84마리에 달했다. 다른 자료에 의하면 노루 암컷의 겨울 번식률은 0.54~0.76마리에 달하고(Prusaite 등, 1973), 가젤의 번식률은 여름에는 0.52마리에 달했으며 겨울에는 0.32마리로 감소했다(Borzhonov, 1974). 그리고 큰뿔양(*Ovis canadensis*)은 0.87(Borzhonov

등, 1979) 또는 0.56(Phil, 1975)이고 무풀론(*Ovis orientalis*)은 0.75(Schaller, Mirza, 1974)였다. 동코카서스 투르 개체군의 2살짜리 젊은 개체의 번식률은 아주 높아 27.7%에 달하였으며 한 어미의 번식률은 0.62개체이고(Afdurakhmanov, 1979), 산양은 44%에 1.4 마리에 달한다고 하였다.

한 살 미만의 개체는 암수를 막론하고 성장 중이기 때문에 상대적으로 그 성별을 외모로 판단하기는 곤란하다. 따라서 외형으로 성비를 결정할 수 없다. 하지만 대략 성비는 1:1에 가깝다고 추정된다. 예로 1976년 12월의 관찰 자료에 의하면 암수의 비례는 아래와 같다. 1살 개체의 성비는 0.8, 2살은 0.57, 성체(10살까지)는 0.46, 10살 이상 늙은 개체군의 성비는 0.12였다. 산양 야생 개체군에는 아마도 15세 이상의 늙은 수컷은 없을 것으로 생각된다. 그러나 암컷은 15세 이상의 늙은 개체가 보이곤 한다. 이 점은 이미 수집된 자료에 의해 확증된 사실이다. 우리가 수집한 샘플 중 3개 암컷 두개골의 물결융기는 20개가 넘었다. 즉 15세가 넘으리라 추측된다. 그러나 수컷의 두개골에는 뿔 물결융기가 13개를 초과하는 개체는 하나도 없었다. 만약 그 개체들의 노화현상으로 탈락된 물결융기까지 다 계산한다면 26개가 되는 것이다. 소련 과학원 생물학 개체발생연구소의 G. A. Klevezal가 이빨의 나이테 층을 연구하여 측정한 바에 따르면 15~16세라 하였고 다른 한 스라소니(*Lynx lynx*)에 물려 죽은 개체의 뿔 물결융기 수는 27개로 16~18세로 추정된다. 소련 박물관에 보관된 늙은 암산양의 표본은 전부 11개였는데 수컷은 오로지 2개뿐이었다(Voloshina, 1978).

사육 상태에서의 최고 수명은 17년 8개월(런던 동물원)이다(Flower, 1931).

한 개체군의 성비와 연령구성에 대한 연구는 본 종의 번식특징을 해명하는 데에 커다란 의의를 가진다. 이러한 연구는 희귀종과 잘 알려지지 않은 종에서는 특히 필요한 것이다. 그것은 개체군의 현황이 그 개체군의 번식과 장래의 복원 개체수에 직접적인 영향을 주기 때문이다.

결론

1. 산양 개체군의 연령구성은 성체 암컷이 31%, 성체 수컷이 13%, 새끼가 26%, 1년생

이 18%, 2살 개체가 12%였다.

2. 산양의 잠재번식력은 높으며 겨울 암컷의 마리당 번식 수는 0.84로 이는 불임률이 낮고 새끼의 초기 사망률도 낮다는 것을 의미한다.

3. 암컷의 수명은 수컷보다 길다. 산양 수명의 최고 기록은 16~18세이다.

제8장 생태구성(Etological structure)

　개체군 내의 개체들은 여러 형식으로 상호 간의 관계를 조절하면서 생태적 구성을 갖춘다. 즉 그룹의 형성, 우두머리의 등장, 동물 간의 일정한 거리 유지, 계급 분할, 영역 경계선 형성 등이다(Baskin, 1976). 이로써 개체군은 개체 간의 행동을 일치화하고 부단히 변화하고 있는 환경 속에서 개체군의 적응도를 높인다(Shilov, 1972). 생태구성, 영역의 규칙적 배분 그리고 개체군의 번식관계 확보 등으로 개체 간의 교류가 이루어진다.

개체군의 크기, 구성과 형식

　산양은 몇 개의 소가족이 고정된 가족군을 형성하는 동물이다. 개체군 내부는 여러 개체가 하나의 지정된 지역에서 함께 먹고 살펴주며 서로 일정한 거리와 위치를 둔 연합체를 형성한다. 이러한 연합체를 영세 그룹(Naumov, 1967), 또는 가족군(Buecher, Roth, 1974)이라고 부른다. 가족이란 명명은 번식관계가 개체군 내에 더욱 국한됨을 강조한다. 산양은 15~30마리 정도로 구성된 서로 익숙한 개체의 집합체이다(Myslenkov, 1978). 산양그룹의 성비 조성은 <표 15>와 같다.

〈표 15〉 4개 산양의 영세 그룹의 성비 조성(1976, 12월)

그룹별	성체 수컷	성체 암컷	새끼	아성체 수컷	아성체 암컷	총 수
A	3	7	6	3	2	21
B	2	7	5	2	2	18
C	3	5	5	4	5	22
D	2	5	4	3	3	17

　물론 이 그룹 속의 모든 개체가 모두 함께 한 장소에 나타날 수는 없다. 그들은 한 서식지 내에 서로 일정한 거리를 두고 분포하고 있기 때문이다. 작은 그룹 내의 몇몇 친한 구성원이 자주 만나는데 이들을 L. M. Baskin(1976)은 '사회성원'이라고 명명했다. 사회성원의 숫자는 계절에 따라 변화한다. 이러한 사회구성을 가족이라 볼 수 있고 그들은 2~3살 난 암컷과 올해와 작년의 새끼들로 구성되었다고 볼 수 있다. 여름에는 2~4살 개체군이 더욱 자주 만날 수 있고, 이러한 가족이 적지 않게 보인다. 개별적인 개체, 특히

수컷은 그 계절에 총 관찰된 개체수의 40～50%를 차지한다. 가을이 오면서 5～7살 개체가 더욱 많이 관찰된다<그림 23>.

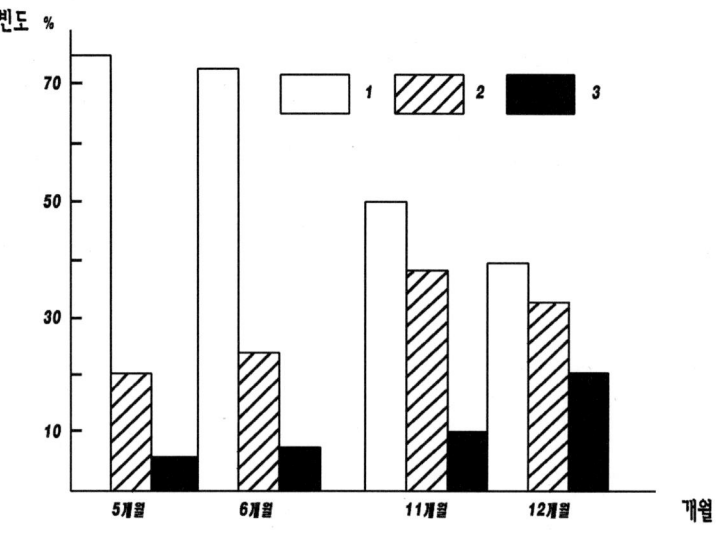

〈그림 23〉 같지 않은 개체군 내에 관찰된 각 연령별 계절 빈도 차이 통계표. 표 중 그룹 내의
숫자는 1은 2～4세, 2는 5～7세, 3은 8～10세 개체이다.

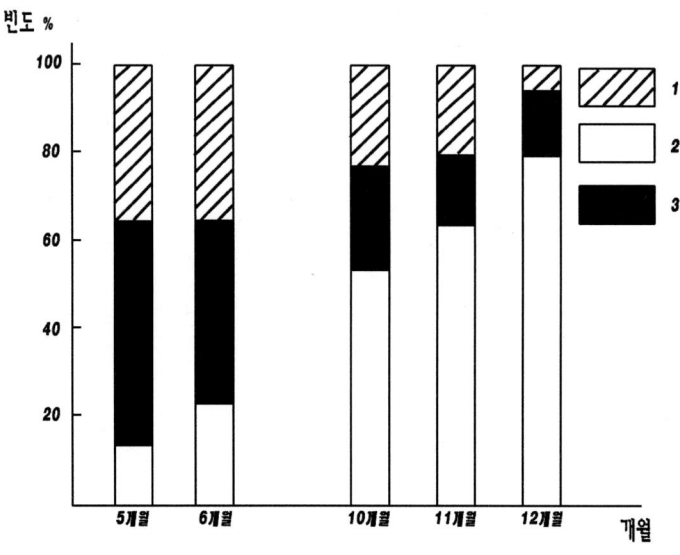

〈그림 24〉 단독 개체와 다른 그룹의 관찰 빈도 1-단독개체,
2-혼합그룹(암수), 3-단성(單性)그룹

이러한 그룹의 핵심은 어미와 새끼인데 그 외 연령이 1~3살인 아성체가 포함된다. 날씨가 추워지면서 그룹의 크기는 점차 증가한다. 10월이 되면 평균 3.5개체, 최대 7마리가 된다. 이때 기온은 아직 따뜻한데 평균 +10℃를 가리킨다. 산양은 이미 겨울털이 돋아 있어 더위를 느낄 정도이다. 이 시기의 산양은 암벽과 나무 그늘을 찾아 부지런히 여기 저기를 오랫동안 걸어 다니지만 별로 더위를 타지 않는다. 그 후 그룹 크기는 더욱 증가하여 11월에는 평균 5개체, 최고 10개체도 되고 12월에는 7~13개체로 증가한다. 그러므로 5~6월에 2~4개체의 작은 개체군의 관찰률은 70~75%이고 12월에는 40%의 관찰률에 지나지 않는다. 그러나 8~10개체인 큰 그룹의 5~6월의 관찰률은 5%뿐이고 12월에는 40%로 된다. 특히, 폭설이 쏟아진 후 산양은 모여서 생활하면서 그 그룹 내 산양 개체수가 12~16개체에 달할 수 있다. 이것은 겨울에 그룹이 커지면서 눈 덮인 환경에 대한 적응력이 높아지는 것을 말해주는 것이다. 그룹을 형성한 개체는 단독개체보다 훨씬 쉽게 초기 적설기를 이겨낼 수 있다. 단독생활 개체의 관찰률은 11월에는 25%로 떨어지고, 12월에는 13~17%로 더 감소되어 1월에는 최저치인 8%를 나타낸다. 단독생활 개체가 점차 감소되는 과정은 혼합성 그룹 관찰빈도 변화와 긴밀히 관련된다. 혼합군인 경우 우리는 그들이 어떻게 어디에 거처하는지를 설명하였다. 혼합된 그룹이라는 것은 암컷은 고려하지 않고 그 그룹에 한 마리 이상 성숙한 수컷이 포함된 상태를 말하는 것이다. <그림 24>에서 우리는 한 혼합군 내에 암수 개체가 증가하고 독신 개체의 비례가 감소되고 있음을 볼 수 있다. 물론 성체 수컷이 이 개체군의 기본 군집을 이루는 것은 명백한 사실이며 이에 따라 해당 암컷들이 포함되는 것이다. 이는 특정시기(10~12월)에 추워지고 눈이 내리면 산양들이 모여 보다 큰 그룹을 형성하는 것으로 해석된다.

그룹의 구조는 쉽게 개편된다. 때론 어떤 그룹은 단 한 개체 구성원으로 연속 며칠을 유지하기도 한다. 물론 한 개체가 자주 사라지는가 하면 또 다른 개체가 매일 새로 드나들기도 한다. 그룹은 애착이 있는 개체, 또는 혈연관계가 있는 개체들을 기본으로 구성된다. 두 개 또는 더 많은 그룹의 연합체도 흔히 나타난다. 그러나 이런 그룹을 고산 염소나 양, 또는 기타 유제류 동물처럼 간단히 그 어떤 의미의 '무리'라고 명명할 수 없다. 이 그룹은 10개체가 포함될 수도 있고 하루만 지나면 몇 개 개별적인 개체군으로 흩어질 수도 있다.

그룹은 서로 육안이나 소리로 구분되는 거리 내에서(100~200m) 구성을 유지해나가며 이 거리를 넘어 떠나버리기도 한다. 후자인 경우, 단절된 환경(암석의 돌출부 등)이 많음을 이야기해 준다. 이는 동물들로 하여금 이웃 간이라도 서로 은폐되어 만나지 않고 하루 종일 또는 오랜 시간을 보낼 수도 있고 서로가 100m가량 계속 떨어져 있을 수도 있다는 것이다.

산양의 그룹도 아래 몇 형식으로 구분할 수 있다. 한 어미와 한 새끼, 즉 두 개체. 1~3살의 아성체 그룹, 5개체에 달할 수 있다. 어미와 그 새끼 그리고 아성체군, 10개체까지 달할 수도 있다. '단독개체'-한 성숙된 수컷 또는 1~3살 아성체 개체, 혼합그룹- 16개체가 포함될 수 있다.

영역

평생 그룹을 이루어 사는 각각의 동물은 모두 자기의 고정적인 서식지를 가지고 있다. 그들은 흔히 2~3마리 성체 수컷이 각 영역으로 나뉘어 크게 한 그룹을 형성해 한 지역을 차지하게 된다. 발정기 수컷은 특히 부지런히 자기 분비물, 배설물로 자기 영역을 표시한다. 때문에 영역주변에는 수많은 시각, 후각적 표시가 있다. 수컷의 영역은 1년 내내 유지된다. 물론 상황에 따라 변화가 있어, 특히 겨울이면 혼합군을 이루어 2~3마리 성체 암컷이 포함되기도 하지만 수컷 사이의 상호관계는 별로 특수한 것이 없다. 그러나 3살 또는 성체 암컷이 두 마리 이상이 그룹에 나타날 때는 서로 뿔로 받거나 밀거나 하는 싸움이 벌어지고 성체 개체 사이의 싸움은 더욱 치열할 수 있다. 보통 겨울에는 영역을 가지고 있는 성체 수컷은 2~3살 수컷에게 공격적인 행동을 보이지 않고 발정기에 들어서서도 한 그룹을 계속 유지하고 있다. 암컷도 자기 영역을 가지고 있다. 암컷의 표시방법은 수컷과 비슷하지만 단지 수컷보다 빈번치 않고 표시행동 역시 크게 뚜렷하지 않다. 그룹 사이의 경계선은 암컷들의 침입으로 심하게 변화한다. 그러나 암컷의 영역 다툼과 자기 영역 분계선을 엄격히 보호하는 행동은 나타나지 않았다. 그들의 영역 표현은 주로 다툼을 회피하고 남이 이미 차지한 지역은 양보하는 것으로 나타났다. 어떤 암컷의 영역은 종종 이웃 수컷의 영역과 겹쳐진다. 때문에 이런 암컷은 잠시 분할된 지역(서로가 공유하지 않는)에 끼어들어 생활할 수 있는 것이다. 동시에 수컷은 가끔 암컷을 쫓아내기도 한다.

이동 개체들은 첫째, 아성체의 경계선을 침입하여 아성체들이 원래 고향의 영역을 버리고 떠나도록 협박한다. 둘째, 3살에 달한 개체는 성체 개체와 한 영역에서 살지 못하고 독립적인 공간을 찾아 영역을 설정하기 위해 서식지 가장자리를 찾는다. 물론 남아 있는 곳은 그렇게 높은 분수령도 아니고 작은 만으로 절단된 돌이 많은 해안가이다. 이런 불리한 서식지에서 흔히 수컷들로 모여진 그룹들이 관찰된다.

거리

산양 개체 간의 평균 거리는 2m, 최대 거리는 15m이다. 이 간격 속에서 동물들은 자기의 의사를 그룹 내의 동료들에게 전달한다. 다른 한 형식은 개체군 거리 유지다. 개체군 간은 이 거리 내에서 시각과 음성(청각)을 통해 의사소통이 가능하다. 즉 한 그룹은 쫓고 다른 한 그룹은 피하는 것이다. 이 거리는 약 100~200m이다.

서열 관계 유형

산양은 수직적 서열 관계를 이룬다. 즉 영역을 가진 수컷을 우두머리로 삼는 체계가 형성된다. 그가 이 영역 내에 생활하고 있는 다른 모든 개체를 지배하는 것이다. 다음 단계는 성체 암컷이 차지하고 그 중간에 연령이 비슷한 서열들이 놓인다. 보다 늙은 개체일수록 지배권을 가진다. 그보다 낮은 서열의 주체는 아성체 개체군이다. 한 살 수컷 서열은 어미 지배하에 있다. 제일 낮은 서열구성의 위치는 한 살 미만의 새끼들이다.

충돌을 일으킬 수 있는 원인은 보금자리(돌 틈 사이, 오솔길 또는 바위 꼭대기 등) 차지를 위해서이다. 아성체를 쫓아버리기 위해 높은 지위의 지배동물들은 부단히 위협을 가한다. 새끼를 뿔로 위협하거나 밀어내기도 한다. 만약 누워 있던 새끼가 일어서지 않는다면 새끼를 가파른 비탈로 밀어버린다. 그때야 새끼들은 일어선다. 보다 높은 보금자리를 차지하기 위하여 때론 한발로 타격을 가하기도 한다. 좁은 곳을 지날 때 하위서열의 동물은 보통 길을 양보해야 한다. 만약 그렇지 않으면 뿔로 위협을 받거나 공격까지도 받을 수 있다. 이미 높은 지위를 차지한 지배적 동물은 이러한 위협과 습격을 잘 받지 않는다. 지배적 행동은 흔히 사회관계가 첨예한 발정기 때 자주 관찰된다.

산양의 공격 행동은 서열의 수직관계로 이루어지는 것이 아니다. 즉, 서열이 높은 개체가 반드시 낮은 개체를 공격하는 일만 있는 것이 아니라는 의미이다. 예로 우리가 이미 언급하듯이 한 살짜리 수컷도 아주 높은 공격성을 나타낸다. 그러나 그들의 실제 서열은 가장 낮다. 이것은 또다시 아래와 같은 이치를 증명한다. 즉 어느 하나의 기준하에 지배와 복종의 관계가 명확하지 않고는 결코 이득이 없다는 점이다. 공격 행동 외 우리는 또 영역의 표시와 보호, 낯선 개체와의 관계, 번식지 등에도 많은 주의와 관찰을 기울였다. 예로 새끼들은 흔히 공격적 반응을 일으킨다. 그러나 그들의 행동은 장난의 특성을 띨 뿐이다. 새끼들도 흔히 성체 수컷들의 공격 행동에 끼어든다. 그러나 그들은 최후에 머리를 가로세로 흔드는 것으로 끝낸다. 즉 집적거릴 뿐이다. 이러한 '뿔 받기'는 수컷 간의 공격 위협 단계에서 중단되는 것이다. 그 후 새끼는 즉시 어디로 뛰어가 숨어버린다.

반드시 언급해야 할 점은 한 살 미만의 새끼들도 명확한 사회적 지위를 가지고 있다는 것이다. 한편, 개체군 내의 기타 모든 개체는 그들에게 공격적인 행동을 취할 수 있다(위협과 공격). 그러나 다른 한 편, 그들은 충분히 개체 사이의 거리를 넘어설 수 있고 냄새 맡는 접촉까지 수행할 수 있도록 많은 허용을 받고 있다. 새끼들의 많은 행동, 특히 상위 서열의 개체를 향한 행동은 어느 정도 수용된다고 볼 수 있다. 특히, 복종자세는 새끼에게서는 전혀 나타나지 않는다. 그 자세는 만 한 살 개체에서만 나타난다. 그들의 방어행동은 껑충 뛰어 비끼거나 탈주하는 것이다. 기타 계급사회의 관계와 달리 새끼와의 대립이 적게 나타나는 것은 포유류 동물 사회에서 흔히 볼 수 있는 현상이기도 하다.

이렇게 확실하고도 부단한 접촉을 거쳐 개체군 내의 개체들은 서로 익숙해지고 지배적 서열이 확정된다. 물론 이러한 관계가 다소 변화하지만 보다 안정한 상태로 상당히 오랜 시기를 유지해 나간다. 즉 이러한 계급 분할은 계절에 따라 변하지 않는다. 이 같은 예는 꽃사슴(Baskin, 1970), 말사슴(Topinski, 1974), 노루(Gliger, Kramer, 1974)에서도 마찬가지이다. 이런 계급관계의 정기적인 교체는 뿔의 탈락과 관계된다. 우리의 관찰에 의하면 영역을 가진 세 마리 수컷은 각기 자기의 고정된 그룹 내에서 우두머리의 지배적 지위를 7년 동안 유지해 왔다. 이렇게 그룹 내의 생활은 내부 사회적 기작으로 조절된다. 이것이 바로 그룹 내부의 서열이라고 할 수 있다(Panov, 1983).

우두머리 유형

산양에는 두 가지 형식의 우두머리가 있다. 하나는 지휘자이고 하나는 지도자이다(Baskin 1976의 용어). 우두머리-지휘자는 언제나 앞장서고 이동 시 또는 위험이 있을 때 먼저 돌진한다. 이때의 우두머리는 젊은 개체 또는 성체 산양일 수 있다. 탈주할 때 먼저 도망가는 개체는 흔히 성체 암컷무리에서 우두머리이다. 지도자 위치에 있는 수컷도 적지 않게 먼저 뛴다. 뒤따름을 지도하는 행동유형은 그룹에 따라 반응형식이 다른데 일종의 불리한 조건에 나타난 대책이라 할 수 있다(Naumov, Baskin, 1969). 산양도 다른 유제목 동물과 같이 행동의 실제적 수행은 형태적 기초와 지지가 필요하다. 산양의 항문 주위의 흰색 반점은 '거울'이 되고 꼬리 안쪽의 흰색은 '깃대' 작용을 하는 것이다. 정상 상태에서는 꼬리가 내려 있어 '거울'은 가려져 있고, 정기적으로 꼬리를 올려 흰 반점을 나타내곤 한다. 위험이 닥칠 때 산양은 움직이기 전에 꼬리를 자주 올린다. 도약할 때는 점프의 박자에 맞추어 꼬리를 위로 올리곤 한다. 이는 그룹 내의 구성원으로 하여금 쉽게 지휘자를 따라오게 한다. 지도자 우두머리는 한 그룹의 행동을 지배하는 일정한 영역을 유지해 나간다. 산양에서는 성체 암컷이 이 역을 맡기도 하나 흔히 수컷이 영역을 유지한다. 그의 지도는 일정한 거리를 두고 임의의 지역에서 나타날 수 있다. 유제류 동물에서는 우두머리 암컷을 흔히 볼 수 있다(Egorov, 1955; Danilkin, 1978; Darling, 1956).

이렇게 한 개체군의 생태행동구성은 일정한 연결방식으로 개체 간의 상호관계를 유지한다. 개체들은 개성을 가지고 자신의 적당한 위치에서 적응하며 살아간다. 산양 그룹은 기타 현존의 유제류 그룹과 같이 적응적인 서열 특성으로 포식자의 공격을 피하는 능력을 키워 왔고 그룹 구성원 간에 시각과 청각신호로 긴밀하게 의사소통을 유지해왔으며 위험을 적절한 시기에 파악하고, 번식의 성공, 젊은 개체의 훈련과 겨울 먹이의 획득 등을 정확히 확보해 왔다.

서열체계를 알아보는 보다 보편적인 방법은 개체 간의 관계를 직접 관찰하는 것이다. 그 외, 먹이와 물의 경쟁, 영역의 표시, 영역의 보호 등 행동에도 유의해야 하며 교미 성공 여부도 정확히 추측해야 한다(Golzman 등 외, 1977; Benzon, Smith, 1974). 그러나 산양의 서열은 경쟁에서 어느 개체가 이기느냐와는 관계없이 다른 어떤 기준에 의해 나누어지기도 하는 듯하다. 예로 다람쥐원숭이(남미산, *Saimiri sciureus*), 아메리카 중부의 꼬리감는 원숭이(*Cebus apella*) 개체군의 계급은 일반적인 경쟁에 의해 정해지지 않고 물을 찾을 수 있는 '지능'으로 정해진다(Smith 등, 1977). 이런 서열 등급의 불일치성과 기타 기준이 있다는 것은 이미 기타 영장류의 논문에 상세히 알려지고 있다(Bernstein, 1976; Kolata, 1976). 이에 대한 더 많은 연구와 자료수집이 필요하다.

알려진 바와 같이 지배와 복종의 상호관계는 그 어떤 실질적인 공격 행동이 없이도 오랜 기간을 유지해 나갈 수 있다(Golzman, 1976). 산양이 제일 전형적인 예를 나타낸다. 산양은 기타 유제류 동물과 달리 작은 공간에서 서로 공격하는 관계를 가지고 있다. 그들은 새끼 그룹에서 만 한 살의 개체군으로 성장되는 과정에서 우두머리 지배자(혹은 높은 계급의 수컷) 또는 젊은 산양과 수시로 접촉하며 서로의 지위에 익숙해진다. 이렇게 젊은 개체들의 지위가 확정된다. 이런 영세적인 그룹은 상대적으로 폐쇄된 계층이다. 그룹 내의 모든 성원은 상호 간의 등급을 너무도 잘 알고 기억하고 있기 때문에 빈번한 충돌은 필요 없게 된다. 물론 그룹 내의 지위체계를 유지하기 위하여 후각과 후각의 접촉을 이용한다. 이러한 이용은 자주 또는 정기적으로 나타난다. 한 개체군 내의 모든 구성원은 매일, 영세개체군의 모든 구성원은 며칠에 한 번씩 이러한 접촉이 관찰된다. 계급이 있는 무리를 지어 사는 종들은 이동 중에는 주로 후각 접촉으로 무리와 무리 간의 부분적 의사소통이 우연히 실현되는 것이다(Baskin, 1975).

지위 체계가 잘 잡혀있다는 것은 충돌횟수를 감소시키고 그룹 내 구성원들의 행동을 정돈한다는 것을 의미한다. 결과적으로 그룹 내 각 개체는 자기 지위에 맞는 생존방법을 갖추고, 이는 개체군 내 분명한 특권으로 표명된다. 다양한 사회적 행동의 진화 발전을 위해서는 개체군과 외부세계 간의 역동적인 균형을 지지해주는 개체군적 항상성 기작이 필요한 것이다(Shilov, 1967; Wynne-Edwards, 1962).

결론

1. 산양은 가족군을 이루어 정착 생활하는 동물에 속한다.

2. 모든 개체군은 몇 개의 분할된 그룹으로 조성되었다. 그룹은 보통 4~6개체로 구성된 그리 크지 않은 연합체를 이룬다.

3. 개체군 내 경쟁 관계를 정돈하는 메커니즘은 영역권과 서열 관계를 바탕으로 한다. 성체 수컷은 고정된 영역권을 가지고 그 영역을 수호한다. 암컷 역시 자기의 서식지를 가지고 있다.

4. 그룹 내부에는 서로 얼굴이 익숙한 개체들이 고정된 수직 서열을 이룬다. 우두머리 지배자는 영역 우두머리 수컷이다.

제9장 공간구조(Spatial structure)

공간 구조는 개체군 내부 개체 또는 그룹의 합리적인 분포, 그리고 개체 간과 주위환경과의 관계를 말하는 것이다. 이는 해당 종의 공간 이용방식을 나타내며 그의 생태 특징과 공간 특성을 결정한다(Shilov, 1977). 공간 구조는 커다란 생태적 의의를 가진다. 그 속에서 개체군은 정상적인 생명활동을 진행하고 자연자원을 효과적으로 이용할 수 있게 되며 적절한 서식밀도를 유지한다. 서술상의 편의를 위해(일반적인 관점에서가 아니라) 우리는 행동학 관점으로 공간구조를 연구하였고 우선 영역 내의 합리적인 개체 분포를 이해하고 더 나아가 개체 간의 상호관계를 파악하였다.

서식지

아브레크(Abrek) 지역은 그리 높지 않은 산맥으로 구성되어 있는데 해안선을 따라 16㎞ 평행으로 뻗어 있다. 분수령에서 해안까지의 최대 수평거리는 1.5㎞이다. 서북경사면은 꽤 완만한데 10~20° 정도 된다. 신갈나무(*Quercus mongolica*)와 시베리아 낙엽송(*Larix olgensis*), 자작나무(*Betula dahurica*), 오리나무 등으로 구성된 넓은 산림이 줄지어 있다. 동남쪽 경사면은 극히 가파르고 복잡한 구성으로 바다를 향해 이어진다. 바로 이곳이 산양의 서식지다. 서북경사면의 분수령에서 수백 미터 떨어진 곳에 유일하게 산양만 이용하는 길이 있다. 동남쪽 경사면의 산등성 부분에는 참나무와 자작나무의 혼효림에 일부 단풍나무와 낙엽송이 섞인 혼효림으로 덮였다. 남쪽 경사면에 약간 노출된 몇 곳에는 시베리아 삼나무가 군데군데 반점을 이룬다. 이런 반점 속에 큰 바위들이 산포해 있다. 복잡한 산세의 기복으로 인해 이곳의 식생은 모자이크화되어 여러 식물종이 집중돼있고 식생의 혼합도 자주 교체된다. 관목의 조성은 만병초, 개암나무, 병꽃나무와 싸리나무 등이다. 풀이 자라는 곳의 천이 단계는 다양하다. 풀은 주로 새풀(*Calamagrostis spp.*)과 사초(*Carex spp.*)이다. 산림 아래쪽은 바위가 많은 산기슭이다. 산림 경계선 아래는 굴곡이 심하고 키가 작은 참나무 숲이 아래로 몇 ㎞까지 자라고 있다. 바람의 영향으로 수목들은 휘어져 이상한 모양을 이루고 있다. 본 산맥의 식생은 여러 특이한 유형을 나타낸다. 협곡 부분에는 잎이 크고 모양이 다른 여러 가지 풀들이 무성하고 산 정상 부분에는 키

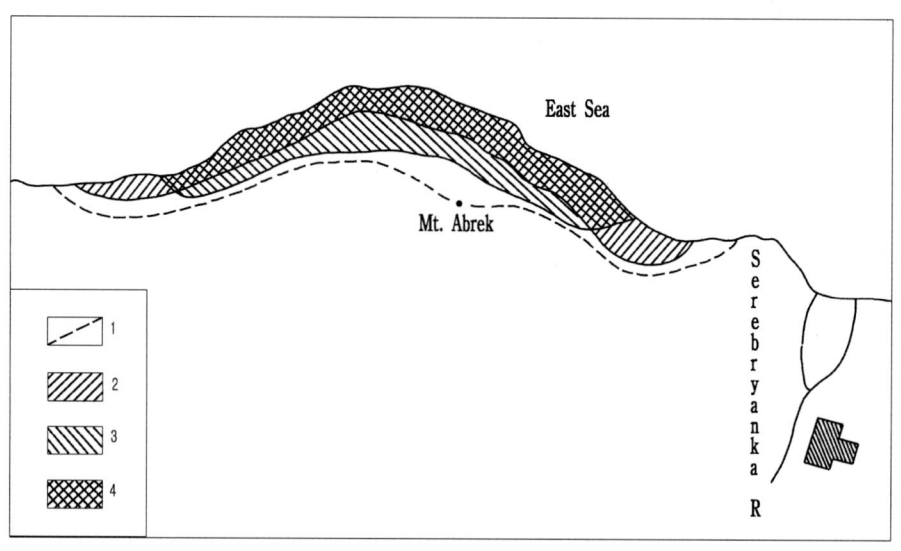

〈그림 25〉 아브레크 지역 산양의 영구거주지와 임시거주지
1. 분수령(능선) 2. 겨울거주지 3. 여름거주지 4. 영구거주지

가 작은 각종 풀이 나 있다. 관목 숲에는 큰 바위들이 연합체를 이루며 특수한 식생을 구성한다. 파도가 미치는 좁은 가장자리에는 해안가 식생으로 변한다. 해안가에 우뚝 솟은 절벽암은 수직 높이 300m에 달한다. 산림 지역의 험준한 바위들은 45°, 왼쪽 기슭에는 40～90° 경사가 진다. 본 지역의 해안가 절벽에는 안산암이 나타나고 황철광 덩어리가 많다. 중앙은 전부 돌산인데 화강암이 나타난다. 이것은 연해주 지역의 제3기 화강암 해안 지질층이 넓게 분포한 전형적인 양상이다(Kigai, 1957).

산양의 주요 서식지는 '바위절벽과 초지가 함께 있는 공간'이라 말할 수 있는데 이곳에서 90% 이상의 개체가 관찰되었다〈그림 25〉.

눈 표면

적설 상태는 산양의 겨울 분포에 커다란 영향을 끼치는데 산지의 적설조건과 눈 표면이 아주 특이하다. 남쪽 경사면에는 언제나 많지 않은 눈이 쌓인다. 보통 이곳의 적설은 낮에는 녹아 사라지거나 크게 얇아진다. 그러나 아브레크 지역의 산림지대의 적설과 적설표면부 얼음층은 유지되고 엄동 시에는 15～25㎝ 두께를 이룬다. 평균적으로 산림 대부분의 지역, 특히 남쪽 비탈은 3월이면 눈이 다 녹아 없어진다. 시호테알린의 중부지역에서는 3월이 되면 월평균온도와 강렬한 태양반사광이 증가해 눈은 급속히 증발해 버린다(Malugin, 1975). 돌이 많은 강기슭에는 바다의 영향과 태양의 조사량 증가 때문에 양지쪽, 즉 동쪽, 남쪽과 서남쪽 경사면의 눈은 짧은 시간 내에 녹아 버린다. 폭설일지라도 5일이 지나면 이곳의 적설 두께는 급속히 줄어 군데군데 크지 않은 반점 모양이 된다. 7~10일이 지나면 넓은 공간일지라도 눈이 완전히 없어진다. 때문에 겨울철 산양은 부득이 눈이 적은 바위절벽의 비좁은 공간에 집중된다. 적설은 기타 유제목 동물의 생활에도 중요한 작용을 한다. 적설은 동물의 이동에 커다란 장애가 되고 먹이를 찾는 데 큰 어려움을 준다. 노루, 말사슴도 역시 이 지역에 서식하는데 좀더 눈이 쌓인 지역에서도 채식이 가능한 종이다. 대다수의 산림성 유제류들은 평지의 유제류에 비해 먹이부족을 덜 겪는다.

서식지 유형과 계절 배치

아브레크 지역 산양의 계절적 서식지는 분수령의 고도, 산림 아래 경계선의 해수면 높이, 그리고 삼림과 절벽비탈의 경사면 위치에 따라 3개 유형으로 나눌 수 있다<그림 26>.

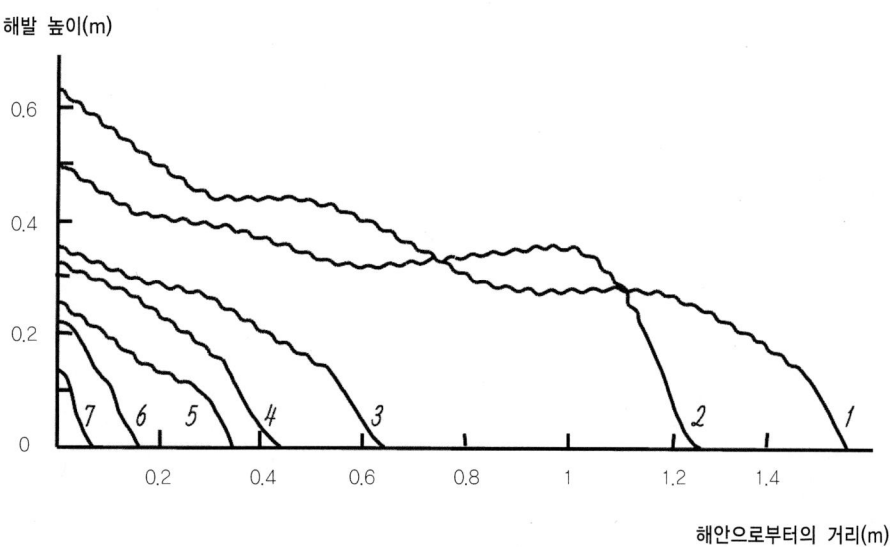

<그림 26> 아브레크 지역의 지형단면도
서식지 유형 Ⅰ형-단면도 1, 2; Ⅱ형-단면도 3, 4, 5; Ⅲ형-단면도 6, 7

Ⅰ형: 산지해발 400m 이상, 산림 면적이 넓다. 그 넓이는 바위절벽보다 6~18배 더 넓다. 산림 아래 경계선의 높이는 20~300m로 변화가 심하다. 이로 인해 산양분포는 해발 500m를 초과하지 않고 400m 높이에도 아주 드물다. 산양은 산림의 아래 절반만을 이용하기 때문에 산양이 실제 이용한 본 유형의 면적은 총 서식지 330㏊ 중의 200㏊뿐이다. 이런 유형의 서식지는 이 지역의 중앙 부분에 위치한다. 산양은 1년 내내 이 지역을 차지하고 있었다.

Ⅱ형: 분수령의 높이는 200~400m, 산림 경사면은 바위 절벽 경사면보다 1.5~8배 더 넓다. 산림 아래 가장자리의 높이는 해발 40~250m이다. 모든 산림 면적을 산양이 전부 이용하였다. 총면적은 315㏊였다. 산양은 1년 4계절 이곳을 이용하였다.

Ⅲ형: 분수령 높이는 100~200m, 경사면에는 산림이 없다. 면적은 90㏊였다. 본 서식지는 이 지역의 변두리에 위치한다.

5월부터 10월까지 산양은 산림지역과 개활지역을 이용하지만 Ⅲ형의 서식지도 가끔 방문한다. 이것은 이 지역의 산양이 여름에만 본 서식지를 이용하는 것으로 총 거리 13km중 2km만 빈번히 이용한다고 볼 수 있다. 그 넓이는 300~1,000m, 평균 500m였다.

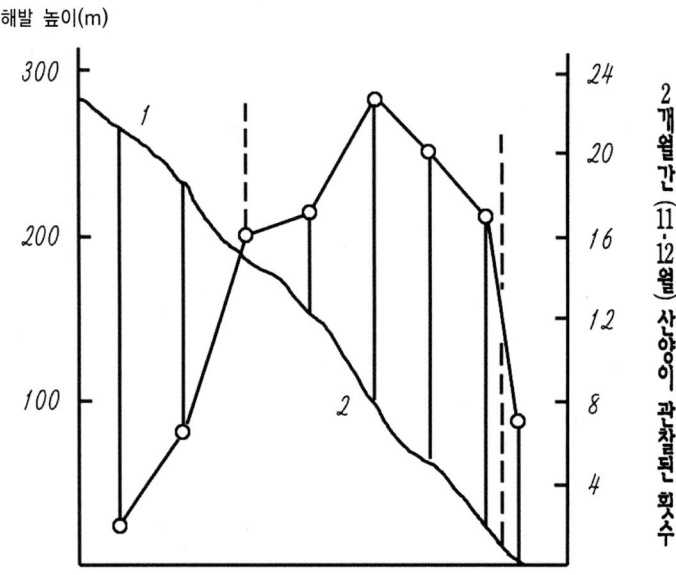

〈그림 27〉 26번 수컷이 서식지 Ⅱ형의 여러 지역을 이용한 빈도(1976년 11~12월)
1. 산림경사부분, 2. 돌산비탈공간, 점선은 산양의 이용이 국한된 부분이다.

겨울철(11월에서 4월까지)에 산양이 많이 이용하는 부분은 15㎞가 된다. 그러나 쌓인 눈에 의해 폭은 100~400m(평균 200m)로 좁아지는데, 이는 숲 지역을 제외한 바위절벽과 초지로 이루어진 긴 공간처럼 된다<그림 27>.

우리는 서식지 내부를 더 상세히 나누어 보았다. 즉 산양이 방문한 모든 지역과 산양이 빈번히 이용하여 오랜 시기를 지낸 곳으로 나누었다. 이 밖의 지역은 산양이 거의 이용하지 않았다. 여름이 되면 먹이가 풍요로워지는 반면 천적이 쉽게 드나들므로 산양의 이용지역은 많이 축소된다. 이런 곳은 부분적으로 서식지 Ⅲ형에 속한다. 우선, 이곳은 산등성을 따라 맹수들이 자주 드나드는 통로가 된다. 이곳은 산양 서식지의 인접지역으로 특수한 지역이라 할 수 있다. 또한 이 서식지는 해안가에 접해 있고 절벽이 바로 바다를 향해 있어 해안가로 갈 수 없다. 즉, '통행금지' 지역과 다름없다. 해안가 역시 맹수들이 자주 도래하는 지역으로 늑대, 범, 곰, 스라소니들의 통로가 있다. 산양의 여름철 먹이는 전반적으로 풍부하기 때문에 개체군은 이 장소를 떠나서도 잘 살아갈 수 있다. 게다가 여름철에 산양은 반드시 햇볕을 피할 수 있는 산림 경사지가 필요한데 이곳은 그러한 장소가 없다.

겨울철에는 얼어 있는 땅과 눈 때문에 가파른 내리막에서 포식자들의 이동도 저해되므로, 산양들이 방어적인 조건에서 사용할 수 있는 공간이 늘어나서 다시 이 지역을 이용할 수 있게 된다. 물론 이때 산림지역은 계속 눈에 덮여 있어 산양은 이 지역을 필요로 하지 않는다. 서식지 Ⅲ형과 같은 불리한 지역의 산양 밀도는 서식지 Ⅰ과 Ⅱ형 지역보다 낮다. 따라서 해안가 산양의 서식지는 산림지역 및 천적의 접근이 불가능한 자연병풍(바위, 절벽)이 필수적이다.

Stepanova와 Kachyra(1970)는 산양의 채식지를 3개 유형으로 나누었다. 1. 바위가 많은 지역에 풀과 관목식생이 그리 다양하지 않은 곳, 2. 완만한 경사가 바다를 향하거나 개울 바닥이 이어진 곳, 3. 서북쪽 경사면 산비탈과 개울이나 강이 있는 골짜기나 스크레트 강 유역. 우리의 관찰에 의하면 마지막 유형의 지역에서는 산양이 관찰되지 않았다. 앞에서 이미 언급했듯이, 산양은 단지 바다를 향한 경사면에 머물러 있었을 뿐이다. 저자의 결론은 그 지역에서 단지 산양의 발자국이 기록되었을 뿐이다. 스크레트 강 골짜기에는 노루가 아주 많이 분포할 뿐더러 노루 발자국과 산양 발자국은 아주 흡사하다. 우선, 이 두 지역은 완전히 다르고 식생조성과 계절적 이용도 많은 차이가 있다<표 16>. 그래서 우리는 보다 세밀히 구분하기로 하였다. Ⅰ형-바위가 많은 기슭 공간을 다시 아래와 같이 세분하면, a) 초지, b) 암석 식생지, c) 관목 밀생지: 초지는 다시 풀이 무성한 곳과 풀이 희소한 곳으로 나눌 수 있다. 바위가 있는 식생지 내부는 다시 바위가 돌출된 부분과 바위틈새가 있는 식생지로 나뉜다. II형은-동남 경사면 산림인데 a) 상층, b) 하층 지대로 하층 지대는 다시 식생이 있는 계곡과 협곡 저지대와 바위 많은 협곡이나 좁은 계곡으로 나뉜다. 다른 유제목 동물과 달리 본 연해주의 산양은 겨울에는 보통 눈이 없거나 적은 지역에서만 먹이를 찾는다. 우리의 관찰에 의하면, 유사한 남쪽 해안지구인 시호테알린 보호구의 지형은 완만한데, 그곳에는 꽃사슴(*Cervus nippon*)이 자주 드나든다(Prisyazhnyuk, 1974). 겨울철 눈이 없는 초지는 기타 산림성 유제목-샤모아(*Rupicapra rupicapra*), 동코카서스 투르(*Capra cylindricornis*), 마콜(*Capra falconeri*)들도 많이 찾으며, 이들은 입으로 눈을 불어내는 특징이 있다(Nasimovich, 1949; Egorov, 1955; Popkova, 1967)

연해주에는 바위지대가 돌출되어 있으며 강이 흐르는 계곡에는 산림지대로서 큰 바위가 산재되어 있고 좁은 면적에 목초지가 거의 없다. 적설량에 의해 여러 유형의 서식지로 구분된다. 이렇게 서로 다른 지역에 서식하고 있는 개체군들의 공간구조는 역시 다르다. 산양은 넓게 이동하는 동물이어서 이주를 해야 할 필요성이 있다. 내륙 서식지의 단위 면적당 초지 식생의 생물량(biomass)은 해안보다 훨씬 적다. 그러므로 산양의 분포 밀도도 낮고 한 그룹 내 개체수가 많지 않다. 그곳의 산양은 목본성 먹이를 더 많이 섭취하는데, 이는 배설물의 크기와 색깔, 내용물로 판단할 수 있다.

〈표 16〉 산양의 채식지 선택과 계절적 변화

계절	월	채식지 유형			
		I		II	
		바위식생지	초지	산림아래지대	산림정상지대
가을	10	+++	++++	+++	++
	11	+++	++++	+++	++
겨울	12	+++	++++	+	−
	1	+++	++++	+	−
	2	+++	++++	+	−
	3	+++	++++	++	+
	4	+++	++++	+++	+
봄	5	++	++++	+++	++
여름	6	++	+++	++++	++
	7	++	+++	++++	++
	8	++	+++	++++	++
	9	+++	++++	++++	++

* +: 아주 드묾, ++: 드묾, +++: 보통, ++++: 잦음, +++++: 아주 잦음.

아브레크 지역의 산양 개체군이 받는 인간 활동의 영향은 주로 어선들의 주기적인 통행이다. 여름철에는 크고 작은 배들이 매일 수차례 해안가 부근(500m 이내)에서 오간다. 이미 증명하듯이 배가 해안선에서 300~400m 거리로 접근할 때 산양들은 이로 인해 도망가거나 몸을 감추게 된다. 이러한 반응은 예전부터 바다 쪽으로부터 끊임없이 총으로 사냥을 당했던 것에 대한 자기보호적 행동인 것이다. 공포감이 단순히 커다란 물체의 움직임에 의해서 야기되었다고는 설명할 수 없다. 약 300m 높이에 있는 헬기에서 나는 요란한 엔진 소리는 조용히 출발하는 선박보다 훨씬 강하지만 산양은 놀라 도망가는 경우가 매우 적다. 이로 볼 때 항해하는 배가 헬기보다 더 자극적으로 산양에게 영향을 끼치는 것이다. 그러므로 산양의 수를 셀 때 헬기보다는 떠있는 배에서 세는 것이 더욱 효과적이다.

그룹과 개체의 공간분포

분류학자 Naumov(1963)는 산양은 그룹을 이루어 한 지역에 정착해 사는 동물이라고 하였다. 이 그룹에는 생태특성이 특이한 동물로 샤모아(*Rupicapra rupicapra*), 일본산양(*Capricornis crispus*), 로키산양(*Oreamnos americanus*), 프롱혼(*Antilocapra americana*), 콥영양(*Kobus kob*), 노루(*Capreolus capreolus*) 등이 포함된다. 산양 개체군의 공간 이용 특징은 아래에 상세히 소개한다.

위에서 이미 지적했듯이, 아브레크 지역의 산양 개체군은 몇 개의 작은 그룹으로 구성되어 있다. 한 그룹 내의 대부분 구성원은 접촉을 통해 서로 익숙해지고 '얼굴을 알게'된다. 이웃 그룹 간의 접촉은 아주 드물게 발생한다(젊은 개체의 교환, 개별개체들의 계절적 교환). 왜냐하면 대개 각각의 작은 그룹들이 모두 자기 영역을 가지고 있기 때문이다. 우리는 그런 개체를 지역의 거주자라고 부를 수 있다. 이로써 지역 간의 개체를 구별한다. 우리가 연구하는 개체군은 1970년대에 6개의 작은 그룹으로 조성되었고 그들의 공간분포는 <그림 28>에 표하였다. 분포는 상대적으로 직선관계를 이루었고 경계선은 서로 긴밀히 이어졌으나 서로 중첩되지는 않았다. 해변에 한 그룹이 차지한 제일 큰 서식지의 길이는 4km, 제일 작은 것은 1.5km이었다. 제일 큰 서식지 면적은 150ha이고 제일 작은 것은 55ha이었다. 특징적인 것은 해안지역을 따라 길게 서식지를 차지한 그룹은 다른 그룹에 비해 높은 해발 지역이었고 서식지 질이 보다 낮은 지역이었다. 여름이면 서식지 이용이 좁아지면서 공간적 분포지대도 자연히 줄어든다. 경사면의 복잡하고 다양한 식생 구성으로 말미암아 비교적 작은 지역이었지만 산양이 살아갈 수 있는 필수 요소인 '물 먹는 곳, 은신처와 풍부한 초지 공간'을 제공받을 수 있다<그림 29>.

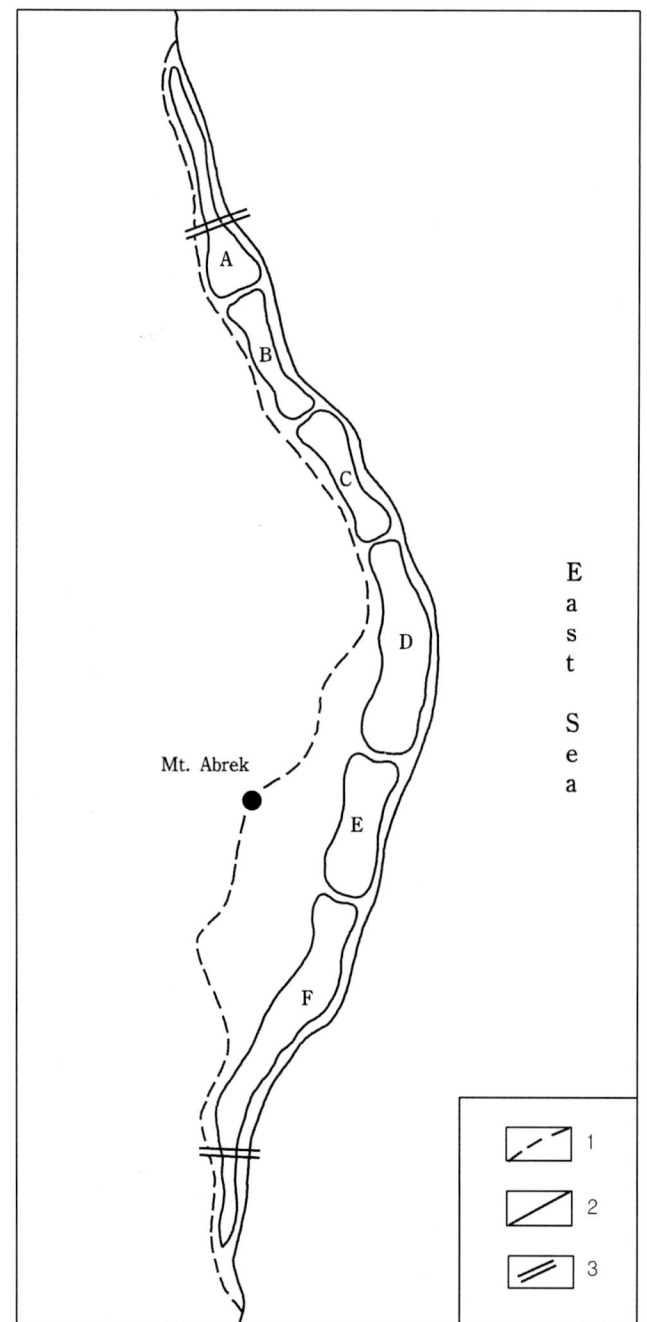

<그림 28> 아브레크 지역 내의 6개 소규모 산양그룹 A-F의 분포도
1. 분수령
2. 그룹의 서식지역 경계선
3. 여름에 축소된 그룹의 이용 경계선

A

B

〈그림 29〉 아브레크 지역의 산양 서식지
A. 산림 경사면, B. 바위기슭 공간

서식지는 2~3마리 성체 수컷 산양이 각자 차지하는 몇 개 영역으로 분할된다. 영역은 서로 인접하지만 중첩되지는 않는다. 어떤 유제류 수컷들은 서식지와 반드시 보호하는 영역 두 가지를 가지고 있다. 그중 보호 영역은 서식지보다 몇 배나 적을 수 있다. 산양의 경우 수컷의 이 두 지역은 일치한다. 왜냐하면 자기 영역의 경계선을 거의 넘어서지 않을 뿐만 아니라 가끔 넘어선다 할지라도 잠시 동안 경계선에서 수십 미터 떨어지는 정도이기 때문이다. 젊은 개체와 암컷 역시 서식지를 가지고 있는데 서로 많이 겹친다. 이들의 영역은 수컷 한 마리의 영역보다 작다. <그림 30>은 한 작은 그룹의 공간 분포를 명시하였다. 두 마리의 성체 수컷이 동일한 영역에 서식하고 있다. 그 가장자리 경계는 뚜렷한 자연 지형-높은 정상능선과 깊은 계곡과 일치하였다. 37번 수컷의 영역에는 1살과 3살 수컷, 두 성체 암컷과 새끼들이 살고 있고, 이 두 성체암컷 중 하나인 85번 개체의 영역은 26번 수컷의 영역에 일부 포함되어 있다. 이 영역을 세심히 관찰하면 그곳에는 4마리 성체 암컷(그중 세 마리 암컷은 새끼를 가지고 있었다), 2마리 한 살짜리 암컷과 한 마리 두 살짜리 암컷이 있는 것을 알 수 있다.

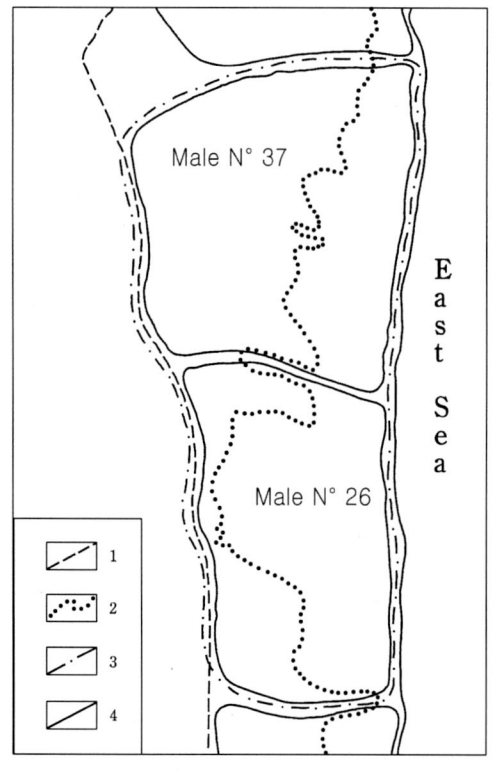

〈그림 30〉 한 소규모 그룹 B의 공간 분포도.
 1. 분수령
 2. 산림 하부 경계선
 3. 그룹 서식지 경계선
 4. 수컷 영역 경계선

1976년 11~12월에 한 개체군의 주간 이동상황에 대해 세심히 관찰하고 분석하였다. 우리는 관찰된 최외곽 지점들을 연결해 각 개체의 서식지 경계를 확정하였다. 이 두 달간의 관찰을 통해 확인한 서식지 크기는 1년 동안의 관찰결과보다 훨씬 작았다. <그림 31>에서 수컷 26번의 1년 동안 관찰된 지점의 최대 윤곽과 두 달의 활동 윤곽을 비교해 볼 수 있다. 최외곽 관찰점을 연결해 서식지 윤곽을 결정하는 방법은 흰꼬리사슴(*Odocoileus virginianus*)(Henry, 1975)과 얼룩말(*Equus burchelli*)(Smuts, 1975)의 서식지 둘레 결정에도 사용하여 매우 효과적이었다. 이에 비해 산양의 서식지 면적은 그리 크지 않게 나타났다.

개체군의 서식지 면적을 결정할 때는 반드시 지형조건을 고려해야 한다. 그것은 해안가가 굴곡으로 인해 심하게 변화한다면 실제는 산양의 서식에 적합하지 않을 수 있기 때문이다. 산양이 이용한 공간의 크기를 수량적으로 평가하려고 우리는 먼저 그 공간을 625㎡의 격자로 나누고 이 두 달 동안 방문한 지역을 계산해보았다. 한 수컷이 방문한 첫 지역의 면적은 44개 격자였고 한 암컷이 이용한 면적은 수컷의 절반쯤으로 18~27개 격자였다. 서식지 내에서도 산양이 방문한 빈도는 지역에 따라 같지 않았다. 그렇기 때문에 다른 지역보다 자주 방문한 지역을 핵심부라 한다. 산양은 그 채식장소와 휴식처에서 보다 긴 시간을 보냈다. <그림 32>는 산양이 자기 서식지 내에서 각 격자에 대한 이용상황을 표시한 것이다. 핵심부는 총 빈도의 50% 이상의 목적을 차지하고 횟수로는 5~12차례(평균 8차례)가 되며, 그 면적은 1·2~3ha이고 평균 2ha가 된다(7마리의 암컷이 사는 공간임). 이 서식지 총면적은 4.4ha에서 6.8ha로 변동이 있었다(평균 5.6ha). 새끼 없는 성체 암컷과 한 살짜리 산양이 가지고 있는 면적이 제일 작았다. 수컷의 영역 핵심부 크기는 2.75ha로 11개 격자를 차지했다. 이 영역을 수컷은 두 달 동안 계속 지니고 있었으며 그는 11개 격자에 해당했고 1년 동안에는 18ha에 해당했다. 그러나 그를 정확히 평가하려면 특히, 채식지 관계를 평가하려면 반드시 지형의 굴곡(특히 절벽)에 따라 서식지를 세분해야 한다. 즉, 실제 면적을 정확히 계산해야 한다. 이렇게 비례에 따라 서식지를 나누어 계산한 결과 지형 변화의 계수를 1.2로 하였으며(계수는 경험적인 고려에 의해 구함), 이때 수컷의 영역은 22ha가 되며, 우리가 알고 있는 수컷의 가장 넓은 면적은 55ha이다.

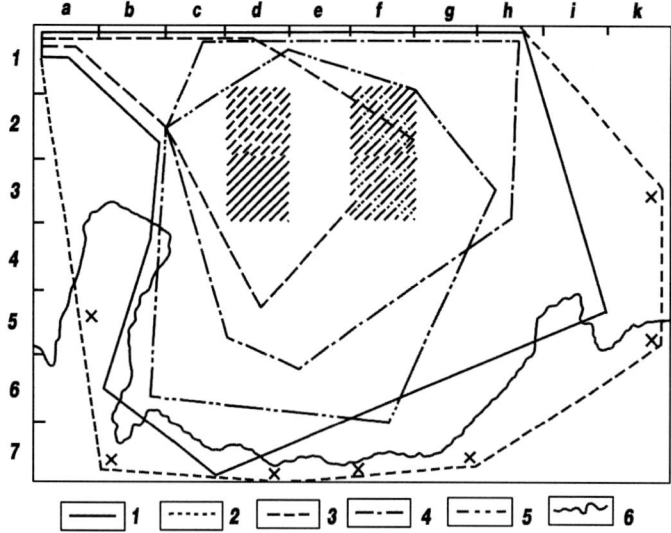

〈그림 31〉 한 마리 수컷과 3
마리 암컷의 서식지와 활동 중
심(a-k, 1-7은 분획구를 의미),
선 1-5는 서식지 경계. 1. 발
정기인 11월부터 12월의 수컷
26번. 2. 26번의 1년 동안의 관
찰치. 3. 암컷 35번. 4. 암컷
29번. 5. 암컷 27번. 6. 산림
하부경계선. 7. 최외곽 관찰점으
로 연결된 서식지 윤곽. 수컷과
암컷이 나타낸 제일 먼 점을 연

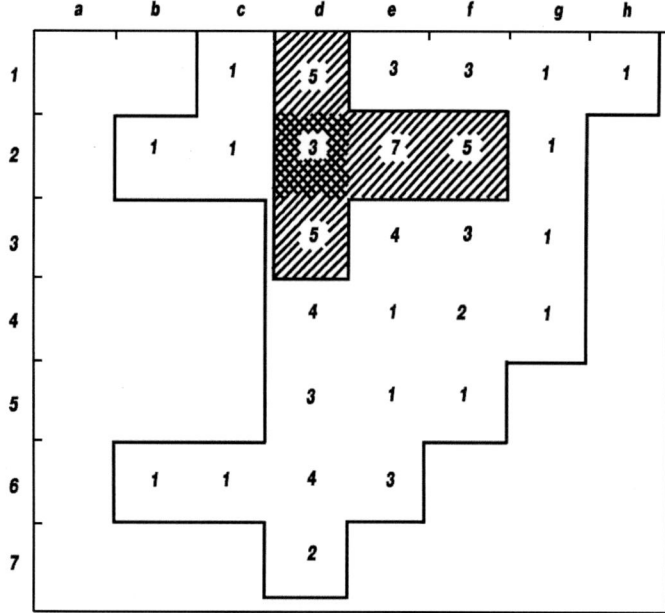

〈그림 32〉 암컷 31번과 그
새끼들의 서식지 및 중앙
핵심부.
격자 내의 숫자는 방문한 빈
도 숫자.

개체가 가장 많이 드나드는 지역을 활동중심지라 부른다. 보통 한 격자이나 언제나 중
앙지대에 위치하고 있다. 활동중심지 빈도는 암컷 총 관찰 숫자의 11~15%이고 수컷 영
역의 9%를 차지했다〈그림 31 참조〉. 소형 포유류의 활동중심지는 자기 서식지 내에서
제일 많이 기록된 지점으로 이루어지는 데 보통 기하학적 도형의 중심으로 이해되어진다

(Koopl 외, 1975).

이렇게 한 그룹 내의 개체의 공간 분포를 위 그림과 같이 관찰 작성하였다. 서식지는 많이 중첩되고 중앙지대는 거의 50%가 겹쳤다. 그러나 활동중심지는 대체로 달랐다. 여름철에는 서식지가 확대되며 개체의 활동 중심부는 서로 나누어졌다가 겨울이 오면 서로 다시 인접하였다. 이것은 관찰된 산양 그룹의 계절적 크기 변화와 일치하였다. 즉 겨울에는 여러 개체의 활동 중심부가 서로 겹쳐지거나 일치하였으므로 한 곳에서 몇 개체가 함께 있는 장면이 자주 관찰되었다.

지형 특징은 자연히 서식지 윤곽에 영향을 준다. 그 예로 위의 <그림 31>과 <그림 32>에 보여주듯이 모든 개체가 a2와 a3을 방문하지는 않았다. 이곳은 절벽이 수직으로 서 있는 곳으로 식생이 부족하고 접근할 수도 없다. 반드시 기억해야 할 점은 성체 산양의 활동 중심부는 거의 채식지와 일치하나 젊은 개체는 조금 다르다는 것이다.

양성 혹은 성숙한 수컷만이 가진 영역성은 많은 유제류의 특징이며, 특히 일본산양에 있어서는 더욱 그렇다(Akasaka, Maruyama, 1977). 발정기인 수컷 산양의 영역은 경쟁요소의 하나로 볼 수 있다. 즉, 영역을 가지고 있는 수컷의 번식 성공률이 영역이 없는 수컷보다 훨씬 크다. 번식의 성공을 보증하는 또 다른 하나의 방법은 암컷 무리(harem)를 보호하는 것이다. 이것은 몇몇 염소와 양들의 전형적인 특징이다.

생물학적 자극원

정착성 동물은 한 지역의 일정한 서식지에서 살기 때문에 환경 변화를 빨리 알아차린다. 때문에 이런 변화는 중요한 정보를 갖는다. 이런 유사한 현상을 총괄하여 N. B. Naumov(1973)는 신호적(생물학적) 자극원이라고 부를 것을 제안한 바 있다. 이런 자극이 동물의 행동을 결정하고 조절하는 기초가 된다. 이에는 시각, 후각, 청각 자극이 있으며 전기생리학 자극과는 본질적 차이가 있다. 포유류는 3가지 생물학적 자극원을 가지고 있다. 이는 개체 간 의사소통을 가능케 하는 특수한 신호가 된다.

산양에게 가장 중요한 의미가 있는 것은 후각 자극이다. 각각의 냄새는 서로 다른 특수한 의사소통 수단이 된다. 개체의 발굽선 분비물 냄새, 여러 개체의 냄새가 남아있는 오솔길, 뿔선 분비물을 식물체에 비빈 자국, 한 무리의 배설물 더미, 화장실, 오줌 반점이나 잠자리, 앉은 자리 등의 흔적에 남아있는 냄새는 모두 의사소통 수단이 될 수 있다.

당연히 이 모든 것은 대부분 복합적인 신호인 동시에 후각적인 것이며 시각적인 것이기도 하다. 풀이나 단단한 땅 등의 개별적인 표시, 오줌 반점 하나도 개체마다 다른 냄새나 흔적을 남기므로 그 흔적을 남긴 개체를 실제로 보지 않더라도 후각 자극을 유발할수 있다. 이전에 사용한 오솔길, 비빈 자리와 잠자리는 옛 모습 그대로 시각적 신호로쓰인다.

청각 자극은 서로 다른 음향으로 구성되는데(제6장 '음향신호의 분류'를 참조), 산양은이를 통해 모자간 의사소통을 하고 이성 간의 교류, 경쟁과 방어를 취한다. 후각신호는신진대사물질(배설물, 오줌)과 방향성 물질(피부선의 분비물)로 이루어진다. 이것으로 개체의 공간 분포를 조절하고 그룹의 구성과 안정성을 유지하며 기타 동물 간의 복잡한 관계를 유지한다.

화장실

산양은 제한된 공간 속에서 정착된 생활을 하며 대량의 배설물을 서식지 내에 쌓아 놓는다. 산양은 절대 걸으면서 배설하지 않는다. 이것은 이 종의 특징이라 할 수 있다. 사슴과의 대표적 동물들은 이런 습성이 거의 없다. 산양은 반드시 멈추어 서서 배설 자세를 취한다. 때문에 굳은 둥근형의 똥을 빼곡히 뭉치고 쌓으며 절대 1~2m 밖으로 흩트리지 않는다.

배설물은 특수한 모양으로 무더기를 만들고 한 곳에 누적된다. 이렇게 누적된 배설물을형성하는 동물들이 몇 종류 있는데 그 고정적인 배설 지점을 화장실이라 할 수 있다. 기타 유제목 동물-사향노루(*Moschus moschiferus*)(Ustinov, 1965), 시베리아아이벡스(*Capra sibirica*)(Egorov, 1955)도 같은 습성이 있다. 1976년 5~8월 동안에 바위 경사면 공간에서 길이 125~300m, 넓이 20m의 4개 견본을 떠서 상세하게 화장실의 크기 절댓값을 조사하였다. 그 면적은 각각 4,520㎡, 6,120㎡, 4,560㎡와 2,500㎡이었다. 그 속에 화장실은 각각 30개, 27개, 15개, 10개였다. 모든 견본은 유사한 유형이었고 모두 산림 아래 가장자리에서부터 시작하여 수직으로 아래쪽 해안선까지 뻗어 갔다. 개활 공간의 1ha 면적내의 화장실은 33개에서 66개이었고 평균 45.7개였다. 결과적으로 이 지역의 산양 밀도는 100ha당 25개체가 되고 한 개체의 평균 화장실은 183개이다.

〈그림 33〉 산양의 화장실

한 개 화장실은 0.1~2.5㎡의 면적을 차지한다. 단, 한 화장실은 산림경사면에 위치하였고<그림 33>, 눈이 없는 시기에만 이곳을 방문하였다. 그 외 화장실은 전부 바위 기슭 공간에 있었고 1년 내내 이용하였다. 여름에는 배설물 무더기가 오랫동안 유지되지 못한다. 비, 햇빛과 딱정벌레들로 인해 망가지기 때문이다. 그래서 작은 화장실들은 없어져 버리기도 한다. 기타 화장실은 산양이 정기적으로 방문하고 이용하므로 수년 동안 보존된다. 특이한 것은 동굴이나 바위틈 사이에서도 배설물을 찾아볼 수 있다는 것이다. 이곳에 쌓인 배설물의 두께는 10㎝ 이상이다<그림 33>.

산양 배설물의 크기로 성별과 연령을 결정할 수 있는가를 알아보기 위하여 우리는 아성체와 모든 개체의 배설물 길이와 직경의 변이성을 분석해 보았다. G. F. Bromley(1963)는 배설물 차이로 산양의 성별과 연령을 구별할 수 있다고 하였다. 저자가 수집한 자료를 볼 때(60곳의 배설물을 측정) 성체 수컷, 성체 암컷과 4~5개월 된 새끼의 식별은 가능하다. 우리는 성별과 연령을 식별할 수 있는 개체의 배설물만을 성별과 연령별로 채집하였다. 물론 각 개체의 성별이 확실히 결정된 전제하에서이다. 모두 30일분의 배설량을 채집하였는데 분변 알이 2,841개였다.

새끼를 데리고 있는 성체 암컷과 영역을 가진 9마리 수컷을 선택하여 견본을 채집해 분석하였다. 수컷 개체 간의 차이를 알아보려고 두 수컷이 자주 다니는 오솔길 옆의 모든 표시물 중에서 두 견본을 각각 채집하는 동시에 먼저 아성체 개체군 내부의 개체 간의 변이성을 연구해 보았다.

수컷 배설물의 길이는 8.0~15.3㎜로 차이가 있었다<표 17>. 한 개체의 배설물의 직경도 9.6~12.8㎜로 차이가 있었다. 변이의 총비율을 볼 때 산양 수컷의 배설물의 길이는 개체 간의 차이가 훨씬 크게 나타났다. 배설물의 직경 변이는 길이보다 1.5배 적었다. 이것은 모든 통계지수가 증명한 바이다. 배설물의 직경의 개체변이는 길이 변이보다 3~4배 적었다.

유사한 분석을 거친 후 제기되는 의문은 한 개체 또는 다른 개체 간의 배설물의 크기가 서로 비슷한가이다.

〈표 17〉 산양 수컷 배설물 크기 변이 통계표

(단위: ㎜)

동물 번호	수집 날짜	개체수	길이					직경				
			최소	최대	평균±m	표준편차	분산	최소	최대	평균±m	표준편차	분산
1	1976.12.25	117	7.7	13.7	10.8±0.11	1.20	11.0	8.7	9.8	9.3±0.02	0.26	2.8
2	1976.12.2	218	8.5	15.0	12.4±0.07	1.08	8.7	8.8	9.7	9.1±0.01	0.21	2.3
2	1976.3.21	287	8.5	14.0	11.7±0.06	0.94	8.0	9.2	10.4	9.6±0.01	0.20	2.1
3	1976.12.22	73	8.8	15.0	12.8±0.13	1.13	8.8	9.8	10.5	10.1±0.03	0.24	2.4
4	1976.12.23	117	10.0	15.2	12.5±0.10	1.03	8.3	9.8	10.5	10.1±0.02	0.22	2.1
5	1974.12.20	75	8.9	11.6	11.6±0.12	1.00	8.3	8.0	9.7	8.8±0.03	0.27	3.0
6	1976.11.8	53	8.0	11.0	9.6±0.10	0.74	7.7	8.0	9.6	8.3±0.05	0.34	4.1
6	1976.11.8	81	8.5	13.6	10.4±0.10	0.90	8.6	8.0	9.0	8.4±0.03	0.27	3.1
6	1976.11.8	27	9.1	11.1	10.1±0.09	0.44	4.4	8.0	9.3	8.7±0.06	0.32	3.7
7	1976.11.12	59	10.0	12.0	11.0±0.07	0.56	5.1	8.0	8.6	8.3±0.03	0.24	2.9
7	1976.11.12	96	8.8	12.5	10.4±0.02	0.22	2.2	8.0	8.7	8.3±0.02	0.24	3.9
7	1976.11.12	110	9.0	12.9	10.5±0.07	0.78	7.4	7.9	8.6	8.2±0.02	0.25	3.0
8	1976.11.18	53	8.6	15.3	10.3±0.18	1.30	12.7	9.1	10.0	9.6±0.04	0.25	2.6
8	1976.11.18	64	9.1	13.1	11.0±0.12	0.94	8.5	9.0	9.9	9.3±0.03	0.27	2.9
8	1976.11.18	72	9.6	13.5	11.6±0.11	0.91	7.9	9.0	9.7	9.2±0.03	0.25	2.7
9	1976.11.19	80	8.3	13.6	11.5±0.11	0.99	8.6	7.8	8.6	8.2±0.03	0.25	3.0
9	1976.11.19	71	8.7	12.8	10.0±0.10	0.82	8.1	8.0	8.7	8.3±0.03	0.24	2.9
평균		1653	8.0	15.3	11.3±0.32	1.33	11.7	7.8	10.5	9.1±0.17	0.72	8.0

이 문제의 해답을 위하여 우리는 일부 수컷을 선택하여 그들의 하루 배설물에서 2~3개의 견본을 채집하였다. 한 개체의 배설물 길이의 평균 변이는 총 길이의 20~50%를 차지하였다. 즉 개체 간의 차이가 확실히 존재함을 증명해준다. 그러나 일부 개체의 배설물 직경 변이는 아주 적어 총 평균 차이는 5%뿐이었다. 물론 기타 개체 간의 차이는 20~25%였다.

이제 성체 암컷 배설물의 크기를 검사해보자. 먼저 느낀 점은 배설물 길이의 변이가 크다는 것이다. 예로, 그 변이 계수가 수컷보다 거의 1.5배나 컸다. 변이 절댓값도 아주 커 8.4㎜에서 18.5㎜까지였다. 이로 볼 때, 우리가 기록한 배설물은 암컷이 가장 길었다. 배설물의 직경은 수컷과 매우 흡사하였다<표 18>.

〈표 18〉 산양 암컷과 일 년생 암컷의 배설물 크기 변이성 통계표

동물 번호	수집 날짜	개체수	길이					직경				
			최소	최대	평균±m	표준편차	분산	최소	최대	평균±m	표준편차	분산
성체												
1	1974.10.16	44	9.6	13.0	11.4±0.12	0.79	6.9	7.2	9.0	8.2±0.07	0.45	5.5
2	1974.12.6	58	11.1	16.7	13.5±0.18	1.40	10.3	8.7	9.6	9.1±0.02	0.17	1.9
3	1974.12.18	87	9.0	14.4	11.4±0.12	1.10	9.6	8.3	9.1	8.7±0.03	0.24	2.8
4	1975.11.19	116	8.4	16.3	12.9±0.13	1.42	11.0	8.5	9.7	9.1±0.03	0.35	3.8
5	1976.12.2	102	10.2	15.0	12.9±0.10	1.03	8.0	9.3	10.4	9.8±0.03	0.28	2.8
6	1976.12.5	249	8.6	18.5	12.9±0.16	2.40	19.1	8.5	9.6	9.2±0.02	0.03	3.2
평균		656	8.4	18.5	12.7±0.80	1.98	15.7	7.2	10.4	9.1±0.25	0.61	6.7
일 년생												
7	1974.10.13	66	8.1	13.5	10.6±0.20	1.25	11.8	7.2	8.6	7.7±0.04	0.35	4.5
8	1976.12.2	194	8.8	17.0	13.3±0.12	1.61	12.7	7.0	8.0	7.6±0.02	0.25	3.3
평균		260	8.1	17.0	12.6±2.12	2.97	22.6	7.0	8.6	7.6±0.27	0.29	3.9

한 살짜리 수컷의 배설물 크기는 성체보다 훨씬 작았다. 특징적인 점은 길이 변이가 보다 커서 변화율이 22.6%이었다. 반대로 배설물의 직경은 매우 일정하여 총변화율은 3.9%뿐이었다.

새끼들의 배설물은 더욱 작았다. 배설물의 길이와 직경은 모두 커다란 변이를 보였다(변화율은 18%에 가까웠다). 배설물 직경의 큰 변화는 빠른 성장에 따른 몸체 중량과 연관된 것으로 해석할 수 있다. 산양은 5개월 내지 7개월이면 성체의 크기와 거의 비슷해짐을 감안해야 한다<표 19>.

동물 번호	수집 날짜	개체수	길이					직경				
			최소	최대	평균±m	표준편차	분산	최소	최대	평균±m	표준편차	분산
1	1974.10.16	48	4.3	7.7	6.4±0.11	0.77	12.0	4.3	5.2	4.6±	0.27	5.6
2	1974.10.14	46	6.0	13.1	8.8±0.25	1.66	18.9	4.9	6.0	5.4±	0.26	4.7
3	1974.10.14	50	4.5	12.0	8.1±0.19	1.36	16.8	4.8	5.9	5.2±	0.26	4.9
4	1974.12.18	49	7.5	11.3	8.7±0.11	0.77	8.8	6.7	7.6	7.2±	0.16	2.2
5	1976.12.2	89	7.0	10.0	8.3±0.06	0.60	7.2	6.2	6.8	6.5±	0.08	1.2
평균		282	4.3	13.1	8.1±0.64	1.44	17.8	4.3	7.6	5.9±0.48	1.07	18.1

배설물의 직경 변이성은 길이보다 훨씬 적었다. 이 결론은 아성체 그룹 간의 차이를 알아내는 데도 적합하였다. 암수 간의 배설물 직경을 t 표준으로 확인한바, 서로 간의 차이는 확실하지 않았다(p=0.2). 그러나 성체 암컷과 한 살짜리 개체 간의 차이는 뚜렷하였다(p=0.99). 수컷 한 살짜리와 새끼 사이의 차이 역시 존재하였다(p=0.93). 유감스러운 점은 한 살에 해당하는 수컷 개체가 없어 한 살 개체의 총 차이를 비교할 수 없었다. 그러나 한 살 암수 간의 몸체는 거의 차이가 없으므로 배설물의 차이도 그다지 크지 않을 것으로 추측된다.

배설물 길이의 차이는 존재하나 이 특징만으로 아성체 여부를 판정하는 데는 너무 미약한 것으로 본다. 다만 새끼들과의 차이는 현저하여 구별이 되었다. 성체 암수 간, 일년생 수컷의 배설물 평균 길이는 서로 많이 중첩되어 발견된 배설물만으로는 어느 그룹(새끼군을 제외)의 배설물인지 확정하기는 어려웠다.

우리의 결과는 노루(Smirnov, 1978)에서 진행한 유사한 연구의 결과와 매우 일치하였다. 노루 배설물의 직경 역시 변화가 작았고 길이 변이는 보다 컸다. 배설물의 길이는 당년생 개체와 성체 간의 차이가 뚜렷했고 성체의 것이 매번 더 길어졌다. 때문에 노루를 배설물 특징으로 구별한다면 두 그룹으로밖에 나눌 수 없다. 그러나 산양은 새끼, 일년생, 그리고 성체 세 그룹으로 나눌 수 있다.

잠자리

겨울철, 산양은 흔히 화장실에서 잔다. 그곳에는 눈이 없고 배설물이 빨리 얼어 말라버리기 때문이다. 대부분 잠자리는 산 정상이거나 약간 경사진 양지쪽에 위치한다. 여름에는 흔히 나무 밑이나 바위 그늘에 눕는다. 이때는 화장실 위에 눕지 않는다. 잠자리

<그림 34> 산양 잠자리의 유형
I. 식물 은폐하, II. 절벽 위,
III. 동굴 속
A: 입구, B: 절단면

밑의 흙은 산양이 자주 이용하므로 심하게 짓밟혀 자그마한 타원형으로 오목하게 파인다 <그림 34>.

긁은 흔적

긁은 흔적은 오솔길, 특히 산림 경계선 아래 가장자리를 따라 많이 위치한다. 예로 이 지역의 서쪽 말단 분수령 서식지를 볼 때, 산림 아래 가장자리의 10m 좁은 지대에는 낡거나 새로운 긁은 흔적이 줄지어 있었다. 1976년 12월의 조사에 의하면 300m 오솔길에 60개 긁은 흔적이 기록되었고 200m에 49개, 270m에 32개, 즉 10m당 2:2.5:1.2개 긁은 흔적이 조사되었다. 긁은 흔적은 개암나무(*Corylus heterophyla*)(41%)에 제일 많았고 그 다음은 자작나무(*Betula davurica*, 19%), 참나무(*Quercus mongolica*)와 오리나무(*Alnus* *maximoviczii)*에 각각 8% 순으로 나타났다. 바위 기슭 공간에서는 매발톱나무(*Berberis amurensis*), 인동 덩굴(*Lonicera ruprechtiana*), 만병초(*Rhododendron sichotense*), 기타 활엽수와 장미나무에 표시하였다. 흔적을 남긴 나무줄기 직경은 0.5에서 6.5㎝로 다양했고 평균은 1.5㎝이었다. 긁은 흔적의 아래쪽 끝은 땅 위에서 평균 25.4㎝ 높이였고 긁은 흔적 길이는 평균 21.6㎝(n=256)이었다.

울타리 내 공원 사육 상태에서 두 마리 수컷의 표시행동을 관찰 연구하였다. 통계에 의하면 긁은 흔적의 평균 길이는 20~30㎝(n=297)였고 흔적을 새긴 나무의 줄기 직경은 1.6㎝(n=128)로 야생의 것과 거의 같았다. 흔적의 하한부에서 땅 밑까지의 평균높이는 24.1㎝이었고 상한부는 51.2㎝이었다. <표 20>에 산양 야생 개체군의 긁은 흔적의 특징치를 더 첨부하여 비교하였다. 노루의 자료도 비교의 목적으로 표에 삽입하였다. 노루와 산양의 서식지는 아브레크 지역에서 서로 겹쳐진다. 양자는 해안 참나무 숲의 산비탈에 드나들었으므로 그곳에서 쉽게 산양과 노루의 후각과 시각의 표시를 찾아볼 수 있었다.

〈표 20〉 산양과 노루의 긁은 흔적 측량표(㎝)

지표	동물	크기	평균±m	최소	최대	표준편차	분산
하한부 높이	노루	387	39.7±0.88	6	99	17.26	43
	야생 산양	256	25.5±0.64	3	65	10.24	40
	공원내 산양	297	24.0±0.69	7	77	11.92	50
상한부 높이	노루	387	76.0±0.88	28	134	17.34	23
	야생 산양	256	47.2±0.75	12	88	12.05	26
	공원내 산양	297	51.2±0.66	25	90	11.46	22
길이	노루	387	37.5±0.84	2	102	16.57	44
	야생 산양	256	21.7±0.58	4	55	9.32	43
	공원내 산양	297	29.0±0.59	6	66	10.09	34
표식 나무직경	노루	387	2.2±0.06	0.6	7.5	1.22	56
	야생 산양	256	1.6±0.05	0.5	6.9	0.75	48
	공원내 산양	297	1.6±0.06	0.7	4.2	0.70	45

산양과 노루의 긁은 흔적의 특징은 확실한 차이가 있었다. 예를 들어, 노루의 긁은 흔적 상한부 평균높이는 산양보다 거의 2배 높다. 이것은 노루의 키가 산양보다 크기 때문이다. 노루나 산양의 긁은 흔적은 상한부에서 땅 밑까지의 높이 변이가 가장 적었고 손상된 나무줄기의 직경 변이가 제일 컸다. 한 마리 산양일지라도 그가 남긴 긁은 흔적의

크기는 매우 달랐다. 가파른 산기슭에서는 더욱 그러했다. 보다 가파른 동남기슭의 흔적은 서남기슭 경사가 약한 곳보다 높은 나무 위에 위치했다. 산양은 경사면에서 보다 좋은 발판에 서서 높은 나무에 표시하므로 자기의 키를 증가시킨 것이다. 긁은 흔적의 하한부 높이는 가파른 기슭과 완만한 기슭에서의 차이가 현저했다(각각 31.72와 22.11로 p>0.95). 긁은 흔적의 상한부 높이 역시, 험한 산기슭에서의 흔적이 완만한 곳에서보다 높았다(53.12와 50.16cm). 그러나 검정 결과는 차이가 불명확하게 나타났다(p<0.95). 표시된 나무줄기의 직경과 흔적 길이 역시 차이가 명확하지 않았다.

여기서 우리의 결론은 흔적의 크기는 개체의 특징이 아니고 종 또는 개체군, 특히 산양종의 특징으로 산기슭의 험준한 정도와 연관된다. 이런 표시가 어떤 교목과 관목(수종)에 분포하는가를 분석한 결과 산양은 주로 신갈나무(*Quercus mongolica*) 가지와 새싹을 좋아하여 그 지역에서 나타난 총 345의 긁은 흔적 중에서 130개가 신갈나무 위에서 발견되었고(37.7%), 개암나무(*Corylus heterophylla*)에 76개(22%)가 있었다. 물박달나무(*Betula mandshurica*)와 자작나무(*B. davurica*)에는 비교적 적어 63개(18.3%)가 나타났다. 모든 표시는 어린나무를 많이 이용하였다.

산양의 표시행동이 산림에게 주는 영향을 조사해 보았다. 약 4.5ha 되는 큰 울타리 속에 한 수컷 산양을 사육했다. 이미 언급했듯이 산양은 뿔선 분비물로 표기하기 위하여 우선 뿔로 나무껍질을 벗긴다. 이 정도는 식물의 생장에 커다란 양향은 없겠지만 심한 상처를 입으면 식물체가 죽을 수도 있다. 한여름 내에 산양은 교목과 관목 위에 237개 흔적을 표시하였다. 그중 여름에 죽은 나무는 119그루(50.2%)였다. 표시 흔적의 평균 밀도는 1ha 안에 52.7개에 해당했다. 그리고 그 대부분은 울타리 안의 경사가 완만한 곳에 위치했거나 또는 주로 동남 가파른 경사면의 가장자리에 퍼져 있었다. 그 외 펜스를 따라, 특히 이웃 펜스 사이에 두 산양이 서로 접촉할 수 있는 곳에 표시가 나타났다. 죽은 나무는 대부분 어린나무로 참나무(39.7%), 개암나무(23.7%)가 가장 많았다. 이렇게 표시를 해놓은 것은 산양이 뿔선 분비물을 칠하기 위한 것이 틀림없다. 죽은 나무의 직경은 거의 다 1.5cm(1.5±0.05cm) 내외였다. 예상한 바와 같이 대부분(33.6%) 죽은 나무는 심히 상한 것이었다. 즉 50% 이상의 껍질이 벗겨진 것이었다. Smirnov(1978)는 이렇게 손상 받은 나무를 '원형손상'이라 불렀다. 이보다 조금 적은 정도로 손상 받은 나무도 죽었는데(이는 총 죽은 나무의 14.5%나 13.0%를 차지했다) 그들의 껍질은 전 둘레의 80~90%

가 손상 되었다.

때론 상처가 심하지 않은 나무나 관목도 죽은 것이 발견되었다. 이는 약 10~20%를 차지하였는데 아마 식물체 어느 부분이 해충의 침습을 자주 받아 죽은 듯하다. 이외 일부 죽은 식물은 긁은 흔적 때문이 아니고 산양이 심하게 뜯어 먹었기 때문인 듯하다. 싸리나무 등은 산양이 특히 즐겨 먹는 사료식물이기 때문에 손상을 받는 것이다. 이런 나무의 줄기는 온통 긁히고 윗가지 부분은 전부 뜯어 먹혔다. 이런 나무 밑동은 상처를 받지만 위에선 새 가지가 다시 돋아나면서 살아났다.

이렇게 산양은 확실히 자기의 표시행동으로 산림의 하층 부분에 일정한 피해를 끼친다. 하지만 야생 조건에서 산양의 분포 밀도는 사육장 내보다 몇 배나 낮으므로 나무에 그 정도까지 심각한 피해는 절대 초래할 수 없다.

산양의 표시행동을 연구할 때 반드시 명심해야 할 일은 산양은 영역 전 지역을 모두 표시한다는 것이다. 이 점에서 산양은 종간 차이가 있다. 산양은 매 지역의 가장자리를 따라 모든 영역 표시를 한다. 예로 톰슨가젤(*Gazella thomsoni*)의 18개 배설물 무더기 중 단 하나만이 0.8㏊ 영역의 중심 내에 위치했다(Walter 1978a). 그리고 안선분비물 표시 110건 대부분이 영역 변두리를 따라 위치하였다. 그러나 다른 종, 예로 노루는 전 영역을 다 표시한다(Cokolov, Danilkin, 1975).

이렇게 산양은 자기 영역 내에 신호 기능을 가지는 표시를 대량으로 만들어 놓는다. 특히 후각과 시각의 자극을 일으키는 표시를 많이 남긴다. 그중 일부는 한 계절 가량 존재하나 다른 일부는 수년간 유지되기도 한다. 수년간 유지되는 표시는 전통적으로 세대와 세대를 이어 이전될 수 있고 원래 서식지를 찾아 이주하는 데도 아주 중요한 역할을 한다. 이러한 비특징적인 정보신호는 개체 간의 접촉을 쉽게 마련해주고 에너지 소모를 최소화시켜준다. 예로 번식기 이성 간의 만남을 촉진시키고 경쟁 다툼을 회피하고 영역의 점유를 위한 충돌과 싸움을 최소화시킨다. 결론적으로 영역 내의 생태적 표시행동은 개체군 내의 개체관계를 여러 형식으로 유지 조절하고 안정성을 확보해준다.

결론

1. 아브레크 지역의 산양은 바다를 향한 동남산기슭에서만 서식한다. 그중 바위기슭 공간은 산양의 주요 서식지로 1년 4계절 지속적으로 이용한다. 산림 경사면은 주로 눈이 적은 해에만 이용한다. 겨울에 산양이 서식하는 지대는 200~400m로 줄어들고 그 면적은 390ha로 축소된다. 여름의 서식지 면적은 900ha에 가깝다.

2. 소규모 그룹이 차지하는 서식지 면적은 55~150ha이다. 서식지는 2~3마리 성체 수컷이 차지한 몇 영역으로 나눌 수 있다. 수컷 영역 면적은 22~55ha이었고 이웃끼리 서로 중첩이 없었다.

3. 암컷 서식지는 서로 많이 중첩되었고 한 암컷의 영역 면적은 평균 5.6ha이었다.

4. 한 수컷의 영역 내에는 2~3마리 새끼를 키우는 암컷과 아성체 몇 마리가 포함된다.

5. 생태 서식지 내의 표시는 개체군 내 개체 간의 상호관계를 조절해준다.

제10장 개체군 추세(Population dynamics)

개체수 변화는 개체군 생태학 연구의 중요한 과제이다. 개체수 변화는 개체군이 환경에 적응하는 과정 중에서 일어나는 현상으로 동물의 번식, 사망과 이주 변화 등을 결정한다.

조사결과

시호테알린 자연보호구 아브레크 지역의 산양 개체수 조사는 1958년부터 진행하였다. 첫해 조사자들은 해안가를 따라 1.3~2.5㎞를 통과하여 그 벨트 지역을 5~8차례 관찰하였다. 이는 상대적 수량 통계로 아브레크 지역의 모든 산양 서식지에 해당하는 숫자를 총괄적으로 기입하였다. 그 외 눈이 적은 해의 통계는 경험계수 2를 곱하여 총 개체수를 증가시켰다(이유는 50%의 동물이 산림 속에 숨어 통계 숫자에 빠진 것으로 인정). 조사에서 나타난 절대 개체수는 틀린 것으로 인정한다<표 21>. 예로 최근 몇 년의 변동 개체수는 64-140-76 개체이다(시호테알린 자연보호구 역대 기록에서 발췌). 분명 이 개체수는 부정확한 방법으로 통계된 것이다. 반드시 지적해야 하는 것은 우리 조사는 연속으로 며칠 동안 진행되었으며 최고 개체수가 기록된 그날의 결과만 승인하였고 이는 보통 조사 첫날이었다. 1974년의 조사는 저자의 지도로 진행되었다. 1979년에 실행한 조사는 개체군의 절대 개체수를 확립하였다. 조사는 아브레크 지역의 산양 총 서식지를 모두 포함하였다. 본 조사는 지상 관찰소에서 관찰과 기록하는 동시에 배를 타고 보충조사를 진행하였다(Myslenkov 등 1983). 우리는 사전에 전 조사지역을 바다에서 배를 타고 둘러보았다. 한 바퀴 항해하여 관찰된 개체수는 보통 15~30마리였다. 그러나 겨울에는 항해조사를 할 수 없어서 5월 초와 10월에 조사를 진행하였다. 겨울철 바다에서의 조사결과가 좋을 것이라 예측했는데 실제 조사에서도 그것이 확증되었다. 1976년의 산양 개체수 조사는 두 가지 방법을 결합하여 진행하였다.

날짜	조사길이(km)	관찰된 산양 개체수	1km조사길이당 산양 수	관찰소 수	산림 속 눈 깊이(cm)	Veinger 방법으로 추정한 개체수
1958.2	…	…	…	…	…	50
1959.3	2.5	10	4.0	8	…	60
1960.3	2.5	10	4.0	5	…	64
1961.3	2.5	23	9.2	5	…	140
1962.4	2.0	7	3.5	6	…	76
1963.3	2.0	8	4.0	6	…	84
1964.4	2.0	6	3.0	6	…	56
1965.4	1.5	6	4.0	5	…	64
1966.4	1.5	6	4.0	5	…	64
1967.4	1.5	5	3.3	5	…	53
1968.4	2.0	7	3.5	6	…	76
1969.4	2.3	22	9.6	7	…	168
1970.4	2.3	5	2.2	7	−	28
1971.5	3.0	15	5.0	10	…	…
1972.4	3.0	18	6.0	10	…	…
1973.4	2.5	26	10.4	8	…	…
1974.4	7.0	37	5.3	16	0~5	…
1975.2	7.0	38	5.4	16	10~15	…
1976.3	9.0	62	6.9	20	12~25	…
1977.4	8.0	62	7.8	18	15~20	…
1978.3	8.5	66	7.8	20	20~30	…
1979.3	16.0	97	6.1	37	30~35	…

염두에 둘 것은 육안으로 직접 관찰하고 기록한 개체수는 언제나 실제보다 적었다(Kori 1979). 특히 복잡한 굴곡과 바위 돌출로 시선이 차단되는 곳에서는 더욱 그러했다. 이러한 통계 숫자로 개체군의 총 개체수를 계산하는 방법은 다음과 같다(Magnusson 등 1978).

$$N = \frac{(G + S_1)(G + S_2)}{G}$$

여기에서 N은 총 개체수, G는 첫 번째와 두 번째 조사에 모두 나타난 동물 숫자, S1은 첫 번째 조사에 나타나고 두 번째 조사에 나타나지 않은 동물 숫자, S2는 두 번째 조사에만 나타난 숫자이다. 예로, 1979년의 총 관찰 수는 111마리, 위 공식으로 산출한 개체군의 총 개체수는 147마리이다.

두 가지 방법으로 전부 7차례 조사하였는데, 그중 3번만이 성공적이었다(1979, 1983년과 1985, 표 22). 그 외는 적설량이 충분하지 않고 산양의 분포가 넓어 개체수 조사에 불리하였다. 즉 관찰된 개체수가 너무 적었다. 연도의 조사에는 인력의 부족으로 각 지역 표준이 안정치 않다는 것이다. 다른 각 연도의 자료를 비교하기 위하여 우리는 한 지역만을 지정하여 그곳의 산양 개체수만 조사하였다. 그 지역의 중심분포구인 길이 2.5㎞의 부분에서 이용할 수 있는 모든 관찰소에서 충분히 산양을 기록하였다.

〈표 22〉 아브레크 지역의 산양조사 결과표

날짜	관찰소 수	관찰된 산양숫자			밀도 개체수/㎢	산림의 적살량(㎝)
		육상조사	해상조사	총계		
1979. 3. 15.	37	97	41	111	47	30~35
1980. 6. 3.	11	35	52	72	–	0~10
1981. 6. 1.	37	54	23	70	36	0~5
1982. 3. 30.	–	···	76	76	–	5~10
1983. 6. 10.	17	61	56	108	51	0~5
1984. 3. 14.	19	54	52	95	36	5~10
1985. 6. 2.	22	58	72	110	33	15~20

1983년 이 지역에서 기록된 최대 산양 개체수는 58마리였다(밀도는 51마리/㎢이었다). 1984년의 조사에 의하면 그 해의 산양 사망률은 매우 높았다(죽은 산양이 15차례 발견되었다). 1985년의 개체수는 110마리에 불과하였다. 우리의 추측으로 개체군이 제일 많은 해는 1983년으로 약 150마리에 달한다고 본다.

다시 강조하지만 이것이 러시아에서 제일 처음으로 산양 한 개체군의 절대적 개체수를 성공적으로 확정한 때였다. 라조브스키 자연보호구의 산양 개체수 조사는 1976년에야 시작하였다. 그러나 그곳에서는 항공 조사로 상대적 수치만 얻었을 뿐이다(Klebor 등, 1980). 아브레크 지역 산양 개체군의 서식지 변두리는 아주 명확했기 때문에 이 개체군의 모든 개체수를 확정하는 것은 커다란 생태적 의의를 가진다고 본다.

한 개체군의 수량 변동은 일정한 범위와 시간 내에서의 수량지수의 변화를 이야기하는 것이다. 우리의 상황에서는 1㎢의 조사지역 내의 산양 개체수(절대 밀도)가 바로 이 수량 지수인 것이다. 제정된 이 지역의 개체수를 우리는 28년 동안 조사하였다. 그 밀도의 변동상황은 <그림 35>에 표시하였다. 몇 년 동안의 심한 개체수 파동은 조사 날의 적설 조

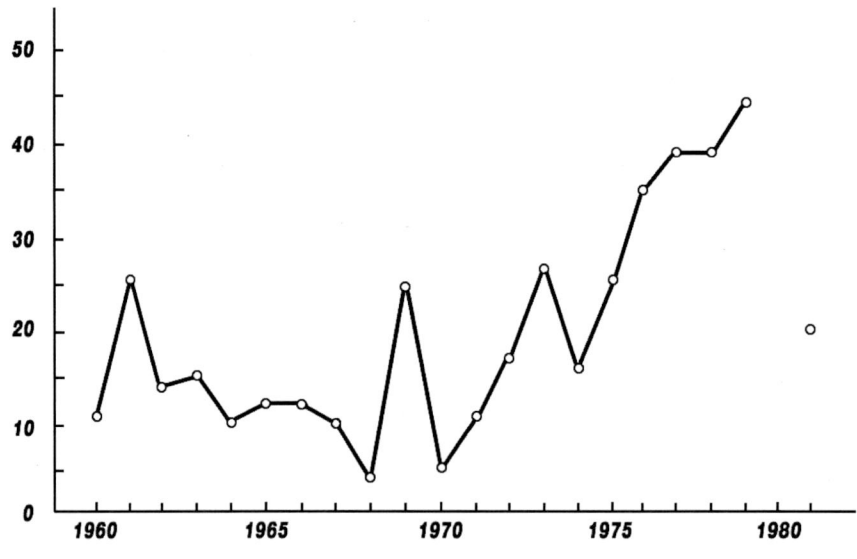

〈그림 35〉 아브레크 지역 상대적 산양밀도(개체수/㎢)의 변동(1958~1980)

건이 달랐기 때문이다. 그러므로 개체군 개체수의 변이는 일정한 조사 시기 내의 통계상의 수치 변화일 뿐이다. 만약 이 28년을 5년 간격으로 나눈다면 1958~1962년은 26마리, 1963~1967년은 16마리, 1968~1972년은 25마리, 1973~1977년은 39마리, 1978~1982년은 44마리이다. 우리가 보기에는 1960년대 이곳의 산양 밀도는 비교적 안정적이며 약 1㎢ 조사지역에 20마리를 유지하였다. 1970년도 말의 산양 밀도 증가는 아마도 개체군 개체수의 증가뿐만 아니라 조사 작업과 기술상의 개선을 말해주는 듯했다. 이것으로 볼 때, 최근 28년 내 아브레크 지역의 산양 개체군 개체수는 19.5배가량 증가하였고 1983년에 최고 수준에 도달해 150마리를 기록했다.

개체군의 분포 밀도

1979년의 혼합방법으로 얻어진 일반 조사지대의 자료를 이용하여 개체군의 분포 밀도를 계산하였다. 우선 그 조사지역의 서식지 총면적은 약 390㏊이며 절대 분포 밀도는 28마리/㎢에 해당된다. 산양의 분포가 균일할 수 없듯이 그 분포 밀도는 식생 특징과 지형 변화에 따라 변화하였다. 때문에 밀도를 반드시 몇 층으로 나누어야 한다. 우리는 4개 층으로 나누었고 각 층 내의 밀도는 대체로 일치하였다. 최저밀도는 8마리/㎢, 본 지역의 남쪽 변두리에 위치한 서식지 Ⅲ형(돌산지역으로 산림이 없는 지역, 해발 높이는 100~

200m) 지역으로 마을에서 4㎞ 떨어진 곳에 위치했다. 역시 한 지역이지만 맞은 편 변두리 지역의 밀도는 29마리/㎢이었다. 서식지 Ⅰ형(넓은 산림 경사면으로 해발 45~600m)의 밀도는 26마리/㎢, 서식지 Ⅱ형(해발 200~400m)은 풀이 보다 무성한 지역으로 39마리/㎢에 달했다. 그러나 이렇게 높게 나타난 밀도(참고로 알프스 산양(*Rupicapra rupicapra*)의 밀도는 3~15마리/㎢ 정도였다. Kotov, 1960; Popkova, 1967)도 최고 수치는 아니라고 본다. 1983년 양호한 서식지 Ⅱ형 지역에서는 개체군의 지속적인 증가로 51마리/㎢까지 달한 적이 있다. 이 밀도는 최고치를 나타내며 개체군의 출생률을 저하시켰다. 즉, 이해 가을-겨울철에 나타난 새끼 개체수는 지난 몇 해에 비해 두 배나 줄었다. 그 이듬해 심한 눈이 온 겨울에는 매우 높은 사망률을 보였다. 그러나 1985년에는 그로 인해 이 지역의 일부 서식지의 밀도는 다시 33마리/㎢로 되돌아왔다.

밀도의 감소는 서식지 북쪽 지역에서만 일어났고 그 한계는 30~51마리/㎢이었다. 동일 지역의 남쪽 부분(서식지 Ⅰ형)은 밀도가 26마리/㎢이었는데 거의 그 수준을 유지했고 기타 지역(서식지 Ⅲ형)은 과거 8마리/㎢에서 현재는 28마리/㎢로 높아졌다. 이곳은 보호구의 가장자리로 작은 마을들이 군데군데 널려 있었고 산양이 정기적으로 해안가를 따라 약 2.5㎞의 지역을 찾아오곤 했다. 1977년에 마을을 이주시킨 후 산양은 이곳에서 정착하게 되었다. 1977년 한 성체 암컷 산양이 이곳을 차지하고 그해 여름에 새끼를 낳았다. 이듬해 또 한 마리의 성체 암컷이 들어왔다. 이렇게 새로운 영세 그룹(세대를 이어 고정적으로 내려오는 그룹)이 형성되었고 개체수는 점차 늘어났다. 3~4월의 개체수 조사에 의하면 1979년에는 4마리, 1980~1981년에는 5마리, 1982년에는 14마리로 증가하였다.

위에서 이야기한 바와 같이 조사 개체수는 항상 실제보다 낮다. 보다 정확한 자료는 매 개체에 대한 식별과 여러 차례의 반복 관찰로써만 이루어질 수 있다. 1983년 12월의 신뢰성 있는 자료에 의하면 한 영세 그룹의 구성원은 13마리였다. 그것은 4마리 성체 암컷, 2마리 아성체 암컷(2~3살), 한 마리 1년생 암컷, 새끼 3마리, 한 마리 2살 수컷, 2마리 성체 수컷으로 구성되었다. 1년이 지난 1984년 12월에는 총 개체수가 15개체로 불어났다. 그 구성은 6마리 암컷, 1마리 두 살짜리 암컷, 2마리 한 살짜리 개체(암 1, 수 1), 5마리의 그해 새끼, 한 마리 성체 수컷이었다. 이렇게 1년에 3마리가 증가되었다. 기록된 사망 개체는 단 한 마리 수컷(얼음판 위에서 발견)뿐이었다. 새끼 한 마리와 두 살짜리 수컷 한 마리는 어디로 사라졌는지 알 수 없었다.

이것이 바로 개체군 분포 밀도의 자연 조절과정이다. 본 주변지역은 양호한 조건의 좁은 공간이었다. 1979년 새로운 영세 개체군이 형성되었는데 그 밀도는 기타 지역보다 3~8배 낮았다. 그러나 순조롭게 번식에 성공하여 1983년에는 최대 밀도인 20마리/㎢에 달하였다. 중요한 것은 이웃 지역의 개체수의 감소와 밀도 조절이 없이 본 지역 그룹 내의 번식으로 개체수 증가가 이루어진 것이다. 기타 그룹이 최고 밀도에 도달한 후 줄어들기 시작하였으나 이곳의 밀도는 연속 증가하여 1985년에 28마리/㎢에 도달했다. 또한 이 그룹의 밀도는 아직 최고 한계에 도달하지 않은 것으로 보인다.

산양 개체군이 보다 높은 밀도에 도달할 수 있는 전제조건은 질 좋은 서식지의 존재일 것이다. 일반적으로 동물이 먹이를 찾아 다닐 수 있는 지역은 한정된다. 그러므로 서식지 내에 존재하는 제한된 먹이를 합리적으로 소비하는 데 적응해야 하고 보다 많은 종류의 식물을 먹이로 삼아야 한다. 산양 개체군의 높은 밀도는 식생 파괴를 초래하지 않는다. 그 예로 노루의 밀도는 100㏊에 2마리 즉, 산양보다 20배나 적어도 벌써 여러 나무와 관목종에게 실질적인 피해가 관찰되었다(Smirnov, 1978). 문제는 겨울에 산양은 풀을 위주로 먹기 때문에 식물 자원을 나누어 합리적으로 소비해야 하는 점이다.

출산율

우리 관찰에 의하면 산양의 출산은 5월 중순부터 7월까지 계속된다. 대부분 새끼는 6월 중순에 출생한다. 그러나 6월 말에도 임신한 암컷을 자주 볼 수 있다. 중요한 점은 이 시기 육안으로 산양을 관찰하기는 아주 어렵다는 것이다. 왜냐하면 이 시기 바다에서 발생한 안개가 거의 매일 꽉 차있기 때문이다.

우리가 관찰한 암컷은 거의 모두 한 마리의 새끼를 데리고 다녔다. 새끼 두 마리를 데리고 다니는 산양은 8월에만 관찰되었다. 그리고 세 마리 새끼를 가진 암컷은 겨울에만 보였다. 이것들은 어미를 잃은 새끼들이 모였을 수 있기 때문에 하나 이상의 새끼를 낳은 암컷이 있는지는 아직도 증거가 부족하다. 여름철에 산양을 조사하기에는 많은 어려움이 있기 때문에 우리는 12월에 새끼 수를 관찰하여 통계 내 보았다. 관찰에 의하면 본 개체군은 아주 높은 번식 잠재력을 지니고 있었다. 즉 겨울철 84%의 성체 암컷은 새끼를 지니고 있었다.

사망률

1974~1980년 사이에 우리는 18마리의 죽은 산양 개체를 발견하였다. 그중 3마리는 아주 오래된 것이었기 때문에 7년 내 15마리가 죽은 것으로 인정한다. 1981~1983년 동안 단 한 마리의 죽은 사체가 발견되었고 1984년에는 15마리에 달하였다. 반드시 알아야 할 점은 환경의 악조건이 산양의 사망률을 높이고 개체군의 변동을 일으키는 것이다. 그리고 정보를 획득하는 일은 언제나 현실에 존재하는 것보다 몇 배 낮다는 점이다. 사망률을 야기시키는 주요 원인은 질병이 30.7%, 맹수의 포획이 27.6%, 밀렵이 14.1%, 불분명한 원인이 27.6%를 차지한다. 그러나 맹수가 먹다 남긴 잔해를 발견하기는 온전한 시체를 발견하는 것보다 훨씬 어렵다. 물론 맹수가 죽였다는 근거는 밝혀야 한다. 시체 중 한 살 미만의 새끼가 17.2%, 2~5살 개체가 44.8%, 10살 전후가 10.2%, 연령이 확정치 못한 개체가 7%이었다. 한 개체는 늙어 사망한 것으로 판정되는 데 그 연령은 약 15~16세라 추정된다. 다른 한 늙은 개체는 맹수에 잡혀 죽었는데 그 연령은 16~18세라 추정된다. 이 암컷은 뿔의 모양으로 식별되었고 새끼를 데리고 있었으며 외모만 보기에는 건강해 보였다.

산양의 새끼 사망률은 높지 않았다. 갓 낳은 새끼 중 75%는 한 살 연령까지 살아 남는다. 일부 기타 유제목 동물처럼 산양 새끼의 출생 후 첫 달의 사망률은 높지 않고 겨울 말에 가서야 사망이 많이 발생된다. 2월 말에서 4월 사이에 사망한 새끼가 제일 많았고 성체도 마찬가지였다. 1984년 기록된 총 폐사 개체수는 15마리였는데 그중 57%가 이 시기에 발견되었다. 이 해의 죽은 개체 중 50%가 수컷이었고 그중 대부분이 3~5살 개체였다. 이렇게 높은 사망률을 조성한 주요 원인은 겨울의 깊은 눈 때문일 뿐만 아니라 일부 영세 그룹의 지나치게 높은 밀도로 인한 것으로 추정된다. 아직 영역을 만들지 못한 아성체 수컷은 하나도 죽지 않았다. 1973~1976년에는 눈이 특히 많이 왔다. 그러나 개체군 밀도가 아주 낮았으므로 유사한 사망 현상이 전혀 발견되지 않았다.

맹수가 산양 개체군에 미치는 영향

일반적으로 산양의 천적은 검독수리(*Aquila chrysaetus*), 흰꼬리수리(*Haliaeetus albicilla*), 참수리(*Haliaeetus pelagicus*), 늑대(*Canis lupus*), 스라소니(*Felis lynx*)와 표범(*Panthera pardus*) 등을 들 수 있다(Abramov, 1963; Bromley, 1963). 그러나 그 누구도 어떤 맹금

류가 산양을 공격하는지 직접 본 사람이 없기 때문에 이 모든 것은 사냥꾼의 이야기에 지나지 않는다. 우리가 확인한 사실은 참수리가 시호테알린 자연보호구 지역에 겨울에만 나타난다는 점이다. 이때 산양 새끼는 이미 다 큰 상태이다. 그리고 흰꼬리수리는 민물고기와 바다 생선을 위주로 먹는다. 아브레크 지역에 흰꼬리수리 둥지가 하나 있는 것은 이미 몇십 년 전부터 알려진 사실이다. 이 둥지는 해마다 번식에 이용되기 때문에 우리는 언제든지 이 둥지를 관찰할 수 있었고 여러번 그 흰꼬리수리가 산양을 상공에서 주시하고 있는 상황을 본 적이 있다. 흰꼬리수리가 실제로 산양에 대해 관심을 나타냈으나 산양이 흰꼬리수리에 대해 방어행동을 하는 것은 관찰되지 않았다. 산양은 흰꼬리수리가 20~30m 가까운 상공에서 비행할 때만 머리를 약간 다른 방향으로 바꿀 뿐이었다.

검독수리가 산양의 천적일 가능성이 제일 크다고 본다. 검독수리는 산양 새끼를 채갈 가능성이 있다. 그러나 아브레크 지역의 검독수리 개체수는 아주 적고 산양이 어떤 맹금류에 대해서도 아무런 방어 행동을 하지 않는 것으로 볼 때 산양에게 실제로 조류천적이 존재하지 않는다고 본다.

늑대는 남쪽 연해지구에서 산양 개체군에게 주요한 피해를 끼친다(Abramov, 1963; Bromley, 1963). 시호테알린 지역 보호구의 늑대 수는 많지 않다. 아브레크 지역에도 자주 나타나지 않는다. 오직 이 지역의 북쪽 변두리에 조금 있을 뿐이다. 그리고 단 한 번 늑대 배설물에서 산양 털이 발견되었을 뿐이다. 표범은 연해지구 남부에 분포하나 시호테알린 자연보호구에서는 발견되지 않았다.

아브레크 지역에서 산양 개체군에 제일 큰 영향을 주는 천적은 스라소니이다. 스라소니는 1년 사계절 이곳에 정착해 생활한다. 이곳에서 한 번에 기록된 최대 스라소니 개체수는 3마리이다. 스라소니의 통로는 산등성 분수령을 통과하는데 보통 바다를 향한 산기슭의 산림 아래 가장자리를 따라 지나다닌다. 다시 말하면 그곳 역시 산양이 항상 머무르고 있는 곳이다. 우리가 발견한, 천적에게 사냥 된 산양 5마리의 시체 중 2마리는 스라소니가 먹은 것이 틀림없었다. 기타 3마리 시체는 어느 맹수가 포식하였는지 결정할 수가 없었다. 재미있는 일은 한 스라소니가 산양이 항상 은신처로 이용하는 돌 틈 사이의 굴속에서 늙은 산양 암컷 한 마리를 잡았다. 스라소니는 그 시체를 산비탈 위로 거의 100m를 끌고 산림까지 올라가서 풀숲에서 먹어버렸다.

불곰과 반달가슴곰이 산양을 습격했다는 사실은 문헌에도 없었고 우리도 관찰한 적이 없다. 그러나 우리의 관찰에 의하면 봄에 발견된 산양시체 하나는 곰이 먹은 것이 틀림 없었다. 문제는 반달가슴곰이 아브레크 지역의 동남 변두리에서 발견된 것이다. 이른 봄이 되면 곰은 동면에서 깨어나 부지런히 겨울 동안 죽은 산양시체를 찾는다. 때문에 산양 개체군의 사망률은 반드시 4월 전에 통계 되어야 한다. 4~5월이면 곰들이 모든 산양시체를 먹어버리기 때문이다. 물론 중요한 것은 사망률을 밝히는 것이고 사망원인이 곰이나 기타 맹수인지를 밝히는 것은 아니다. 반달가슴곰은 아브레크 지역에서 산양시체나 다른 동물 시체들을 먹어 청소동물 역할을 한다.

분산

아브레크 지역의 산양 개체군 분산은 한 가지 형식 "확산"뿐이다. 개체군 외의 개체가 이주해 들어오거나 나가는 것은 관찰되지 않았다. 분산의 첫 단계는 한 살 개체와 아성체 개체가 자신의 출생지를 떠나는 것이다. 이로 인해 그들은 서식지 질이 낮은 가장자리에 집중된다. 때문에 언제나 수컷의 영역 가장자리에서 젊은 수컷 개체들이 집중하여 개체군에 일정한 압력을 주는 것이다. 이런 사회적 스트레스는 개체군의 개체수를 자가 조절하는 아주 중요한 요소의 하나가 된다. 즉 일부 개체는 이곳에 계속 남아서 생활하고 다른 개체는 변두리 지구로 떠나는 것이다. 이 지역의 남쪽 면은 세레브람가 강과 레즈네이 마을이 있어 산양이 그 방향으로 확산한다는 것은 매우 어렵다. 그럼에도 1년에 한 번쯤은 개별적인 개체들이 아브레크 지역 남쪽 10~20km 떨어진 곳에서 발견되곤 한다.

아브레크 지역의 북쪽 변두리는 1976년 시호테알린 자연보호구에 의해 건립된 산양 전문 금렵지구와 접하고 있다. 그의 해안가 길이는 25km에 달한다. 시호테알린 자연보호구의 연대별 자료에 의하면 1940~1960년대에는 이곳에도 산양이 서식하고 있었으나 그 후 사라졌다. 산양 수렵금지구역의 서식지 질은 전체적으로 아브레크 지역보다 낮다. 금렵구에는 작은 만(灣)이 바위 지역을 따라 1~2km 간격으로 아주 많이 있다. 25km 해안선에 전부 11개 작은 만이 있는데 그 넓이는 0.3km에서 2km에 달했다. 해안가는 어디나 모두 통과할 수 있는 좁은 지대가 있었고 한 곳만이 절벽으로 통과할 수 없었다. 경사면의 상대높이는 그리 크지 않다. 보통 100~150m에 달했고 산림지대가 거의 없었다. 이 모든 것은 서식지의 은폐조건을 크게 감소시켰다. 먹이 조건은 아브레크 지역과 흡사하였다. 1974년 금렵구를 건립하기 전 이 지역을 조사하였는데 낡은 산양 화장실이 하나 발견되었다. 1977년부터 산양을 발견하기 시작하여 그해 육안으로 발견된 산양이 2마리, 1978년에 2마리, 1979년에 14마리였다. 이것으로 보아 산양은 이 지역에서 정착한 것이다.

결론

1. 최근 20년 이내에 성체 개체군의 개체수는 1.5배로 증가되어 1983년에는 약 150마리에 달했다. 그 후 점차 그 개체수가 줄어들어 1985년에는 약 120마리가 되었다.

2. 1979년 겨울 산양의 분포 밀도는 평균 28마리/㎢, 최저 8마리/㎢, 최고 39마리/㎢에서 파동 하였다. 산양 개체군의 최대는 1983년에 보였는데, 평균밀도는 35마리/㎢, 최저는 20마리/㎢, 최고는 51마리/㎢이었다.

3. 개체군 개체의 주요 사망 원인은 스라소니의 포식이다. 사망한 산양 중 2~5살 개체가 제일 높은 비율을 차지했는데 대략 전체의 44.7%에 달했다.

4. 1970년도 중반부터 아브레크 지역의 산양은 북쪽과 남쪽으로 자연분산하기 시작했다.

제11장 산양 보호(Goral preservation)

아무르산양은 소련 적색 자료 제1권에 1984년에 기재되었다. 즉 본종은 이미 멸종위기에 처해 있음을 인정하는 것이고 특수한 조치가 없이는 개체군의 회복이 불가능한 것임을 말해 준다. 산양을 제1권에 기재하게 된 원인은 분명히 Bromley(1963: 1977)가 발표한 산양의 분포지와 개체수가 감소되었다는 보고가 큰 역할을 하였던 것이다. Bromley는 추측하기를 19세기 말 연해지구의 산양 개체수는 대략 2,000마리에 달했고 1975～1977년에는 605～750마리로 감소되었다고 하였다. 반드시 고려해야 할 점은 첫째, Bromley가 강조한 그런 숫자를 사용할 때는 각별한 주의를 해야 하고 둘째, 그 누구도 연해지구의 총 개체수를 조사한 바가 없고 심지어 개별적인 그룹의 개체수마저 정확히 조사한 바 없다. 정규적인 통계는 1958년 시호테알린 자연보호구에서 시작되었다. 그렇기 때문에 산양 총 개체수의 모든 평가는 단지 주관적인 추측뿐이고 그 오차는 2～3배까지 달할 수 있다. 예로 Smirnov(1973)가 추측하기를 연해지구 산양 개체수는 200마리 미만이라고 하였고 Pikunov와 그 동료(1973)들은 700마리라고 하였다. Bromley(1963)는 시호테알린 자연보호구의 1961년 산양 개체수를 30～40마리라고 평가하였으나 Veinger(1963)는 70마리라고 하였다. Bromley는 1977년의 개체수를 50～60마리라 하였으나 우리의 조사결과는 120마리였다.

산양 현재 분포지(Nesterov 1981: 1985, a, b)와 Bromley(1963: 1977; Bromley 등, 1983)의 자료를 비교 분석한 결과 1950～1980년간 산양의 분포지는 실제적인 변화가 일어나지 않았다는 것을 알 수 있다. 또한 산양의 중요 그룹은 하나도 사라지지 않았다. 산양의 분포지는 오히려 넓어졌으며 모자이크 특징을 지니고 있고, 특히 바위가 많은 지역의 분포는 모자이크식으로 정착되었다. 산양은 좁고 척박한 지역을 차지하고 있다. 산양은 여러 탄광이 관입하여 형성한 침식 바위 지역에 적응하여 살아간다. 바위가 많은 지역은 서식지 질이 낮으므로 산양의 개체수가 적다는 것을 추측할 수 있다. 때문에 본 종을 소련 적색 자료 제1권에 기입시킨 것은 보험에 들어놓은 것과 같다. 이의 긍정적인 면은 본 희귀종에 주의를 기울이게 하였으며 시호테알린과 라조브시끼 보호구의 7명 전문가(Voloshina, Glebov, Myslenkov, Nesterov, Solomkina, Shaulskaya)로 구성된 연구팀을 조성했다는 것이다. 1975～1987년간 이 전문가들은 66편의 산양 생태학 논문을 발표하였다. 연구 결과를 볼 때 최근 몇 년 내 산양의 분포지와 개체군 개체수는 커다란 감소가 일어나지 않았고 현황은 생각보다 그리 비참하지 않았다. 유감스러운 점은 1984년 소련 적색 자료 제2판은 반대 의견(Myslenkov, 1982)을 무시하고 낡고 착오적인 관점을 계속 반복하며 산양의 개체수, 특히 동해 연안의 개체군 수가 계속 심히 감소되고 있다고 적었다.

자연보호구 내와 동해안 지역의 산양 개체수는 최근의 보호조치로 인해 확실한 증가추세를 보여주고 있다. 일부 지역(예, 시호테알린 보호구)의 개체군 분포 밀도는 30~50마리/㎢의 최고치를 나타내고 있다. 때문에 우리의 의견으로는 산양은 멸종위기에 처해 있는 종이 아니다. 그러므로 산양종을 <부록 Ⅲ>으로 옮기는 것이 옳다고 본다. 즉 희귀종으로 정해야 한다. 물론 산양의 개체수는 많지 않고 또한 제한된 지역에 분포하고 있으며 서식지의 악변화는 산양의 멸종을 초래할 수 있다는 것은 감안해야 한다. 세계자연보전전략에 열거한 6대 위협 요인(서식지 파괴 및 과도 개발, 신종 도입에 의한 교란, 과도 소비(낭비), 먹이 자원의 감소와 악화, 해충제거로 수반된 재난성 죽음, 우발적인 죽음) 중 마지막 요소가 산양에게 위험을 줄 우려가 있다고 생각하나 그 확률은 매우 낮다. 이 때문에 산양이 멸종위기에 처해 있다고 주장하는 것은 근거가 약하다고 생각한다.

1975년 시호테알린 자연보호구는 연해지구에 산양 보호 특별 금렵구를 건립할 것을 창의하였다. 이 사업은 과학 연구원 Nesterov가 관리기구 보호구의 차관 Smirnov와 주임 Potapenko의 지지 하에 수행하였다. 지금까지 연해지구 5개 지역에서는 이미 6개 지방 특별 금렵구를 건립하였다.

쵸르네이 스갈 금렵구는 1975년에 건립되었고 총면적은 2,920ha에 달한다. 그 지역은 지방규정과 사냥정식관리 제1조에 기재되었다. 최초 건설기간은 5년이었으나 그 후 수행 기한은 1990년도까지 지속되었다. 동해 연안지역인 루드나 강과 제르까리나 강 사이 지역에서 새로운 산양 서식지를 또 하나 발견하였다. 그 면적은 200ha 내외였다(Nesterov, 1985b). '가멘네이와르다' 금렵구 면적은 4,631ha이고 역시 1975년에 건립하기 시작하여 1990년에 끝났다. 이 금렵구는 그리워이 강 상류(루드나 강 유역) 해안가에서 35㎞ 떨어진 곳에 위치한다. 그중 산양 서식지 면적은 90ha에 달한다(Nesterov, 1985b). '이즈위린스기' 금렵구는 1976년에 설계하였고 면적은 8,000ha지만 그 실시기간은 아직 미정이다. 이 금렵구는 우수리 강의 지류인 이즈위린까 강 유역에 놓여 있다(Nesterov, 1985b).

'세르기브스끼'는 제일 큰 금렵구로 1978년에 설립하였고 면적은 8,7302ha에 달하며 바르지란스끼 강의 좌측 유역인 워또바르나, 라트나와 일랙세브까 강의 상류에 위치한다. 산양 서식지 면적은 약 300ha가 된다(Nesterov, 1985b). '아르센브스끼' 금렵구는 1980년에 설립하였고 면적은 10,393ha이다. 이곳은 브로즈라츠나 강 상류에 위치한다. 건설기간은 아직 확정되지 못했다. 이 금렵구의 산양 서식지 면적은 427ha에 달한다(Nesterov, 1985b).

'레레즈냐고브스기광석' 금렵구는 1976년에 건립하였고 면적은 4,749ha이다. 이는 시호테알린 자연보호구 아브레크 지역의 북쪽 변두리와 인접하고 있다. 공사 시행 기간은 아직 정해지지 않았다. 금렵구 내에는 산림 관리 기구와 모터보트가 있다. 이곳은 자체적으로 산양 개체수 조사를 수행한 유일한 금렵구이다. 1987년 모터보트로 조사한 결과에 의하면 11마리 산양이 기록되었다. 여기서 짚고 넘어가야 할 것은 바다에서 수행하는 조사는 총 개체수의 50%밖에 볼 수 없다는 점이다.

금렵구의 보호제도는 각각 다르다. 어느 금렵구나 모두 외부 인원의 출입을 금하지만 실무 필수의 허가증을 지닌 자는 예외이다. 행정적인 금렵구인만큼 일체 수렵활동은 금지되어 왔다. 이러한 금렵구는 자생 모피업과 목초생산 일부를 허가하며 스스로 이를 조절해야 하므로 지방 경제에 중요한 의미를 가진다.

'이즈위린스기' 금렵구의 산양 보호 임무는 이웃인 베레조프스키 금렵구의 사냥협회에게 맡기었다. 산양 한 마리의 밀렵 벌금은 900루불이다. 산양의 금렵은 1922년부터 실시하였다. 산양은 위의 전문 금렵구에만 서식하고 있는 것이 아니라 기타 희귀동물을 보호하기 위해 설립한 일반 금렵구에서도 살고 있다. 예로 '게드로와야바지 설송 골짜기' 자연보호구 주위에 설표 금렵구가 있는데 그곳에도 산양이 분포한다. 꽃사슴(*Cervus nippon*) 자원을 보존하기 위하여 60년대 건립한 바시리꼬브스끼 금렵구 내에서도 산양은 보호를 받고 있다. 이 지역 역시 해안가의 절벽지대로 케꾸트비이 만을 에워싼 지대다(Voloshina 외 1977). 즈메이노이 산 뱀산에 위치한 우수리스끼 금렵구에도 그리 크지 않은 산양 개체군이 보존되어 있다.

이렇게 아무르산양은 3개 자연보호구, 8개 연해지구의 기타 금렵구, 그리고 6개 전문 산양 보호구 내에서 보호를 받고 있을 뿐만 아니라 서식지도 완벽한 보호를 받고 있다. 다시 말하면 이곳에 있는 산양만을 희귀종으로 관심을 주는 것이 아니라 그들이 살고 있는 주요 서식지도 함께 보호하는 것이다.

지금까지 우리는 서식지 보호와 종 개체 보호를 통해 한 동물종을 보전하는 효과적인 방법과 그들이 생존할 수 있는 모든 조건을 연구해왔다. 이러한 여러 보호 대책 중 사냥을 금지하는 것은 역시 제일 중요한 직접적이고 근본적인 대책이다.

그러나 한 종의 개체수가 증가하면서 확산에 의해 이미 그 종이 사라진 지역으로 분포를 넓히거나, 재도입하는 것도 역시 종 보호, 특히 야생 개체군이 이미 소멸된 상황에서는 큰 의의를 가진다. 이러한 예는 유럽들소(*Bison bonasus*), 사불상(*Elaphurus davidianus, Pere david's deer*)과 몽고야생말(*Equus przewalskii*)에서도 잘 알려져 있는 사실이다. 다행히도 위에서 서술한 바와 같이 산양은 아직 멸종위기에 처해 있지는 않다. 그리고 1978년부터 시작된 아브레크 지역 변두리, 울타리 내 반야생 상태에서 번식한 예를 보면 산양은 반야생 상태에서도 잘 번식할 수 있음이 확인 되었고 방사 후에도 쉽게 야생환경에 적응할 수 있으므로 재도입 기금만 충분하다면 별문제가 없다고 본다. 따라서 개체수가 줄어드는 위험에 처한 상황이라면 먼저 그 종을 반 야생 상태에서 번식한 후 다시 야생에 방사하여 그 희귀종을 재도입 또는 서식지 내 복원하는 것은 바람직한 방법이라고 할 수 있다.

결론

우리는 연해 지역 산양 보호에 대하여 아래와 같은 건의를 제출한다.

1. 산양 주요 서식지의 개체수 조사를 진행해야 한다.
2. 지역특성에 맞는 미도그라도부까와 마스끼리토브까 금렵구(올리킨스키 지구)를 건립해야 한다.
3. 모든 금렵구 안에서 확실하게 산양을 보호해야 한다.
4. 시호테알린 자연보호구 경계선은 해안가를 따라 5㎞ 남쪽으로 즉 제르네이 마을에서 브라고라트네이 지역까지 연장하여 포함시켜야 한다.
5. 동해안에서 최저 0.5㎞ 배가 통행할 수 있는 해상을 통제하여 보호구로 설정해야 한다.
6. 자연보호구 내의 해상에도 소형선박의 항해를 통제해야 한다.

참고문헌

ЛИТЕРАТУРА

А б д у р а х м а н о в   М.   Восточнокавказский тур //Охота и охот-
ничье хоз-во. 1979. № 8. С. 10—12.

А б р а м о в   К.Г.   Амурский горал // Науч.-метод. зап. Гл. упр.
по заповедникам. 1939. Вып. 4. С. 198—201.

А б р а м о в   К.Г.   Копытные звери дальнего Востока. Владивосток:
Примор. кн. изд-во, 1963. 137 с.

Б а с к и н   Л.М.   Северный олень: Экология и поведение. М.: Наука,
1970. 149 с.

Б а с к и н   Л.М.   Подвижность внутрипопуляционной структуры у се-
верных оленей // Тр.2-го Всесоюз. совещ. по млекопитающим. М.: Изд-во
МГУ, 1975. С. 197—200.

Б а с к и н   Л.М.   Поведение копытных животных. М.: Наука, 1976.
296 с.

Б а с к и н   Л.М.   Управление копытными на основе использования их
оборонительного поведения // Управление поведением животных. М.:
Наука, 1977. С. 21—24.

Б о р ж о н о в   В.В.,   Д о р о г о в   В.Ф.,   З ы р я н о в   В.А
и др. Снежный баран гор Путорана // Науч. тр. НИИ сель. хоз-ва Крайне-
го Севера. 1979. Т. 26. С. 44—56.

Б р о м л е й   Г.Ф.   Биология амурского горала Nemorhaedus goral ca-
udatus Milne – Edwards,1867 // Тр. Сихотэ-Алинского гос. заповедника.
1963. Вып. 3. С. 191—267.

Б р о м л е й   Г.Ф.   Распространение горала на Дальнем Востоке
СССР // Редкие виды млекопитающих и их охрана. М.: Наука, 1977.
С. 187—188.

Б р о м л е й   Г.Ф.,   П а н к р а т ь е в   А.Г.,   Р а к о в   Н.В.
Распространение амурского горала (Nemorhaedus caudatus) на Дальнем
Востоке СССР // Экология и зоогеография некоторых позвоночных суши
Дальнего Востока. Владивосток: ДВНЦ АН СССР,1978. С. 86—101.

В е й н б е р г   П.И.   К поведению дагестанского тура во время го-
на // Копытные фауны СССР. М..:Наука, 1980. С. 284—285.

В е й н г е р   Г.М.   Популяция горалов Сихотэ-Алинского заповедни-
ка // Тр. Сихотэ-Алинского гос. заповедника. 1963. Вып. 3. С. 269—281.

В о л о ш и н а   И.В.   Половая и возрастная структура популяции
горала // II Междунар. конгр. по млекопитающим. Брно, 1978. Т. 1.
С. 320.

В о л о ш и н а   И.В.   Парковое содержание амурских горалов // Би-
ологические аспекты охраны редких животных. М.: ВНИИ охраны природы
и заповедного дела, 1981. С. 6—9.

В о л о ш и н а И.В., М ы с л е н к о в А.И. Методы изучения поведения горала (Nemorhaedus goral caudatus) // Групповое поведение животных. М.: Наука, 1976. С. 51-53.

В о л о ш и н а И.В., М ы с л е н к о в А.И., С м и р - н о в Е.Н. К вопросу об охране горала // Редкие млекопитающие фауны СССР. М.: Наука, 1976 г. С. 125-133.

В о л о ш и н а И.В., М ы с л е н к о в А.И., Ш а у л ь с - к а я Н.А. Особенности пищевого поведения горалов (Nemorhaedus goral caudatus) в зимний период // Групповое поведение животных. М.: Наука, 1976б. С. 53-54.

Г е п т н е р В.Г., Н а с и м о в и ч А.А., Б а н н и - к о в А.Г. Млекопитающие Советского Союза: Парнокопытные и непарнокопытные. М.: Высш. шк., 1961. Т. 1. 776 с.

Г л е б о в В.В. Места обитания и численность амурского горала в Лазовском и Ольгинском районах Приморского края // Редкие и исчезающие животные суши Дальнего Востока СССР. Владивосток: ДВНЦ АН СССР, 1981. С. 173-174.

Г л е б о в В.В., Н е с т е р о в Д.А. О размещении горалов в Лазовском районе // Проблемы рационального использования и охраны естественных ресурсов Дальнего Востока. Владивосток: ДВНЦ АН СССР, 1977. С. 150-153.

Г л е б о в В.В., Ш а л д ы б и н С.А., Ж и в о т ч е н - к о В.И. Опыт авиаучета горалов и пятнистых оленей в Лазовском заповеднике // Копытные фауны СССР. М.: Наука, 1980. С. 8-10.

Г о л ь ц м а н М.Е. Социальное доминирование и поведенческие роли у большой песчанки (Rhombomys opimus)// Групповое поведение животных. М.: Наука, 1976. С. 72-74.

Г о л ь ц м а н М.Е., Н а у м о в Н.П., Н и к о л ь с - к и й А.А. и др. Социальное поведение большой песчанки (Rhombomys opimus Licht.)//Поведение млекопитающих. М.: Наука, 1977. С. 5-69.

Д а н и л к и н А.А. Внутрипопуляционная структура и поведение сибирской косули (Capreolus capreolus pygargus Pall.)Автореф. дис. ... канд. биол. наук. М., 1978. 24 с.

Е г о р о в О.В. Экология сибирского горного козла (Capra sibirica Heyer)//Тр. Зоол. ин-та. 1955. Т. 17. С. 7-134.

Ж а р к о в И.В. Методы учета численности копытных в заповедниках РСФСР // Науч.-метод. зап. Гл. упр. по заповедникам. 1949. Вып. 13. С. 77-104.

К и г а й В.А. О некоторых закономерностях формирования даек порфиритов в гранитном массиве бухты Тавайза // Изв. АН СССР. 1957. № 1. С. 18-24.

К о л и Г. Анализ популяции позвоночных Л.: Мир, 1979. 362 с.

К о т о в В.А. Количественный учет серн в Кавказском заповеднике // Тр. Кавказск. гос. заповедника. 1960. Вып. 6. С. 185-189.

К о т о в В.А. Кубанский тур, его экология и хозяйственное значение // Там же. 1967. Вып. 10. С. 201-293.

Красная книга СССР/2-е изд. М.: Лесн. пром-сть, 1984. Т. 1. 392 с.

Л а в и к - Г у д о л л Дж., ван. В тени человека. М.: Мир, 1974. 207 с.

Л а к и н Г.Ф. Биометрия. М.: Высш. шк., 1973. 343 с.

М а л ю г и н Ю.Ф. Динамика снежного покрова в малых природных комплексах южной части Среднего Сихотэ-Алиня // Исследования взаимодействий в геосистемах. Владивосток, 1975. С. 169-176.

М ы с л е н к о в А.И. Социальная организация горала (Nemorhaedus caudatus) // II Междунар. конгр. по млекопитающим. Брно, 1978. Т. 1. С. 347.

М ы с л е н к о в   А.И.   Поведение и внутрипопуляционная структура амурского горала: Автореф. дис. ... канд. биол. наук. М., 1982. 24 с.

М ы с л е н к о в   А.И.,   В о л о ш и н а   И.В.   Поведение горала во время гона // Бюл. МОИП. Отд. биол. 1978. Т. 83, вып. 1. С. 30-39.

М ы с л е н к о в   А.И.,   В о л о ш и н а   И.В.   Звуковая сигнализация амурского горала // Копытные фауны СССР. М.: Наука, 1980. С. 297-300.

М ы с л е н к о в   А.И.,   П о т а п е н к о   Ю.В.,   В о л о ш и н а   И.В.   Новый комбинированный метод учета численности горала // Редкие виды млекопитающих СССР и их охрана. М., 1983. С. 190-191.

М ю л л е р - Ш в а р ц е   Д.   Феромоны у некоторых североамериканских копытных // 1 Междунар. конгр. по млекопитающим: Реф. докл. М.: ВИНИТИ, 1974. Т. 1. С. 56.

Н а с и м о в и ч   А.А.   К методике количественного учета поголовья туров // Науч.-метод.зап. Гл. упр. по заповедникам. 1940. Вып. 7. С. 23-28.

Н а с и м о в и ч   А.А.   Количественный учет серн и динамика их поголовья в Кавказском заповеднике // Там же. 1941. Вып. 8. С. 178-181.

Н а с и м о в и ч   А.А.   Опыт изучения экологии млекопитающих путем зимних троплений // Зоол. журн. 1948. Т.27, вып. 4. С. 371-372.

Н а с и м о в и ч   А.А.   Очерк экологии западнокавказского тура // Тр. Кавк. гос. заповедника. 1949. Вып. 3. С. 5-38.

Н а у м о в   Н.П.   Экология животных. М.: Высш. шк., 1963. 618 с.

Н а у м о в   Н.П.   Структура популяций и динамика численности наземных позвоночных // Зоол. журн. 1967. Т. 46, вып. 10. С. 1470-1486.

Н а у м о в   Н.П.   Сигнальные биологические поля и их значение для животных // Журн. общ. биологии. 1973. Т. 34, № 5. С. 808-817.

Н а у м о в   Н.П.   Структурно-функциональные особенности популяций млекопитающих // Тр. 2-го всесоюз. совещ. по млекопитающим. М.: Изд-во МГУ, 1975. С. 81-90.

Н а у м о в   Н.П.,   Б а с к и н   Л.М.   Руководство в стадах северных оленей как групповая адаптация // Журн. общ. биологии. 1969. Т. 30, вып. 2. С. 147-156.

Н е с т е р о в   Д.А.   Горал на среднем и южном Сихотэ-Алине // Редкие и исчезающие животные суши Дальнего Востока СССР. Владивосток: ДВНЦ АН СССР, 1981. С. 179-180.

Н е с т е р о в   Д.А.   Сравнительная характеристика пастбищ горала на Южном Сихотэ-Алине // Сихотэ-Алинский биосферный район: экологические исследования. Владивосток: ДВНЦ АН СССР, 1985а. С. 141-150.

Н е с т е р о в   Д.А.   Численность горала и ее динамика в Приморье // Сохранение природных комплексов Сихотэ-Алинского биосферного заповедника. Владивосток, 1985б. С. 33-48.

П а н о в   Е.Н.   Демонстративное поведение животных // Природа. 1969. № 1. С. 51-59.

П а н о в   Е.Н.   Сигнализация и "язык" животных. М.: Знание, 1970. 32 с.

П а н о в   Е.Н.   Механизмы коммуникации у птиц. М.: Наука, 1978. 304 с.

П а н о в   Е.Н.   Поведение животных и этологическая структура популяций. М.: Наука, 1983. 424 с.

П о п к о в а   И.Ф.   Серна на южных склонах Главного Кавказского хребта: (Экология, морфология, хозяйственное значение) // Тр. Тебердин. гос.заповедника. 1967. Вып. 7. С. 160-211.

П р и с я ж н ю к Н.П., П р и с я ж н ю к В.Е. Кормовые растения пятнистого оленя по систематическим группам, жизненным формам и сезонам года // Пятнистый олень Южного Приморья. Фрунзе: Кыргызстан, 1974. С. 3-61.

П р у с а й т е Я.Л., Б л а ж и с А.С., М и ц к у с А.В., Б л у з м а П.П. Динамика численности и структура неэксплуатируемой популяции косули // Тр. АН ЛитССР. 1973. № 2(62). С. 115-125.

Р а ш е к В.А. Размножение и поведение кулана в период гона на о. Барса-Кельмес // Бюл. МОИП. Отд. биол. 1973. Т. 78, № 5. С. 26-41.

С а в и н о в Е.Ф. Размножение и рост сибирского козерога в джунгарском Алатау (Казахстан) // Тр. Ин-та зоологии АН КазССР. 1962. Т. 17. С. 167-182.

С е в е р ц о в С.А. Эволюция рогов некоторых парнокопытных как турнирного оружия в боях за самку // Проблемы экологии животных. М.: Изд-во АН СССР, 1951. Т. 1. С. 58-96.

С м и р н о в Е.Н. К вопросу об охране горала // Редкие виды млекопитающих фауны СССР и их охрана. М.: Наука, 1973. С. 141-143.

С м и р н о в М.Н. О вокальной деятельности косуль Западного Забайкалья // Тр. Бурят. ин-та естеств. наук Бурят. фил. СО АН СССР, сер. зоол. 1975. Вып. 13. С. 214-217.

С м и р н о в М.Н. Косуля в Западном Забайкалье. Новосибирск: Наука, 1978. 159 с.

С о к о л о в В.Е., В е р е щ а г и н Н.К., А б р а - м о в В.К., С а б л и н а Т.Е. Уточнение классификации редких и исчезающих видов млекопитающих СССР // Редкие виды млекопитающих и их охрана. М.: Наука, 1977. С. 16-18.

С о к о л о в В.Е. Редкие и исчезающие животные: Млекопитающие. М.: Высш. шк., 1986. 519 с.

С о к о л о в В.Е., Д а н и л к и н А.А. Маркировка территории самцами сибирской косули // Копытные фауны СССР. М.: Наука, 1975. С. 332-333.

С о к о л о в В.Е., Д а н и л к и н А.А. Кожный "щит" у самцов сибирской косули (Capreolus capreolus pygargus) // Зоол. журн. 1977а. Т. 56, вып. 3. С. 420-428.

С о к о л о в В.Е., Д а н и л к и н А.А. Запаховая сигнализация и обонятельное поведение копытных // Поведение млекопитающих. М.: Наука, 1977б. С. 107-123.

С о к о л о в В.Е., Д а н и л к и н А.А. Сибирская косуля. М.: Наука, 1981. 145 с.

С о к о л о в В.Е., П р и х о д ь к о В.И. Пищевое поведение кабарги // Копытные фауны СССР. М.: Наука, 1980. С. 315-316.

С о к о л о в В.Е., Ч е р н о в а О.Ф., В о л о ш и н а И.В., М ы с л е н к о в А.И. Зароговая железа амурского горала Nemorhaedus goral caudatus:Морфология и функциональное значение // Зоол. журн. 1982. Т. 61, вып. 10. С. 1576-1582.

С о к о л о в И.И. Опыт естественной классификации полорогих (Bovidae) // Тр. Зоол. ин-та. 1953. Т. 14. С. 5-334.

С о к о л о в И.И. Копытные звери (отряды   и М.; Л.: Изд-во АН СССР, 1959. 640 с.

С о л о м к и н а Н.В. Опыт вольерного содержания горалов // Природа. 1978. № 9. С. 90-93.

С о л о м к и н а Н.В. Искусственное вскармливание горалят // Редкие виды млекопитающих СССР и их охрана. М., 1983а. С. 207-209.

С о л о м к и н а Н.В. Питание вольерных горалов // Там же, 1983б. С. 209-210.

С о л о м к и н а Н.В.   О размножении горалов в неволе // Бюл. МОИП. Отд. биол. 1983. Т. 88, вып. 3. С. 21-26.

С т е п а н о в а К.Д., К а ч у р а Н.Н.   Кормовые угодья горала в урочище Абрек // Флора и растительность Дальнего Востока. Владивосток: Дальневост. фил. СО АН СССР, 1970. Вып. 1. С. 41-58.

Т и м о ф е е в а Е.К.   Лось: (Экология, распространение, хозяйственное значение). Л.: Изд-во ЛГУ, 1974. 168.

Т р е у с М.Ю.   Поведение антилопы канна в Аскании-Нова. М.: Наука, 1983. 88 с.

У с т и н о в С.К.   К биологии кабарги Прибайкалья и Забайкалья // Охотничье-промысловые виды. М.:Россельхозиздат, 1965. С. 82-92.

Ф е д о с е н к о А.К.   Поведение маралов (во время гона в Джунгарском Алатау // Поведение млекопитающих. М.: Наука, 1977. С. 124-134.

Ф и л ь В.И.   Экологические аспекты хозяйственного использования и охраны популяций снежного барана // Копытные фауны СССР. М.: Наука, 1975. С. 281-282.

Х а й н д Р.   Поведение животных. М.: Мир, 1975. 855 с.

Ш а у л ь с к а я Н.А.   Сезонные изменения поедаемости растений горалом в Сихотэ-Алинском заповеднике. Растит. ресурсы. 1980. Т. 16, вып. 2. С. 177-186: вып. 3 С. 374-388.

Ш о в е н Р.   Поведение животных. М.: Мир, 1972. 488 с.

Ш и л о в И.А.   О механизмах популяционного гомеостаза у животных // Успехи соврем. биологии. 1967. Т. 64, вып. 2. С. 333-351.

Ш и л о в И.А.   Соотношение пространственной и этологической структуры популяций позвоночных животных // Поведение животных.М Наука, 1972. С. 12-14.

Ш и л о в И.А.   Эколого-физиологические основы популяционных отношений у животных. М.: Изд-во МГУ, 1977. 261 с.

Ю р г е н с И.Д.   Популяция горала хребта Та-Чинджан // Тр. Сихотэ-Алинского гос. заповедника. 1963. Вып. 3. С. 283-297.

Я р о в И.И.   Изучение поведения мясо-шерстных овец в связи с задачей механизации и автоматизации кормления их в Центрально-Черноземной зоне // Поведение животных и проблема их одомашнивания. М.: Наука, 1969. С. 48-51. (Тр. МОИП; Т. 35.).

Я р о ш е н к о П.Д.   Геоботаника. М.: Просвещение, 1969. 220 с.

A k a s a k a T., M a r u y a m a N. Social organization and
    habitat use of Japanese serow in kasabori // J. Mammal. Soc.Japan.
    1977. Vol. 7, N 2. P. 87-102.

B a h a r a v D. Notes on the population structure and biomass of
    the mountain gazelle, Gazella gazella gazella // Isr. J. Zool.
    1974. Vol. 23, N 1. P. 39-44.

B e n z o n T.A., S m i t h R.F. Male dominance hierachies and
    their possible effects upon breeding in cheetahs Aciononys ju-
    batus // Int. Zoo Yearbook. 1974. Vol. 14. P. 174-179.

B e r g e r u d A. Rutting behaviour of Newfoundland caribou //
    IUCN Publs. N.S. 1974. Vol. 24/1. P. 395-435.

B e r n s t e i n I.S. Dominance, aggression and reproduction in
    primate societies // J. Theor. Biol. 1976. Vol. 60, N 2. P.459-
    474.

B l a h o u t M. Contribution to the ethology of Rupicapra rupi-
    capra // Activ. nerv. super. 1975. Vol. 17, N 1. P. 74.

B u e c h n e r H.K., R o t h H.D. The lek system in Unganda kob
    antelope // Amer. Zool. 1974. Vol. 14, N 1. P. 145-162.

B u r t W.H. Territoriality and home range concepts as applied to mammals // J. Mammal. 1943. Vol. 24. P. 346-352.

C h i l d G., R o b b e l H. The possible significance of "grass horning" by male lechwe // Mammalia. 1975. Vol. 39, N 4. P. 709-711.

C o u t u r i e r M.A.J. Le Bouquetin des Alpes. Grenoble, 1962. 1564 p.

D a r l i n g F.F. A herd of deer: a study in animal behaviour. London: Oxford Univ. Press,1956. 215 p.

D o b r o r u k a L.J. Breeding group of gorals Nemorhaedus goral at Prague Zoo // Int. Zoo Yearbook. 1968. Vol. 8. P. 143-145.

D o l a n J.M. Ye-Yang-The... The goral // Zoonooz. 1970. Vol.43, N 11. P. 4-5.

E l l e r m a n J.R., M o r r i s o n-S c o t t T.C.S. Check-list of Palearctic and Indian mammals 1758 to 1946. London: British Mus. of Nat. Hist, 1951. 810 p.

E s p m a r k Y. Social behaviour of roe deer at winter feeding stations // Appl. Anim. Ethol. 1974. N 1. P. 35-47.

E s t e s R.D. Social organization of the African Bovidae // IUCN Publs. N.S. 1974. Vol. 24/1. P. 166-205.

F l o w e r S. Contribution to our knowledge of the duration of life in vertebrate animals // Proc. Zool. Soc. London. 1981. Pt 1. P. 145-234.

G e i g e r C., K r ä m e r A. Rankorder of roe deer at artificial winter feeding sites in a Swiss hunting district // XI-th Inter. Congr. Game Biol.,Stockholm. 1973. Stockholm, 1974. P. 107-113.

G e i s t V. On the rutting behaviour of the mountain goat // J. Mammal. 1964. Vol. 45,N 4. P. 551-568.

G e i s t V. The evolution of horn-like organs // Behaviour. 1966. Vol. 27. P. 175-214.

G e i s t V. On the interrelation of external appearance, social behaviour and social structure of mountain sheep // Z. Tierpsychol. 1968. Vol. 25, N 2. P. 199-215.

G e i s t V. Mountain sheep. A study in behaviour and evolution. Chicago; London: Univ. Chicago Press, 1971. 383 p.

G r u b b P. Mating activity and social significance of rams in a feral sheep community // IUCN Publs. N.S. 1974. Vol. 24/1. P. 457-476.

H a m a H. Japanese serow in the wild // Wildlife. 1974. Vol.16, N 10. P. 452-458.

Hatlapa H.H. Zur biologichen Bedeutung des Präorbitalorgans beim Rotwild, Pragung, Individualgeruch, Orientierung // Berlin. und münchen. Tierarztl. Wochenschr. 1977. Bd. 90, N 5. S. 100-104.

H a y m a n R.W. The red goral of the north-east frontier region// Proc. Zool. Soc. London: 1961. Vol. 136, N 3. P. 317-325.

H e n d e r s o n R.E., O'G a r a B.W. Testicular development of the mountain goat // J. Wildlife Manag. 1978. Vol. 42, N 4. P. 921-922.

H e n r y B.A.M. Habitat use and home range of white-tailed deer in Point Pelee National Park, Ontario // Canad. Field-Natur. 1975. Vol.89, N 2. P. 179-181.

H e r a n I. To the method of studying the activity of large mammals in zoological gardens // Activ. nerv.super. 1975. Vol. 17, N 1. P. 77-78.

K o l a t a G.B. Primate behaviour: sex and the dominant male // Science. 1976. Vol. 191, N 4222. P. 55-56.

K o o p l J.W., S l a d e N.A., H o f f m a n n R.S. A biva-
riate home range model with possible applications to etholo-
gical data analysis // J. Mammal. 1975. Vol. 56, N 1. P.81-90.

K r ä m e r A. Soziale Organisation und Sozialverhalten einer
Gemspopulation der Alpen // Z. Tierpsychol. 1969. Bd. 26.
S. 889-964.

L e n t P.C. Mother-infant relationships in Ungulate // IUCN
Publs. N.S. 1974. Vol. 24/1. P. 14-55.

L e u t h o l d W. Beobachtungen zum Jugendverhalten der Kob-
Antilopen // Z. Säugetierk. 1967. Bd. 32. S. 59-62.

L o t t D.E. Sexual and aggressive behaviour of American bison
(Bison bison) // IUCN Publs. N.S. 1974. Vol. 24/1. P. 382-394.

L y d e k k e r R. Catalogue of the ungulate mammals in the
British Museum Natural History. L., 1913. Vol. 1. 249 p.

M a g n u s s o n W.E., C a u g h l e y G.J., G r i g g G.G.
A double-survey estimate of population size from incomplete
counts // J. Wildlife Manag. 1978. Vol. 42, N 1. P. 174-176.

M ü l l e r-S c h w a r z e D., K ä l l q u i s t L., M o s s-
i n g T. et al. Responses of reindeer to interdigital sec-
retions of conspecifics // J. Chem. Ecol. 1978. Vol. 4, N 3.
P. 325-335.

P a r k e r G.A., P e a r s o n R.G. A possible origin and
adaptive significance of the mounting behaviour shown female
mammals in oestrus // J. Natur. Hist. 1976. Vol. 10, N 3.
P. 241-245.

S c h a f f e r I. Die Hautdrüsenorgane der Säugetiere. Berlin;
Wien: Urban & Schwarzenberg, 1940. 364 S.

S c h a l l e r G.B. Observations on Himalayan tahr (Hemivragus jem-
lahicus)//J.Bombay Natur. Hist. Soc. 1973. Vol. 70, N 1. P. 1-24.

S c h a l l e r G.B., M i r z a Z.B. On the behaviour of Punjab
urial (Ovis orientalis punjabiesis) // IUCN Publs. N.S. 1974.
Vol. 24/1. P. 306-323.

S i m p s o n G.C. The principles of classification and a classi-
fication of mammals // Bull. Amer. Mus. Natur. Hist. 1945.
Vol. 85. 350 p.

S m i t h M., H a r r i s P.J., S t r a y e r F.F. Laboratory
method for the assessement of social dominance among captive
squirrel monkeys // Primates. 1977. Vol. 18, N 4. P. 977-984.

S m u t s G.L. Home range sizes for Burchell's zebra (Equus bur-
chelli antiquorum) from the Kruger National Park // Koedoe. 1975.
Vol. 18. P. 139-146.

T o p i n s k i P. The role of antlers in establishment of the red
deer herd hierarchy // Acta theriol. 1974. Vol. 19, N 26/33.
P. 509-511.

V o l f J. Some remarks on the taxonomy of the genus Nemorhaedus H.
Smith, 1827 (Bovidae: Rupicaprinae) // Vést. Cesk. spoléc. zool.
1976. Vol. 40, N 1. P. 75-80.

V o l f J. Die Zucht von Goralen (Genus Nemorhaedus Smith, 1827)
im Zoologischen Garten in Prag // Zool. Garten N.F. 1983. Bd.53,
N 3/5. S. 354-358.

W a l k e r E.P. Mammals of the world. Baltimore: Johns Hopkins
press, 1968. Vol. 2. 1500 p.

W a l t h e r F.R. Verhaltens studien an der Gattung Tragelaphus
Blainwille (1816) in Gefangenschaft unter besonderer Derück-
sichtigung des Sozialverhaltens // Z. Tierpsychol. 1964. Bd. 21,
N 4. S. 393-467.

W a l t h e r F.R. Verhalten der Gazellen // Die Neue Brehm Büche-
rei. 1968. N 373. 144 S.

W a l t h e r F.R. Mapping the structure and the marking system of a territory of the Thompson's gazelle // East Afr. Wildlife J. 1978a. Vol. 16, N 3. P. 167-176.

W a l t h e r F.R. Forms of aggression in Thompson's gazelle: their situational motivation and their relative frequency in different sex, age and social classes // Z. Tierpsychol. 1978b. Vol. 47, N 2. P. 113-172.

W a l t h e r F.R. Das Verhalten der Hornträger (Bovidae) // Handb. Zool. 1979. Bd. 8, N 54. S. 1-184.

W y n n e-E d w a r d s V.C. Animal dispersion in relation to social behaviour. N.Y., 1962. 653 p.

Y a h n e r R.H. Temporal patterns in male mating behaviour of captive Reeve's munjac (Muntjacus reevesi) // J. Mammal. 1979. Vol. 60, N 3. P. 560-567.

아무르산양
논문 선집 편

본 논문집은 아무르산양의 형태, 생리, 생태, 습성 등을 전반적으로 서술하였으며 그들이 서식하고 있는 산림생태계의 특징도 같이 소개하였다.

산양 연구는 자연 상태에서 직접 진행하였고 동시에 동물원과 유사한 조건으로 라조브 자연보호구 내의 작은 우리의 최대한 자연 상태에 근접한 조건하에서 사육하였다. 그리고 시호테알린 보호구 사육장에서는 겨울에만 먹이를 주어 사육하면서 보충 연구를 하였다.

산양의 개체군 개체수는 많지 않지만 최근 40～50년 동안 비교적 안정된 상태를 유지하고 있다. 산양은 좁고 특수한 생태적 지위를 가지고 있으며 적색목록서의 제3부속서에 기록되어 있다.

과학 논문 편집원 생물학부 박사 알렉산더 미슬렌코프

머리말

　본 논문집은 러시아 희귀종인-아무르산양의 두 번째 저서이다(첫 번째 저서는 1989년에 발표한 "아무르산양의 생태학 및 행동학"이다. 저자는 A. I. Myslenkov와 I. V. Voloshina이며 모스크바 과학출판사에서 출판하였다). 본 논문집의 목적은 산양의 특징을 전반적으로 묘사하고 그들이 서식하고 있는 산림 생태계를 파악하는 동시에 산양의 형태, 생리, 생태와 습성 등 여러 면을 연구하고자 하는 데 있다. 여러 저자는 일찍부터 심혈을 기울여 아무르산양의 종 특징을 연구하는데에 힘썼으며, 그들의 개체군 개체수가 급속히 줄어들었음을 인지하여 이 종을 소련 적색 보고서에 기입시켰다.

　70년대 초, 적색 보고서 제1권을 준비할 때 산양은 러시아 우제목 동물의 대표종이지만 그에 대한 연구는 매우 미약했었다. 1976년에야 합법적인 연구 그룹이 설립되었다. 이 그룹은 라조브스키(V. V. Glebov, N. V. Solomkina)와 시호테알린(I. V. Voloshina, A. I. Myslenkov) 두 보호구의 전문가들로 구성되었다. 연구는 총 프로그램 "연해지구 산양 자원 보호의 과학적 기반"의 방침에 따랐고 산양의 생태학을 포함한 넓은 분야의 연구를 진행하였다.

　본 연구는 야생 산양 및 사육 산양을 관찰하여 수행되었다. N. V. Solomkina는 라조브 보호구에서 동물원과 비슷한 우리 속에서 산양의 생태를 연구하였다. 키브가(Kievka)촌락에 위치한 자그마한 우리 속에서 각종 먹이를 공급하며 연구하였다. I. V. Voloshina는 시호테알린 보호구 내에서 자연 상태와 거의 흡사한 조건하(사파리형)에서 산양의 상태를 관찰 연구하였다. 그 연구 장소는 산양이 분포한 서식지의 가장자리에 위치하였고 면적은 6ha에 달했으며 겨울에만 사료를 공급하였다. 이 두 가지 방법으로 산양의 사육 상태에 대한 적응성을 충분히 연구할 수 있었다.

　식물학자 N. A. Shaulskaya가 지적하듯이 산양의 서식지를 연구하는 것은 산양 종합 연구의 중요한 내용의 하나이다. 아브레크 산악지대의 식물 전반의 계통연구를 바탕으로 사료 식물, 채식지 분류 그리고 생물 생산량 측정 등의 분석을 통하여 이 지역의 고유 식물체계 속에서 산양이 어떤 식물자원의 어느 부분을 어느 때에 이용하는지를 파악할 수 있었다.

연해지구 범위 내 각 계절의 산양 서식 여부의 확정조사는 D. A. Nesterov가 기타 연구 조사팀 성원의 지도로 실시하였다. 이리하여 70년대 연해지구의 모든 산양 분포지를 전부 조사하였고 주요성과는 Voloshina 등(1977); Glebov(1981); Nesterov(1981,1985) 등에 의해 발표되었다. D. A. Nesterov는 수렵 전문 금지지역의 설치에 꾸준히 노력함과 동시에 산양에 대한 장기적인 야외 관찰을 지속해왔다.

A. I. Myslenkov는 아브레크 지역에서 생태적 적응성의 주요 지표인 개체군의 공간 구성, 사회 조직과 생태 특징의 변이계수 등을 연구하였다. 그 개체군에 대한 모니터링은 1973년에 시작되어 오늘날까지 지속되고 있다. V. V. Glebov는 라조브 보호구 내의 Tumanna와 Goral 야산지대에서 유사한 연구를 장기적으로 진행하였다. 80년대에 들어서면서 연구 그룹은 점차 사라지고 지금은 N. V. Solomkina와 A. I. Myslenkov 둘만이 연구를 계속하고 있는 상황이다. 이들의 종합 연구 결과는 이미 논문으로 발표된 것이 70편이 넘는다. 그러나 산양의 전문 논문집은 이번이 처음 발표되는 것이다.

산양 서식지와 그 분포면적에 대한 연구는 I. V. Voloshina, A. I. Nesterov의 두 논문에서 찾아볼 수 있었으며 산양의 분포권 구조는 반점을 이루었다. 이는 그들의 서식지 자체의 분포 위치가 분산되어 있는 것과 관련된다. 연해 지역에는 바위가 많은 지역이 넓지 않기 때문에 산양의 개체수도 많지 않다. 산양의 생태 연구 중 영양 차원에서의 연구는 N. A. Shaulskaya의 논문에서 볼 수 있다. 물론 산양의 먹이 선택과 식물의 영양이 풍부한 주요 부분을 이용하는 데 뛰어난 능력을 갖추고 있다는 것에 대한 증거가 아직은 불충분하다. 아브레크 지역의 서식지는 생물다양성이 높으므로 이곳에서는 먹이 자원이 산양 분포의 제한요소로 간주되지 않는다.

산양의 일일 활동 특징은 그가 처한 환경의 생물, 무생물 요소와 동물의 생리 상황과 연관된다. 이에 대한 연구는 I. V. Voloshina, A. I. Myslenkov와 T. V. Obvertkina의 논문에서 찾아볼 수 있다.

지금 러시아 산양의 지역적인 개체군이 상대적 안정을 유지한다고 알려져 있지만, 현재 세계 환경은 급속하게 변화하고 있는 실정이며 산양 개체군 개체수의 감소 위험은 보다 심각하다는 것을 명심해야 한다. 현재 시호테알린 자연보호구의 산양들은 보호지역 내 관리인에게 익숙해진 것을 볼 수 있다. 그래서 우리는 산양과 그들의 서식지에 아주 가깝게 접근하여 연구, 관찰할 수 있었다. 그러나 이로 인해 밀렵꾼들에 의한 사망률이 증가되고 그래서 산양이 서식지를 떠나지 않을까 염려된다.

이러한 경우 차후 야생에 방사할 산양을 번식시킬 때 반야생사육 방법에 의거한다면 방사 후(**서식지조성 및 모니터링**)가 염려되는 것이다. 재도입 작업의 이론과 실천적 문제는 I. V. Voloshina와 A. I. Myslenkov의 논문에서 찾아볼 수 있다.

재도입을 위한 산양의 사육 사업은 질병문제를 논하지 않을 수 없다. I. V. Voloshina와 N. V. Solomkina의 논문에는 산양의 성장 번식 문제가 제기되었고 야생상태와 사육장 내에서 나타난 질병과 그 치료문제도 종합적으로 서술하였다. 병원균과 종 구성 두 관점에서 산양의 체내 기생충을 검사 및 동정하였다. I. V. Voloshina와 A. V. Krustalev의 논문은 실제적으로 중요한 의의를 가진다. 왜냐하면 사육 과정에서 몇몇 체내 기생충은 죽음을 초래하는 직접적인 원인이 되기 때문이다. 야생에서도 기생충은 동물과 가축에게 각종 질병을 일으킬 수 있다.

아무르산양의 형태학에 대한 연구는 여전히 미약한 상태다. 차후의 연구를 감안하여 생태학자 V. E. Sokolov와 O. F. Chernova의 피부선체와 모피층 연구 내용을 본 논문집에 첨부하였다. 발굽선체와 뿔선체의 특징도 묘사했으며 털의 길이와 1㎠ 내의 밀도도 함께 측정 기재하였다.

A. I. Myslenkov , I. V. Voloshina

Ⅰ. 러시아 연해지구의 산양 분포

D. A. Nesterov

시호테알린 지역의 산양 분포권의 형성을 설명하려면 당연히 그의 고생물학(화석) 역사를 돌이켜 보아야 할 것이다. 1972년 E. N. Matyushkin은 기본적인 동물지리학 연구를 마친 후 지적하기를 산양(*Nemorhaedus caudatus* M. E., 1867)과 꽃사슴(*Cervus nippon* Temminck)은 고대 극지 남부 동물상의 구성원으로 그 자연적 기원은 동아시아와 지리적으로 연관된다. *Nemorhaedus* 속의 형성은 신생대 제3기 최초에 일어났다(Sokolov, 1959). 신생대 말기에서 현세기로 넘어올 때 산양은 기타 산림성 포유류와 함께 서유럽을 포함한 넓은 아시아 대륙을 넘어 광활한 분포지를 갖게 되었다(Vereschagin, Baryshnikov, 1977). 제일 처음 발견된 산양화석은 1966년이었고 지점은 바르지란스키강 유역의 빙하시기에 형성된 노출층(노출된 표층, 동굴의 입구가 거의 지표면에 있는) 동굴에서였다. 이것은 연해지구 남쪽 부분이 원시시대의 산양 서식지였음을 확증해준다(Vereschagin, Ovodov, 1968; Vereschagin, Gromov, 1976). 아울러 산양은 추위와 얼음이 덮인 산악지대에 적응한 고로종(古老種)(유전적으로 쇠퇴하는 종, 원시적인 형태인데 그 시기에 같이 있던 다른 종은 사라지고 남은 종. 예) 은행나무)으로 지금까지 원래의 지역적 분포지를 유지하고 있다는 결론을 내릴 수 있다. 실제로 시호테알린의 남쪽 부분은 지금까지도 높은 산맥이 이어지고 신생대 말기까지도 심한 빙하가 침습하지 않았으며 현세기에 들어서면서 그 자연지대 가장자리가 남쪽으로 이동하기 시작했다(Kurentsov, 1965). 고려해야 할 점은 기후변화의 작용 하에 자연지대의 가장자리가 변화하고 산맥이 높아지거나 그 생물지리지대의 발전으로 새로운 경계선이 형성될 수 있지만 그전에 일어났던 생물지리학적 변화흔적은 생태 밑층의 일정한 지역 내에서 찾아볼 수 있다는 것이다. 그 후에 일어난 생물지리학적 변화는 식물 분포권의 중심부에서 찾아볼 수 있다(Kurentsova, 1973).

이렇게 빙하기 말기에 일어난 급속한 온도 변화의 반복과정과 잇달아 발생한 습도의 변화와 지형의 교체 영향에 의해 산양은 시호테알린 지역과 기원·발생지인 만주지역에서 줄곧 살아오면서 진화해 왔다. 이는 객관적으로 산양이 고도에 적응성을 가진 종임을 증명해주고 현재 분포지가 어떻게 만주식물분포상의 북쪽 외곽까지 다가왔는지를 말해준다.

러시아 극동지구 남부의 산양 분포지는 독립적인 3개 지역으로 나누어진다. 그중 첫 번째는 가장 남쪽의 쵸르네이스갈 지역과 국경산맥지구, 두 번째는 시호테알린 산맥, 세 번째는 소힌간스끼 산맥의 동북부지맥 지구이다. 마지막 지역-소힌간스끼 산맥의 동북부 지맥 지구-의 산양은 오래전에 사라진 것으로 알려졌으나(Sokolov, 1959: Kebtner 등, 1961) 1980년부터는 지역 주민이 다시 자주 산양을 볼 수 있게 되었고 산양이 가끔 나타난 지역은 아무르 강 연안 바위가 많은 지역뿐만 아니라 오브루치-비로비잔의 철도선 북쪽 지구에까지 이르렀다.

아무르 강 좌측 연안의 산양 분포는 오래전부터 유지해온 것이다. 산양이 이곳에서 지금까지 존재해올 수 있었던 것은 이웃 중국지역에서 독립 개체들이 가끔 이동해 왔기 때문이다. 현재 국경지대 산맥과 쵸르네이스갈 산악지대에서도 이와 비슷한 외부 이동 개체에 의해 생존하는 작은 산양그룹이 발견되곤 한다. 이 세 곳의 산양 분포구는 지형상 산맥을 통해 중국 동북 산악지구와 서로 연결되어 있다. 시호테알린 산악지구와 그 주위의 넓은 저지대 평원을 연결시키는 다리 작용을 하는 것은 완달(完達)과 노예링(老爺峻) 두 산맥이다. 이 두 산맥은 좁은 산악지대로 중국 동북지대의 우수리 강과 비낀 강 하류 입구 유역까지 뻗어 간다. 문헌에는 흔히 옛 이름인 "하단 하다 알렌', 그리고 "겐데이 알렌' 등으로 표기된다. Baikov(1915)가 20세기 초에는 그곳의 산양분포 밀도가 매우 높았다고 기록하였다. 시호테알린 개체군과 산양의 지리적 분포권과의 이런 역사적 이동성 연결은 아주 중요한 것으로 최근에 이르기까지 계속 이어지고 있다고 볼 수 있다.

종의 현재 분포를 연구함으로써 분포권의 복귀경계선을 명확히 할 수 있다. Sokolov(1959), Heptner 등(1961), Bromley 등(1978)은 다른 저자들의 아무르 우수리 지역의 초기 연구 자료를 이용하여 산양의 분포 상황을 분석했다. 그러나 시호테알린 지역의 산양 복귀 분포권의 북쪽 경계선의 확정에는 논쟁이 있다. Heptner 등(1961)은 그 경계선이 아무르 입구의 고지대 부근과 아무르 간석지까지 도달했다고 주장한다. 이에 대해 Bromley 등(1978)은 의문을 제기했다. 그 이유는 아무르 간석지 주변의 험준하고 눈 덮인 환경조건과 전형적인 북방 식물상은 산양의 생태요구와 부합되지 않기 때문이다. Sokolov(1959)는 19세기 기지(Kizi)호와 아무르 강 입구에 존재하는 두 산양 개체군은 서로 500~600㎞ 떨어져 있고 북쪽의 소흥안령과 시호테알린 주변 지역과도 역시 500~600㎞ 떨어져 있어 더욱 납득이 되지 않는다고 지적하였다.

산양의 고대 분포 특징은 머지않아 화석자료의 발굴로 더욱 명확해질 것이다. 그러나 만약 객관적인 몇몇 증거가 명확한 증거가 된다 하여도 산양의 최대 분포권의 북쪽 경계 선은 역사적으로 최고 50° 30′ - 51°(북위)를 넘어서지 못하였을 것이다. 만약 그렇지 않 다면 산양의 분포권을 더 북쪽으로 확대하여 멧돼지와 말사슴(북위 51° 40′)보다 더 북 쪽으로 분포한다는 것인데 이것은 믿을 수 없는 일이다. 그러나 실제적으로 소흥안령지구 의 산양 분포 한계선은 남으로 뻗어 갔는데 지형제한으로 인해 산양은 더 이상 북쪽의 부 레인스끼 산맥을 넘지 못했다. 산악지대에는 흔히 눈이 모자이크식으로 이곳저곳에 아주 두텁게 쌓이는데, 이렇게 되면 멧돼지와 말사슴은 먼 거리를 이동해 눈이 적은 채식지를 찾는다. 조건에 따라 다르겠지만 가을철의 이동을 제외하고 산양은 거의 고정된 서식지를 가지고 있다. 이것은 젊은 개체들이 가지고 있는 주요 특성의 하나이다. 17세의 연령으로 구성된 그룹이 단 한 번 눈이 많이 쌓인 별리 산맥의 서쪽 경사면에서 채식하고 있는 것 이 관찰되었다. 그때 서쪽 경사면의 눈 두께는 50㎝에 달했고 동쪽 경사면에는 눈이 적게 쌓여 있었다. 청문 조사에 의하면 이곳에서도 첫눈이 오면 산양 개체군은 서식지를 옮겨 바닷가에서 제르가리나야 강과 아와쿠모브까 강의 계곡을 따라 산 위로 올라가는 상대적 이동이 관찰되곤 했다고 한다. 그러나 이와 유사한 계절적 이동은 일정 시기에 한 번 발 생하고 상대적 이동거리는 많이 연장되어 50~70㎞에까지 달하기도 한다.

그러나 산양의 분포권 한계선의 형성은 적어도 기타 3종의 우제목 동물과는 완전히 반 대되는 상황이 관찰되었다. 이는 활엽수림과 활엽침엽 혼효림의 형성과 생태적으로 밀접 한 관련이 있다. 시베리아 삼나무는 우선적으로 이런 산림지방에 정착한다. 산양은 여러 종류의 식물을 먹이로 이용하기 때문에 그들의 분포도 극동지구(만주)의 식물종 구성이 풍 부한 삼나무 혼효림이나 참나무림의 군락분포와 일치된다. 이 지방의 삼나무림에는 400종 이상의 고등 유관속 식물이 분포하고 있다(Flyagina, 1982). 그중 침엽수림 군락의 오호츠 크형 산림이 제일 빈약하다.

보다 상세한 산양의 먹이 목록 중 시호테알린 중부산맥의 계곡지대에 분포하는 종만도 268종에 달하고 그중 16종은 산양의 기본 먹이식물에 속한다(Shaulskaya, 1980). 바닷가 에서 멀리 떨어진 참나무숲, 삼나무, 전나무숲 속의 이용 가능한 먹이의 모든 수확량을 계산 비교 연구한 결과, 산양이 가장 즐기는 먹이인 참나무는 언제나 한정된 지역에만 분포해 있었다.

시호테알린 산맥 북부지대의 참나무숲의 식물종은 117종이었는데(Dylis Vipper, 1953), 그중 48종(41.1%)이 산양의 먹이와 관련된다. 그중 8종은 산양이 제일 즐기는 먹이이다. 삼나무·활엽혼효림 속의 식물종 구성은 205종, 그중 54종(26.3%)은 산양이 먹을 수 있는 식물이다(Soloviev, 1958). 여기서 추가된 6종의(54-48=6) 먹이식물은 시호테알린 산맥 동쪽 비탈의 삼림층 구성종과 일치한다(Kolesnikov, 1938). 구성종 313종 중 산양이 이용할 수 있는 종은 80종(25.6%)이다. 시호테알린 산맥의 북부 전나무 인공림에는 64종으로 만주지역 식물종을 더 풍부히 증가시켰다. 그중 23종(34.3%)은 산양의 먹이로 이용된다. 마지막으로, 오호츠크형 전나무숲의 구성종은 39종(저자가 본문에서 처음 인용)으로 그중 산양이 먹이로 이용할 수 있는 종은 단지 5종(13.1%)뿐이다.[1] 산양이 먹이로 이용할 수 있는 식물종 수가 삼나무 활엽혼효림의 총 분포종수 중의 비율은 높지 않으나 이런 비율은 비교적 안정된 수치라고(25.6～26.3%) 볼 수 있고, 그 비율에도 약 80종의 식물이 산양의 먹이식물로 이용되고 있다.

시호테알린 북부지역의 시베리아 삼나무가 중부와 남부지역에서 이미 사라진 몇 아종을 대표한다는 것은 사실이지만, 북부 주변지역의 식물상 분포는 가장 풍부하여, 한 유형의 삼림일지라도 30～40종의 교목(뿌리에서부터 한줄기로 자라는)과 관목(뿌리에서 여러 줄기로 자람)이 여러 변종을 가지고 있다. 시베리아 삼나무는 보다 좋은 기후조건과 토양 조건에 적응한 종이기 때문에 북쪽으로 갈수록 그 분포가 점차 제한을 받아 남쪽 경사면의 적합한 조건을 갖춘 곳에서만 자리를 잡을 수 있다. 시호테알린 산맥 북부지방의 식생층은 언제나 전나무 숲으로 전환되어 하층 식물상이 빈약해진다. 심지어 관목과 풀, 그리고 모든 삼림 하층 식물이 거의 다 사라진다. 이로 인해 오호츠크형의 전나무 숲의 식물상 복합체는 특히 성숙단계에 들면 생태적으로 산양에게 더욱 적합하지 않다. 그러나 전나무숲의 과도적 그룹이나 뚜렷한 남부식생의 특성을 지닌 전나무숲은 만주식물상 중 아주 넓은 정착성으로 예외가 있을 수 있다. 이 전나무숲은 북쪽으로 뻗어 가면서 그 분포지가 줄어들었고 시호테알린 지역 외 기지호수의 위치에 해당한 위도까지, 즉 북위 51° 40′까지 분포한다. 시호테알린 대륙 부분의 삼나무숲은 남쪽으로 뻗어 약 북위 51° 선에서 끝난다(Kolesnikov, 1954). 동시에 그들의 분포는 이곳 남부 산기슭의 좁은 지역에

---

1) 산양의 먹이가 되는 종을 이런 방법으로 비교하는 것은 부정확하다고 본다. 산양은 서식지 삼림유형에 따라 같지 않은 먹이을 선택하기 때문이다.<편집자 주>

만 국한된다.

이상 서술에서 추측할 수 있듯이 사슴, 멧돼지, 그리고 산양 역시 시호테알린지역의 만주형 산림의 북쪽 외곽까지 그들의 분포지를 넓혔다. Heptner(1961)가 지적하듯이 멧돼지와 사슴의 분포도 북위 51° 40´를 넘지 못했다. 산양의 분포는 고산바위지형과 긴밀히 연계되기 때문에 이곳에도 어떤 부차적인 천연적 장애지형이 있을 것이다.

아무르 강 계곡을 따라 뻗은 우데리끼진스키 평원은 기지 호숫가 지역에서 기지 산맥에 의해 분할되지만 해안가를 향해 뻗어 있다. 이 지역에서부터 설원(雪原)기후 영향이 증가하기 시작하는데, 이로 인해 우데리끼진스키 평야지대에서 북쪽으로 적설량이 증가하면서 고산지대에서 최고치에 달했고, 조금 남쪽의 비교적 낮은 야산지대에서는 그 수치가 10~20㎝에 달했다(『소련 기후학』, 1968).

식물분포도(소련 산림 분포도, 1973; 소련 약용 식물 자원 분포도, 1983)를 보면 알 수 있듯이 시호테알린 북부지역의 침엽활엽수림과 활엽수림의 분포 지대는 북위 50° 20´에서 끝났지만 단편화된 그룹은 51° 40´(북위)까지 침입하고 있다. 그리고 타이가침엽수림, 낙엽송수림은 동시베리아의 지리적 특징 산림으로 돌산지대 자작나무와 더불어 북쪽으로 깊이 뻗어 갔다. 시호테알린 동부 지역의 활엽수림(신갈나무가 우세종)과 침엽활엽수림(삼나무가 우세종)은 해안가에 밀착해 있다. 그러나 남쪽으로 조금 못 가서 사수노와 곶 지역에서 갑자기 끊어진 듯 사라진다(약 북위 46° 40´). 개별적으로 격리된 삼나무 군집은 강의 골짜기를 따라 해안가까지 뻗어 북위 49°에 달하고(Kolesnikov, 1954), 둠바 강(아무르 강 지류) 연안까지 침입하여 그곳에서 작은 군집을 형성했다.

1920년부터 모은 여러 청문자료를 분석한 결과(Bromley 등, 1938), 먼 옛날(구체적인 연도는 잘 모르겠음) 산양은 호르 강 상류지대와 둠닌 강 유역의 다소 남쪽인 북위 50°의 아이챠 산에도 분포했음을 알 수 있다. 이 두 지역은 넓은 낙엽송 군집 속에 속해 있다. 그러나 지리학적으로 볼 때 그들의 분포 한계는 시베리아 삼나무가 자랄 수 있는 곳과 일치하였다.

다시 말해, 과거의 이 두 산양 분포지는 종 분포의 북쪽 가장자리로써 지리분포대를 멀리 떠나 북쪽으로 꽤 깊숙이 들어왔던 것이 틀림없다. 둠닌 강 계곡을 따라 이동한 산양은 시호테알린산맥의 분수령을 따라 줄곧 서쪽 산기슭까지 달했던 것이다.

Emelyanov(1927)가 진행한 둠닌 강 유역에 인접한 뽀트챠 강과 고바 강(보다 남쪽에 위치) 양안의 식물상 연구와 그곳의 소수민족인 오른촌인의 청문조사에 의하면 이곳에는 산양이 발견된 적이 전혀 없었다고 한다. 현지 주민은 말사슴과 꽃사슴을 잘 구별했으며 이들(말사슴, 꽃사슴)이 분포했음을 확신했다. 그러나 지방동물지에는 이 두 종의 기록이 없었다.

이것으로 볼 때, 과거에도 북쪽 지구에는 산양의 서식이 거의 없었음을 알 수 있고 본 종의 분포는 북위 50°~50° 30′을 넘어서지 못했음을 확신할 수 있다. 기타 자료도 이것을 증명해 주고 있다. 육안으로 직접 관찰된 산양 서식지와 소흥안령지구에서 직접 사냥 된 산양 개체를 볼 때, 19세기 중기부터 산양분포(Zolotarev, 1936; Rakov, 1981; Dunishenko, 1983; Heptner, 1961)는 시호테알린과 극동지구(만주)의 삼나무 활엽수림과 참나무 숲의 주요 구성요소인 고산 활엽수림과 침-활혼효림의 국부적인 분포(N 49° 10′)와 관련되는 것을 알 수 있다(Kolesnikov, 1961).

반드시 지적해야 할 점은 12~19세기 동안 대기 온도가 최대로 떨어지면서 극동지구의 만주 식물 분포권은 현재와 같이 줄어들었다는 것이다(Kurentsov, 1960). 즉 산양의 북쪽 분포한계선의 변화는 전체적으로 남쪽으로 퇴각하는 추세를 보여준다. 때문에 산양의 분포권에도 자연적인 파동은 있겠지만 최근 수백 년 동안에는 그 경계선이 침-활혼효림의 경계선을 넘지 못했을 것이다.

Arseniev(1914: 1961)의 일부자료, 즉 1906년에 발표한 20세기 초 시호테알린 지구 산양의 북쪽 분포 경계선을 언급하는 논문에도 산양은 이만 강(큰 우수리 강)까지 분포하여 해안선의 제르네이해안까지 포함된다고 하였다. 만약 이 결론의 신빙성을 인정한다면 산양의 분포는 19~20세기 과도기에 그리 길지 않은 시간 내에 북부지역에서 심각하게 줄어든 것으로 보인다. 최근 30년 이내에 산양의 분포한계선은 20세기 초반에 비해 북쪽으로 다시 이동하여 비낀 강 유역에까지 이르렀다(Zolotarev, 1936; Abramov, 1939). 동시에 호르 강(추킨 강) 중류지대까지 달하였다. 시간적으로 보아 이것 역시 비슷한 시기에 일어난 일이라고 볼 수 있다(Dunishenko, 1983). 해안가 산양분포 북부경계선은 차이온 강, 즉 N 46° 부근이다(Abramov, 1939). Bromley 등(1978)의 청문조사 자료에 의하면 과거 산양이 분포한 지역은 보다 북측의 해변절벽지대 북위 46° 25′로 소스노와 곳에서 조금 남쪽이다. 20세기 30년대 초반에도 산양은 큰 우수리 강 중류 지역, 코룸바와 딸리나야 두 지류의 중간지역에서 직접 관찰된 바 있다. 그러나 그 후 1947년에 실행된 지역적 조사에 의하면 산양은 이미 그 지역에서 사라져 버렸다(Bromley 등, 1978).

현재(1975～1985년), 해안가의 산양분포는 베르킨나 곶(N 45° 50´)까지 달하는데 해안가의 절벽지대에서 한 무리에 4～5마리가 함께 생활하는 흔적이 발견되었다. 암기마을의 한 주민인 추레이모브는 1975년도에 이곳에서 3마리로 구성된 한 무리를 목격한 적이 있었다. 비공식 조사 자료이지만 80년대 암기강 삼나무 계곡지대에서도 1～2마리의 산양이 포획되었다. 그 지점은 바닷가에서 수십 ㎞ 떨어진 곳이었다.

종의 분포권을 연구시각에서 볼 때, 산양의 시호테알린 지역에서의 북쪽 분포경계선은 기랴크 곶(N 46° 50´) 지대를 넘지 못한 듯하다. 그 이유는 아래와 같다.

침식된 동해의 해안선이 아주 중요한 원인 중의 하나이다. 연해지구의 북쪽 해안가는 침엽수 타이가림과 인접해 있다. 이것이 산양분포에 특수한 교량작용이 되어 해안가로부터 산양의 분포를 계곡상류까지 끌어올릴 수 있었던 것이다. 예로, 막시모브까와 암기강 계곡의 양쪽 산비탈은 거의 다 침활혼효림으로 덮여 있고 그 주위의 넓은 공간은 모두 전나무 숲이고, 그 속에 낙엽송 또는 흰 자작나무가 섞여 있다. 이로 인해 산양은 시호테알린 산맥의 해안가를 따라 강 상류지대까지 이동할 수 있었다. 이 이동루트는 당시 한 늙은 사냥꾼이 30년대에 발견하였다(Bromley 외, 1978). 실제 상황을 보더라도 마카 산(해발 900m)과 비아마산(해발 760m)을 이어가는 산맥은 고도차가 그리 높지 않아 산양이 쉽게 지나다닐 수 있었으며 그곳의 식물상 역시 산양이 분포하는 고산지대의 식물상과 커다란 차이가 없었다.

고산 참나무 활엽수림과 침활엽혼효림은 산양의 분포와 생태적 상관성이 존재한다. 이 삼림은 연해지구 북쪽으로 뻗어나가면서 소수노와 곶에 도달하여 점차 줄어든다. Kolesnikov(1961)가 지적하듯이 고산 연해지구의 삼림은 바로 아무르 강 간석지와 따따르스키해협의 해안가에서부터 시작하여 남쪽으로 오호츠크 해 침엽림(타이가 숲) 분포지와 인접한다. 북쪽으로 멀리 소수노와 곶에서 기랴크 곶까지 약 40㎞의 해안가는 단조로운 침식경관으로 아주 험준하여 거의 수직을 이루는 절벽지대이다. 지형형태학적 관점으로 볼 때 이러한 지역은 산양서식에 그리 적합한 곳은 아니다. 기랴크 곶에서 조로또끼 곶까지 거리상 약 50㎞는 북연해지구의 해안가와 달리 절벽이 없다. 이는 대륙의 산맥과 지맥이 해안가까지 뻗었기 때문이다. 해안가의 이런 저지대 넓이는 5㎞에 달한다. 조르또이 곶(북위 47° 20´) 북부 해안절벽지역을 조사한 결과 산양이 서식할만한 곳은 전혀 없는 것으로 나타났다. 하지만 군데군데 침식된 해안가가 존재해 산양이 임시 서식할 수 있는 최소 해안가 지형 특징은 구비된 것이다. 또한 그곳에는 방풍용으로 낙엽송, 자작나무를 조림하여 새로운 침엽수 인공림을 조성하였다.

이렇게 시호테알린 동부지역의 산양 서식지는 국부적이나마 게랴크 곶의 북쪽 끝까지 뻗어 지리적 분포대의 북부 경계선을 이루고 있다.

현재(50~70년대) 시호테알린 지구의 산양분포지 서부경계선은 훨씬 더 북쪽으로 밀고 들어가 호르까펜 강, 추켄 강과 수크바이 강 중부유역의 좌측지구를 전부 차지한다. 이곳에서 산양은 여러 차례 포획되었고 1958년 10월에 10마리로 구성된 큰 무리도 관찰되었다(Dynishenko, 1983). 이 사실은 지금까지 알려지지 않았던 예로, 호르 강 유역의 산양 서식지는 서식지 복원 후에 다시 나타난 유일한 새로운 산양 서식지이다. 이 지역의 산양그룹이 비낀 강과 막시모부까 강의 상류를 거쳐 해안가까지 분포하는 그룹과 계절적인 이동을 통해 서로 간의 연결과 교류가 가능하다는 것을 알 수 있다.

결국, 현재 시호테알린 서부지역의 산양분포 북부경계선은 N 48°로 예상보다 2° 20´ 낮고 현재 동부지역의 북부경계선은 N 45° 50´으로 베르기나 곶까지도 예상보다(N 46° 50´)(끼랴크 곶) 1°가 낮은 것이다.

시호테알린 지역의 산양분포의 서부 경계선을 볼 때 사실상 산양의 분포가 더 확산되었다는 증거는 나타나지 않았다(Heptner 등, 1961), 즉 예전처럼 우수리 강 유역에 근접한 후, 시호테알린산맥을 횡단하지만 시니 산맥의 서부 산비탈을 넘어서지 못하고 있다. (더 이상 산양의 분포가 확산되지 않았다는 뜻) 시호테알린 분포지구의 서부 외곽 지대 산양 서식지 특징을 본다면 이곳에서 그룹을 형성하지 못하였거나, 과거에도 분포중심지 혹은 동부 외곽과 밀접한 연계가 없었던 것으로 판단된다(Nesterov, 1981). 산양이 가끔 관찰된 지점과 사체가 발견된 곳은 보통 돌이 많은 나지가 아니라 연해지구의 중등높이의 산지로써 서부지역에 많이 위치하고 있다. 그 위치는 대략 북위 44°에서 46° 사이이다. 발견된 두 서식지의 지형적 특징을 볼 때 하나는 지하야 강의 발원지인 바란 산에 위치했고(Bromley 등, 1978) 다른 하나는 담카 강의 발원지인 카바르카 산 서남 산비탈과 고라와체와 강의 동북 산비탈 사이에 있었다. 이 산맥과 산기슭 주변지역에는 수많은 활엽수종과 삼나무-전나무 활엽혼효림으로 덮여 있다. 고산침엽수 타이가림과 고산 툰드라 지대는 거의 없었으나 고산 경관의 하나인 바위 많은 지역의 노출지에 적응한 원시적 변종의 군락은 가끔 눈에 띄었다.

시호테알린 서남지구의 생물종 분포는 산의 주맥을 따른 산기슭을 통해 뻗어 갔다. 산양의 분포경계선은 크루크라야 산 호와로시아 부근으로(Bromley 등, 1978) 우수리스끼 자연보호구 내부에 속하는 아르제노브까 강 중부지역과(N 43° 30ʹ, E 132° 35ʹ) 즈메나야 산 윗부분에 위치한다. 이곳은 활엽수림과 삼나무-활엽혼효림이 우세하다. 그 특징은 산림의 수종구성이 다양하고 또한 그 속에도 남방종(음나무(*Kalopanax* sp.), 당단풍나무(*Acer pseudosieboldianum*), 다래(*Actinidia arguta*) 등)가 많이 섞여 있는 것이다.

전나무와 가문비나무림은 시호테알린 산맥의 남부지역에 밀집해 산꼭대기까지 분포한다. 이런 지역은 연해 서부 지역보다 바위로 노출된 지역이 많아 산 중턱과 기슭지역에 군데군데 흩어져 널리 분포한다. 이 지역의 기후와 지면 조건이 산양에게 충분히 적합함에도 불구하고 산양의 분포지는 60년대 초반부터 점차적으로 줄어들기 시작했다. 즉 산양의 분포지 외곽은 리와지 산맥에서 브레와리스키 산맥의 기슭을 거쳐 스모랴니노우-메리니까-세르끼브까로 일직선을 이루는 지역까지 줄어들었던 것이다(70년대 말기).

시호테알린 지역의 비교적 안정된 산양 분포지는 동해연안의 암석지대와 일치한다. 현재 산양의 해안가 서남 쪽 분포점은 끼에브까 산맥의 서남 4㎞쯤에 위치하는 라즈그라르스끼 곶(N 42° 48ʹ · E 133° 35ʹ)에 달한다. 1914년 이전 이 지역의 산양 분포지는 끼에브 산맥의 동쪽 외곽까지인 아스트노브니 곶까지 국한되었다(Bromley, 1963). 자노타야 또리나 마을에서 오래 거주한 브로하라신 등에 의하면, 20년대 후반부터 이곳에 4~5마리의 산양무리가 브란게리만 바위 해안가에서 자주 발견되었다 한다. 그러나 이 지역은 험준한 절벽이 많고 산림분포가 낮아 산양 서식지로 적합하지 않다. 전체적으로 이곳은 산양이 고정적으로 정착하여 살기에는 알맞지 않고 바위만 많을 뿐 산양 서식지의 은폐조건에도 부합되지 못하는 곳이다.

이것으로 볼 때, 산양이 살고 있는 남쪽 바위 지대는 50㎞가 줄어들어 20세기 초반의 해안가 분포 경계선으로 되돌아갔다. 지리학 연구자료에 의해 밝혀진 사실이지만 산양 분포지의 동부지역인 제르갈리나야와 루르나야 강 유역지대에서도 국부적인 감소추세가 나타났다. 이것은 이 지역 내의 공업발전으로 인한 인간사회활동의 증가, 연해지구의 인구밀도의 증가와 직접적인 관련이 있는 것이 틀림없다.

연해지구 서남 말단의 산양 분포는 타이빈린산맥까지로 시호테알린산지와 넓은 우수리

홍가리호 저습지로 나뉜다. 이 지역의 분포는 최근 30~40년 동안 별다른 변화가 일어나지 않았다(Abramov, 1939; Bromley 등, 1978). 4개 조사 지구 중 2개 지구는 산양의 서식지라는 것이 확증되었다(쵸르네이스갈의 보이마강 상류 지구와 암바 상류지구). 세 번째 분포 지구인 보그파니치산맥 감미사로브크 강의 발원지에서는 산양의 과거 활동 흔적만이 발견되었을 뿐이다. 그러나 이 역시 이전에 알려지지 않았던 사실이다. 산양의 거주흔적은 단 한 곳에서만 발견된 것이 아니라 문헌에 기재되지 않은 몇몇 새로운 분포지에서도 발견되었다. 그리고 크로우노브가 강 상류 지역에 있는 큰 무리의 산양 개체군은 40년대 말에 지나친 남획으로 완전히 사라졌다(크로우노브가촌의 산림간수 제럄고 개인통신). 연해 지구 서남부의 높은 산과 분수령의 정상부는 해발 600~800m까지 달하며, 국경지대에 놓인 제일 높은 고산지대를 포함한 산림 지대는 신갈나무(*Quercus mongolica*), 물박달나무(*Betula davurica*)와 소나무(*Pinus* sp.), 매실나무(*Armeniaca* sp.) 등으로 구성된 혼효림으로 덮여 있다. 그 외 침-활엽혼효림은 남부지방의 고산 정상지대와 경사면에는 많이 나타났지만 이곳에서는 거의 보이지 않았다(암바 강 상류). 그러나 남쪽으로 멀리 가면서 사라지는데 단지 보이마 강의 발원지 지역에만 조금 남아 있을 뿐이다. 이 두 강의 유역 고산 산지에는 여러 종으로 구성된 활엽수림으로 덮여 있다.

극동지구 남부의 산양 분포권은 형태상으로는 세 개 지역으로 나뉘었고 지형상으로는 서로 어느 정도 분리되어 고립된 지역으로 볼 수 있으나 동만주 산지의 여러 분포종과 직접적인 연관이 있다. 이 점은 역사적 관점으로 보나 현재 시점으로 볼 때도 틀림없는 사실이다. 소흥안령의 러시아 부분, 그리고 쵸르네이스갈과 국경지대의 산맥에도 역시 식물 종수가 극히 적고 그곳에 살고 있는 산양의 지역 개체군 간 의존관계도 그리 크지 않아 불안정한 상태일 것으로 예상된다. 이것은 시호테알린 지역의 생물 분포권의 구성과 특징, 그리고 기타 여러 분야와도 연관되는 복잡한 문제라고 볼 수 있다.

산양은 비교적 좁고도 특수한 고산 바위 환경에 적응한 종이라 할 수 있다. 시호테알린 지역의 산양 분포권도 연속된 공간과 바위 지역이 줄지어 있으며, 그 속에 산양이 존재하지 않는 지역도 포함되지만 그것은 계절적 특징 때문이거나 인간활동 영향의 증가가 주요 원인이다. Heptner(1936)는 본 예를 들어 '반점분포' 현상이라 해석하였다. 즉 한 종의 분포권 내부에 존재하는 '반점분포'는 균일하게 분포하지 않는다는 것이 아니라 그 분포현황이 종의 고유한 광역 분포성(광범위하게 분포하는 특성)과 관련된다는 것이다.

그러나 본 예로 볼 때 산양의 분포권은 고산지대를 에워싸고 있기 때문에 우선 눈에 띄는 공백 공간이 존재하는 것이다. 그리고 고산기후의 급격한 변화에 적응한 식물이 고산 지리적 분포를 이루고 있으며 형태상으로 특화한 고산 나지식물 등 원시종이 해발고도에 맞추어 자라고 있다.

극동지역 남부의 침-활엽혼효림과 활엽수림은 시호테알린 지역에서 광활한 수직분포지대를 형성한다. 시호테알린의 남부지역과 중부 부분적 지역에서 참나무와 삼나무림은 해발 600~800m 고산지대까지 올라간다(Zhudova, 1967; Shemetova, 1975; Flyagina, 1982). 물론 지형에 따라 절벽과 노출된 경사면 사이의 해발은 100~150m의 고도 차이가 있을 수 있다. 험준한 돌이 많은 남쪽 경사면에는 시베리아 삼나무가 해발 900m까지 올라간다(Kolesnikov, 1954). 홍가리 강 계곡의 북부지역에서도 참나무림은 기후의 등온선을 따라 발견되었으며 100~400m 높이의 산지에서만 폭넓게 분포한다(Dylis, Vipper, 1953). 해안가에서 북쪽으로 향하면서 침-활엽혼효림 속에서는 참나무 분포가 좁아지며 줄어들었다. 호르 강 상류지대에서 그 분포고도는 해발 평균 500m에 제한되어 있다. 이와 같이 홍가리 강 계곡의 삼나무는 오로지 400m 높이의 남쪽 경사면에서 드물게 자라면서 전나무림대에 끼어들었다. 또한 그 분포는 20-50-200-250m 간격으로 좁은 지대에 국한되어 있다(Man'ko, 1967; Dylis, Vipper, 1953).

시호테알린 산맥은 북북동방향으로 1,200㎞ 이상 뻗어 나간다. 그 넓이도 300㎞ 이상이다. 식물상 분포와 면적은 산지 높이와 그 지역의 우점종의 분포에 따라 달라진다. 시호테알린지대는 저지대와 중고산 식물상을 이룬다. 고산 고봉 식물상은 상대적으로 아주 적다. 중고산 식물상 계통은 800m 높이지만(Nikolskaya, 1982) 복잡한 산세와 정상에 각종 식물이 분포하는 시호테알린 중앙 지역은 식물상 계통 분포의 해발고도 위치가 평균 1,000~1,400m를 넘는다. 산봉우리의 경사도는 밋밋하나 큰 바위들이 산재하는 정상부의 특수한 식물상을 나타내는 지역의 높이는 1,855m까지(운산: 雲山) 달한다.

제일 높은 산림분포지대의 동쪽 부분은 우수리 강 유역의 산꼭대기 분수령에서 동해를 약간 지나 서쪽으로 치우친다. 대부분 분수령지대는 훨씬 높아 보통 강바닥에서 500~700m에 달하며 침엽수림과 시베리아 삼나무는 전나무와 가문비수림에 깊숙이 침입해 있었고 분지의 가장자리 저지대에 집중하여 군락을 이루기도 하였다. 산림분포지대의 서쪽은 약 N 49° 30´에 달하였고 산의 절대 높이는 2,077m(따르또끼-야니 산)에 도달하나 북쪽으로 가면서 점점 낮아진다.

이렇게 산양이 서식하는 식물상의 분포권은 복잡한 양상을 이루어 적은 비례 축적도에서는 표현하기 어려울 정도이다.

대체로 시호테알린 지구의 중앙 부분은 보통 길이가 500~600km, 넓이가 80~90km²이고 평균 해발고도는 800m 내외이다. 이에 따라 이곳 산양의 서식지 분포도 0~800m의 높이에 일정한 지역을 차지하고 있음을 확신할 수 있다. 시호테알린의 남부 지역, 동부, 그리고 서부 지역도 유사한 중고산지대를 이루고 있으며 가파른 절벽지대가 많지 않아 저산지 경관을 나타낸다. 오직 서부 끝만이 별다른 특징이 없다(시니 산맥).

연해지구의 지형은 서로 다른 식물상과 다양한 암석 절벽 형태를 보여준다. 시호테알린 산맥의 정상부는 독특한 영동층(永凍層)이 나타나는데, 그곳은 평평하고 넓은 바위판을 형성하고 풍화작용으로 크고 작은 표면이 흙에 덮여 있다. 동시에 언덕, 굴곡, 작은 분지모양으로 파인 지형도 나타났다. 산양의 서식지 공간도 해발고도에 상관없이 분포되고, 절벽과 암석이 많은 지대라 할지라도 산양이 분포하기에 알맞게 잘 배치되어 있어야만 산양의 분포가 이루어질 수 있다. Hugiakova(1972)의 자료에 의하면, 시호테알린 산지에도 1,200m 이상 높은 산 정상부 중앙지구에도 평평한 공간은 중심부에 제한적으로 존재하여 남부지역과는 전혀 다르다고 보고되어 있다.

산등성이에 이런 붕괴된 흙과 돌의 퇴적(기타 원인으로 형성)이 보이는가 하면 보다 낮은 지역에는 산림지대가 나타나지만 역시 산양의 생태 습성에 적합하지 않은 양지식물이 있다. 이는 결국 분포권 내의 고산 공간지대가 생긴 것이다. 그러나 국부적인 암석지대에도 습기가 있으므로(Nikolskaya, 1982) 산양의 분포는 조건에 따라 연장될 수 있었다. 이는 해안가의 절벽과 돌출부가 많은 국부적인 지형특성과 달리 풍화작용으로 형성한 오목한 곳, 바위 경사면의 침식지에 자란 양지식물이 작은 군락지를 이룬 곳, 그리고 가끔은 계곡에 형성된 고립된 돌산도 산양의 분포와 상관있는 듯하다. 다시 강조할 점은 고산지대에 나타난 분포 공간지는 어떤 외래종 식물이 특수한 식물상을 구성했거나 지형상 굴곡과 절벽이 많았기 때문이다. 이런 지역은 지형이 심히 분할된 지대에 많이 나타났고 북쪽으로 N 45°를 넘어서며 그 출현빈도가 증가했다.

한 종의 분포권 형성에는 기후 요소가 제일 큰 작용을 하고 있다고 말할 수 있으며 또한 기후는 그곳의 종합적인 조건하에 변화한다. 식물 형태의 변화는 기후와 미세기후 등 여러 요소의 영향하에 일어나는 것은 의심할 바 없는 사실이다. 결국 종의 분포는 그 서식지의 지형과 식생에 따르는 것이다.

산양의 분포에 지리적으로 배합되는 요소는 기후의 매개변수이다. 생태학자(Naumov, 1963; Odum, 1975)의 관점에 의하면 무기물 환경, 분포지 내부의 규칙적인 지리학적 변화도(이 요소는 본 예에서는 나타나지 않았지만) 중요한 것이다. 그리고 연강우량, 1월과 7월의 최저, 최고 평균 기온도 밀접히 관련된다.

「소련 기후 총람」 자료에 의하면, 지리적 작용이 연해지구의 온도변화에 끼치는 영향은 부차적인 요소로 나타나 있다. 그 특징은 추운 겨울에 특히 명확히 나타나고 온도변화는 그곳 계절풍과 크게 상관된다.

이와 같이 바와로트니 곶에서 조로트 곶까지의 해안가의 1월 평균기온은 -10℃~-13℃, 시호테알린의 동부 산기슭의 1월 평균 기온은 -17℃~-21℃로 서부 산지보다(-22℃~-26℃) 조금 높다. 이와 같이 보다 현저한 온도 차는 서부 경사면 산지와 해안선 지대에서 나타났다. 그리고 해안선 지구의 최저 절대 기온은 -34℃~-38℃이고 서부 산기슭 지역에서는 -51℃~-54℃이고 산등성에서는 -42℃~-44℃(겨울 기온 역전 결과로)이다. 7월의 평균 기온은 바와로트니 곶(+16℃)과 조로트이 곶(+13.6℃)에는 별 차이가 없다. 즉 동부 해안가의 절대 기온 차는 거의 없었다. 연해지구 대륙지역의(산지, 서부 산기슭) 제일 따뜻한 계절인 7월의 평균 기온은 20~21℃이고 해안가의 최고 기온은 8월부터 떨어지기 시작한다.

겨울철 저온은 산양에게 치명적인 영향을 주지 않는 것으로 추측된다. 1976년 1월, 관찰에 의하면(추구브스끼 강) 산양의 1일 운동 리듬은 정상적이었다. 그날 아침 기온은 -42℃로 내려갔고 거의 완전 무풍 상태였다. 중요한 점은 비교적 높은 겨울철 해안가 기온은 폭풍처럼 오는 서풍과 서북풍의 영향 때문이라는 것이다. 즉 이곳의 기후조건은 열악하며 변화가 많다.

연구지역의 연강우량은 서에서 동북 또는 동남쪽으로 500㎜에서 900㎜ 이상으로 증가하는 추세를 보인다. 연해지구 동남부 드리기도브까 강, 세레브랸까 강과 막시모브까 강 유역, 그리고 좌측 지류 할카헨(카팬, 츄켄) 유역의 연강우량은 더 많다. 다시 말해서 보다 습한 지역이 바로 산양 분포권의 북쪽 외곽이 되고 남쪽으로 갈수록 산양 밀도가 높아지는 것이다.

Tarankov(1974)의 리와지스끼 산맥 연해지구 남부지역 미세기후에 대한 상세한 종합연구 자료에 의하면 고산지대의 저지대(해발 약 800~900m)는 보다 온난한 기후이고 고지대는 좀 추운 기후이다. 연강우량은 고도가 100m 올라갈수록 60㎜씩 증가한다. 해발 800m까지는 기온 차이가 근소하지만 더 높아지면 급격히 변한다.

적설량은 우제목 동물의 생활에 커다란 영향을 끼친다고 알려져 있다(Formozov, 1946; Nasimovich, 1980). 특히 주기적으로 극단적인 수치에 도달하는 적설량은 모든 동물에게 결정적인 영향을 준다(Bromley, 1963). 때문에 해안가, 시호테알린 고산지구에 눈이 많이 쌓이는 해에는(40㎝ 이상) 산양은 극히 제한된 지역에 집중된다. 이 지역의 적설량은 기타 평평한 저지대(계곡 저지대, 낮은 산의 서북 면과 북경사면 지대)보다 3~4배나 높다. 험준하고(경사도 40~50°) 바위가 많고 기복이 심하지만 잔디가 다소 덮인 남부와, 비교적 평평한 동남부 지대는 2~4차례의 강설만 내려도 모든 지면이 눈으로 덮여 산양의 서식지는 30~50%가 상실되는 것이다. 해안가와 시호테알린의 서부 산기슭 지대도 마찬가지로 적설량이 많다.

산양과 멧돼지의 발바닥 압력 지수는(10.1) 서로 같아 적설지구를 통과하기 어렵다 (Bromley, Kucherenko, 1983). 그렇기 때문에 연해지구와 하바로브스끼 지역에서 멧돼지에 적합한 서식지는 산양이 찾는 서식지와 항상 중첩되며 언제나 눈이 많이 쌓인 곳을 피해 적설량이 50㎝ 이하(최대 평균치)인 좁은 변두리 지역에서 같이 서식하게 된다. 좀더 자세히 서식지에 대해 말하자면 삼나무-활엽혼효림 가장자리와 일치한다. 이와 같이 눈이 많이 쌓인 곳은 마소로브 곶(아브레크 지역)에서 둠니 강 하류지구까지의 해안가 지역인데 그곳의 산양은 눈이 많이 올 때마다 항상 둠니 강 남쪽에 위치한 사수노브 곶 지역으로 이동, 집중한다. 우수리 강 유역도 심한 눈이 끊임없이 이어져 적설량이 적은 몇 곳에서만 약 140~160일간 머물 수 있다. 해안가 역시 적설량이 우수리 지역과 비슷해 북쪽 둠니 강 유역까지 비슷한 양상을 보인다.

물론, 일련의 환경변화 요소 중 기후 조건은 중요한 요소이며, 그중 적설 상황이 가장 중요한 요소이다. 이는 생물 분포권 형성과정에서 결정적인 작용을 하고, 그다음으로 지형적 특징과 식물상이 중요하다. 적설층의 영향은 절대적인 작용과 동시에 여러 특성을 가지고 간접적으로 각 방면에 영향을 준다. 적설은 먹이 이용을 악화시키고 에너지 소모를 증가시키며, 강설 후 절벽에 떨어진 산양이 발견되기도 한다. 눈은 바위-산림, 바위-초지지역의 서식지 은폐 보호 작용을 떨어뜨린다. 특히 개활지에서는 산양의 이동이 더욱 뚜렷하게 나타난다. 그리고 눈은 위험할 때 속도와 이동거리를 줄게 만들어 도주하는데 방해요인이 된다. 또한 눈이 많은 조건에서 동물들은 부득이 제한된 장소의 작은 범위 내에 집중하게 되므로 각 서식지의 서식 밀도가 높아지면서 내부 종간의 경쟁을 치열하게 만든다.

한 종의 분포권 형성 원인을 총괄할 때 반드시 언급해야 할 점은 시호테알린 산맥의 동쪽 경사면, 특히 동남부 연해지구(나조브스끼, 오리낀스낀지구)의 산양밀도의 변화가 심하다는 점이다. 위 상황에서 서식지의 제일 중요한 요소는 돌출된 바위 환경이고 그다음은 적합한 기후 조건이라 할 수 있다.

시호테알린 산맥의 분수령은 대칭적으로 놓이지 않아 동서 두 경사면의 여러 계곡은 서로 다른 형태를 이루고 있다. 그리하여 동쪽 경사면에서 동해로 흘러드는 수많은 강줄기는 망상을 이루나 서쪽 경사면은 계곡이 적다. 동쪽의 계곡, 특히 짧은 강은 계곡에 깊숙이 파고들어 산비탈을 횡단하며 V자형을 이루어 넓은 계곡사면을 가지고 있는 동시에 흔히 급류가 형성되고 붕괴된 계곡에서는 특히 많은 침식을 이룬다. Vitvitskii(1961)가 지적하듯이, 이곳에는 추위에 저항력이 강하고 목질이 단단한 수종이 분포한다. 암석 역시 대륙과 달리 보다 연한 수성암과 화산암으로 구성된 비교적 완만한 윤곽을 이룬 암석군들이 분포한다. 계곡이 넓고 세로로 분할된 곳이 대다수이다. Kanethina(1955)의 연구에 의하면 동쪽 산기슭은 강물의 침습으로 인해 하천의 막힘이 많아졌고 이는 지형의 분할을 증가시켰다. 이 과정은 지금도 진행 중이다.

다른 시각으로 보면 산양은 현재 시호테알린 지구에 존재하는 완만한 암석지대에 잘 적응하지 못한 종이다. 이 지역은 지금도 침식작용(지표면이 풍화작용을 받아 풍화물질이 이동하여 토지를 평탄하게 만드는 작용)의 활발한 영향을 받으며 변화하고 있는 지대이다(Abramov, 1939: 1963). 물론 이런 결론은 지형학 전문가의 관점과 모순된다. 제4기 초기에 연해지구 대륙은 상승하기 시작하여 지금도 계속 상승하고 있는 상태이다. 동시에 심한 침식이 일어나며 산지 기복과 분할도 발생하고 있다(특히 시호테알린의 동쪽 경사면이 그렇다). 고대 선신세(플라이오세)에 형성된 하천망이 재조성 되며 횡단 계곡이 출현하고 해안가의 절벽 암석지가 줄어드는 등 일련의 변화로 현재 상태와 많이 달라질 수 있다(Medvedev, 1961).

초기 홍적기(빙하기)와 충적세에 출현된 산양은 지금과 거의 흡사한 대륙 서식지 바위 환경 속에서 진화해왔다. 그 과정에서 산양의 진화 역사가 어떤 주요한 차이를 나타내는가는 고생물학적 관점에서 세밀히 연구해야 할 점이다. 서식지에 나타난 해안가의 바위 절벽 형태 유형은 이차적으로 조성된 경관이다.

전문가들은 대다수가 연해지구 해안가 지대의 전신세 연령을 침식과 퇴적으로 계산한다. 즉 최근 약 2,000~3,000년 사이에 활발한 침식활동으로 오목하게 파인 것으로 판단되었다(Korotkii, 1976). 시호테알린 지역의 해안가의 암석 성분 또한 중요하다. 동해 북쪽 해안가는 화산응회암과 기타 가벼운 붕괴암으로, 남쪽 해안가는 파도 침식에 강한 화강암, 반암, 현무암(玄武巖)으로 구성되었다(Medvedev, 1961). 전체적으로 북쪽 해안가의 특징은 수직으로 된 바위 절벽이고 그 중간은 마치 남쪽 지역처럼 침식과정이 나타났으며 해식과 풍습으로 붕괴된 해안가가 여기저기 있다. 이런 곳이 바로 산양이 서식하기에 가장 적합한 곳이 된다. 동남 해안가의 산양이 해안가를 따라 북으로 이동하기 어렵기 때문에 이 국부적인 해안가에서 머물러 높은 밀도를 이룰 수 있는 것이다.

Ⅱ. 연해지구 산양 서식지 질량 평가

I. V. Voloshina, D. A. Nesterov

연해지방 영토의 70%를 차지하는 시호테알린 지구는 바위가 많은 고산지대와 넓은 면적의 산악지대가 절대 우세를 차지하고 있다. 이 산악지대는 동해 해안선과 평행하게 뻗어 나가는 산맥이다. 그곳의 평균 해발 높이는 대체로 500∼1,000m이고 각각의 산봉우리는 1,700∼1,900m에 달한다. 산비탈에는 돌출한 큰 바위가 많은데 남쪽 경사면이 특히 그러하고 북쪽은 보다 험준하다.

시호테알린 동부 산지의 넓이는 50∼100㎞로 여러 방향으로 심하게 분열된 짧은 산줄기로 이루어져 있다. 산맥의 분열은 전체 시호테알린 지구도 마찬가지였으나 이곳이 제일 심하였다. 산골짜기 밑바닥에서 제일 높은 분수령까지의 높이는 600∼700m이고, 경관의 특징은 매우 험준한 산비탈, 절벽, 그리고 바다에 접한 깎은 듯한 수직 바위들이다.

현재 연해지방의 지도책을 보면 뚜렷이 나타나듯이 중앙부와 해안가의 접합점이 보인다. 이 지형은 이첩기(페름기)에 형성되어 지금까지 유지되어 온 것이다. 게에브게강 유역도 이와 완전히 흡사하다. 그 지역도 매우 많은 화강암이 관입하였음을 알 수 있다.

Bromley는 자신의 논문(Bromley, 1963; Bromley, Kucherenko, 1983)에 연해지방의 산양 분포도를 제출하여 여러 해에 걸쳐 발견된 산양의 분포지점을 일일이 표시해(mapping) 주었다. 첫 논문에는 이러한 분포점이 라조브스키와 제르네이스끼 지역의 총 68개(지도에는 43개 지점)였고 두 번째 논문에는 56개(지도에는 47개 지점) 지점이 오리낀스끼, 가바레로브스끼, 데리네고르스끼에서 나타났다. 연해 지방의 구조 구성도는 위와 같이 점으로 표시한 산양 분포도에서 볼 수 있듯이 시호테알린의 중앙부, 서부와 해안가가 서로 접하는 곳에 산양이 집중분포 한다는 것을 알 수 있다. 기타 산양 분포지는 바닷가의 경사면 지대에서 나타난다. 산양의 총 분포권은 예상된 지역과 완벽하게 일치된 것으로 판단된다.

이렇게 산양이 많이 정착해 사는 라조브스키와 바르지잔스끼 지역에는 대량의 화강암이 관입해 있다. 하지만 화강암이 존재하는 것만으로 산양의 서식에 충분한 조건을 가지지는 않는다. 왜냐하면 그런 지역이 숲으로 덮여 있어서 갈라짐이 없을 수도 있기 때문이다. 갈라진 바위표면으로 나타나는 화강암이 적다면 그곳 산양의 개체군은 그렇게 크지 않을 것이다. 해안이나 계곡을 따라 뻗어 나가는 바위의 균열 길이가 중요한 의미를 가진다. 경사면의 높이와 분포, 험준함, 골짜기의 존재는 산양 서식에 주요한 요소이다. 연해지방의 산지 경사면의 기초 부분에는 영안암과(英安岩), 판암(版岩)만 있고 응회암(凝灰巖), 안산암(安山巖)은 관입하지 않았다. 예로 대스노이 강 남부, 미로그라도브끼와 마느가리또브끼두 강 사이가 이러하다. 이곳의 산양 서식면적은 그리 좁지 않다. 그러나 이곳의 산양은 보통 단독 생활 개체이지 큰 무리를 이루지는 못한다. 마리노와령(제르노이 마을)의 경사면은 지나치게 가파르고 높아 통과할 수 없으므로 산양 무리도 크지 않다. 반대로 두르노이 부두에서 남쪽인 '쵸르네이 산비탈'에는 넓지 않은 화강암 군집 지대가 있어 산양 서식에 알맞지 않다. 화강암이 연속되는 독특한 지역은 브제오브파레니야만에서 바렌린만까지 약 40㎞ 정도 되는데 그곳은 산양이 서식하기에는 알맞지 않다. 여기는 라조브스키 자연보호 구역에 속하는데 오리긴스끼 지역은 게구르넨스끼 화강암으로 잘 깔려 있다. 그곳의 산양 은 커다란 그룹을 이루어 잘 서식하고 있다(Voloshina 등, 1977). 반대로 오리까만과 브라 지미르 북쪽 외곽과 그 부근 지역은 현재 유제목 동물이 없어진 것으로 알려져 있다. 이 것은 그 지역의 인구 밀도의 증가와 경제 발전과 연관이 높다.

동해 연안에 4개의 산양 지방 개체군이 현존한다는 사실이 밝혀졌다. 즉 아브레크 지역의 오라로브스끼 곶, 두만노이 산, 게구르넨 곶, 쵸르네이 스깔라 지역이다. 60년대의 논문(Bromley, 1973; Veinger, 1963)에는 산양의 서식지에 대해서는 오로지 식생, 눈의 상황(적설량, 적설빈도 등)과 기후 조건에 대한 조사로 끝마쳤고 특히, 경사면에 대해서는 '돌의 무질서한 퇴적'이라고 까지만 표시되어 있다. 오직 울갠스 보호구만이 라조브스키(전 수치신스끼) 산양 서식지에 대해 비교적 상세히 서술했다.

오스트로브 곶에 위치한 제일 적합한 산양 서식지를 고지이 곶이라 부른다. 그 지역의 북쪽과 남쪽 경사면은 바위 정상과 계곡이 엇갈려 교체되면서 바다와 수직으로 접한다. 중앙 정상부는 돌톱처럼 험준하다. 고지이 곶의 북쪽과 남쪽 정상 부위의 바위 경계선은 바다 쪽에서 이런 톱날상이 형성되는 것이 아니라 부서진 바위조각의 지형과 화강암이 나타난다(Uyrgens, 1963, p.284). 이 저자의 견해에 따르면 대흥안령산맥 내에는 두 가지 유형의 서식지가 존재한다. 하나는 해안가의 바위와 비슷한 고산식생이 출현하면서 산 정상에 바위능선을 이루어 바다와 멀리 떨어진 바위산을 형성한다. 이와 달리 다른 하나 는 바다와 어느 정도 연결 되지만(기후 조건도 연관됨), 바위와 산림지역이 서로 교차적으로 분포한 것이다. 해안가의 바위는 보통 낮은 해발고도에 위치하고, 대륙 내부의 산 정상은 높은 해발고도에 놓여 바위가 노출되지만 산림 식생이 나타난다. 이 두 산양 서식지 유형의 특징적인 것은 겨울에 눈이 적게 쌓이는 것이다. 즉 바다를 향한 경사면에는 1월에서 2월 동안 아주 짧은 시기에만 눈에 덮인다. 바다에서 멀리 떨어진 지역의 눈은 아주 두터워 12월에서 이듬해 3월 중순까지 유지한다. 관찰에 의하면 전 서식지 내의 바위 절벽 높이는 100m에서 300m까지 다양하다. 해안선은 한 방향으로 일직선을 이루지만 산 경사면의 방향은 달라 언제나 동남쪽을 향한다. 해안의 만으로 인해 끊어지지 않는 바위절벽의 길이는 5~10㎞이며 이러한 지역이 바로 산양 서식에 적합한 곳이다.

환경의 분할 정도 또는 계곡, 산 정상, 그리고 강변의 넓이는 산양의 서식에 아주 중요한 영향을 준다. 화강암 집중지대는 굴곡이 심하고 변화가 반복되어 식생이 아주 풍부하다. 바위는 흔히 절벽으로 바다에 직접 인접하므로 쉽게 통과할 수 있는 해안가 바닥이 없다. 산양의 서식에 제일 적합한 곳은 풀이 무성하고 은폐조건이 좋은 곳이다. 자연히 이런 곳의 산양 서식 밀도는 높아지는 것이다. 화강암이 아닌 다른 안산암이나 현무암으로 구성된 절벽은 보다 완만하거나 평탄하고 식생 또한 간단하여 맹금류의 습격이 유리하다. 해안가 절벽지대에는 대륙내지보다 넓은 평지 공간이 있다. 그러므로 국부적인 지역의 산양 개체군의 숫자는 보다 많다(100~200마리에 달한다).

산양 서식지의 또 다른 유형의 특징은 넓은 조림지에 작은 면적의 바위 노출지가 군데군데 모자이크 형식으로 분포된 것이다. 이런 지역은 보통 전부 산림으로 덮여 있고 적설이 오랜 기간 유지된다. 이곳의 산양 사망률은 높고 보통 절벽과 절벽이 이어지는 험준하고 눈이 쌓인 통로에서 많이 발생된다.

우리의 연구는 주로 아브레크의 제르네이스끼 지역에서 실시되었고 전 연해지구 내 산양이 서식하는 모든 지역을 탐험연구형식으로 낱낱이 살펴보았다(1975~1985년).

아브레크 지역의 산양 서식지는 제일 처음 Veinger(1963)에 의해 간단히 소개되었다. 그 후 여러 편의 서식지 특성과 관련된 논문(Myslenkov, Voloshina, 1975; Vetrennikov, 1976; Voloshina 등, 1976; Myslenkov, Voloshina, 1978)이 발표되었다. 제일 처음 지질학적으로 서식지를 서술한 저자는 Baskina이다(Kigai, 1957).

아브레크 지역은 대부분 산간 지역으로, 길이는 15㎞에 최고봉 해발은 625m(아브레크산봉)이고 동북에서 서남으로 산맥이 뻗어 우볼노배체니만에서 동해만까지 경계선이 된다. 산맥의 동남 경사면에 산양이 분포하지만 지형이 급격히 절벽처럼 떨어지며 바다와 인접되고 서북 경사면은 비교적 완만한 기세를 보인다. 동해만 주위는 용암과 응회암이 표면을 이루고 그 밑에는 현무암층이 자리 잡고 있다. 특징적인 것은 암층이 북쪽으로 경사진 점이다. 현무암의 절벽 높이는 100~150m를 초과하지 않으며 길이는 대체로 2㎞ 남짓 뻗어 간다. 이어서 크지 않은 황철암-붉은 절벽이 나타나고 그 뒤를 화강암이 이어 지는 데 이것은 5,500만ㆍ년 전에 형성된 화강암-반암으로 구성되어 있다. 이러한 화강암 절벽의 높이는 300~350m로 증가된다. 이들은 험준한 협곡을 이루고 70~80°의 가파른 경사면으로 서로 평행 된다. 이러한 협곡의 바닥은 식물이 빈약하나 산림의 아래쪽 가장 자리의 나무는 아주 높게 자라고 산간 초지는 평평한 해안가에서 그리 넓지 않은 공간을 형성한다. 산등성이는 다소 톱날 같은 모양을 이룬다. 그리고 산으로 올라갈수록 협곡 높 이가 낮아지고 아브레크 산 정상에서는 3개의 좁고 깊은 도랑이 생기고 샘물이 모여 폭 포를 이루어 산 아래로 떨어진다. 화강암 절벽 아래층에는 완전히 다른 특수한 권곡(카 르: 빙하의 침식작용으로 생긴 반원형으로 파인 땅)이 반원형의 수직 절벽을 에워싸고 있 다. 산 밑으로 내려오면서 넓은 두 강물이 다시 합류해 깊은 협곡을 이루며 흐른다. 마사 로와 곶이 가까워지면 산림 가장자리는 절벽으로 올라가 기묘한 톱날 형식을 이루고 산 등성까지 달하기도 하며 산림 가장자리는 심한 굴곡을 형성하기도 한다. 지금은 참나무 림이 '혀'(산림의 경계가 볼록하게 나와 있고 오목하게 들어가 있는 모양을 가리킴) 모양 으로 산줄기를 따라 내려와 있다. 마사로와 곶은 곳곳이 서로 다르고 특이하다. 가장자리 지역은 특이하게 돌출한 큰 화강암 바위들이 산등성이에 놓여 그리 넓지 않은 지역을 차 지하고 있다. 바닷속에도 큰 화강암 바위 덩어리가 놓여 물 위에 나타난다. 큰 경사면은 과거 동남향이었는데 지금은 모든 곳이 거의 동향으로 바뀌었다. 바위의 모양도 변화한 다. 깊고 넓은 계곡면을 따라 위로 보면 큰 절벽들의 모습이 보인다. 계곡 사이에는 비교 적 큰 초원, 아니면 돌-초원 공간이 나타난다. 이런 초원 경사면은 50~60° 각도로 바다 를 향해 내려간다. 산림 가장자리는 심한 굴곡을 이룬다. 100~120m 높이로 통과할 수 없는 2개의 화강암 절벽이 수직으로 바다를 향해 서 있다. 돌-초원에는 큰 화강암 덩어리 가 여기저기 서 있어 역시 통과하기가 힘들지만 그 위에서 앞을 내다보면 전망이 아주 좋다. 산양 또한 이런 돌 위에 눕기를 즐긴다. 통과할 수 없는 돌 틈 사이와 그 부근에는 장미색에 약간 회색을 띤 화강암이 뚜렷이 보이고 그 속의 녹색과 푸른색의 영안석(英安

石)과 휘녹암(輝綠岩) 광맥이 잘 드러나 있다. 이곳의 계곡에는 산림지대가 깊숙이 이어지고 산림 속에도 많은 절벽이 돌출해 있다. 이런 지대의 화강암은 높이가 줄어들고 절벽도 낮아진다. 산맥의 분수령 높이는 100~200m이고 그 뒤로 거대한 황철광, 즉 붉은 절벽이 나타난다. 여기서 화강암이 끝나고 만까지는 3㎞가 남는다. 거기는 대부분 안산암으로 조성된 전형적인 녹색 바위가 서 있다. 이곳의 경사면은 반대로 북에서 남쪽을 향해 있다. 안산암층은 때론 현무암과 함께 섞여 있기도 한다.

붉은 바위가 끝나자 산림 가장자리도 끝나 분수령까지 0.5㎞ 이내에 산림이 없는 넓은 공간이 나타나며 각각 5개의 산등성이와 계곡이 시작된다. 이곳 각 절벽의 높이는 250~300m로 서로 다르다. 이러한 공간은 거대한 현무암벽으로 끝나고 모든 경사면은 수직으로 절단된다. 산림 가장자리는 멀리 산 아래로 급속히 내려가는데 해발 70~80m 높이에서 다시 바위가 나타났다가 점차 없어진다. 맞은편의 스크레트 산 정상(해발 340m)에는 큰 분화구가 하나 있는데 이미 산림으로 덮여 있고 그 밑에 크지 않은 샘이 하나 있다. 분지를 지나 또다시 안산암 절벽이 나타나고 그곳에 그리 크지 않은 계곡이 또 하나가 있다. 분수령에서 150m까지 급격히 내려간 후 서쪽 경사면에 이르며 산림은 점차 사라지고 동시에 바위는 모두 잘게 부서져 작은 돌무더기가 나타난다. 분화구에서부터 바닷가까지 긴 모래톱지대가 생기고 바닷속에는 무수한 암초가 있다. 그리고 무블노모체니만에 이르면 절벽은 완전히 없어진다.

이런 암석지의 산양 서식 밀도는 균일하지 않다. 마소로와 곶 주위의 중앙 암석지와 북부지대의 산양 밀도는 38~40마리/㎢에서 50마리/㎢에 달한다. 가장자리 지역은 12~8마리/㎢로 줄어든다(Myslenkov 1982). 다시 말하면 절벽이 낮고 안산암, 반암, 기타 암성분 자갈로 구성된 지역은 화강암지역보다 산양이 서식하기에 적합하지 않다.

아브레크 지역의 절벽 구성은 비교적 균형이 잡혀있다. 중앙지구에는 황철광이 관입되어 변두리에 굴곡이 많은 여러 층을 형성하며 안산암-현무암 절벽이 경사를 이룰 뿐만 아니라 남쪽 경사면 모서리에서 북쪽으로, 북쪽 경사면에서 남쪽으로 앞이 훤히 보인다. 그렇기 때문에 아브레크 지역의 산양 밀도는 균일할 수 없다. 이것은 우연한 현상이 아니다. 즉, 중앙 지구가 제일 높고 화강암지구에서 기타 고산암지구로 바위의 높이와 질이 떨어짐에 따라 그 밀도가 낮아진다. 산양이 능히 진입할 수 있는 서식지 선택에 제일 중요한 점은 절벽에 화강암이 관입되어 있어야 한다는 것이다. 물론 화강암이 관입되지 않은 지역에도 산양이 서식할 수 있겠지만 이곳이 화강암 절벽지대와 연결이 안 된다면 그 밀도는 아주 낮을 것이다. 즉, 화강암이 없는 절벽지대에 새로운 산양 개체군을 만드는 것은 아무런 의미가 없다고 말할 수 있다.

형태 구성의 유형과 종류, 그리고 지리학적 위치와 생태학적으로 보아도 시호테알린 지역의 산양 서식지는 분명 해안가와 대륙형 두 가지로 나뉜다. 해안가 침식 형태는 동해안에서 흔히 보이는 전형적인 지형이다(Nikolskaya, 1982). 산양의 생태 특성에 따라 다시 세분화하면 전형적인 해식과 해식-침식 2종류로 나뉠 수 있다. 그중 해식바닷가의 특징은 높은 바위 절벽이 존재하는데 이것은 대륙산맥의 주맥과 해안가 산맥에 의해 절단되어 형성된 것이다. 절벽의 가장자리 특징은 굴곡이 심하고 비좁은 협곡이 양 벽을 이루는 것이다. 절벽의 기반은 해변으로 나왔다 들어갔다 하며 때로는 절벽이 많이 나와서 해변이 완전히 없어지기도 한다. 붕괴된 흙의 퇴적도 발견된다. 해안선은 평탄하나 수직으로(90°에 달한다) 선 절벽은 단조로운 일반 지형과 달리 경사가 있고 윤곽이 매우 날카롭다. 식생은 산림지대와 암석지대로 나누어지고 산림지대는 돌이 없는 초원지대와 삼림지대로 나뉜다. 때로는 유사한 해안가 절벽이 해안가 수km를 따라 뻗어 나간다. 이러한 지역은 실제 산양의 영구적인 서식지가 되지 못하고 가끔 계절적으로, 혹은 이동과정에서 통과 시 이용할 뿐이다. 산양 서식에 제일 적합한 해안가 서식지는 해식과 침식에 의해 절벽 아랫부분이 잘게 깨어져 자갈판을 이루고 있고 그 표면이 잘 부식된 곳이다. 이곳 바위가 많은 언덕이나 산림이 있는 바위의 가장자리는 비교적 완만하다. 때론 완전 침식작용으로 분지가 나타난다. 침식 과정에서 잔디가 형성되고(돌잔디 경사지) 나아가서 산림으로 덮이기도 한다. 해안가의 이런 식물의 존재와 변화, 그리고 지형의 침식과 굴곡은 서식지의 은폐기능을 증가시킨다.

해안가의 부분지역은 수km 길이로 해식과 해식-침식이 교체(2차 형성)되면서 산양의 서식에 알맞은 해안가 서식지로 전환된다. 즉, 생태적으로 완전히 산양의 종 특성에 알맞게 된다. 또한 지형학적으로도 곶(모소로와 게구르나, 두마나 등) 지역과 잘 어울린다.

산양의 내륙 서식지는 흔히 V자형 계곡의 상류부분에 위치한다. 돌이 많은 지역은 골짜기의 한 경사면 또는 양안을 모두 차지하고, 화강암, 석회암, 사암(砂巖) 등의 성분으로 나타난다. 암석의 기본 층이 노출된 지역은 그리 넓은 공간을 이루지 못하고 산림지역으로 바뀐다.

산양의 서식지는 다양하나 해안가형이나 내륙형을 막론하고 전체적인 특징은 적당한 해발 높이에 바위 지형 그리고 해안가와 떨어진 거리 등이다. 다음은 5개 산양 서식지를 골라 상세히 묘사하고 시호테알린 남부지역의 수직단면 지형도를 다음과 같이 작성하였다.

1. 쵸르네이스갈(검은바위, Cherniye Skaly) 지역(N 44° 16´, E 135° 47´)

  루드나야 브리스탄(탄광 부두) 마을에서 남쪽으로 12~13㎞ 떨어진 곳에 위치한다. 곳은 저산산맥으로 이루어졌고 바다 쪽으로 많이 돌출되어 있지 않다. 분수령은 해안선과 평행되어 뻗었고 가끔 어떤 부분은 곳과 떨어져 연결되지 않는 곳도 있다. 해안가는 해식과 침식으로 굴곡이 심하다. 물가에는 조약돌이 깔려 있고 좁은 육지는 바다로 뻗어가며 때로 절벽과 큰 바위에 의해 끊어지곤 한다. 경사면은 바닷물이 미치는 곳까지 약 400m 거리이나 어떤 곳은 150~200m밖에 안 된다. 경사도는 높이에 따라 서로 다르다. 후에 형성된 청년기 절벽은 험준하여 70~80°를 이루고 퇴화되어 분지처럼 파인 곳은 45~50°를 이룬다. 그러나 심하게 파인 분지는 주위 절벽이 70~80°에 달한다. 바위 경사 표면은 좁고 긴 홈으로 절단되고, 그 틈은 작은 돌 부스러기로 보충되며 돌밭 고랑형을 이루어 산림이 세 층으로 나뉘어 덮인다. 그렇기 때문에 경사면은 보다 여러 층으로 분할된 것처럼 보인다. 돌밭 초지 지역은 경사면의 ⅔ 가량 차지하고 표면적의 약 40%가 풀에 덮여 있다. 이곳의 환경요소는 수직면이다. 주요 산비탈은 남향이거나 동남향이다.

  경사면 윗부분의 주요 식물구성은 신갈나무로 이루어진 참나무 숲으로 보리수나무(Tilia sp)와 거제수나무(Betula costata)가 다소 섞인다. 단층수림의 평균높이는 5~6m이고 나무 사이의 거리는 3~4m이며 수관층의 피복도는 50~60%이다. 신갈나무의 지면 갱신(종자가 떨어져서 금방 발아함, 즉, 종자만 있으면 스스로 발아)이 좋아 어린나무가 많이 싹트고 있다. 관목나무로는 개암나무(Corylus heterophylla), 싸리나무(Lespedeza bicolor), 진달래(Rhododendron spp.)가 있다. 지피의 피복도는 약 30%이다. 이곳의 산림은 바위산지대의 좁은 산등성을 따라 분포하는데 교목은 신갈나무를 위주로 하고, 하층나무는 진달래가 우세를 차지한다. 수간 높이는 2~3m로 감소되고 수관의 피복도는 20

~30%에 달한다. 무성한 풀숲이 군데군데 형성되어 있어 통과하기 어려운 지대가 많다. 돌-초원에는 여러 종류의 풀이 자라고 특히 신갈나무 숲 가장자리에 초본 다양성이 아주 높다. 한 지역을 선택해 100㎡ 견본 내의 식물을 조사한 결과, 21종에 달했다. 본 지역 내 모든 곳의 식생은 아브레크 지역(시호테알린 자연보호구)의 강가와 비슷했다. 곶 내 바위가 많은 지역의 산양 서식지 면적은 50ha이고 보통 한 임반(林斑)의 면적은 200ha 이다. 이곳 산양 밀도는 높지 않아 100ha당 5~6마리 정도이다.

인간 활동이 동물에게 주는 소음(소리) 영향은 한 기후 관측점에서 언급한 바 있으나 산양의 활동에 주는 영향은 아직 잘 알려져 있지 않다. 모터보트의 엔진 소리에 산양은 뚜렷한 경계 반응을 일으킨다. 해상에서 보트를 타고 밀렵을 하는 자가 종종 발견되는데 대략 매년 1~2마리 산양들이 죽는다.

[결론] 이곳은 고정적인 산양의 서식지이다. 서식지의 생태적 수용 능력은 크다. 영역은 국한된 지역에 만들어지고 쉽게 파괴되지 않는다. 극동지역의 인간 활동이 증가하는 추세에 산양이 이렇게 낮은 밀도(비교적 큰 잠재력은 갖고 있지만)로 얼마나 지속될지 걱정 된다.

[보호 대책] 산양 금렵 보호구를 설치하고 장기적인 봉쇄 통제관리가 필요하다. 곶 주위의 해상 보트의 통행도 금지해야 한다.

2. 가멘네이 와로따(Kamennye vorota) 지역(N 44° 30′, E 135° 30′)

크리와이 강 상류에 위치하고 '쵸르네이스갈' 곶에서 35㎞ 떨어진 육지 안쪽에 있다. 중심 부분은 수십 ㎞의 산줄기가 동남으로 뻗어 있다. 크리와이 강의 발원지에서부터 하구까지 36㎞ 정도의 지역을 포함한다. 노출된 수성암층(석회암)이 강바닥에서 심히 풍화 되면서 이곳에서 깊고 험준한 V자형 협곡을 이룬다. 침수지 넓이는 약 15㎞이다. 수많은 석회암 동굴이 생겨 하류 석회석의 원천이 된다.

이미 알려져 있듯이, 석회암은 침식에 대한 저항력이 강하다. 침수지에서 50m 떨어져 위치한 제일 큰 석회암 굴에서 신석기 시대의 인류 유적이 발견되었다. 석회암 조각 형태로 이루어진 지형 특징은 산양으로 하여금 오랜 세대의 교체 속에서 이곳의 기후와 식생변화에 적응하여 살아오게 하였다.

산맥의 북쪽 말단에는 커다란 절벽 군이 연이어 있어 북쪽 면의 ⅓, 동쪽 경사면의 일부를 에워싼다(사하린 산맥). 이곳의 산맥 평균높이는 400~500m이다. 사하린 산맥과 크리와이 강 사이의 산등성이에는 군데군데 그리 크지 않은 노출지가 나타난다. 산양 서식의 생태 중심지는 이곳에서 깊게 파인 협곡 지대로 전환된다. 이 지역은 대륙에 있는 기타 여러 서식지와 달리 절벽지대에만 국한되어 있지만 돌문 계곡의 남향 산비탈만이 아니라 북쪽 경사면에도 산양이 서식한다. 이곳의 산양은 보다 넓은 지역의 서로 다른 조건하에도 분포하는 것이 특징적이다.

남쪽 경사면의 절벽은 대부분 20~40m 높이로 완만한 모양이다. 특히 중부지역이나 ⅓의 상부지역도 모두 이러하다. 북쪽 경사면의 노출지는 다소 평행한 산등성이에서 나타나고 수직으로 선 절벽 높이는 10~20m로 좁은 협곡의 오른쪽 면을 전부 차지한다. 남쪽 경사면 절벽의 평균 각도는 40~45°이고 곧추선 절벽은 60~80°까지 달한다. 침수지에서 우측으로 뻗은 경사면의 절벽 정상 외곽까지의 길이는 500~600m이다. 바위가 노출된 표면은 약 40%를 차지하고 돌-초지지역 면적은 약 5~7%이다. 산림면적은 지역에 따라 5~50%에 달한다.

북쪽 산비탈의 절벽도 평균 40~50°이고 바위산지대의 험준한 절벽은 70~80°로 가파르다. 절벽 면적은 비교적 작은 편으로 총면적의 약 20~25%를 차지한다(바위 위에 퇴적된 토양에만 정착된 수목이 자란다). 풀이 자라는 지역은 거의 없고 오로지 비좁은 산중턱의 계단에만 풀이 덮인다. 산림지대의 피복도는 80%에 가깝다. 경사면의 수직거리는 350~400m이다. 크리와이 강의 발원지에 있는 산양 서식지 전체면적은 약 60㏊이고 본지역의 총면적은 200~220㏊이다.

이 지역의 산림구성은 건조한 삼나무-참나무 숲이다. 시베리아 삼나무(*Pinus sibirica*), 가문비나무(*Picea ayanensis*), 전나무(*Abies*)들이 수림을 이루고 신갈나무(*Quercus*), 피나무(*Tilia*), 단풍나무(*Acer*), 물푸레(*Fraxinus*), 가래나무(*Junglans*), 느릅나무(*Ulmus*), 자작나무(*Betula*), 황벽나무(*Phellodendron amurense*) 등이 우점종이다. 하층식생에는 결실종, 특히 장과 수종들이 많다: 가막살나무(*Viburnum*), 까마귀밥나무(*Ribes*), 귀룽나무(*Padus*),

인동덩굴(*Lonicera*), 오미자(*Schizandra*), 산머루(*Vitis*), 다래나무(*Actinidia*) 등의 수종으로 구성되어 동물 서식에 있어서 산림의 먹이가치와 은폐성이 아주 높다.

50년 전 넓은 면적의 수관산불이 지난 후 무더기로 파생해 자라난 참나무-자작나무림이 나타났다. 이는 부분적으로 계곡 양쪽을 완전히 감싼다. 실제 참나무-자작나무림은 주로 사할린산맥에 분포한다.

계곡의 남쪽 경사면에는 골짜기마다 신갈나무가 무더기로 자란다. 산림구성은 신갈나무가 6, 삼나무가 3, 단풍나무가 1 정도의 비례이다. 전나무(*Abies*), 자작나무(*Betula*), 느릅나무(*Ulmus*)가 단독으로 흩어져 자란 곳이 눈에 뜨인다. 산림의 층 구별은 뚜렷하지 않다. 평균높이는 8~10m이다. 나무 그루 간의 평균거리는 4m이다. 산림 아래층에는 개암나무(*Corylus*), 가시오가피(*Elevtherococcvs senticosus*), 고광나무(*Philadelphus*), 싸리나무(*Lespedeza*)가 높고 낮은 밀도로 여기저기 분포한다. 초본은 군데군데 있을 뿐이다. 피복도는 약 20%이다. 사초(*Carex*)가 계절적으로 다른 모습을 나타낸다.

바위가 많은 지대의 전나무와 삼나무의 줄기 굵기는 거의 동일하다. 돌-풀밭에는 30종 이상에 달하는 다양한 풀이 자라고 있다.

북쪽경사면의 산림은 삼나무를 위주로 하고 바위 위에 개박달나무와 피나무(*Tilia*)가 섞인다. 산림은 단층을 이루고, 삼나무 6, 개박달나무(*Betvla mandshurica*) 2, 거제수나무(*Betula costata*) 1의 비례로 구성된다. 나무높이는 평균 7~8m이다. 나무 간의 거리는 4~5m이다. 어린 거제수나무의 소생력이 매우 좋다. 하층에는 개암나무, 진달래(*Rhododendron*)가 무성하다. 초본의 피복도는 약 10%이다.

남북바위산의 정상부에는 사시나무(*Populus*)가 약 50~60%를 차지한다. 바위산지대와 인접한 산림, 특히 북쪽 경사면은 산불의 피해를 심하게 입었다.

[결론] 고정된 산양의 서식지이다. 서식지의 생태수용량과 은폐조건은 아주 좋다. 그러나 산불, 도로, 지질탐사 활동 등으로 훼손된 지역이 많았다. 산양의 밀도는 100㏊에 7~8마리로 비교적 낮으나 70년대 이래 좋은 상승 추세를 보이며, 재생 잠재력을 갖고 있다. 그러나 인간 활동은 심한 추세이다. 밀렵, 관광, 특히 다리네고르스키는 매우 큰 마을로 관광지로 이름이 나 그 인접지구는 매우 번잡하다. 이곳 산양의 개체군 개체수를 늘리려면 전 지역에 대한 계통적인 보호조치가 필요하다고 본다.

[보호 대책] 산양 금렵구의 건립. 바위 많은 지대의 북경사면의 동굴 속에 염토가 있어 산양은 정기적으로 그곳을 방문하여 중탄산나트륨이 섞인 구운 소금을 보충한다. 장기적인 정밀보호가 필요하다.

3. 스깔리스테이크류치 지역(N 43° 38´, E 134° 20´)

이 지역은 미로그라도브까 강의 발원지의 하나로, 시호테알린 산맥의 동쪽 경사면 위의 주 분수령 바로 옆에 위치한 파소리나 지맥에서부터 시작된다. 전 지역은 가파른 경사면에 V자형 계곡으로 전형적인 고산지대 강 유역 경관이다.

주위의 산은 날카로운 바위산봉오리가 줄지었고(파소리나 산맥) 해발은 1,300m까지 달한다. 노출된 기층에는 화강암, 사암, 편암이 나타난다. 계곡의 좌측은 바위지역이고 우측은 20~30m 높이에 평균 60~70° 각도의 절벽들이 연이어 연결되어 망상형을 이루었다. 절벽 사이의 거리는 멀지 않아 40~60m에 달하는 정도이다. 암석층은 붕괴하여 많은 틈이 생겼다. 계곡상류 양안의 바위는 더욱 기복이 심하여 좁고 깊지 않은 협곡이 수없이 많이 생겨 있으며 절벽이 무더기로 군집을 이룬다. 암벽이 돌출된 평지 위에는 풀과 나무가 자라고 큰 돌들이 탈락하여 절벽 끝을 군데군데 파헤쳐 절벽에 큰 구멍들이 생겨 있다.

산기슭에서 산꼭대기까지의 경사면의 수직거리는 500~600m이고 절벽의 각도는 45~50°이다. 해발 평균높이는 약 800m이다. 바위 층이 경사면에 노출되어 있는데, 그 피복도는 총 표면적의 약 30~40%를 차지한다. 이와 같이 산양의 서식지는 모두 바위-산림으로 비교적 단일한 경관을 나타내며 그 면적은 약 150㏊이다. 다시 말하면 산양의 서식지 특징은 대체로 바위가 많은 산등성지대이고 미로그라도브까 강(숨네이, 그라니트나이, 브라모르네이와 기타 작은 강)과 마르까리또브까 강(오바스네이, 싸마료트네이 등 작은 강)의 상류지대에 분포한다.

산비탈 중부와 아래쪽의 바위-산림은 면적이 작고 수직으로 단층을 이룬다. 수종 구성 비례는 대체로 삼나무 3, 전나무 3, 사시나무 1, 개박달나무 1, 고로쇠나무 1, 피나무 1이다. 수고는 평균 15m이다. 어린나무로는 피나무, 삼나무와 전나무 등이 많았다. 산기슭의 하층식생은 희박하고 주로 진달래, 우수리장미, 조팝나무(*Spiraea*), 마가목(*Sorbus*)이 있다. 결과적으로 본 산림의 구성은 전형적인 건성식물 군집으로 진달래-삼나무림이라 할 수 있다.

[결론] 이곳은 산양의 고정적인 서식지이다. 바위 계곡지대나 대륙이나 모두 마찬가지로 넓은 면적을 가진 돌-산림 종합체로 생태 수용 능력은 높다. 이곳의 제한적 요소는 노출된 암석 산봉우리가 많아 바위-초지 환경이 부족한 것이다. 산양은 바위 많은 서식지 내에서 경사가 완만한 산림 지대에 집중해 채식한다. 그러나 이는 겨울철의 채식에 그리 유리하지 못하다. 현재 산양의 밀도는 매 100ha에 8~10마리 정도로 정상적이고 안정한 상태를 보인다. 전 서식지의 은폐조건은 양호하다. 마을이 멀리 떨어져 있고 접근하기도 어려울 정도로 험준하기 때문에 인간이 산양에게 주는 영향은 크지 않은 것으로 알고 있다. 밀렵도 보이지 않았다.

[보호 대책] 미로그라도브가 곳과 미르가리또브가 강 상류지대, 약 60ha를 금렵구로 설치할 계획이다.

4. 아르센에브가 강 상류지대(N 43° 30′, E 133° 07′)

이 지점은 기본적으로 브로즈라치나야 강(아르센에브가 강의 오른쪽 지류) 유역에 제한된다. 절단된 산지는 계곡에 인접하고 있다. 이 지역은 시호테알린 전 보호구 내에 위치하고 주 분수령을 따라 수km 뻗어 스까또브시끼 고원의 북부 지역까지 달한다. 계곡은 고원 지대를 깊게 파고 들어가 V자형을 이룬다. 분수령 고지는 해발 1,000~1,240m이다. 브로즈라치나야 강의 계곡, 산의 높이는 600~700m이다. 그러나 오른쪽 지류의 고산은 800m에 달한다.

산양의 총 분포지로 볼 때 이곳은 서쪽 변두리에 속하고 해발 고도는 400~800m에 달한다. 노출된 암석들은 전형적인 대륙 내부의 특징을 나타내고 산허리에 층계를 형성하는 데 그 평지면적은 0.2ha에서 0.6ha이고 그 위에 산림이 형성되고 있다. 유사한 지대의 대부분에는 노출된 암층이 보인다. 이런 지역들은 모두 한 수계를 중심으로 분할되지만 전체적으로는 브라즈라츠나야 강 지류의 오른쪽 산비탈 생태계를 구성하는가 하면 직접 아르센에브가의 오른쪽 두 지류(례로니츠네이 강과 씨로끼 강)의 오른편 산비탈의 생태계를 구성하기도 한다. 중간 산림지대를 포함한 총 서식지 면적은 약 10,000㏊이고 그중 바위로 노출된 지역은 400~500㏊가 된다. 산양 서식지의 공통적 특징이 바위 산림 종합지대인 만큼 작은 바위가 노출된 넓은 지역과 그 속에 분포한 군데군데의 산림이 관건이다. 이렇게 바위의 퇴적지에서 자라난 수림지대는 돌덩어리 잔구(殘丘)도 많고 노출된 자갈 토양이 험한 언덕 면에도 존재하므로 식생도 보다 좋아 바위만 많은 서식지보다는 면적도 훨씬 넓고 조건도 우월하다. 이곳은 군데군데 자갈로 노출된 곳이 무려 20곳이 넘고, 서로 떨어져 있는 거리는 0.3㎞에서 2.5~3㎞로 많이 다르다.

아르센에브까 강 발원지에서 우리는 산양의 활동흔적을 발견하였다. 그러나 이는 계절적으로 이용한 것이라고 판단된다.

브로즈라지나야 강 오른편 산비탈 자갈이 노출된 그 지역의 기록을 볼 때, 이곳은 산양의 영구적인 서식지라고 판단된다. 그중 바위가 많은 한 지역은 브로즈라치나야 강 하류 지역에서 2.5㎞ 떨어진 곳에 위치한다. 바위가 노출된 지역은 350m 떨어진 두 언덕으로 서쪽 경사면의 ⅓ 위 등성이에 집중되어 있다. 그 언덕의 경사면 길이는 약 2,600m 정도 되고 기슭에서 봉우리까지의 거리는 600m이다. 경사면의 중부와 하부에 있는 암석 퇴적지를 포함하여 전 바위지역의 면적은 약 12㏊이다. 바위산 중 아주 급격한 절벽은 80~90°를 이루고 중간에 돌출부가 생기고 평지가 있다(돌출된 부분이 평평함을 의미, 즉 계단처럼 그 위에 서식함).

경사면 ⅓ 아랫부분에서부터 활엽수림이 나타나기 시작한다. 이는 삼나무-활엽수림에서 파생한 것이다. 첫 번째 층 나무 높이는 10m이고 그 조성은 피나무(*Tilia amurensis*)가 3, 개박달나무(*Betula sinensis*) 3, 고로쇠나무(*Acer mono*) 2, 가래나무(*Juglans mandshurica*) 2이다. 두 번째 층은 4m, 조성비례는 가래나무가 4, 피나무가 3, 고로쇠나무가 2이다. 하층 식생은 가시오가피, 고광나무(*Philadelphus*), 인동(*Lonicera*), 다래(*Actinidia*), 왕머루(*Vitis amurensis*), 사철나무(*Euonymus*)이다.

언덕 정상부근(절벽 부근)의 수종 구성은 급속하게 변해 전나무 7, 거제수나무 2, 피나무 1로 수림을 이룬다. 나무높이는 첫 번째 층은 약 10m, 두 번째 층은 없고 하층 나무는 삼나무, 거제수나무, 개박달나무, 단풍나무(*Acer caudatum*) 등이다. 초본은 사초와 양치식물(여러 종)이 우점종이다.

산비탈 위 1/3은 바위가 많은 지대이고 전나무, 진달래, 개암나무림이 나타난다. 첫 번째 층 나무 구성은 전나무 8, 분비나무 1, 개박달나무 1, 그리고 전갈나무도 있다. 높이는 약 20m이다. 두 번째 층의 구성은 전나무 5, 분비나무 3, 가문비나무 2이고 높이는 5~6m이다. 하층 수종은 진달래, 개암나무, 가시오가피, 사철나무 등이다. 절벽 근처에는 싸리나무, 들장미, 노간주나무(*Juniperus*) 등이 나타난다.

브로즈라치나야 강 하류 계곡의 바위 많은 지역을 조사한 결과 지형은 다양하였고, 기둥 같은 절벽이 무리를 지어 있으며 개개의 절벽은 매끈한 표면을 가지고 있었다. 그리고 고립된 잔구의 높이는 10~12m에 달했다. 이곳의 절대고도는 해발 800m로 높다. 식생중의 우점종 역시 점차적으로 침엽수림 수종으로 바뀐다. 주위의 환경도 스코토브스끼 고원으로 전환되는 동시에, 식생도 전형적인 전나무 숲으로 바뀐다.

서식지 전 범위 내에서 산양 생활흔적을 조사한 결과, 산양의 생태적 분포 중심은 브로즈라치나야 강을 낀 계곡으로 전환됨을 알 수 있다. 특히 겨울철의 이동은 더욱 뚜렷하였다. 이는 이곳의 먹이자원의 풍부와 관련이 있고 적설상태가 보다 적어 산양의 이동이 좀 더 쉬웠기 때문이라고 본다. 계곡의 양쪽 바위 경사면에는 산양이 자주 다니는 오솔길이 지저분하였고 미세바위 환경, 화장실, 그리고 기타 정기적으로 방문한 자리가 아주 많았다. 바위 돌출부 평지에는 관목이 자랐고 그 속에 전나무와 가문비나무가 간혹 섞여 있다. 이곳에는 초지 식생도 함께 있었다. 그렇기 때문에 전체적으로 산양은 오랫동안 이곳에서 정착하여 살 수 있었고 이 바위 지대를 떠나지 않았던 것이다.

[결론] 이곳은 양호한 산양 서식지이다. 서식지 내의 개체수는 아주 많다. 그러나 이것은 바위-산림 혼합 환경의 면적이 넓기 때문이다. 돌-초지 환경은 분포가 제한되었으며 면적도 넓지 못하다. 이는 지면에 노출된 바위 면적이 지나치게 큰 것과 연관된다. 그렇기 때문에 노출 지역의 산양 생태 분포 밀도는 평균 100ha에 4~6마리 정도뿐이다(돌의 붕괴 퇴적지, 주위는 절벽). 그리고 외곽지대의 실제 분포 밀도도 균일하지 못하다. 국부적인 지대의 환경 변화는 있었지만 브로즈라치나야 계곡은 전체적으로 인간 활동에 의한 영향 증가가 크게 나타나지 않았다. 즉 비포장도로(지방도)가 많았고 계절적인 밀렵, 소

음 등이 많지 않았다.

개별적 지구의 은폐조건은 그리 좋지 않아 어떤 바위 지역은 환경조건이 지나치게 간단하였고 개활되어 있었다. 이는 산양의 도주에 유리했고 추격을 받으면 산양은 계곡 양쪽 숲으로 몸을 숨길 수 있었다. 이곳 침엽수림의 수종은 활엽수림과 달라 겨울이면 가시거리가 떨어져 직접 관찰할 수 있는 거리가 줄어든다.

[보호 대책] 브로즈라치나야 강의 오른쪽 지역을 전부 산양 금렵구로 만들기로 제안하였다. 전 지역을 통제하여 절대 보호를 실시할 예정이다.

5. 이즈위린가 강 유역(N 43° 50´, E 134°)

이즈위린가 강은 우수리 강의 오른쪽 안의 한 지류로써 양안에 고산 바위지대가 있다. 이 유역 내에서는 짧고 험준한 산맥들이 줄지어 있다(시호테알린의 주요 지맥이다). 산맥의 경사면은 여러 강줄기로 깊고 좁게 파여 있다. 산등성 부분, 특히 동남향 경사면에는 침엽수림을 이루고 남쪽경사면과 계곡 양쪽은 활엽수림으로 신갈나무, 전나무, 가문비나무, 단풍나무, 피나무, 호두나무 등이 있다.

이 강의 중류와 하류에는 분지모양의 침수지를 이루고 있는데 그 넓이는 1㎞에 달한다. 계곡의 양안은 험한 절벽이고 그 높이는 밑바닥에서부터 250~400m가 된다. 강의 하구는 양 안의 오랜 침식과 풍화과정으로 인해 하부 바위층이 노출되어 있다. 우수리 강 오른편 기슭에도 여러 곳이 유사한 조각상을 이루고 이즈비리니크 강 낮은 하구지대도 몇 곳이 이러하다. 노출된 바위는 20~30m 높이의 절벽을 이루고 큰 바위로 조성된 지역 면적은 총 2~3㏊이다. 그 주위에는 풍화된 자갈 퇴적지가 조금씩 생긴다. 이러한 지역은 경사면의 위쪽 ⅓에 위치한다.

절벽지대라도 점차 산림으로 덮이는데 계곡의 오른편 기슭의 아주 험준한 절벽(45~60°)의 틈 사이 퇴적지에는 나무들이 뿌리박고 자라난다. 밑바닥이 거의 노출된 바위 지대는 약 35㎞ 정도 이어지며 우수리 강 오른편 기슭을 넓게 차지하고 있다. 그러나 그 중간에 1~1.5㎞씩 산림 지대가 나타난다. 이러한 곳에 산양은 충분히 정착할 수 있다.

남향 경사면 절벽지대의 식생은 다소 다르나 크게 변화하지 않는다. 산양이 발견된 지역의 해발 높이는 350~500m 사이였다. 보다 노출이 심한 바위지대는 까리노우이 강 하구 지역에서부터 강줄기를 따라 위로 올라가 다시 바조스끼 강 하구에 달한다(약 12㎞).

이 지역을 산양 서식의 생태중심지라고 말할 수 있다. 절벽 입구는 강이 있는 침수지를 거쳐야 하고 수많은 지류와 굴곡으로 진입이 매우 곤란하다. 바조브스끼 강 부근의 절벽은 몇 개의 큰 바위로 구성되어 있는데 그 높이는 30m이고 서로 간의 거리는 50~100m이다. 절벽은 폐허(헌 집, 폐허 같은 구멍이 생김) 모양을 이룬다. 그중 경사가 조금 완만한 곳(200~300㎡)에는 초지가 있고 15종류의 초본으로 구성되어 있다.

바조브스끼 강 하구지역에는 넓은 신갈나무-진달래 군락이 나타난다. 수직으로는 단층 수림을 이루고 그 조성비는 신갈나무가 5, 삼나무가 2, 고로쇠나무 1, 피나무 1이다. 때론 가문비나무, 또는 가래나무 순림도 보인다. 나무 평균높이는 8~10m이다. 하층식생은 진달래, 고광나무, 매자나무(Berberis), 마가목, 두릅나무(Aralia), 사철나무 등이다. 초본층의 생장은 희소하여 피복도가 40~50%를 초과하지 못한다. 이곳의 산양 먹이식물은 풍부하고 종 다양성은 '쵸르네이스갈' 지역과 흡사하다.

[결론] 고정적인 산양 서식지이다. 전 지역의 생태 수용량은 사계절 전부 높다고 본다. 그러나 오래전부터 계절적인 밀렵이 심하여 산양 밀도는 높지 못하다(100㏊에 8~10마리). 은폐조건은 비교적 낮다. 특히 겨울이면 맹수나 밀렵꾼들이 드나든다는 것이 조사되었다. 산양 서식지 보호지역을 200㏊로 넓게 조정할 필요가 있다. 노출된 바위 지대를 제외하고 계곡을 따라 0.8~1㎞쯤 연장하여야 할 것이다.

[보호 대책] 산양 금렵 보호구를 건립하여야 한다. 반드시 자동화한 정원 관리식으로 보호 관리해야 한다. 즉, 우수리 강과 이즈비리니크 강 계곡을 따라 임도를 만들되 산양 서식지로부터 300~500m쯤 떨어져서 공사해야 한다.

이즈비리니크 계곡과 우수리 강 상류지대에도 서로 고립된 바위 노출지가 군데군데 있는데 이는 산양 서식지에서 10~30㎞ 떨어져 있다. 이곳의 산림 구성 역시 주로 신갈나무와 삼나무로 되어 있었다. 그러나 절벽이 차지하는 면적은 아주 적어 0.5~2㏊뿐이다. 이곳의 산양 서식지 유형 역시 다양하다. 이러한 서식지는 여름철의 산양 서식에 가장 적합하다.

이렇듯 산양은 포유류 중의 희귀종으로 생태 특징은 서식지의 지형 구성과 밀접히 연관된다. 이곳은 화강암지대이다. 시호테알린 지역은 화강암들이 관입하여 모자이크식 지형을 이룬다. 산양은 이 연해지구에서 두 가지 유형의 서식지를 차지한다. 하나는 해안가의 절벽지대, 또 하나는 강 상류의 대륙 바위 지대이다. 첫 서식지(쵸르네이갈 지역, 앞의 내용에서 1. 쵸르네이스갈을 의미)에는 먹이가 풍부해 산양 개체군의 개체수도 최고치에 달한다.

Ⅲ. 아브레크 지역 산양 채식지와 생물생산량

N. A. Shaulskaya

Kolesnikov(1938)의 식물 지리학적 분할구역에 따르면 아브레크 지역은 만주구 제르네이스크(Terneiskii) 연해아권에 속한다. 지피식물 수직분포대로는 시호테알린 중앙부 동쪽 산비탈에 속하고 연구지역은 두 개 지대로 나뉘는데, 하나는 연해지구 식물 분포대로써, 바닷가를 계속 따라 쭉 뻗어 가면서 대륙 쪽으로 조금 들어가지만 지리상 1~2㎞를 넘지 않고 고도상으로도 해발 100~150m를 넘지 못한다. 다른 하나는 산림지대 내건성 참나무림이다. 산맥의 마지막 끝은 해안가에서 대륙 쪽으로 10~12㎞ 깊이 들어가면서 동쪽 경사면의 산봉우리가 해발 500m이고 서쪽 산봉우리가 해발 200~300m에 달한다.

이 지역의 기후 특징은 습도가 높아지면 연강우량은 800~900㎜로 떨어지는 것이다. 이곳은 바람이 많이 불고 차가운 안개와 가랑비가 많이 내린다. 산비탈은 굴곡이 심하고 경사면의 방향과 해발고도에 따라 식물의 분포권이 다르며 그 조성도 매우 다양하다.

아무르산양의 채식지는 아브레크 산의 바위가 많은 동쪽 산비탈로 베르웨네츠 곶과 도씨아만사이의 산지에 위치한다. 채식지는 해안가에서부터 해발 500m까지 올라가고 1,000ha 좌우의 해안가 바위를 포함한 넓은 지역까지 포함한다<그림 1>.

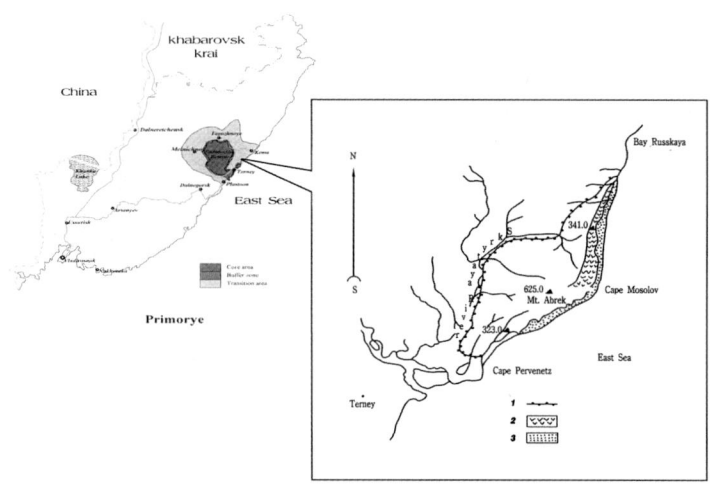

〈그림 1〉 아브레크 지역 산양 채식지 약도
1. 보호구 분계선, 2. 산림채식지, 3. 바위-초지 채식지

동남쪽 산비탈 위 ⅓에는 신갈나무로 조성된 내건성 참나무림으로 덮여 있는데 그 속에 고산 낙엽송이 섞여 있고 해안가에는 초원지대가 나타나며 많은 참나무와 삼나무도 군데군데 자라고 있다. 참나무 군락 하층에는 다양한 풀과 관목이 자란다. 이곳에서 기록된 고등 유관 속 식물은 352종으로 보호구 전체 식물상의 32%를 차지한다. 하층식물로는 난티잎개암나무(*Corylus heterophylla*), 싸리(*Lespedeza bicolor*), 시호트진달래(*Rhododendron sichotense*)가 많이 분포하고 가끔은 얇은잎고광나무(*Philadelphus tenuifolius*), 쉬땅나무(*Sorbaria sorbifolia*), 꼬리조팝나무(*Spiraea flexuosa*)도 나타난다. 참나무림은 때로는 바위와 퇴적지로 교체되고 가끔은 고산 바위 밑층도 노출된다. 산비탈 중부, 바다를 향한 경사면에는 참나무림이 낮고 왜곡된(나무가 구불구불하게 잘 자라지 못함) 고산림으로 변하여 최저 임분 지위급인 5급(때론 4급)을 나타낸다. 키가 작고 왜곡된 나무는 높이가 2m 이하이고 곳에 나타난 식물은 관목형으로 그 높이가 30~40㎝밖에 안 된다. 바다에서 멀리 떨어져 대륙 쪽으로 가면서 참나무는 곧게 서고 높이도 증가한다. 이 지구 참나무림의 평균 연령은 55년, 그러나 가끔 연령이 140~150년 된 나무도 볼 수 있다. 내건성 참나무림은 산양의 주요 서식지로 총면적은 513㏊에 달하고 이 지방의 우점 식물 군락을 이룬다.

아브레크 지역 급경사면의 토양구성은 갈색 토양형으로 돌 부스러기가 많이 섞인 충적 토양 또는 홍적세 충적토양(모래가 섞인 점토 성분)이다. 이는 극히 빈약한 토양으로 바람과 산불의 침식을 심하게 받았다(Gracheva, Utenkova, 1982).

하층 관목과 초본의 피복도에 따라 아브레크 지역을 아래와 같이 저산내건성 참나무혼효림으로 명명한다.

1. 참나무-싸리 혼효림-건조하고 바위가 많은 지역, 산비탈 중부와 하부에 분포.

2. 참나무-진달래 혼효림-매우 험준한 바위 산비탈과 메뜨웨고원에 분포.

3. 참나무-철쭉(개암나무, 진달래, 두메오리나무(*Alnus maximowiczii*), 하층관목 등) 혼효림-험한 바위 산비탈과 퇴적지에 분포.

4. 참나무-개암나무 혼효림-습도가 적당한 고산 바위 산비탈에 분포한다. 주산맥의 웨리에르토 좁은 계곡의 양 경사면에 분포.

5. 참나무-애기며느리밥풀(*Melampyrum setaceum*)림-아브레크 강 남부 양지 산비탈에 분포.

6. 참나무-산새풀(*Calamagrostis langsdorffii*)림-해안산맥 분수령에 분포, 습도가 상당히 높은 지역이다.

위 지역은 경제식물군락을 이루며 우점종 초본들이 많다. 기록된 초본은 246종으로(69.9%), 교목과 관목이 40종(11.4%), 그중 벼과(*Gramineae*) 32종(9.1%), 사초속(*Carex*) 14종(4.0%), 콩과(*Leguminosae*) 11종(3.1%), 아관목(亞灌木)과 관목이 7종(2.0%), 부처손과(*Selaginellaceae*) 2종(0.5%)이 있다<표 1>.

〈표 1〉 아브레크 참나무림의 식물군집상

참나무림	식물군집										합계
	각종풀	벼과	사초과	콩과	석송과	교목	관목	아관목	낮은관목	덩굴	
개암나무	176	28	13	8	1	7	7	1	–	2	243
각종풀	143	21	12	8	–	11	5	1	–	2	203
싸리나무	126	25	7	5	1	5	8	1	1	–	179
진달래	99	17	11	6	2	9	6	2	4	1	157
산새풀	64	11	6	4	–	6	4	1	1	–	97

아브레크 지역의 동남해안선은 바다의 절벽 경사면까지 내건성 참나무림이 차지한다(해발 300m까지). 바다를 향한 수직절벽은 해발 100~150m, 다양한 낮은 초본이 자라기 시작하여 초원화 식생경관을 이루고 있다. 이러한 초지는 바위와 퇴적지로 바뀐다. 이런 지역에 군데군데 풀이 자라기는 하나 대부분 노출된 바위가 나타나거나 침식된 바위 밑 층이 완전히 노출되기도 한다. 이러한 바위-초지의 총면적은 390ha이다. 아브레크 산 정상의 산림이 없는 큰 바위 중간에 형성된 여러 퇴적지에는 조건에 따라 아고산초원 군집 또는 위에서 숱한 산림 식생복합체를 이룬다. 해안의 경사면이나 절벽에는 그곳의 복잡한 환경 조건에 적응하여 아주 다양한 초본들이 식물군락을 이루어 여기저기에 분포한다. 식물 군락의 공간 복합체는 복잡한 계통을 이룬다. 아브레크 지역 식물상 구성의 모자이크화와 다양화는 이 지역 식물분류에 큰 어려움을 주었다.

우리는 아브레크 지역 동남 산비탈 산림이 없는 개활지의 식물군락을 아래와 같이 구분한다.

1. 해안가 내 염성식물 초원
2. 해안가 고등식물 군집

3. 동남향 산비탈 바위식물

4. 퇴적지

5. 잡초-작은 풀 초원화 습지

6. 초원 식물 군집(습지화 초원)

7. 아고산 제한성 초원 군집

8. 산봉우리 비산림 식생지

산양에게 중요한 의의를 가지는 군집은 앞의 6개 군집인데, 그중에서도 제1, 2 군집이 채식지로 많이 이용된다<표 2>.

〈표 2〉 3개의 기본 채식지 유형의 분할과 그 면적

채식지	총면적		채식지 유형	채식지 유형면적	
	ha	%		ha	%
Ⅰ	698.9	71.7	산림	436.9	44.9
			바위-초원	262.0	26.9
Ⅱ	247.2	25.3	산림	119.2	12.2
			바위-초원	128.0	13.1
Ⅲ	25.3	2.9	산림	28.4	2.9
			바위-초원	-	-

본 지역 개활된 산비탈의 식물상은 내건성 참나무림과 아주 흡사하나 그 밑의 가장자리는 해발고도에 따라 변화가 아주 심하다. 바위가 많은 비산림 산비탈지역에서 기록된 고등유관속 식물 종수는 전부 307종이다. 산림 산비탈지대와 일치한 식물상 구성은 71%이고, 초본 종류는 275종(89.5%), 교목은 5종(1.8%), 관목과 덩굴을 포함시킨 종은 27종(8.7%)이다. 이곳 경제식물그룹 중 우점종 식물은 216종(70.3%)이다. 교목, 관목 및 덩굴의 조성은 32종(10.4%)이고 화본과 식물은 30종(9.7%), 콩과 식물은 14종(4.5%), 사초과는 6종(1.9%), 아관목과 관목은 7종(2.2%), 산석송 종류는 2종(1.0%)이다.

Stepanova와 Kachura(1970)는 아브레크 지역의 식생을 조사·연구하였다. 그들은 이곳 산양 채식지를 3개 유형으로 분류하였다. 즉, 바위지역에 잡초와 키 작은 풀이 반점을 이룬 초지와 관목이 형성한 채식지, 경사가 완만한 바위산과 계곡 강바닥 채식지, 스크리트 강 계곡과 서북향 바위산 채식지이다.

우리는 연해지구 초원과 채식지의 분류(Saverkin, 1936; Yaroshenko, 1962)를 기반으로, 그리고 선행 학자들의 연구를 참조하여 아브레크 지역 산양의 서식지를 두 유형으로 나누었다. 즉, 바위-초지와 산림지이다. 위의 분류 중 제3유형은 틀린 것으로 보인다. 왜냐하면 산양은 오로지 동남 산비탈에서만 서식하기 때문이다. 채식지 총면적은 975 ha이고, 그중 산림지는 60%, 돌 초지는 40%를 차지한다.

식생특징에 따라 군집 구성 중 먹이식물의 존재 여부, 먹이식물 생산량의 다소, 산양의 채식 빈도 등 특징을 고려해 우리는 산양 채식지를 3개 등급으로 나누었다. Ⅰ등급은 제1위, 산양의 먹이관점으로 볼 때 제일 가치 높은 것, Ⅱ등급은 제2위, Ⅲ등급은 제3위, 또는 가끔 채식지로 사용되는 지역이다<표 3, 4>.

〈표 3〉 산양의 산림형 채식지와 분류

군 집	채식지 등급	채식지 면적(ha)	채식지 면적/총면적(%)
참나무-싸리나무	Ⅰ	182.1	18.7
참나무-개암나무	Ⅰ	74.4	7.6
참나무-진달래	Ⅱ	63.6	6.6
참나무-삼나무-잡관목	Ⅰ	116.7	11.9
참나무-잡초	Ⅱ	42.4	4.3
참나무-산새풀	Ⅱ	34.3	3.6
삼나무-참나무	Ⅱ	42.6	4.4
이깔나무	Ⅲ	18.8	1.9
퇴적지	Ⅲ	9.7	1.0
총 계		584.6	60.0

〈표 4〉 산양의 바위-초지 채식지

군 락	채식지 등급	채식지 면적(ha)	총면적의 비례(%)
내염성식물 초지	Ⅱ	28.0	2.9
연해지구 키 큰 풀 군락	Ⅰ	55.0	5.7
초원화 잡초, 키 작은 풀 초지	Ⅰ	196.0	20.1
바위의 지피	Ⅱ	100.0	10.2
잡초-새 초원 군집	Ⅰ	11.0	1.1
총 계		390.0	40.0

우리는 항공사진을 이용하여 산양 채식지의 식물 지리적 분포를 작성하였고<그림 2>.
1978년 자연보호구의 산림 조직과 함께 아브레크 지역의 산림구성을 조사 하였다(실지
작업일 32일). 채식지 유형을 세밀히 조사하고 지도를 작성하였다. 그리고 도상 사면 면
적계(제도용 면적측정법)로 그 면적을 계산하였다.

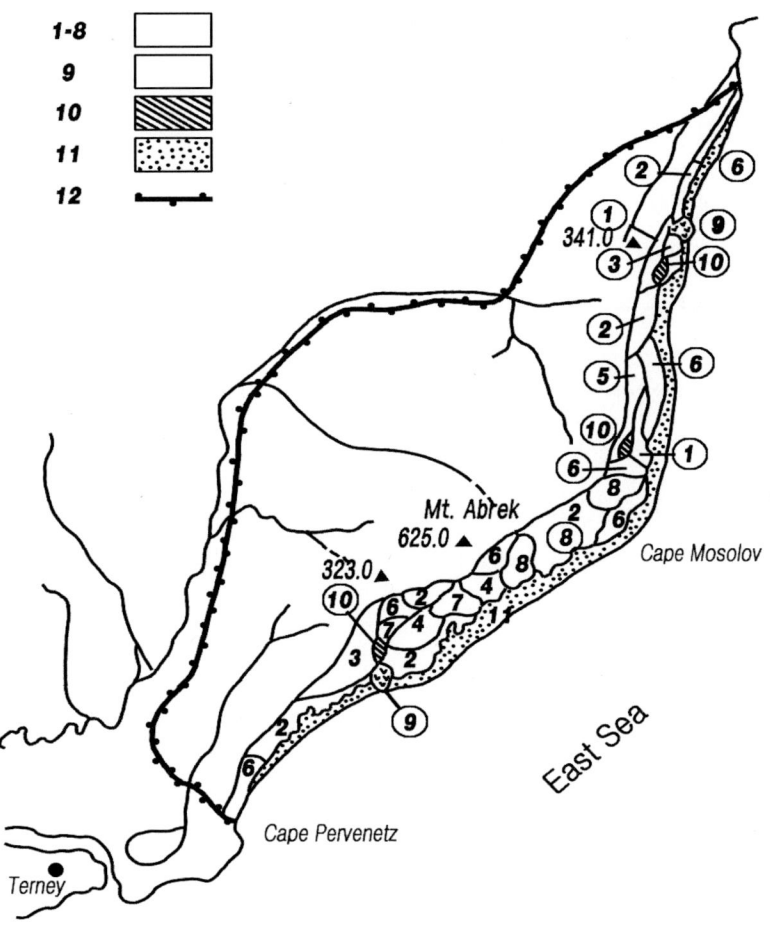

〈그림 2〉. 아브레크 지역 동사면 식물 지리분포도.
1. 8은 산림(참나무림: 1. 진달래 잡관목군, 2. 싸리나무, 3. 개암나무, 4. 잡초, 5. 산새풀, 6. 진달래, 7. 낙엽송림,
8. 참나무와 소나무 혼합림), 9. 키 큰 풀의 초지, 10. 퇴적지, 11. 돌 초지지역, 12. 보호구 분계선

산림 채식지의 산양 먹이식물은 총 218종이었고 이는 이 지역 총 참나무림 식물상의 62%를 차지했다<표 5>. 먹이식물 중 잡초가 우세를 차지했고(83.9%), 그 외 교목먹이종이 7.7%이었고 관목이 8.4%이었다.

〈표 5〉 아브레크 지역 산양 채식지의 식물상: 총 구성종과 산양 먹이식물종

| 채식지 유형 | 식물군집 | | | | | | | | | 식물 총종수 | 먹이식물 종수 | % |
| | 풀 | | | 교목 | | | 관목 | | | | | |
	종수	먹이종수	%	종수	먹이종수	%	종수	먹이종수	%			
참나무-개암나무	226	149	65.9	7	6	85.7	10	8	80.0	243	163	67.1
참나무-잡초	184	135	73.4	11	10	90.9	8	5	62.5	203	150	73.9
참나무-싸리나무	164	116	70.7	5	4	80.0	10	7	70.0	179	127	71.0
참나무-진달래	135	100	74.1	9	8	88.9	13	6	46.2	157	114	72.6
참나무-산새풀	85	72	84.7	6	4	66.7	6	3	50.0	97	79	81.4
참나무숲 식물종총수	312	183	58.7	20	17	85.0	20	18	90.0	352	218	62.0
돌비탈 개활지와 초지	275	187	68.0	5	4	80.0	27	22	81.5	307	213	69.3
총계	391	226	57.7	21	17	81.0	34	26	76.5	446	269	58.0

참나무숲이 생장기에 제공할 수 있는 먹이의 중량[2]은 1,560㎏/ha이다. 건조기에는 초본 수확량이 다소 줄어든다.

산비탈 아래 ⅓부분의 산림지역은 산양이 자주 즐겨 찾는 곳이다. 그러나 분수령과 경사면 윗부분은 매우 드물게 찾아간다. 이곳을 찾는 이유는 산양이 제일 즐기는 풀을 먹기 위함인 것 같다. 산새풀과 사초는 실제 먹지 않는다. 산양은 산림 채식지를 사계절 지속적으로 이용한다. 그러나 눈이 많이 오는 기간은 제외된다(1~3월). 이때 참나무숲 속의 적설량은 50㎝에 달하여 산양은 먹이를 뜯을 수 없게 된다. 이 시기 바위-초지 채식지는 산양의 주요 서식지가 되고 산양 생활에 보다 중요한 의의를 가진다.

바위-초지 채식지의 식물상 구성 중 213종이 산양의 먹이로 이용될 수 있다. 이는 이 지역 개활 산비탈 총 식물상의 69.3%를 차지한다<표 5>. 먹이 중 잡초가 우세를 차지하여 187종에 87.8%이고, 교목-관목 먹이가 26종으로 12.2%를 차지한다.

생장기 채식지의 건조 사료의 단위 수확량은 2,600㎏/ha이고 이는 아주 중요한 먹이로 쓰인다. 산양은 바위-초지 채식지를 일 년간 장기적으로 이용하는데 비교적 건조한 8월 말에서 9월 초는 제외된다. 건조기에 대부분의 풀은 조잡해지고 시들기 시작한다.

---

2) 주: 높이 0.5㎝ 이하, 길이 1.8m, 표면적 1㎡ 초본의 자연 건조 질량을 먹이 단위 중량이라고 한다.

다음으로 보다 상세히 채식지의 특징을 알아보기로 하자.

산양 산림 채식지

[저산 초원화 참나무-개암나무림] 아브레크 강 남부의 워리에르니지류 지역에 참나무, 개암나무림은 제일 넓은 지역을 차지하고 있다. 참나무림은 그리 크지 않은 반점형으로 자주 나타나고 20° 이상의 험준한 절벽지대의 참나무 잡초 군집과 참나무림이 교대로 나타난다.

수림은 신갈나무 7, 자작나무 2, 물박달나무(*Betula dahurica*) 1로 구성되어 있고 싸리나무가 약간 섞여 있다. 평균 수고는 14m, 평균 흉고직경은 17㎝, 수관 피복도는 0.6, 임분지위급(林分地位級)은 4, 수령은 120년이다. 와리에드니 계곡의 식수된 참나무는 최근에 산불의 영향을 받지 않아 기타 55년생 참나무림과 많이 다른 모습이다. 이외 호랑버들(*Salix caprea*), 황벽나무(*Phellodendron amurense*)가 나타났고 가끔은 고로쇠나무(*Acer mono*), 산겨릅나무(*Acer tegmentosum*)도 보였다. 하층식생의 높이는 2m, 수관 피복도는 0.4이고 기록된 종은 난티잎개암나무(*Corylus heterophylla*)가 많았고 얇은잎고광나무(*Philadelphus tenuifolius*), 쉬땅나무(*Sorbaria sorbifolia*), 왕머루(*Vitis amurensis*) 등이 각각 한 그루씩 발견되었다.

초본식물 군집은 두 층으로 나눌 수 있는데 그 높이는 20㎝와 60㎝이고 피복도는 60%, 초본 구성은 다양하였다. 쥐손이풀(*Geranium erianthum*)(Cop3), 꿩의다리(*Thalictrum tuberiferum*)(Cop1), 오이풀(*Sanguisorba glanduosa*), 넓은잎그늘사초(*Carex pediformis*)(Sp), 넓은잎외잎쑥(*Artemisia stlonifera*), 가는잎쑥(*Adenophora sublata*), 선백미꽃(*Cynanchum inamoenum*), 넓은잎포아풀(*Poa skvortzovii*) (So1) 등이 우점종이다.

참나무-개암나무림의 잡초는 더욱 풍부하다. 그중 이미 동정한 품종이 226종이고, 나무 줄기에 붙은 지의류 속은 *Cetraria, Peltigera, Zobaria*이었고 바위 위에 자란 선태류는 *Hedvigia albicans*가 발견되었다.

참나무림에는 산양이 즐겨 먹는 식물들이 아주 풍부하였다. 풍년에는 도토리와 호두가 아주 많이 열린다. 이런 유형의 채식지에서 먹이식물 단위건조생물량은 790㎏/ha로 기타 참나무 혼효림보다 높다. 하지만 보다 정밀한 조사계산이 필요하다고 본다. 산양은 이런 채식지를 빈번히 찾기 때문에 1급 채식지로 인정한다.

[저산 초원화 참나무-싸리나무림] 본 산림은 동남쪽 산비탈의 중부와 아랫부분에 위치한다. 이곳은 기후가 건조하고 바위가 험하여 10°에서 45°에 달한다. 산양 채식지 총면적의 23.16%가 이런 형태이다. 지피가 덮인 면적 크기로 볼 때 이곳이 제1위를 차지한다. 이곳의 토양은 지력이 낮고 식생발육이 적으며 작은 돌이 많이 섞인 땅이다. 퇴적지와 사태가 많이 발생한다. 퇴적지에는 키가 낮은 사초(*Carex nanella*) 잔디나 부드러운 귀리(*Festuca mollissima*)가 군락을 이루어 자란다.

수종의 구성은 참나무 9, 자작나무 1에 물박달나무가 조금 섞여 있다. 나무 평균높이는 9m, 직경은 10㎝, 참나무 수령은 50년, 임분지위급은 4급, 수관 피복도는 0.7이다.

하층 식생은 싸리나무(*Lespedeza bicolor*)가 우점종이고 시호트진달래(*Rhododendron sichotense*)가 가끔 보인다. 노출된 바위 위에는 선태지의류와 *Dasiphora mandshurica*(*Dasiphora* 는 *Potentilla*와 동의어로 기록됨)가 있다. 평균높이는 1m, 피복도는 0.1에서 0.4로 각기 다르다. 참나무림의 교목과 관목은 모두 13종이 기록되었다.

초지의 풀은 희소하나 종류는 많다. 피복도는 20~30%이다. 조성은 사초(*Carex nanella*)(Cop1), 피사초(*Carex longerostrata*), 만주송이풀(*Pedicularis maudshurica*)(Sp), 산새풀(*Calamagrostis korotkyi*) 사이또쑥(*Artemisia saitoana*), 양지꽃(*Potentilla rugulosa* sp.), (*Artemisia maximovicziana*), 솜방망이(*Senecio kawakamii*), 벌완두(*Vicia amurensis*), 은방울꽃(*Convallaria keiskei*), 시호트포아풀(*Poa sichotensis*)(So1) 등 총 16종이고 그중 70.7%가 산양의 먹이식물로 이용된다.

참나무-싸리나무의 생물량은 높지 않아 먹을 수 있는 양은 평균 2,000㎏/㏊(선중)이고 자연 건조하의 양은 720㎏/㏊이다. 그중 산양의 채식지로 이용되는 참나무림은 3곳에 분포한다. 채식지의 싸리나무 생물량이 높아 산양에게 사계절 질 좋고 영양가 높은 먹이를 공급해준다. 겨울과 여름철에는 특히 중요한 지위를 차지하고 1급 채식지가 된다. 그 외 참나무-싸리나무림은 햇빛이 잘 들어 화본과와 사초과 식물이 봄철에 제일 먼저 나타난다. 이때 기타지역에는 아직 푸른 풀이 안 자라났으므로 봄철에 이런 채식지는 산양의 생활에 커다란 의의를 가진다. 이상 상황을 총괄해 볼 때 참나무-싸리나무 채식지는 산양의 1급 채식지로 간주된다.

[저산내건성 참나무-진달래림] 아브레크 지역의 참나무-진달래림은 두 유형으로 나뉠 수 있다. 하나는 '순림형'(63.6ha)이고 다른 하나는 두메오리나무(*Alnus maximoviczii*), 난티잎개암나무(*Corylus heterophylla*), 진달래(*Rhododendron*), 싸리나무(*Lespedeza*), 자작나무(*Betula*), 이깔나무(*Larix*) 등의 혼효림이다(116.7ha). 아브레크 지역 남부에 위치한 크고 반듯한 바위초원에 널리 분포하고 보통 산등성이 분수령 주위 바위가 험준한 산비탈(20~60°까지)에 이런 산림이 나타난다. 크고 반듯한 바위초원의 지피는 식생이 무성하고 자작나무(*Betula ovalifolia*)가 섞여 있다. 자작나무(*Betula platyphylla*)는 포복형으로 퍼져 넓게 지면을 덮고 수고는 2.5m 이내이고 수관 피복도는 60~100%이며 수간 직경은 3~6cm이다.

하층 식생 중 관목은 진달래가 우점종이고 수고는 1.5m이고 수관 피복도는 100%, 가끔 두메오리나무(*Alnus maximoviczii*)가 섞여 있다.

초본은 아주 빈약하다. 피복도는 10~15%뿐이고 군데군데 완전히 지피가 결핍된 곳도 있다. *Krascheninnikovia rigida*(Cop1), 만주사초(*Carex vanheurckii*)(Sp), 겨이삭(*Agrostis trinii*), 산체꽃(*Scabiosa lachnophylla*), 만주송이풀(*Pedicularis mandshurica*), 갯쑥부쟁이속인 *Heteropappus villosus*, 월귤(*Vaccinium vitisidaea*)(Sol), 구절초속의 *Dendranthema pallasianum* 등이 눈에 띈다. 바위층이 드러난 지역은 시베리아선태나 지의류가 나타난다.

참나무-진달래림의 단위별 사료 생산량은 매우 낮았다. 진달래 군락은 너무 밀집되어 있어 동물이 통과하기에 어려울 정도이다. 때로는 이 무성한 관목림이 산양을 숨겨주기도 한다. 이는 숲 속에 누웠던 자리와 자주 다니는 오솔길이 생긴 것으로 알 수 있다. 겨울철에 산양은 진달래 잎을 먹이로 이용하기도 한다. 참나무-진달래림은 2급 채식지로 취급된다. 다시 말하면 이 산림은 산양의 주요 채식지가 되지 못한다.

참나무-진달래숲의 하층식생에는 기타 잡목이 여러 층을 형성한다. 이러한 숲은 고산 바위 많은 지역, 퇴적지, 그리고 건조하고 빈약한 토양에서도 나타났다.

수목의 조성은 참나무 8, 자작나무 1, 물박달나무 1 비례이고 그 외 진달래 등이 섞여 있다. 수령은 30~45년생, 평균높이는 6m, 임분지위급은 5급, 수간 평균 직경은 6~7cm, 피복도는 0.9이다.

중간층 식생은 개암나무, 오리나무, 싸리나무, 꼬리조팝나무 등이고 피복도는 0.6이고 수고는 1.5~2.5m이다. 이 참나무림의 총 수종 구성은 16종이었다.

참나무림의 지면 피복도는 30~40%이다. 그 조성은 산새풀(Cop2), 윌귤(Cop3), *Kraschenninnikovia rigida*(Cop1), 넓은잎그늘사초(*Carex pediformis*)(Sp), 두루미꽃(*Maianthemum intermedium*)(So1), 큰원추리(*Hemerocallis middendorfii*)(Un) 등이다. 참나무-진달래 숲에서 기록된 식물(교목, 관목, 풀)의 총 종수는 157종이고 그중 114종(72.7%)이 산양의 먹이식물이었다.

참나무, 진달래 등 잡목 숲의 단위 먹이 생산량은 510kg/ha로 채식지 중 참나무-싸리나무숲 다음으로 두 번째이다. 눈이 적은 겨울에는 산양이 이 채식지를 주로 이용하였다. 이런 유형의 채식지는 아주 넓은 면적을 차지했고 통과하기도 순조로워 1급 채식지로 간주한다.

[저산내건성 참나무-산새풀숲] 해안가 산맥 정상 분수령을 따라 분포하고 약 34.3ha의 그리 넓지 않은 면적을 차지한다. 산림의 구성은 단층이고 정원식으로 조성되어 있으며 그 비율은 참나무 8, 자작나무 1, 싸리나무 1이다. 분수령의 퇴적지에서는 자작나무(*Betula lanata, Betula platyphylla*) 혼효림이 나타나고 바위가 많은 계곡 출구에는 낙엽송(*Larix olgensis*)림이 나타난다. 수고는 8m, 피복도는 90~100%이고 수간 직경은 16cm, 소밀도(疎密度)는 80%, 임분지위급은 5급, 연령은 50년생이다. 하층식생은 아주 희박하여 군데군데 완전히 식생이 없어지고 자연 회복도 빈약하다.

초지의 산새풀(Cop1-Soc)과 넓은잎그늘사초(Sp)는 똑같은 우세를 차지하고, 지면 피복도는 60~100%이다. 그 외, 쑥(*Artemisia medioxima*), 산새콩(*Lathyrus humilis*), 수레국화(*Polemonium liniflorum*), 기생꽃(*Trientalis europaea*)(Sol) 등이 가끔 눈에 띈다. 참나무-산새풀숲의 식물종수는 85종이고 교목과 관목은 12종이다. 그중 79종(81.4%)이 산양 먹이로 이용될 수 있다.

참나무-산새풀숲의 단위먹이생산 건조량은 570kg/ha이다. 참나무-산새풀 군락은 해안가 산맥의 분수령 위쪽 부분에 분포하기 때문에 이곳은 산양 서식지의 외곽이 된다. 자연히 산양의 왕래 빈도는 높지 않다. 심지어는 가을철 산새풀이 피고 떡갈나무 열매(도토리)가 많이 떨어질 때도 마찬가지이다. 여름에 산양은 이곳을 가끔 찾아들어 약간의 풀을 뜯기는 하지만 마른 먹이와 산새풀은 전혀 먹지 않는다.

이러한 참나무-산새풀숲은 산양에게 그리 중요하지 않으며 자주 찾지도 않으므로 2급 채식지로 취급한다.

[저산건조성 참나무-잡초 군락] 이 군락은 아브레크 산 남부의 동남 산비탈 중부지역의 매우 건조한 지역에 분포한다. 애기며느리밥풀(*Melampyrum setaceum*)를 우점종으로 하는 참나무 잡초림은 아주 넓은 지역을 차지하고 있다. 이 산림에 가끔 고사리(*Pteridium aquilinum*)도 나타난다.

교목층인 신갈나무를 위주로 그 안에 자작나무(*Betula mandshurica*), 물박달나무(*Betula dahurica*)가 혼생하고 가끔은 특수한 변종-고로쇠나무(*Acer mono*)의 변종, 느릅나무의 변종(*Ulmus propinqua*), 낙엽송(*Larix olgensis*)과 잣나무(*Pinus koraiensis*)의 변종들도 섞인다. 수림의 구성은 참나무가 10으로 대부분이며, 자작나무와 물박달나무가 조금씩 섞인다. 소밀도(疏密度)는 1.0, 임분지위급은 3급, 참나무 연령은 45년, 나무 높이는 10m, 수간 직경은 10cm이다.

하층식생은 희소하여 소통(疏通)하나 주로 둥근잎조팝나무(*Spiraea betulifolia*), 왕머루(*Vitis amureusis*), 오미자(*Schizandra chinensis*)이고 가끔은 싸리와 진달래가 섞인다. 나무 높이는 1.5m이다. 참나무 잡초림의 교목 관목의 종수는 19종이 기록되었다.

참나무-잡초림에는 사이또쑥(*Artemisia saitoana*)(Cop1). 애기며느리밥풀(*Melampyrum setaceum*)(Cop3), 고사리(*Pteridium aquilinum*)(Sp), 은방울꽃(*Convallaria keiskei*), 노랑제비꽃(*Viola orientalis*), 쥐손이풀(*Geranium erianthum*), 갯완두(*Lathyrus humilis*), 패모속의 *Fritillaria maximowiczii*, 덤불꼭두서니(*Rubia silvatica*(林內), 바꽃속(*Aconitum desoulavyi*)(Un) 등이 나타났다. 총 184종, 그중 산양 먹이식물이 73.4%이었다.

참나무-잡초의 피복도는 60%이고 월평균 먹이생산량은 734kg/ha이다. 즉, 이곳은 눈이 많은 계절(1월에서 3월까지) 이외에는 지속적으로 충분한 먹이를 공급해 줄 수 있다. 하지만 산양의 생존에 그리 커다란 의의를 가지지 못한다. 그 면적이 총 채식지의 5%뿐이기 때문이다. 그렇기 때문에 이곳 역시 2급으로 취급한다.

[연해지구 건성 참나무-설송림] 연해지구 진달래아재비(*Festuca*)-설송(개이깔나무)림에 대하여는 Flyagina(1982)의 상세한 보고가 있었다. 때문에 우리는 이 설송림에 대해 간단

히 묘사하기로 한다.

연해지구의 초원화 된 참나무-설송림의 면적은 42.6㏊로 마조라브 곶과 아브레크 강 상류 사이에 중심지역 동남향 산비탈에 분포한다. 험준한 절벽은 30°를 이루고 고산 암 석층 표면의 토양은 돌 부스러기를 많이 함유하고 빈약하며 토양골격이 단단하다.

교목의 조성은 그 높이에 따라 10그루의 소나무와 4그루의 참나무, 2그루의 소나무종 류(*Larix*), 4그루의 설송 비례로 구성되고 설송 연령은 140년, 소밀도는 40%, 임분지위급 은 5급, 수간 높이는 16m, 수간 직경은 30㎝이다. 첫 번째 층은 잣나무(*Pinus koraiensis*), 두 번째 층은 신갈나무와 낙엽송(*Larix olgensis*)이 절대다수를 차지한다.

하층식생은 시호트진달래(*Rhododendron sichotense*), 피복도는 30%이고, 초본은 빼곡히 자라지 못하고 극히 나약하며 피복도는 5~10%뿐이다. 전형적인 초원식물로는 김의털속인 *Festuca ovina*, *Festuca auriculata*, 사초(*Carex nanella*), 솔체꽃(*Scabiosa lachnophylla*), 가는기린초(돌나물속. *Sedum sichotense*) 등을 들 수 있다.

초본 종수가 풍부치 못하고 또한 제한된 좁은 지역에 분포하기 때문에 산양 개체군의 사료공급지로는 커다란 의미를 가지지 못한다. 이 군락 역시 2급으로 간주한다.

[퇴적암지] 큰 바위에 형성된 퇴적지는 아브레크 지역에서 그리 많이 찾아볼 수 없다. 총면적은 약 14.4㏊뿐이다. 퇴적지는 대부분 참나무숲 가까이에 분포하고 약간은 해안가 쪽의 산 정상 분수령에서 찾아볼 수 있다. 고산 바위 위에는 지의류(*Cladonia stellaris*, *Cetraria*, *Peltigera Thamnolia*, *Stereoconlon*) 등이 구성한 지피가 퍼지나 커다란 군집을 이룬다. 이러한 군집 속에 가끔 신갈나무, 자작나무 그리고 눈까치밥나무(*Ribes trist*)도 산 재한다.

이곳에서 흔히 볼 수 있는 초본식물은 비단쑥(*Artemisia lagocephala*), 조팝나무(*Spiraea flexuosa*)와 아무르 왕머루(*Vitis amurensis*) 등과 관목, 덩쿨들*hala*), 주저리고사리(*Dryopteris fragrans*), 현삼(*Scrophularia amgunensis*)이고 바위틈 사이에 토양이 있는 곳에는 여러 건성 초원 식물들이 작은 군집을 이루기도 한다. 이런 식물들의 대부분은 식물체 내부에 무성번식 기관들이 발달되어 있다.

신갈나무림이 있는 퇴적지에는 산양의 방문이 그리 많지 않다. 눈이 없는 시기에 가끔 극소수의 산양 개체가 채식지로 이용할 뿐이다. 때문에 이런 지역은 산양의 채식지로는 실제적인 의미가 크지 못하여 3급 채식지로 취급한다.

낙엽송림: 산지낙엽송림은 오르강낙엽송(*Larix olgensis*)과 신갈나무(*Quercus mongolica*)와 자작나무(*Betula mandshurica*)로 구성되어 있고, 산 정상 분수령을 따라 반점을 이루며 자란다.

수종의 구성은 낙엽송이 5, 신갈나무가 3, 자작나무(*Betula platyphylla*)가 2이고 그 외 물박달나무(*Betula dahurica*)가 조금 섞여 있다. 수고는 12m, 흉고직경은 17cm, 산림지위급은 3, 수관의 소밀도는 0.7~1, 수령은 평균 40~55년이다. 와리에롬 산골짜기의 낙엽송은 150년에 달한다. 상층에는 낙엽송뿐이고 중간층은 신갈나무, 자작나무와 물박달나무로 구성된다.

임하하층의 식생은 무성하며 우점종은 시호트진달래(*Rhododendron sichotense*), 난티잎개암나무(*Corylus heterophylla*)이고, 가끔 쉬땅나무(*Sorbaria sorbifolia*), 생열귀나무(*Rosa davurica*), 얇은잎고광나무(*Philadelphus tenuifolius*) 등이고 그 소밀도는 0.3이다.

숲 밑층풀은 빈약하여 그늘진 곳에는 거의 풀이 자라지 못한다. 햇볕이 쪼이는 면적은 30%에 달할 뿐이다. 일반적으로 산새풀(*Calamagrostis langsdorffii*), *Kraschennikovia rigida*, 두루미꽃(*Majanthemum intermedium*), 월귤(*Vaccinium vitis-idaea*) 등이 흔히 보인다. 모시풀(*Boehmeria sp.*), 족도리(*Asarum sieboldii*), 꽃고비(*Polemonium liniflorum*), 포아풀(*Poa nenonialis*) 등도 있다. 나무껍질 위에는 지의가 덮여 있고 토양층에는 낙엽송침엽과 마른 나뭇가지, 그리고 신갈나무잎들이 쌓여 있다.

여름철, 낙엽송림 속에는 많은 산양의 잠자리 흔적과 화장실, 자주 다닌 오솔길을 발견할 수 있다. 무더운 여름철 산양은 흔히 무성한 관목 숲 속에서 더위를 피해 누워 있곤 한다. 하지만 낙엽송림은 산양의 채식지로는 커다란 의미가 없기 때문에 2급 채식지로 취급한다.

산양 돌산초지 채식지

해안가 조석(潮汐)지대의 식생: 아브레크 지역 해안가에서 자갈과 모래가 많은 조석지대의 내염성식물 군집은 산양의 중요한 채식지의 하나이다. 본 식물군집의 형성은 바닷물에 침윤된 모래자갈밭에서 처음 적응한 내염성식물 선봉종들의 침습과 관련된다. 이곳의 주요 식물은 석죽(*Ammodema peploides*), 갯지치(*Mertensia asiatica*), 활량나물(*Lathyrus japonicus*), 해란초(*Linaria japonica*), 갯능쟁이(*Atriplex patula*), 가는갯능쟁이(*Atriplex litoralis*) 등이다. 본 군집은 신생군집으로 밀집되지 않고 피복도는 5% 정도이다.

해안가 암석 분계선은 계절풍과 침식작용으로 인해 심하게 파괴되어 있다. 큰 암석이 깨지고 침식되어 산 아랫부분으로 내려가며 수직으로 선 협곡을 이루거나 돌경사면과 자 갈밭도 생긴다. 자갈이 쌓인 퇴적지에는 특수한 화본과 잡초가 내염성초지를 형성한다. 이 퇴적지 식물군집의 구성은 갯보리(*Elymus dahuricus*), 갯그령(*Elymus mollis*), 갯강활(*Angelica gmeliinii*), 괴불주머니(*Corydalis pallida*), 율무쑥(*Artemisia koidzumii*), 기름당 귀(*Ligusticum hultenii*), 별완두(*Vicia multicaulis*) 등이다.

이 지역의 내염성초지 규모는 그리 크지 않다. 보통 5~20m의 비좁은 벨트형식으로 해안가를 따라 뻗어 나간다. 통과할 수 없는 암석이 바다로 돌출하여 벨트가 끊어지기도 한다.

이 초지의 8월 자연 건조하의 생물량은 3,150kg/ha이다. 해안가 내염성초지는 산양이 자주 이용하는 채식지이다. 하지만 하반기는 예외이다. 이 내염성초지는 먹이 채식지로는 그리 큰 의미가 없지만 산양이 미네랄을 보충하는 데에 큰 도움을 준다.

연해 지역 키 큰 풀-관목지: 키 큰 풀이란 용어는 처음 Yaroshenko(1962)가 제안한 것 으로 우리가 아브레크 지역의 잡초인 키 큰 풀 초지의 명명에 사용하였다.

키 큰 풀-관목지는 개활된 협곡이나 골짜기에 위치하고 있으며 토양의 발육은 충분하 고 습기가 차 있다. 완만한 산비탈의 신갈나무림 가장자리는 바다 가까이까지 뻗어 키 큰 초본들의 성장에 유리한 공간과 조건을 제공한다.

이 식물 군집의 특징은 풀의 키가 크고 밀집해 성장하며 식생이 다양한 것이다(1㎡에 10~12종). 이 군집의 우점종 식물은 그메린쑥(*Artemisia gmelinii*)외 2~3종, 은광향자채 (*Plectranthus glaucocalyx*), 각시취(*Saussurea pulchella*), 산비장이(*Serratula coronata*), 별완두(*Vicia multicaulis*) 등이 있다. 이런 식물의 키는 2m에 달한다. 이 잡초-화본과 군락 의 종다양성은 높다. 주요 식물은 벼과(*Stipa effuse*), 산조풀(*Calamagrostis brachytricha*), 사이또쑥(*Artemisia saitoana*) 등이 있다. 이 잡초관목초지에는 초본 외 다른 몇 종의 관목이 섞여 있다. 싸리(*Lespedeza bicolor*), 매발톱나무(*Berberis amurensis*), 각시괴불나무(*Lonicera chrysantha*) 등이 보인다. 초본층은 두 층으로 나뉘나 그리 뚜렷하지 못하고 피복도는 100%이다. 그메린쑥은 해안가 초지의 대표식물로 키가 크고 1년 4계절 모두 산양에게 먹이를 공급해 준다(Shaulskaya, 1980). 해안가 키가 큰 잡초 관목지는 영양 생장기의 먹이 생물생산량은 2,900㎏/㏊에 달하고 장기적으로 산양이 이용하고 있으며 충분한 저장량을 보여주고 있으므로 1급 채식지로 인정한다.

동남 고지 바위 위의 식생: 독특한 바위 서식지는 해발 75, 100, 120m에 위치한다. 이곳의 식물 군락은 적고 일부만 개방된 환경이다. 여러 건성식물이 기반을 이루는데 쑥(*Artemisia pannosa*), 시호트기린초(*Sedum sichotense*), 만주두메자운(*Oxytropis mandshurica*), 양지꽃(*Potentilla zugulosa*) 등이 우점종이다. 이곳에도 극상 군락이 존재하는데 만주우드풀(*Woodsia ilvensis*), 꽃다지(*Draba ussuriensis*), 우수리꽃다지(*Draha lanceolata*), 도라지(*Platycodon grandifloris*), 가는기린초(*Sedum spinosum*), 실사리(부처손속, *Selaginella sibirica*), 북실사리(부처손속, *Selaginella borealis*)로 구성한다. 이 바위식물 군집에는 다른 고산돌 초원 종들도 침입한다. 그 종으로는 무성하고 다년생인 노랑부추(*Allium condensatum*), 두메부추(*Alluim senesens*), 묵새(*Festuca supina*), *Festuca lenensis* 등이 있다. 관목류(*Dasifora manschurica*)가 제일 먼저 산비탈의 바위틈 사이에 정착하고, 이어 작은 군집을 형성하기 시작한 것이다. 산비탈의 초지 피복도는 20%에 달한다.

이 바위식물 군집을 기타 식물 군집과 비교해 볼 때, 본 지역은 산양의 채식지로서 커다란 의의를 가지지 못한다. 비록 산양이 즐겨 먹는 화본과 식물과 연한 잡초들이 자라고 있고 산양 역시 1년 4계절 이용하고 있지만, 생산량은 너무 적다.

모래자갈 산비탈: 모래자갈 산비탈지역은 해발 50~350m 범위 내의 여러 고도에서 나타난다. 이곳은 보통 섬백리향(*Thymus japonica*)을 위주로 형성한 반관목지대가 모래자갈의 이동을 고정시켜주고 있다. 이렇게 정착된 지역에는 현삼(*Scrophullaria amgunensis*), 별완두(*Vicia multicaulis*), 용머리(*Dracocephalum multicolor*), 오랑캐장구채(*Silene folisa*), 마리풀(*Polygonum platyphyllum*) 등이 보이기 시작한다. 이 지역의 교목-관목숲의 수종은 오르강낙엽송(*Larix olgensis*), 두메오리나무(*Alnus maximowiczii*), 신갈나무(*Quercus mongolica*)이다. 그리고 모래자갈이 정착된 곳에는 초지가 생기고 낮은사초(*Carex nanella*), 양재꽃(*Potentilla rugulosa*), 난장이붓꽃(*Iris uniflora*) 등이 나타나기 시작한다. 초본의 피복도

는 어떤 지역은 50%에 달하나 실제는 10%에 불과하다.

모래자갈 산비탈 지역은 산양이 1년 4계절 줄곧 이용하는 채식지이다. 이점에서는 암석지대와 별다른 점이 없다. 그러나 특히 겨울철 산양은 이곳 풀의 뿌리를 많이 캐어 먹으므로 특수한 의의를 가진다. 유감스러운 점은 이곳의 생물량 역시 충분하지 못한 것이다.

잡초-낮은 초본 안정된 채식지: 안정된 초지는 아브레크 지역에서 건조하고 토양이 약하며 트인 돌 산비탈 지면에 분포한다. 해발은 100~120m이고 잡초기반은 아주 튼튼하다. 기반 초본종은 낮은사초(*Carex nanella*), 구와쑥(*Artemisia laciniata*), 김의털(*Festuca ovina*), 김의털속의 *Festuca auriculata*, 큰기름새(*Spodiopogon sibiricus*), 도랭이풀(*Koeleria askoldensis*)이 있고, 건성 초원식물로는 솔체꽃(*Scabiosa lachnophylla*), 솔나물(*Galium verum*), 두메부추(*Allium senescens*), 큰점나도나물(*Cerastium fischerianum)*, 구와꼬리풀(*Veronica dahurica*) 등이 있다.

이 초지는 모자이크식의 특징을 가진다. 화본과, 사처과 쑥, 그리고 여러 잡초가 함께 빈번히 혼합해 군집을 이루는가 하면 확산작용에 의해 그 분포가 넓어지기도 하고 크고 작은 새로운 군집을 형성하기도 한다. 이 초지에는 키가 작은 식물들이(높이 17~20cm) 낮은 식물군락을 이룬다. 그중 대다수 이상(95%)이 다년생 초본이다. 초지 식물 군락의 분층현상은 뚜렷하지 않다. 밀도는 1㎡에 28~39 초본종, 140~400개체가 자라고 있다. 초본의 피복도(잎이 자랐을 때 표면을 덮는 정도)는 70%다.

두과(*Leguminosae*) 식물도 풍부하다. 주요 식물은 자운영(황기)(*Astragalus maritimus*), 달구지풀(*Trifolium lupinaster*), 두메자운(*Oxithropis mandshurica*) 등이 있다. 가끔 군데군데 관목이 자라는데 대부분 키가 작다. 관목은 우수리장미(*Rosa ussuriensis*), 생열귀나무(*Juniperus dahurica*)가 제일 많이 보인다. 이 채식지의 풀들은 토양의 빈약과 건조, 해풍의 침습, 그리고 산양의 채식으로 인해 생장이 빈약하다.

이 목장의 잡초 중 먹이식물의 총 생산량(자연건중)은 5월에 87kg/ha이고 9월에는 1,650kg/ha이다.

여름이 지나면 채식지의 생산량은 줄어들고 돌이 많은 지역의 풀들은 완전히 시들어 말라버린다. 이 잡초 채식지는 산양이 자주 이용하는 곳이나, 하반기에는 먹이풀이 충분하지 못하다. 먹이풀의 생장이 무성하기 때문에 이곳을 1급 채식지로 인정한다.

잡초-새군집 식생: 이 식생지는 아브레크 지역의 중앙부에 위치하고 해발고도는 300~

410m이고 토양이 빈약하며 모래가 많은 토질이다. 이곳의 식물상은 전형적인 건성화본과 초본인-새(*Arudinella hirta*)가 우점종으로 구성된 초원형 초본 잡초 군집이다. 본 군집은 산림 가장자리의 특징을 띄고 있어 인접한 신간나무-관목숲이 건조한 산비탈을 따라 뻗어 가는 변두리에 분포한다. 총면적은 크지 않아 11ha에 불과하나 아브레크 지역 어디서나 찾아볼 수 있는 군집이다.

이 군집의 식물들은 늦은 여름에 발육하는 특징을 띄고 있다. 예로 산새풀(*Calamagrostis brachytricha*), 넓은잎외잎쑥(*Artemisia desertorum*), 조밥나물(*Hieracium umbellatum*), 오이풀(*Sanguisorba officinalis*) 등을 들 수 있다.

본 군집의 구조는 초원형의 특징을 지니고 있다. 흔히 피(*Koeleria askoldensis*), 새(*Arudinella hirta*), 사초(*Carex nanella*)들이 조밀히 모여 작은 군락을 이룬다. 이 작은 군락의 중간 지대에는 반생종들이 나타나는데, 주로 호대황(소리쟁이속, *Rumex gmelinii*), 양지꽃(*Potentilla fragarioides*), 갯쑥부쟁이속인 *Heteropappus villosus*, 두메부추(*Allium senescens*) 등이 있다. 본 잡초-새 초본 군집지역은 산양에게 겨울철에 커다란 의의를 가진다. 우리는 이 채식지를 1급으로 취급한다.

산양의 채식이 토양과 식생에게 미치는 영향

산양의 채식으로 인한 산비탈 초지의 국부적인 영향은 풀밭의 토양을 성글게 해주고 일부분 어린 유목(교목과 관목)을 사라지게도 하는가 하면 토양을 노출시켜 침식을 촉진시키기도 한다.(Ramenskii, 1971). 아브레크 지역은 산양의 채식으로 인해 풀밭의 부분토양과 낙엽층은 점차 성글게 되어가고 자주 다니는 곳은 심하게 밟혀 좁은 통로가 구불구불 생겨나 있는 것을 한눈에 알아볼 수 있다. 이런 산양의 통로는 사람도 쉽게 이동할 수 있다. 통로는 서로 평행되고 산비탈에 가로 계단처럼 놓여 있으며, 바위가 많아 통과할 수 없는 지역에서는 끊긴다. 모래와 자갈이 많은 60° 이상의 가파른 산비탈 땅 위에 생긴 산양의 오솔길은 완전히 침식된 상태였다.

겨울철 산양은 절벽이나 바위가 갈라진 틈 사이를 발굽으로 파헤쳐 연한 갯그령(*Elymus mollis*), 노랑부추(*Allium condensatum*)의 뿌리를 캐 먹고, 여름철에 비 온 후 토양이 젖어 부드러워지면 달래나 파의 인경, 구경이나 큰 원추리(*Hemerocallis esculenta*)와 오이풀(*Sanguisorba officinalis*)의 근경을 선택해 먹는다. 겨울철에도 산양은 역시 사초과(*Carex*)와 화본과(*Gramineae*)의 두툼한 뿌리를 뽑아 먹는다. 이로 인해 산비탈의 일부분은 부정적인 영향을 입게 된다. 흩어진 토양은 바위의 침식과정을 다소 촉진시켜주기 때문이다.

사료식물의 종 구성과 그의 이용률은 계절에 따라 크게 다르다. 계절이 변화하면 산양이 먹는 식물의 선택도 달라지고 자연히 먹기 어려운 뿌리 부분만 땅속에 남게 된다. 그리고 채집하는 식물체의 높이도 각기 다르다. 초봄에는 3~4cm 높이이고, 바위틈 사이에서는 그 높이가 더 낮아 1~2cm에 달한다. 여름에는 반대로 식물의 꼭대기 화서만 먹기 때문에 산양 서식지 내의 식물은 적응력이 낮은 경향이 나타난다. 그중 대부분은 색깔이 사라지고 새싹이 없어진다. 가을과 겨울에는 도토리를 먹거나 화본과와 사초과 식물의 뿌리를 먹는다. 때론 나무껍질을 벗겨 먹기도 한다.

1976년 아브레크 지역의 바위 지대와 진달래속의 각종 화목을 포함한 2ha 면적의 공간을 바자(울타리)로 둘러막았다. 그 후 4년 동안 그 속에 우제목 동물을 넣지 않고 자연상태를 유지했다. 1981년 이 바자 속의 한 칸에 한 마리 산양을 5개월 동안 키웠다. 이 산양은 초본 식물만 뜯어 먹었고 다른 보충사료는 하나도 공급받지 않았다. 이 실험에서 우리는 산양이 선택한 1㎡ 내의 먹이식물이 20종에 달함을 알게 되었다<표 6>. 바자 내의 매개 산양은 적어도 15종의 식물을 먹이로 선택한다.

그중 주된 먹이식물은 싸리(*Lespedeza bicolor*), 신갈나무(*Quercus mongolica*)였고, 그 외 11종은 부차적인 먹이였으며, 피사초(*Carex longistrata*)와 사이또쑥(*Artemisia saitoana*)은 잘 먹지 않는 먹이였다. 총괄적으로 볼 때 산양이 이용한 먹이는 총 초지 생물량의 12.4%였다. 산양의 먹이 구성은 아주 다양하였다<부록 Ⅰ>. 446종 고등유관속 식물이 동남 산비탈지대에 서식하고 있다면 그중 269종(58.0%)을 산양이 이용하였다. 매 100주의 식물개체 중 동물로부터 상처를 입은 개체수는 26~28(27%)주였다. 또한 그중 9~15주(12%)는 산양에게 뜯긴 후 완전히 말라죽었다.

식 물 명	생물마른무게(g/㎡)		먹이소비율 (%)
	먹이식물량	한 마리 산양이 먹은 양	
1. 신갈나무(*Quercus mongolica*)	23.1	3.15	19.63
2. 싸리나무(*Lespedeza bicolor*)	8.1	3.9	48.1
3. 진달래(*Rhododendron sichotense*)	17.4	0.85	4.8
4. 물박달나무(*Betula dahurica*)	6.3	0.6	9.5
5. 고사리(*Pteridium aquilinum*)	6.4	0.59	9.2
6. 시호트포아풀(*Poa sichotensis*)	0.68	0.04	5.9
7. 피사초(*Carex longistrata*)	2.7	0.05	1.8
8. 애기며느리밥풀(*Melampyrum setaceum*)	4.3	0.3	1.0
9. 만주송이풀(*Pedicularis mandshurica*)	10.3	1.6	15.5
10. 쥐손이풀(*Geraniym erianthum*)	23.5	1.15	4.85
11. 조밥나물(*Hieracium umbellatum*)	1.3	0.5	38.4
12. 광대수염(*Lamium barbatum*)	1.68	0.8	47.6
13. 참취(*Doelligeria scabra sin Aster scaber*)	1.4	0.28	20.0
14. 사이또쑥(*Artemisia saitoana*)	8.2	0.04	0.48
15. 마타리(*Patrinia scagentii*)	1.2	0.66	55.0
합계(g/㎡)	116.56	14.51	14.4
(×100kg/ha)	11.65	1.45	

산양은 항상 자기 영역을 교목이나 관목가지를 긁어 분비물을 발라 표기한다. 산양은 뿔로 어린 신갈나무, 단풍나무(Acer), 두메오리나무(*Alnus maximoviczii*), 백당나무(*Viburnum sargentii*), 개암나무(*Corylus heterophylla*), 진달래(*Rhododendron*) 등 가지의 껍질을 벗기곤 한다. 산양이 자주 누워 있는 곳 주위의 관목은 지나친 마찰로 인해 죽은 개체가 많다. 수간의 손상률은 총 나무주수의 1%를 차지한다.

몇 년 동안 오래 이용한 화장실은 보통 바위의 돌출부 속에 숨겨져 있고 그 속에는 항상 부식된 산양 똥이 많이 누적되어 있다. 이러한 화장실 주위에는 1~2년생 잡초(부식토를 즐기는 종)들이 무성히 자라고 있다. 예로 흰명아주(*Chenopodium album*), 뚝지치(*Hackelia deflexa*), 가는장대(*Dontostemom dentatus*), 털장대(*Arabis hirsuta*), 장대나물(*Arabis glabra*), 털향유(*Galeopsis bifida*) 등이다. 이외 다년생 초본인 그메린쑥(*Artemisia gmelinii*), 사이또쑥(*Artemisia saitoana*), 넓은잎외잎쑥(*Artemisia stolonifera*) 등도 있다.

산양이 자주 채식하는 초지에는 특히 인접한 신갈나무림의 가장자리를 따라 산양이 오고 간 오솔길이 보인다. 산양이 머물러 있던 곳도 관찰할 수 있다. 산양이 잡초 화본과 군집을 따라 땅을 파헤쳐 표기한 흔적도 볼 수 있다. 이 군락의 생물 생산량은 아주 높고(2,500 kg/ha), 키가 유달리 큰 것이 특징이다.

딱딱한 토양에서 자라는 화본과와 사초과 군집은 보통 해발 300∼500m에 놓이고 분수령의 능선을 따라 분포한다. 이 군집은 낮게 밀집되어 있고 한 층으로 이루어지며 초본 종수는 많다. 그러나 이곳은 죽은 뿌리와 낙엽층이 너무 두터워 산양의 채식지로 그리 적합하지 못하다. 또한 이 지역은 서식지 변두리에 위치하고 있다. 이곳의 기타 우제목 동물의 밀도도 높지 않다. 아브레크 지역은 오래전부터 우제목 동물의 서식지로서 커다란 영향을 받았다. 수천 년 동안 산양은 서식지의 지리환경에 적응해 왔다. 지금도 산양과 채식지 계층은 서로 영향을 주고받으며 평행 발전하고 있다. 특히 산양의 서식밀도가 이처럼 높기 때문에 이 채식지의 식생에 직접적인 커다란 영향을 주고 있으며 채식지역시 충분한 먹이를 공급해 줌과 동시에 산양의 개체군 개체수를 조절해 준다.

산양 채식지의 생산량

1976년부터 1983년까지 우리는 산양 채식지의 먹이식물 생산량을 연구해 왔다. 1977년 식물 영양시기, 겨울철까지 포함하여 식물 생장량의 증가를 월별로 측정하였다. 나머지 해에는 초본 식물만 생장하기 때문에 생물량이 축적되는 8월에만 생물량을 측정하였다.

산림 실험지는 5개 지역으로 나누었다. 즉 신갈나무-진달래숲, 산새풀(*Calamagrostis*), 잡초, 개암나무(*Corylus*), 싸리나무(*Lespedeza*) 숲이다. 그리고 초지 실험지는 2개로, 하나는 잡초 키 낮은 초지, 또 하나는 연해지구 키 큰 초지이다. 되도록 모든 식물의 생장량을 빠짐없이 측정하기 위해 우리는 한 절선을 따라 매 10m 간격을 두고 면적 1㎡, 높이 1.8m의 나무와 풀을 전부 베어 수집하였다. 실험시간은 매월 중순이고 실험지는 산림지대에 25개, 초지에 10개 실험지를 설정하였다. 전부 587개 실험지 풀을 베어 수집한 후 먼저 선중(鮮重)을 재고 다음 자연건조 중량을 측정하였다.

1977년 첫 실험은 5월 15일에 진행하였다. 당시 초봄의 추위와 늦게 온 눈(5월 19일)으로 인해 풀은 잘 자라지 못하였다. 5월, 신갈나무 숲의 먹이 생물량은 평균 76kg/ha였다. 개활된 돌 많은 초지의 풀의 생장은 보다 무성하였다. 잡초-키 낮은 초지의 5월 생물량은 87kg/ha였고 키 큰 초지는 152kg/ha였다<표 7>.

월별	신갈나무 숲	잡초-키 낮은 초원화 초지	연해지구 키 큰 초지
5월	0.76	0.87	1.52
6월	2.46	6.71	4.03
7월	6.2	8.93	10.89
8월	5.9	12.29	25.99
9월	11.32	9.92	16.46
11월	10.34	8.38	13.7
1월	6.06	5.55	7.61

5월에서 7월 10일까지 강우량은 338.3mm이다. 이는 연평균 강우량보다 123mm가 많다. 초여름, 습기와 온도 등 유리한 조건하에 전 초지의 식물 생장은 아주 활발해진다. 수확량의 대부분은 사이또쑥(*Artemisia saitoana*), 그메린쑥(*Artemisia gmelinii*), 마디풀(*Polygonum humile*), 가는대나물(*Gypsophila pacifica*), 솔나물(*Gallium verum*) 등이 차지한다.

7월 말에서 8월 말까지는 거의 비가 오지 않고 가뭄이 지속된다. 7월의 기온은 연평균 기온보다 2.6℃가 높다. 신갈나무숲은 쇠퇴기와 휴면기를 포함하여 일 년 내내 생물량 변화가 크지 않다<그림 3>. 신갈나무숲 식물 군집의 생물량 감소는 아마도 산양의 여름철 채식량이 변화 없이 높게 유지되어 있기 때문인 듯하다.

9월 초면 소나기가 다시 내리기 시작한다. 이어 신갈나무숲의 초본 생장량이 급격히 증가하는데 이것은 늦은 여름에 자라는 식물들 때문이다. 이에 속하는 식물은 쑥, 조밥나물(*Hieracium umbellatum*), 산새풀(*Calamagrostis langsdorffii*) 등이다. 그리고 쑥과 산골취(*Saussurea neoserrata*) 등도 늦은 싹이 돋아나므로 생물량을 높여준다.

개활지 돌 많은 초지 목장의 생물 생산량은 9월부터 뚜렷이 감소하기 시작한다. 잡초-키 낮은 초지의 식물이 먼저 시들고 다음으로 해변가 키 큰 초지가 시든다. 늦은 여름철이면 큰기름새(*Spodiopogon sibiricus*)와 *Calamagrostis*과 산새풀의 생물 수확량은 점차 증가한다. 이곳에는 두과식물이 많이 모이지 않고 어느 정도 안정된 상태를 나타낸다.

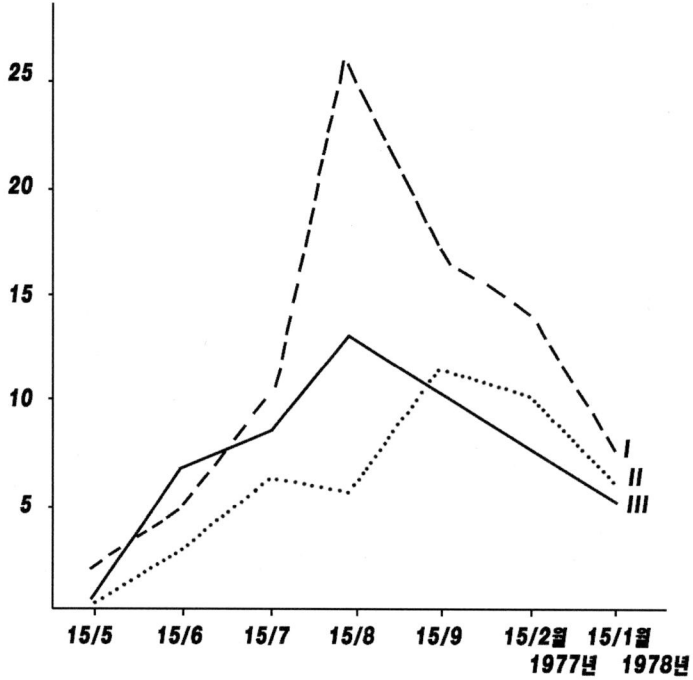

먹이생물량 kg/ha(건물량)

〈그림 3〉 먹이 생물의 생장량 계절 변화표
Ⅰ. 해안 키 큰 초지, Ⅱ. 잡초-키 낮은 초원화 초지, Ⅲ. 참나무 숲

1978년 겨울철은 이전보다 추위가 심하였으나 눈은 적었다. 1월부터 3월 사이에 신갈나무림 속의 눈은 많지 않았다. 적설량은 20～30㎝뿐이었다. 이곳 산양이 먹을 수 있는 마른 가지와 낙엽의 생물량은 606㎏/ha이다. 잡초-키 낮은 초지 중 1월의 마른 낙엽 생물량은 550㎏/ha이고 키 큰 초지의 생물량은 760㎏/ha이다.

산양 채식지 먹이식물의 생물량은 6년 내내 변화 없이 안정된 상태를 유지했다<표 8>. 신갈나무숲의 연평균 생물량을 비교해 보면 알 수 있듯이 산양에게 중요한 의미를 갖는 먹이식물은 개암나무, 잡초와 산새풀이다. 신갈나무-진달래, 신갈나무-싸리나무숲 생물량은 약간 낮았다. 신갈나무숲의 먹이식물의 생물량에는 잡초(47.22%)가 높은 비율을 차지하였고, 두과식물, 화본과, 사초과 식물과 관목의 중량은 어느 정도 안정되어 있다(12.6～14.5%).

<표 8> 산양 채식지의 6년간 생물 생산량 변화 통계표

채식지	생물 생산량(100 kg/ha · 년)(8월)						연평균
	1976	1977	1978	1980	1981	1983	
신갈나무-잡초	6.27	7.22	4.8	–	7.68	10.7	7.82
신갈나무-싸리 숲	5.45	7.2	7.11	5.82	5.81	7.93	6.55
신갈나무-진달래 숲	5.55	5.64	2.62	4.95	6.63	5.43	5.13
신갈나무-개암나무 숲	8.72	5.49	7.62	–	8.78	10.5	8.22
신갈나무-산새풀 숲	5.9	5.65	6.16	–	7.45	10.2	7.07
신갈나무림 평균	6.86	6.24	5.66	5.38	7.27	8.95	–
해안가 키 큰 풀 초지	29.5	25.99	17.49	14.41	27.02	25.6	23.33
잡초-키 작은 초지	13.44	12.29	11.79	10.6	14.25	9.99	12.06
초지 평균	21.47	19.14	14.64	12.5	20.63	17.9	–

초지의 풀 생장은 신갈나무 숲보다 우수하였다. 1976년 8월 해안가 키 큰 초본 관목숲의 최대생물량은 2,950 kg/ha(마른무게)를 기록하였다. 이 수확량의 대부분은 잡초이고 (79.5%), 화본과 식물이 2%, 사초과 식물이 9.5%, 두과가 3.7%, 관목이 5.3%이다. 1980년 8월 초지 식물의 생장은 현저히 쇠퇴하였다<그림 4>. 해안가 키 큰 풀 초지의 생물량도 매우 적어졌다. 신갈나무 숲 먹이식물의 생장은 상당히 안정된 상태를 보였다.

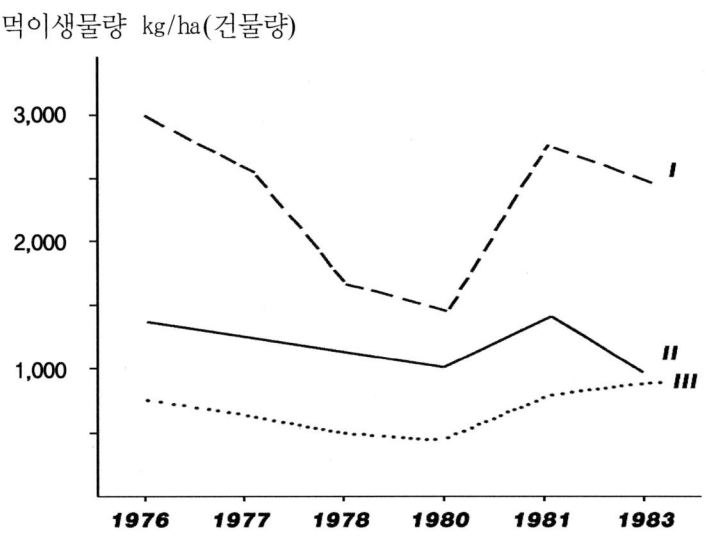

먹이생물량 kg/ha(건물량)

<그림 4> 먹이 생물량의 계절 변화도(8월 중순 자료)
Ⅰ. 해안 키 큰 초지, Ⅱ. 잡초-키 낮은 초원화 초지, Ⅲ. 참나무 숲

아브레코 지역 채식지 생물량의 증가는 6년 내의 기록을 보아 기후조건과 긴밀히 관련되는 것을 알 수 있다. 특히 여름철의 강우량과 크게 관계된다. 1980년 8월 여름비는 평균 강우량보다 56㎜ 적게 내렸고 생물량 감소를 야기했다. 건조한 기후는 초원의 식물생태에 직접적인 영향을 미친다. 건조한 날씨에는 탁 트인 산비탈의 식물들도 생장을 멈추고 시들기 때문이다.

산양 채식지의 먹이 저장량

산양의 각종 먹이 이용은 채식지의 구체적인 생태조건과 계절에 따라 변화한다. 여름철에는 각종 먹이가 풍부하기 때문에 산양은 영양부족을 느끼지 않는다. 이 시기 산양은 초지나 신갈나무숲 채식지를 줄곧 이용하고 산꼭대기까지 올라 채식하는데 먹이식물은 234종에 달한다. 그중 83.3%가 초본식물이고 14.1%는 관목과 교목이며 2.6%가 선태·버섯과 지의류이다.

겨울에 들어서면 적설량이 많아져 먹이를 얻기가 무척 어려워지고 먹이식물의 질과 양도 모두 떨어진다. 이때부터 산양은 탁 트인 돌 많은 초지를 최대한 이용한다. 이곳은 아직 눈이 쌓이지 않기 때문이다. 겨울철 산양의 채식지 면적은 390ha로 줄어든다. 그중 약 100ha는 지피가 없는 바위지역이다. 이때가 산양에게 어려운 시기가 되고 먹을 수 있는 식물은 76종에 불과하며 그중 75%가 초본이고, 23.7%는 교관목이고, 1.3%가 선태·버섯 그리고 지의류이다. 이 지역의 동남 산비탈은 산림이 이어지고 여러 군락이 줄지어 있다. 안정된 적설을 평균 약 130일을 유지한다.

겨울철 이 지역의 산양 개체군의 먹이 총 수요량을 대략 계산해 보았을 때, 높지 않은 것으로 추측된다.

1978년 9월의 측정에 의하면 이 지역 돌 많은 초지 채식지의 초본과 교관목 먹이식물의 저장생물량은 건조중량(DM)으로 471,270㎏/ha이었다(오차 10~25%). 만약 한 마리 성체 산양이 하루에 1.5㎏의 건초를 먹는다면, 또 안정된 적설 기간을 130일이라 계산하면, 한 마리 산양이 총 195㎏ 사료를 소비한다. 그렇다면 아브레크 지역의 현존 산양 개체군을 112마리(1978년 레도비사 자연 조사통계자료)라고 한다면 130일 동안의 사료 소비량은 21,840㎏이다. 이는 이 지역 총 저장량의 4.6%밖에 안 된다.

즉, 가을과 겨울 약 230일 동안 9월부터 소비할 먹이생물량이 이 지역에 저장되어야 한다. 만약 이 기간 산양의 최대밀도를 매 100㏊에 39마리라고 하면 사료 소요량은 38,640㎏ (8.1%)이 된다. 여기에 다시 산양이 먹은 먹이는 식물체의 1/3밖에 안 된다고 가정한다면 본 채식지의 겨울 먹이 사료의 총 저장량은 당연히 157,090㎏에 달해야 한다.

만약, 내린 눈이 본 채식지(동, 북 산비탈)의 1/3면적을 완전히 덮는다면, 겨울의 두 번째 달까지 산양이 먹을 수 있는 사료는 아직 52,063㎏이 남아 있는 것으로 측정된다는 점에서 볼 때 이곳 돌 많은 초지 채식지의 먹이식물 저장량은 이 지역 산양 개체군의 먹이 수요량의 1.5배가 된다. 이 외에도 초겨울까지는 해안가의 대부분 지역에는 눈이 많지 않으므로 늦은 가을과 초겨울 몇 달 동안까지는 신갈나무숲을 찾아 저장된 생물을 이용할 수 있다.

M.N Smirnova(1978)의 자료에 의하면, 자바이갈리 보호구 내 노루의 밀도가 100㏊에 2마리에 달하면 교관목 수종의 피해가 나타난다고 하였다. 때문에 노루의 최적 밀도는 당연히 100㏊에 2마리 이하여야 할 것이다.

그러나 자료에 의하면 산양의 적절한 밀도는 100㏊에 28마리(Myslenkov, 1982)이다. 이렇게 높은 밀도에서는 산양 채식지의 식물체에 손상이 일어날 것이라고 예측된다. 하지만 실제 관찰에 의하면 나무에 손상이 나타나지 않았다. 이것은 아마도 산양이 노루와 달리 사료 이용에 있어서 초본의 뿌리 부분을 많이 이용하고 먹이구성에 계절차이도 있으며 먹이 종 구성도 노루와 많이 다른 데 있는 듯하다.

우리가 해명한 것이지만, 아브레크 지역의 산양은 초본을 주요 먹이로 하는 동물이다. 1년 4계절 대부분 초본식물을 먹고(76~89%), 목본 먹이는 어느 계절에도 중요한 자리를 차지하지 않는다(3~5%). 오직 겨울철에만 관목 먹이의 비율이 다소 증가된다(7~15%까지 달한다).

아브레크 지역의 산양이 이렇게 높은 밀도로 제한된 지역에서 성공적으로 살아갈 수 있는 이유는 채식지에 대한 이용이 적당하고, 목본 식물을 고사시키지 않고 생장을 자극해 생물량을 높이는 데 있다.

IV. 산양의 일일(一日) 활동리듬

I. V. Voloshina, A. I. Myslenkov, T. B. Obvertkina

산양의 활동은 각 개체의 생리 상태 및 주위의 생물적, 무생물적 여러 요소와 긴밀히 관련된다. 산양의 활동을 연구하려면 우선 고정적인 용어가 필요한데, 저자는 Sokolov와 Kuznetsov의 용어를 따르기로 한다. 그 예로, 활동, 상(相), 형(型), 형태(외형), 모양, 1일 활동 리듬 등(Sokolov, Kuznetsov 1978, pp.13~16)이다.

우제목 동물은 활동 양식에 따라 두 그룹으로 나눌 수 있는데 하나는 산양과 같은 다상형이고 둘째는 이상형이다. 다상형에 속하는 동물은 채식 리듬 변화가 거의 없이 일정한 시간 간격으로 하루에도 여러 차례 채식을 한다. 이 그룹에 속하는 동물로는 시베리아설양(*Ovis nivicola*, Kischinskii, 1967; Siberian big horn sheep), 시베리아아이벡스(*Capra sibirica*, Savinov, 1964), 무스(*Alces alces*, Turov, 1953), 노루(*Capreolus capreolus*, Gabuzov, 1960) 등이 있다. 이상형 활동형에 속하는 동물은 Meklenburtsev(1948)가 기술한 아르갈리(*Ovis ammon*, Argali)와 Shukurov(1962)가 기술한 야생염소(*Capra aegagrus*)와 유리알(*Ovis vignei*, Urial) 등이 있다. 이런 동물은 보통 아침, 저녁만 채식하고 무더운 낮에는 누워서 휴식한다. 이것은 고산지대의 일일 기온 변화폭이 너무 크기 때문이다. 산양의 서식지인 깝까즈 산맥의 기온은 46℃까지 오른다(Kuznetsov, 1969). 물론 기온이 이렇게 높은 지역에서는 보통 산양이 발견되지 않는다. 이곳의 산양은 일일 활동에서 다상형 특징을 나타내고 보통 영양 성분이 적은 먹이식물을 선택해 그의 생장 부분을 먹는다(Sokolov, Kuznetsov, 1978). 우리가 관찰한 산양도 야생 상태나 사육 상태에서 모두 같은 활동 패턴이 나타났다.

[여름철 산양의 채식활동] 산양은 밝은 낮에 일정한 채식활동을 보였다. 야간관찰을 한 적은 없지만 밤에도 산양은 채식과 휴식을 반복한다. 하루에(아침 5시부터 21시까지) 평균 4~5차례 채식과 휴식을 반복하였다. Kuznetsov(1969)는 이렇게 채식과 휴식을 반복하는 방식을 우제목 동물의 시간 분할상 보편적 특징(다상형)이라고 지적하였다. 동시에 채식시간의 지속 여부는 환경요소에 따르거나 부분적으로는 기온과도 연관이 있다고 하

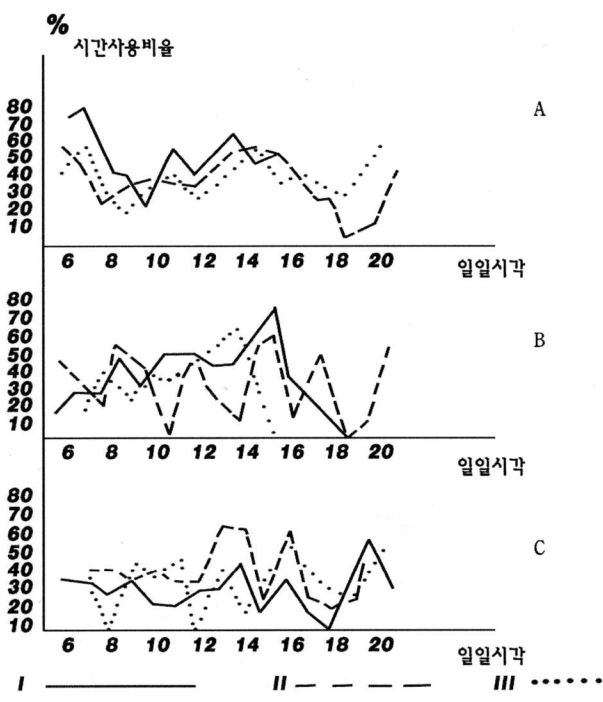

〈그림 1〉 아무르산양의 일일 채식활동 시간 배정 월별 총계도
a. 6월, b. 7월, c. 8월, I-상순, II-중순, III-하순

였다. 그러나 유감스럽게도 우리의 관찰에는 이러한 관계가 나타나지 않았을 뿐만 아니라 심지어 완전히 반대되는 결과가 확인되었다. 채식활동의 최고 출현은 낮 기온의 상승과 반대되었다. 게다가 온도는 최고 출현과는 관계가 거의 없었고 최저 출현에는 오히려 관계가 많았다<그림 1>.

1981년 여름, 우리는 산양의 1일 활동을 상세히 관찰하였다 그때의 기후 특징은 짙은 안개와 지속되는 이슬비 또는 낮고 짙은 구름으로 인해 기온의 변화폭은 아주 적었던 것이 특징이었다. 그렇기 때문에 산양은 여름 동안 매우 안정된 기온 속에서 생활하였다. 그해 월별 평균 기온 변화 폭은 아주 적어 5월은 7.6℃ 6월은 3.3℃, 7월은 4.6℃, 8월은 3.9℃이었다.

1977, 1978년과 몇 해 전의 여름철은 굉장히 무덥고 건조했으며 온도 변화도 컸다. 그렇기 때문에 산양의 낮 채식활동은 밤으로 전환되었다. 그래서 최고치는 이른 새벽과 늦은 저녁에 나타났다. 분명히 산양이 채식에 소모하는 시간과 식물의 생장 단계 간에 어

떠한 관계가 존재하는 것이다. 5월 말 풀의 생장이 갓 시작하면 영양성분이 아주 많다. 이때 산양은 높은 빈도로 풀을 뜯어 먹는다(평균 채식 시간이 총 활동 시간의 24%를 차지한다<그림 2>. 그때 산양은 사육 상태에서 열량이 높은 귀리를 공급받은 상태였는데도 그러했다. 먹이 공급을 중지하자 산양은 완전히 풀만 섭취하였고 채식하는 시간은 급격히 증가하였다(50%에 달함). 물론 이는 대량의 충분한 풀이 존재하고 또한 번식기 암산양의 먹이 요구가 급증함과 동시에 봄철 유기체의 비타민 부족이 전제조건이었다. 6월 하순이 되면 채식활동 시간이 40%로 줄어든다. 이 수준으로 6월 말과 7월까지 유지하다 월 말이 되니 점차 줄어 35%에 달했다. 7월 말이면 보통 풀을 벤다. 산양은 풀 벤 장소를 찾아 벤 자리에서 다시 뒤늦게 돋아난 싱싱한 풀을 먹는다. 이러한 채식방법으로 산양은 빨리 배를 채우고 채식시간을 최소화 할 수 있다(26%). 그러나 조금씩 자라는 가을 풀이 산양의 먹이로 부족하므로 영양 요구를 만족시키지 못 하였기에 산양은 다시 봄철 채식지로 돌아갔다. 사실 그곳의 풀은 이미 시들어 있다. 먹이식물의 영양 가치가 떨어지자 실제 채식 시간은 그만큼 증가되는 것이다(Baskin, 1970).

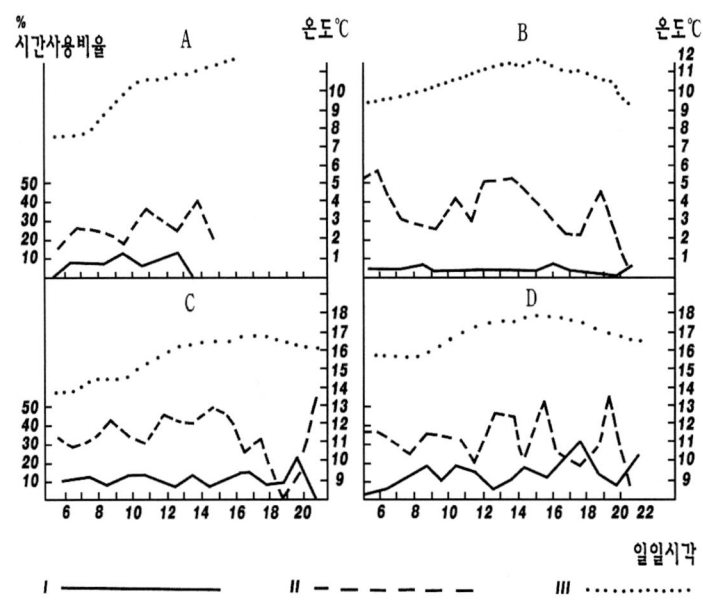

〈그림 2〉 생장기 아무르산양의 채식 시간 변화도
a. 5월, b. 6월, c. 7월, d. 8월, I-반추, II-채식, III-온도(℃)

이렇게 아무르산양의 채식활동 최고치는 초여름에 이루어지고 이 시기 초본의 생장 속도와 직접 관련되는가 하면 생리 상태와도 관계가 있다(임신, 월동 후 지방, 단백질, 비타민, 탄수화물의 소모와 부족 등).

[산양의 겨울철 채식활동] 겨울은 산양이 생활하기에 힘든 시기이다. 기온이 떨어지면 많은 에너지가 요구되기 때문이다. 반면, 먹이는 부족하여 소모된 에너지를 보충해주지 못한다. 그리고 먹이로부터 얻은 에너지는 그 먹이를 얻기 위해 소모한 에너지보다 적다. 그렇기 때문에 산양은 보다 많은 시간을 먹이를 얻는데에 사용하지 않으면 안 된다. 이것으로 필요한 에너지 평형을 유지하는 것이다.

우리는 아브레크 지역에서 한 야생산양 그룹의 채식활동을 관찰하고 그 자료를 정리하여 도표로 만들었다. <표 1>은 1975년 1월의 3, 5, 7, 8일의 평균치이고, <표 2>는 1976년 12월 14, 15, 16, 30일의 평균치이다.

〈표 1〉 1975년 1월 산양 채식활동 시간분포

시간	산양 개체수/시간	채식활동 중의 산양 개체수/시간	채식활동률(%)
9~10	5.5	4	73
10~11	17	15.6	92
11~12	19.75	16	80
12~13	33.5	23.75	71
13~14	28.25	18.5	66
14~15	34.75	25	72
15~16	33.75	29.75	88
16~17	13	10.5	81
17~18	2.75	2.25	82

분명히 산양의 겨울 채식활동에는 일정한 규칙이 있다. 12월의 낮에는 오전 10시~11시, 오후 12시~1시, 오후 2시~3시에 3차례 최고치가 나타났다. 휴식시간은 오전 11시~12시, 오후 2시~3시에 나타났다. 제일 적은 비율의 채식활동은 1976년 12월 16일 오후 2시~3시에 나타났고, 그 비율은 27%였다.

〈표 2〉 1976년 12월 산양 채식활동 시간분포

시간	산양 개체수/시간	채식활동 중의 산양 개체수/시간	채식활동률(%)
8~9	12	7	58
9~10	19	15	79
10~11	23.5	19.5	83
11~12	29	18.5	64
12~13	31.5	22	70
13~14	31	19.75	64
14~15	31	13	42
15~16	30.5	16.25	53
16~17	21.5	11.75	55
17~18	5.5	3	55

1월에는 하루에 2번 채식활동의 최고치가 나타났는데 그중 3일은 3번씩 나타났다. 그 시간 분배는 12월과 일치하였다. 이 두 달의 채식활동 시간을 비교해 볼 때, 시간의 분배와 변화가 거의 같다는 것을 알 수 있다. 하지만 1월의 총 활동시간은 42%에 달했고 12월은 보다 낮아 27%이었다. 12월의 총 평균 채식시간은 일일 낮 총 활동시간의 62%를 차지했고 1월에는 78%이었다. 이는 아마도 기온이 떨어지면서 에너지 소모가 증가함으로 채식활동률도 그에 따라 증가되는 것이라고 볼 수 있다.

[반추활동] 반추 활동은 채식활동과 직접적으로 연관된다. 채식 후 산양은 일반적으로 누워서 되새김질을 한다. Gabyzov(1960)의 관찰에 의하면 노루는 눕자마자 되새김질을 시작한다. 산양은 먼저 반시간 또는 더 오랫동안 씹지 않고 누워 있다 되새김질을 시작한다. 물론 눕자마자 되새김질하는 개체도 적지 않으며 이것은 꼼꼼하고 천천히 진행된다. 산양의 누운 자세는 목을 내민 상태에서 머리는 똑바로 세우고 보통 다리를 안으로 모으거나 펴고 눕는다. 단 한 번 자는 자세로 되새김질하는 동작이 관찰되었다(45일령의 새끼 산양). 그 산양은 누워서 다리를 웅크리고 머리를 한 측으로 고정시키고 자는 포즈에서 되새김질을 하였다. 보통 되새김질을 시작해서 끝날 때까지 눕는 자세를 여러 번 바꾸기도 한다.

낮 반추 시간은 채식 행동시간과 거의 같다. 반대로 가장 적게 채식활동을 할 때에는 되새김질에 많은 시간을 할애한다. 보통 산양은 누어서 되새김질을 하지만 서서도 할 수 있다. 특히, 큰비, 눈이 오거나 흡혈곤충(모기, 등에 등)이 많을 때 그렇다. 이외에 새끼가

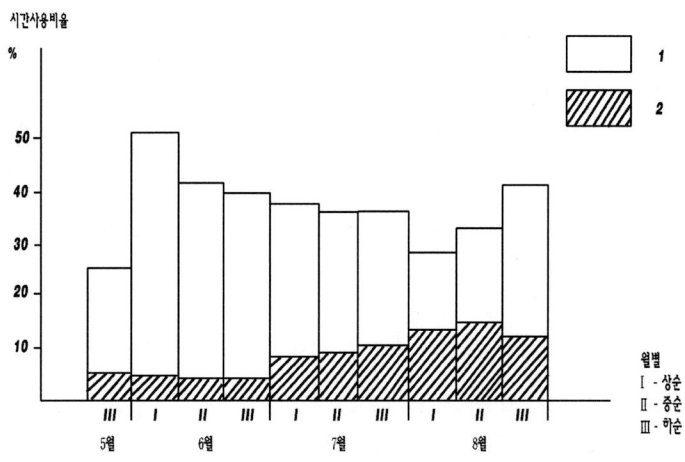

〈그림 3〉 산양의 채식과 반추의 시간 분배와 변화
1. 채식, 2. 반추

젖을 빨 때 어미 산양은 선 채 되새김질을 하는 것을 여러 차례 관찰하였다.

<그림 3>에서 여름이 지나면서 산양이 되새김질하는 데에 소요되는 시간이 점점 증가함을 볼 수 있다. 이는 여름철의 후반기부터 풀이 시들기 시작하여 사료의 섬유질이 증가하면서 보다 많은 반추 시간이 소모되기 때문이다.

많은 사람이 반추 시간 측정치를 적게 기록하는데 보통 휴식시간에 그 시간을 포함시키는 경우가 많기 때문이다. 그 이유는 관찰을 할 때 공원 내 사육 상태에서 충분한 도토리를 공급하면서 하였거나 충분한 관찰이 어려웠기 때문으로 추정된다. 실제로, 적지 않은 산양이 누워 있으면 풀이나 나무줄기 또는 나뭇가지가 엉킨 환경 속에 있어 몸통의 아랫부분만 보이거나 한쪽 귀만 보일 때도 많았다. 정밀 자동 측정기로 산양의 활동을 정확히 기록하였지만 만약 되새김질 행동이 보이지 않는다면 이것을 휴식하는 범주에 분류시킬 수밖에 없었다.

겨울철의 반추활동도 늦은 여름과 크게 다른 것이 없었다. 예를 들어, 8월에 산양의 되새김질이 매시간 30%, 때로는 50%라면, 11월에는 10%를 초과하지 않았다. 반추 활동의 최고치는 채식활동의 최고치를 따랐다. 다시말해 두 차례의 채식활동이 최고치를 이룰때 반추 시간도 최고치가 나타나는 것이다. 11월에 산양의 반추 시간은 낮 총 시간의 5%를 차지하는데 이것은 먹이 종류와 연관되기도 한다. 즉 도토리가 풍작이었던 해에는 산양도 에너지가 높은 도토리를 많이 먹게 되기 때문에 기타 풀이나 나무의 영양 부분을 먹은 것보다 소화하기 쉽기 때문이다.

12월에 들어서면서 날씨가 차가워지면 반추활동의 비율은 15%로 증가한다. 1월의 반추 시간은 총 활동시간의 13%를 차지한다.

[이동행동] 이동 행동은 산양이 먹이를 뜯는 행위, 도주, 과시적인 점프와 놀이를 제외한 공원 내에서의 모든 운동을 의미한다. 본 행동의 연구는 채식을 위한 행동 관찰이 아니기 때문에 이렇게 범주를 정하였다.

채식행동 이외의 움직임(활동/이동)은 어느 때나 일어날 수 있다<그림 4>. 또한 이런 이동은 흔히 모든 개체가 함께 움직임(활동/이동)으로 나타난다. 산양은 즐겨 다니는 고정적인 오솔길이 있다. 공원 내의 오솔길은 울타리를 따라 형성되는 데 산양은 언제나 이 오솔길로 피한다. 보행 이외 놀람이나 기타 자극으로 인한 도주, 과시적인 점프 등이 관찰되었다. 산양은 이런 행동으로 위험을 표시하거나 기타 개체에 정보를 전달한다.

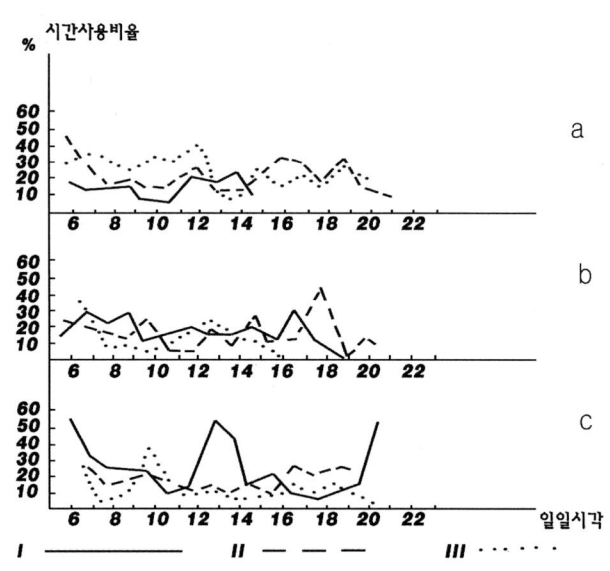

〈그림 4〉 산양의 낮 이동 움직임 시간의 월별 통계표
a. 6월, b. 7월, c. 8월, I-상순, II-중순, III-하순

공원 내에서 산양이 장난하는 것을 쉽게 관찰할 수 있다. 이는 대부분 젊은 개체이거나 새끼들이다. 산양의 이러한 놀이 행동은 기타 개체를 상대하거나 나무줄기 또는 늘어진 나뭇가지를 향해 나타난다. 이런 놀이를 좌우하는 주요 원인은 다양하겠지만 개체의 연령, 파트너의 '감정', '기분'과 많이 연관되는 듯하다. 이렇게 젊은 산양이나 새끼들은 추격, 뿔로 박기, '위협'(Myslenkov, Voloshina, 1978), 공격 등 서로 간에 충돌하거나 위치를 달리하며 때로는 바위 위, 또는 높지 않은 둘로 갈라진 나뭇가지 위에서 만나기도 한다. 이러한 이동 행동의 최고치는 고정적인 시간이 없으나 대체로 새벽과 저녁 무렵에 많이 나타난다.

이동 행동의 증가와 낮 기온과의 관계는 뚜렷하게 확인되지 않았다. 이는 아마도 이곳 연해지구의 기온 변화폭이 그리 크지 않은 것과 연관되는 듯하다. 하지만 산양 이동 행동의 빈번성과 월 평균 기온과의 관계를 보다 세심히 조사 연구해 볼 필요가 있다. <그림 5>에서 보다시피 5월 말부터 7월 중순까지 평균 기온의 증가에 따라 산양은 이동, 휴식, 서 있는 행동을 위한 시간소모가 감소된다(채식 행동은 제외). 기온 차가 적거나 지

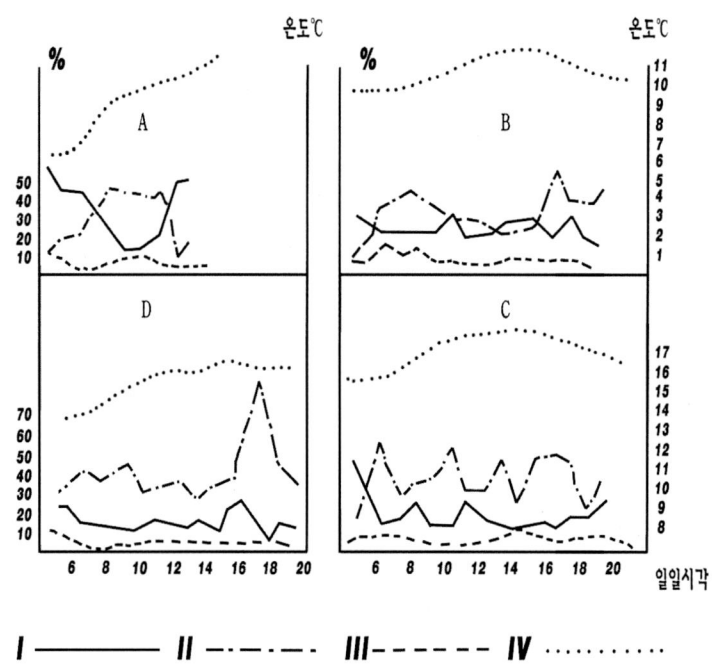

〈그림 5〉 산양 3가지 행동과 월기온과의 시간적 관계
a. 5월, b. 6월, c. 7월, d. 8월,
Ⅰ-이동, Ⅱ-누워 있다, Ⅲ-서 있다, Ⅳ-온도(℃)

속적으로 저하하는 경우라면 이동, 휴식, 서 있는 행동도 전체적으로 그만큼 감소된다. 주위 환경의 온도 변화는 필히 동물에게 직접적인 영향을 줄 뿐만 아니라 흡혈 곤충을 통해 간접적으로도 영향을 끼친다(Kuznetsov 1969). 봄철 기온이 높지 않을 때는 흡혈 곤충이 없어 동물들의 이동활동도 활발해진다. 이때 산양의 놀이 행동도 많아진다.

이동 행동의 최저화는 낮 평균기온(7월 중순)과 긴밀히 연관된다. <그림 5>에서 6월 초와 8월 중순에 두 차례 이동 행동의 특수한 감소가 나타났다. 이는 암컷의 생리적 상태의 변화, 즉 (1981년 6월 11일, 8월 20일) 새끼를 낳았기 때문이다. 기타 동물에서도 출산 기간이나 출산 후 생장기에는 암컷에서 여러 행동이 급격히 감소되는 것으로 관찰되었다. Kalabukhov(1940)도 집쥐(*Rattus*)와 땅다람쥐(*Cittelus*)에서 이런 현상을 관찰하였다.

[휴식] 휴식은 산양이 한 곳에서 채식 또는 배불리 먹은 후 다른 곳에 가서 충분한 시간 동안 정지하고 있는 산양의 낮 행동을 의미한다. <그림 5>에서 산양의 휴식과 이동에 대한 그래프의 변화를 뚜렷이 볼 수 있었다. 이동과 놀이 시간이 많아지자 반대로 휴식 시간은 자연히 줄어든다. 물론 하루에 몇 번의 이동 최고치 또는 최저치가 나타날 수도 있고 혹은 거의 모든 개체가 한 시간만 먹이를 먹고 나머지 시간은 전부 사육장 내에서 이동을 반복할 수도 있다.

산양은 휴식처로 보통 산비탈을 선호하며, 풀밭이나 큰 나무 밑을 선택하지는 않는다. 어떤 휴식처(눕는 자리)는 여러 개체가 돌아가며 이용하기도 한다. 그러나 지배적 지위에 있는 개체는 자기만의 휴식처를 가지고 있다. 그렇기 때문에 그룹 내의 다른 개체가 오면 쫓아버린다. 바위가 많은 지역에서 사는 야생 산양처럼 사육장 내의 산양도 자기 휴식처로 돌이 많은 곳, 지붕이 있는 나무 헛간, 앞이 트여 전망이 좋은 곳을 택하였다.

산양의 행동이 한 단계에서 다른 단계로 전환될 때 모든 개체가 동시에 움직이는 것은 아니다. 일부 산양은 계속 누워서 반추를 하는가 하면 다른 산양들은 풀밭에서 먹이를 뜯거나 채식지를 떠나 휴식처로 찾아간다.

산양의 누운 자세는 각기 다를 수 있다. 일반적으로, 측면으로 누워 네다리를 모두 모아 구부리고 휴식하거나 되새김질을 한다. 때로는 앞다리 하나를 펴거나(우두머리 자세), 앞다리 둘과 뒷다리 하나를 펴거나 또는 뒷다리 하나만 펴기도 한다. 때론 이 자세로 잠시 졸기도 한다. 산양의 낮잠은 깊지 않아 쉽게 깨어난다. 보통 3분을 초과하지 않는다. 깨어나면 우선 머리를 들어 주위를 먼저 살핀다. 잠잘 때에는 네 다리를 모으고 머리를 한쪽으로 돌려 땅에 대고 잔다(죽은 자세). 산양은 자주 자세를 바꾼다. 한 번 누운 상태에서 몇 번이고 자세를 바꾸기도 하고 일어나서 180°를 돌아눕기도 하며 누운 채 방향을 바꾸기도 한다. 이 동작은 아이벡스 또는 들소와 매우 흡사하다(Nasimovich, 1949). 흡혈 곤충의 습격을 받을 때는 누워 있다가도 자주 일어선다. 이런 상황에서는 벌떡 일어서는 것이 특징이고, 1∼2 분간 누워 있다가 다시 일어서고 또다시 눕거나 180°를 돌기도 한다.

산양 서식지의 낮 기온이 높지 않기 때문에 휴식 지속시간과의 정확한 연관성을 발견하기 힘들다. 이 점은 많은 학자(Nasimovich, 1949; Gabyzov, 1960; Kischinskii, 1967; Korochkina, 1972; Sopin, 1976)들이 노루, 싸이가, 아르갈리, 설양, 야생염소, 유럽들소 등에서 지적한 바 있다.

그러나 이동 행동도 기타 행동과 마찬가지로 월평균 낮 기온과 관계가 있다. 7월 중순 낮 평균 기온이 최고치에 달했을 때 휴식도 이에 따라 급속히 증가하는 것이다. <그림 5>의 부차적인 휴식 최고치 역시 산양이 출산이 임박하여 활동력이 최저로 떨어짐과 연관된다. 이렇게 산양의 이동과 휴식 행동은 낮 평균 기온과 밀접한 관계를 가지고 있다. 이동과 휴식 두 행동 단계는 <그림 5>에서 표시하듯 아주 다양하게 표현된다.

[선 자세] 보통 우제목 동물의 행동 서술에서도 선 동작에 대한 특별한 연구는 없다. 일반적인 동물의 휴식은 눕거나 서 있는 두 자세로 나눌 수 있다. 안정 상태(휴식)를 이렇게 나누는 것은 서 있는 상태가 기능적 의의를 가지고 있기 때문이다. 산양도 아무 생각 없이 서서 휴식할 수도 있지만 이러한 상황은 극히 드물다. 큰비가 쏟아질 때나 그 직전에 산양은 눕지 않고 오랫동안 서 있는다. 이것은 산양이 물속에 누워 있기 싫어하기 때문이다. 그래서 때론 서서 되새김질을 시작하기도 한다. 게다가 산양이 서 있을 때는 빗물이 산양의 털을 따라 굴러떨어질 수 있지만 누워 있으면 털이 아래서부터 쉽게 젖기 때문이다.

때로는 산양이 하루 종일 서 있는 것이 관찰되기도 한다. 우리도 이러한 상황을 관찰한 바 있는데 이것은 아마도 방향판정과 연관이 있는 듯하다. 산양은 아주 민감하여 흔히 피동적인 방어 행동을 나타낸다. 근처에 명확한 또는 불명확한 위험이 나타나면 산양은 우선 도주하거나 숨거나 자리를 옮기면서 동시에 위험의 원인을 밝히려고 한다(Myslenkov,

1982). 먼 곳의 불명확한 위험에 대해서도 경계를 취한다. 이때 산양은 한 자리에 서서 움직이지 않고 한 방향을 오랫동안 주시하고 한 자세로(반시간 동안 또는 더 오랜 시간을) 서 있는다.

이러한 정지 상태에서 갑작스러운 도주 반응을 일으키기도 한다. 이때 산양은 보통 초지에서 산비탈방향으로 뛰어가며 관찰하기 적합한 곳을 차지하고 멈추어 선다. 때로는 괴이한 째지는 높은 소리(기계톱이 돌아가는 소리)를 내거나 한참 그곳에 머물러 서 있다가 다시 눕거나 풀을 뜯기 시작한다.

서 있는 상태는 흡혈곤충과도 관계가 있다. 여름철 쌍시목 흡혈곤충이 대량 발생할 때 산양은 오랫동안 누워 있지 못한다. 흡혈곤충들은 눈, 귀, 코 등에 붙어서 산양을 괴롭히므로 산양은 부득이하게 일어서야 하고 서서 계속 벌레를 쫓아야 한다. 이러한 행동에 산양은 오랜 시간을 보내곤 한다. 이것으로 볼 때 산양이 서 있는 시간과 기온은 직접적인 관계가 없는 것으로 보인다.

그러므로 산양이 서 있는 것은 안정 상태나 휴식을 의미하는 것보다 방어 판정 행동이라는 것이 더 옳다고 볼 수 있다. 이렇게 산양이 오랜 시간을 서 있는 것을 보아, 이 행동은 산양의 생활에 있어서 없어서는 안 될 행동의 구성 부분이다.

[비가 기타 행동에 주는 영향] 강우량이 야생동물의 행동에 주는 영향에 대한 연구는 지금까지 너무 빈약하다. Sokolov와 Kuznetsov(1978)는 지적하기를 비는 직접적으로 동물의 체온을 저하시키고 유기체의 열량 밸런스를 파괴한다고 하였다. 큰비나 폭우는 사슴, 들염소(*Capra* spp.), 샤모아(*Rupicapra rupicapra*), 노루, 시베리아 산양(*Capra sibirica*), 유럽 들소(*Bison bonasus*) 등 동물의 채식활동을 방해한다(Savinov, 1964; Kuznetsov, 1969; Korochkina, 1972; Sokolov, Kuznetsov, 1978 등). 이런 불리한 시기에 동물들은 은폐처, 동굴, 또는 바위틈 등을 찾아 서 있거나 누워서 시간을 보내며 그 시기가 지나가기만 고대한다.

공원에는 산양을 위해 비와 바람을 막을 수 있는 특별한 나무 헛간을 지어주고 널판으로 마루도 깔아주었지만 산양은 이 건축물을 잘 이용하지 않았다. 그러나 1981년 여름에 한 암컷이 비 올 때 그 안에 서 있던 기록이 있고, 거센 비와 태풍이 불던 1980년에 산양들이 이 헛간에 숨어 폭우와 바람을 피했었다.

약한 비는 우제목 동물의 행동을 제한하지 않는다. 이러한 날씨에 동물들은 보통 두 가지 행동 형식을 교체한다. 즉 온종일 먹이를 뜯고 휴식하는 두 가지 행동을 반복한다. 이러한 행동은 노루(Gabyzov, 1970), 중부 코카서스 투르(*Capra caucasica*, Kotov, 1966), 유럽들소(*Bison bonasus*, Korochkina, 1972) 등에서도 관찰되었다.

Sokolov와 Kuznetsov(1978)의 연구에 의하면 초식동물의 우기활동량은 오히려 증가된다는 결론을 얻었다. 우리의 관찰 결과도 이와 흡사하다.

맑은 날과 비 오는 날의 각 활동시간의 월평균 수치를 비교한 결과 매우 유사한 결론을 얻었다. 즉, 비 오는 날에 산양의 총 활동시간은 맑은 날보다 길었다. 이러한 날씨에 산양은 대부분 시간을 먹이 뜯기에 소비하였거나 여기저기 거니는데 소모하였다. 반면 눕는 시간(반추하는 시간도 포함)이 현저히 줄어들었다. 그 외에 비는 간접적으로 흡혈곤충의 행동을 저하시켜주기도 한다.

[산양의 생리 상태와 활동 리듬] 동물의 행동이 자신의 생리 상태와 직접적이고 밀접한 관계가 존재한다는 점은 이미 많은 학자들(Kalabukhov, 1940; Korochkina, 1972; Solomatin, 1973; Sokolov, Kuznetsov, 1978)의 논문에 제시되었다. 여기서 지적한 자연적 생리 상태는 발정, 임신, 수유, 수면, 기아와 배부른 여러 상태 등을 나타낸다.

우리의 관찰에 의하면 임신 초기 암컷의 행동은 어느 정도 증가하였다가 급격히 떨어진다. 그리고 출산 후 또다시 증가하였다<표 3>.

〈표 3〉 산양 행동의 시간 분배 비례(시간의 %)와 생리 상태와의 관계

암컷 상태	행동유형			
	채식	이동	서 있기	휴식(반추포함)
일반 조건하의 암컷	31	24	6	39
출산 두달 전 암컷	32	8	10	50
출산 한달 전 암컷	31	17	7	45
출산 두주 전 암컷	24	23	4	52
출산 일주 전 암컷	26	9	1	64
출산 후 첫 주 암컷	36	33	12	19
4일령 새끼(암컷)	0	27	0	73
1주령 새끼(암컷)	0	23	2	75
2주령 새끼(암컷)	0	27	2	71
한달령 새끼(암컷)	34	7	1	58
두달령 새끼(암컷)	31	20	6	43

출산 전 두 달의 임신 기간 중 암컷의 행동은 정상 상태의 암컷과 많이 다르다. 주된 차이점은 휴식시간이 증가하여 총 시간의 50%(평균 34%)를 차지하였다는 것이다(임신하지 않은 개체도 수일 측정하였다). 한 달이 지나자 암컷의 이동 행동은 다시 증가하였고 휴식시간은 감소되었다. 그 후 최저 휴식단계에 들어갔으며 출산 전 일주일에는 이동 행동이 급격히 줄어들고 누워 있는 시간이 늘어났다.

출산 후 젖을 먹이는 암컷은 먹이 요구가 증가하면서 자연히 채식을 위한 시간소모가 길어진다. 이는 젖을 먹이지 않는 개체나 임신하지 않은 암컷 개체보다 훨씬 길었다. 이렇게 산양은 출산 전에 최대 휴식시간을 갖고 출산 후 최소 휴식시간을 갖는다(이동 행동은 이에 따라 반대로 증가하고 감소되었다).

새끼의 낮 행동도 크면서 변화되었다. 태어난 지 며칠 안 된 새끼의 행동은 주로 두 가지 즉, 젖 빠는 행동과 이동뿐이다. 그 외 시간은 휴식이나 숨어 있는 것뿐이다. 그 후 점차 안정 상태를 벗어나 활동이 증가하면서 약 1주일이 지나면 새로운 채식 행동이 나타난다.

Korochkina(1970)의 관찰에 의하면 Belovezhskaya Puscha 산림 속 유럽들소의 0~1년 이하의 새끼는 먹이를 먹는데 시간을 조금만 소비하고 누워 지내는 시간이 많다고 한다. 그러나 우리의 관찰에 의하면 산양은 두 달 심지어는 더 어린 새끼도 이미 어미 산양과 행동에 별 차이가 없었다.

Ⅴ. 아무르산양의 개체발생과 성장

N. B. Solomkina

본 연구는 1973~1990년 동안 라조브스키 자연보호구 사육장 내에서 태어난 39마리 산양을 대상으로 진행하였다. 신생 산양 새끼의 체중 변화 범위는 2.2~4kg으로 평균 2.25kg였다. 한 마리는 죽은 새끼였는데 기록이 5.1kg이었다. 배꼽의 길이는 갓 낳을 때는 6~12cm이었고 생후 한 달 후에는 아주 얇게 말라버려 2~3cm밖에 남지 않았으며 두 달이 되자 완전히 떨어지고 흔적만 남았다.

갓 태어난 산양 새끼의 발육은 좋았고 네 다리는 유달리 길었고 몸통은 짧았으며 발굽 밑의 쿠션은 유연하였다. 연령이 증가하면서 체격은 많이 변화하였다<표 1>. 몸체의 높이보다 길이의 성장이 보다 뚜렷했다. 그래서 어느 정도 자란 산양 새끼의 형태는 몸체가 보다 길게 보이고 키는 작게 보인다. 그렇기 때문에 몸길이와 높이의 비례지수는 성장에 따라 줄어들었다. 그리고 산양의 앞뒤 높이의 비례지수 즉, 천골(엉덩이)과 견갑골(어깨) 높이의 비례지수는 8개월 동안 거의 변하지 않았다. 이는 산양 새끼의 천골과 견갑골 높이의 생장이 균일하여 그 비례가 일정치를 유지하기 때문이다. 몸무게와 길이의 비례지수 그리고 가슴둘레 지수는 성장에 따라서 점차 증가추세를 나타냈다.

〈표 1〉 연령에 따른 산양의 신체 각 부분 평균 성장변화지수(%, n=13)

항목	연령(개월)								
	신생	1	2	3	4	5	6	7	8
체격지수	67.12	80.56	83.39	86.81	85.19	86.21	85.81	86.34	86.19
길이와 높이지수	144.90	127.58	127.53	128.33	129.91	130.99	132.78	131.23	131.79
어깨와 엉덩이 높이 지수	100.36	101.67	102.67	101.80	100.81	100.53	100.78	101.55	101.58
가슴둘레	97.26	102.78	108.35	111.41	110.67	112.92	113.94	113.31	113.59
무게와 길이 지수	8.85	16.53	19.11	24.34	27.24	29.07	30.68	32.81	32.9

체중과 체장의 최대 성장 속도는 생후 한 달 전이 가장 빨랐다<표 2>. 1개월 령의 새끼 산양의 평균 몸무게는 7.7kg이었다. 개체 발생 중 몸무게의 변화가 기타 지수의 변화보다 매우 뚜렷하게 나타났으며 이런 큰 성장률은 4개월령까지 지속되었다<표 3>. 이 시기는 산양에게 제일 유리한 시기로서 따뜻한 기후 조건하에 녹색식물이 가장 풍부하여

어미 산양의 젖이 많아 새끼의 영양 상태도 매우 좋은 시기였다. 첫 겨울과 이듬해 봄 털갈이 기간에는 몸무게와 길이의 성장 속도가 줄어든다.

〈표 2〉 산양의 외부 형태 특징(n=13)

항목 (cm, kg)	연령(월)								
	초생	1	2	3	4	5	6	7	8
몸무게	3.25 ±0.10	7.74 ±0.45	9.48 ±0.67	12.43 ±0.88	15.28 ±1.19	18.00 ±1.16	19.81 ±1.21	21.1 ±1.40	22.04 ±1.26
몸체 길이	24.80 ±0.58	35.25 ±0.78	41.38 ±1.16	44.25 ±1.40	49.02 ±1.49	52.38 ±1.24	55.85 ±1.1	55.99 ±0.94	56.62 ±0.93
앞견갑골 높이	36.40 ±0.68	48.00 ±0.81	52.62 ±1.12	55.58 ±1.42	59.27 ±1.51	61.22 ±1.35	63.42 ±1.73	64.50 ±1.49	65.69 ±1.43
뒤천골 높이	36.80 ±0.73	48.75 ±0.80	52.92 ±1.43	56.58 ±1.46	59.35 ±1.61	61.25 ±1.32	63.52 ±1.42	64.50 ±1.41	65.73 ±1.51
가슴둘레	35.80 ±0.38	46.25 ±1.10	52.77 ±1.54	61.02 ±2.32	64.15 ±2.40	68.32 ±2.34	72.83 ±2.08	73.08 ±2.27	74.62 ±2.3

〈표 3〉 산양 신체 각 부분 생장 지수 변화율 비교표(n=13)

지수	연령(월)									
	0~1	1~2	2~3	3~4	4~5	5~6	6~7	7~8	8~9	9~10
몸무게	78.83	24.11	35.19	18.44	10.04	8.5	7.60	4.07	4.39	7.52
몸체길이	38.68	13.21	15.33	5.38	4.72	2.72	1.52	1.66	2.08	1.32
견갑골높이	20.86	9.77	11.33	7.26	3.53	3.18	0.90	1.83	1.78	1.60
천골높이	22.14	10.70	10.53	6.28	3.27	3.34	1.66	1.86	1.75	1.49
가슴둘레	26.32	13.17	15.95	6.61	5.54	4.08	0.34	2.09	0.61	0.66

여기서 반드시 지적하고자 하는 것은, 인공 사육 상태나 어미가 직접 기르나 결과는 똑같다는 점이다. 새끼 산양의 뿔은 생후 1.5~2개월쯤에 나타나기 시작한다. 그러나 뿔의 본격적인 생장은 두 살에 들어서면서부터이다. 뿔의 최대길이는 220mm로, 만 한 살이 되면 뿔 기부에 첫 번째 물결융기상의 두드러진 링이 생긴다. 그 후 나이가 들면서 물결 융기환이 늘어간다<표 4>. 그러나 네 살이 되면 수컷은 뿔을 본능적으로 나무에 대고 많이 비벼대므로 표면의 링 무늬는 점차 줄어든다.

<표 4> 산양 뿔의 생장 특징치 통계표

연령	개체수	뿔길이 (이마표면에서부터, ㎜)	융기환숫자	융기환부분 길이와 뿔 총길이의 비례(%)
1개월	5	2~5	–	–
2개월	13	5~10	–	–
3개월	13	10~20	–	–
5개월	12	30~50	–	–
6개월	12	50~80	–	–
1년	10	100~160	2~4	26
1년 3개월	8	130~160	3~5	29
1년 6개월	10	140~170	7~8	44
2년	7	150~180	8~11	44
2년 6개월	2	170~180	10~11	46
3년	10	150~180	9~11	45
5년	10	150~220	12~17	51
8~10년	4	80~220	16~21	51
14~15년	2	80~220	21~24	57

암수 간의 뿔 생장은 완전히 다르다. 더욱이 뿔 기부의 둘레길이(t=2.61)와 두 뿔 사이의 거리(오른쪽 뿔의 가장 외곽부터 왼쪽 뿔의 가장 외곽까지)는 성에 따라 차이가 심하다(t=7.84). 숫산양의 뿔 기부 둘레길이는 길고 굵으며, 직경도 크다<표 5>.

<표 5> 성체 암수 산양의 뿔 측정치(인공사육과 야생 개체)

측정 부위 (㎜)	수컷					암컷					t
	한계치	평균치	표준편차	C.V.	개체수	한계치	M±SE	표준편차	C.V.	개체수	
이마표면부터 뿔 길이	140~183	161.42 ±3.66	12.69	7.86	12	132~220	157.85 ±6.53	23.54	14.92	13	0.48
뒷골표피부터 뿔 길이	115~155	137.17 ±3.38	11.71	8.54	12	110~190	139.85 ±5.84	21.06	15.06	13	0.40
수직 뿔 길이	110~150	131.33 ±3.33	11.54	8.79	12	105~180	133.92 ±5.30	19.10	14.26	13	0.41
뿔 기부 둘레길이	80~120	97.92 ±3.34	11.57	11.82	12	80~100	88.31 ±1.55	5.59	6.33	13	2.61
두 뿔 사이의 거리	70~90	77.50 ±1.86	5.89	7.60	10	35~65	51.00 ±2.82	8.96	17.57	10	7.84

산양은 2살이면 몸무게와 몸길이가 성체와 비슷해진다<표 6>. 그러나 그때도 몸무게의 연령차이나 계절차이는 나타나지 않는다. 최대 체중은 가을철, 발정 전에 나타난다. 그때의 체중은 43~47㎏까지 이른다. 암컷의 체중은 언제나 수컷에 뒤떨어지는 것은 아니다.

뿔 크기 외에는 외부형태상 암수 간의 동종이형은 찾아볼 수 없다.

<표 6> 성체 산양의 신체 각 부분 측정치

측정 부위 (㎝)	수컷					암컷				
	한계치	평균치	표준편차	변이계수	개체수	한계치	평균치	표준편차	변이계수	개체수
몸길이	68~75	70.75 ±0.91	2.58	3.65	8	68~75	69.17 ±0.80	1.97	2.85	6
어깨높이	75~82	78.73 ±1.57	1.90	2.41	11	70~83	76.67 ±1.76	4.32	5.63	6
엉덩이높이	75~82	78.73 ±0.81	2.69	3.42	11	70~85	77.17 ±2.08	5.09	6.60	6
가슴둘레	85~98	89.64 ±1.3	4.34	4.84	11	76~94	86.29 ±2.08	5.50	6.37	7
꼬리길이 (털포함)	40~48	43.75 ±1.65	3.30	7.54	4	36~45	41.50 ±1.94	3.87	9.33	4
귀길이	14~19	17.00 ±1.04	2.08	12.24	4	15~18	16.50 ±0.64	1.29	7.82	4
체중	36.8~47	40.32 ±0.86	2.84	7.04	11	38~42	40.36 ±0.82	2.16	5.35	7

살아 있는 개체의 몸무게를 길이측정으로 계산하는 방법을 모색하기 위해서 마취 상태와 각성 상태로 나누어 그들의 몸무게와 체장의 상관관계를 측정해보았다. 그 결과, 살아 있는 개체의 체중과 가슴둘레와의 상관관계가 제일 밀접하게 나타났다(r=+0.89).

살아 있는 산양의 가슴둘레를 측정하기 위한 몸무게의 직선 회귀 방정식은 y=0.62, x=-14.42이다.

$$W(weight)=0.626 \quad X(circle)=-14.42$$

Ⅵ. 아무르산양의 형태 및 생리적 특징

I. V. Voloshina, A. I. Myslenkov

산양은 희귀종으로 러시아 적색목록서에 기재된 우제목 동물로 그들에 대한 포획은 엄격히 제한되어 있으며 사냥은 절대 금지되어 있다. 1973년부터 1986년까지 14년 동안 산양의 형태 및 생리적 특징을 연구하면서 여러 차례 폐사 직후의 산양을 해부해 보았다. 그런데 모든 사체는 병리해부학적 특징을 지니고 있었다. 겨울에 죽은 산양을 수집하여 외부형태를 측정한 후 해부하였다. 1980년 5월 8일에 발견된 산양은 밀렵꾼에 의한 총상으로 이미 죽은 상태였다. 겉으로 보아 이 산양은 이미 정상(주요 특징)이 아니었고 병적인 특징이 많이 나타났다. 하지만 체중(사냥총에 맞은 상황에서), 몸길이, 창자의 길이, 맹장의 길이 등 특징은 전형적인 개체군의 일반적 특징을 나타내었다. 신체 외부 각 부분의 24개 측정치를 표 1, 2에 기입하였다. 표 중에 바(-) 표시는 사냥 직후 측정하지 않아서 빠진 항목이다. 사냥꾼들은 가끔 사체의 주요 수치만 측정하고 마는 때가 많았다.

척추동물의 생태, 형태학 연구에서 형태적 치수들은 동물의 총 몸무게와 관련 있다. 모든 우제목들은 겨울이면 몸무게가 훨씬 감소하고 이듬해 가을이 되면 다시 급속히 증가한다. 산양도 예외가 아니다. 가장 몸무게가 적게 나가는 시기는 4~5월(성체의 무게는 25kg)이었고 10월에 가장 몸무게가 많이 나갔다.

아브레크 산양 개체군의 신체 외부 각 부분 측정치와(우리의 자료), 라조브 지역의(G. F. Bromley, 1963) 자료를 비교해 보았다. 아브레크 개체군의 수컷 평균 체중은 33±1.5 kg(n=11), 암컷 평균 체중은 32±1.9kg(n=5)이고 성체 수컷의 가을 최대 체중은 45kg까지 달하고 2살 수컷도 41kg에 달하였다<부록>. 라조브 개체군의 산양체중은 조금 달라 수컷은 33.6±1.34kg(n=5), 암컷은 29.8±2.5kg(n=3)이었다.

<표 1, 2>는 아브레크와 라조브 두 개체군의 일부개체에서 측정된 신체 측정치의 통계 비교표이다. 전체적으로 볼 때, 좀 더 북쪽에 위치한 아브레크 개체군의 수컷은 라조브보다 몸길이가 15㎝ 컸고, 암컷은 약 17㎝ 더 컸다. 몸 둘레는 라조브 개체군의 암컷이 2.5㎝ 작았고 수컷은 반대로 평균 7㎝가 컸다. 어깨높이는 북쪽에 분포하는 암수가 8㎝ 이상 높고 귀 길이와 꼬리 길이도 북쪽이 모두 길었다. 성에 따른 동종이형은 조금도 나

타나지 않았지만 암컷의 엉덩이 높이가 수컷보다 약간 낮았다. 기타 차이는 모두 불명확하였다.

신체 기능성을 보여주는 제일 중요한 지수는 심장근육 지수이다. 능동적이고 가변적이며 오랫동안 지속적으로 긴장할 수 있는 근육은 높은 심장지수를 나타내고 있다(Schwarz, 1968). <표 3>에 심장의 절댓값 측정을 기입하였고, <표 4>에는 내부 기타기관의 절댓값과 그 변이를 적어 두었다.

수컷의 심장지수는 8.9g/kg으로, 암컷의 지수 8.1g/kg에 비해 높은 지수를 나타냈다. 산양의 심장지수 특징은 경마용말(11.5), 사냥개(11.0), 또는 양치기개(방목용개)(9.2)의 지수에 가까웠고, 염소 수컷이나 가축면양보다 높은 것으로 나타났다<표 7>.

형태-생리학적 지수 방법을 이용하여, 수집한 산양 사체를 해부 점검하며 병리 상태를 알아보았다. 우리에서 키우던 암컷(Evridika) 중 한 마리가 폐렴 및 급성 간염으로 죽었다. 죽은 실제원인은 선천적인 심장장애성-동맥류였다. 이 개체의 심장지수는 겨우 4.8이었다. 이 지수는 정상적인 성체 암컷보다 2배나 낮은 것이다. 심장 장애로 인해 유기체의 기본적인 발육이 불충분하였고 성장 과정도 늦어진 것이었다. 이런 개체의 죽음은 필연적이라 볼 수 있는데, 선천적 심장장애를 지닌 개체는 성숙할 때까지 살아남는 것이 극히 드물기 때문이다.

선천성 심장장애는 소형 동물에는 아주 흔하고 돼지나 설치류에도 가끔 발생한다고 알려져 있으나(Schwarz, 1968) 유제목의 심장에 관한 자료는 극히 적은 실정이다. 영양이나 산양류 자료 역시 적을 수밖에 없다. V. A. Aliev(1975)는 한 저서에 East Caucasian Tur(*C. caucasica cyllindricornis*)와 야생염소(*C. aegagrus*)의 상황을 언급한 적 있었다. 이 두 종류의 심장지수<표 7>는 산양보다 훨씬 적다. 아무르산양은 산양아과에서도 에너지 소모가 제일 많은 종에 속한다. 젊은 개체는 성체보다 높은 심장지수를 가지고 있다. 1.5세 산양의 심장지수는 10.5이고 1.5세의 East Caucasian Tur(*C. caucasica cyllindricornis*)의 심장지수는 7.5이다.

<표 1> 아브레크 지역 아무르산양 개체군의 성체 외부 형태 특징 측정치

특징	수컷					암컷				
	한계치	평균치	표준편차	변이계수	측정동물수	한계치	평균치	표준편차	변이계수	측정동물수
몸길이	123~132	128±0.8	2.8	2.2	11	126~135	130±1.5	3.4	2.6	5
몸체길이	71~80	76±0.9	2.7	3.6	10	68~80	75±2.5	5.0	6.7	4
몸체둘레	70~87	79±1.4	4.8	6.0	11	72~82	76±2.2	4.4	5.8	4
어깨높이	77~84	81±0.8	2.7	3.3	10	74~85	81±3.5	6.1	7.5	3
엉덩이높이	78~83	81±0.5	1.6	2.0	9	71~82	78±3.7	6.4	8.1	3
머리길이	26~32	28±0.5	1.6	5.7	10	28	28±0	0	0	3
귀길이	13~14	14±0.2	0.6	4.2	10	13~15	14±0.6	1.3	9.2	4
꼬리길이	14~18	15±0.4	1.2	8.0	9	16~17	16±0.3	0.6	3.6	3
앞다리길이	47~51	49±0.4	1.1	2.3	10	47~51	49±1.2	2.0	4.1	3
뒷다리길이	78~82	80±0.5	1.6	2.0	10	75~81	79±1.9	3.2	4.1	3
앞발길이	25~28	26±0.3	1.0	3.8	10	25~26	26±0.3	0.6	2.3	4
발바닥길이	32~34	33±0.3	0.9	2.7	10	31~33	32±0.4	0.8	2.6	3
장골의 둘레	9~12	10±0.3	1.1	10.0	10	9	9±0	0	0	3
척골의 둘레	9~11	10±0.3	0.9	9.1	10	8.5~9	9±0.3	0.5	5.9	3
앞손가락길이	9~11	10±0.2	0.6	6.0	10	10~11	11±0.3	0.5	4.8	3
뒷발가락길이	10~11	11±0.2	0.5	4.2	10	10~11	10±0.3	0.6	5.6	3
앞발굽길이	5.7~7.0	6.3±0.2	0.5	8.4	10	5.7~6.3	6.0±0.2	0.3	5.3	3
뒷발굽길이	5.2~6.5	5.7±0.1	0.4	6.7	10	5.3~5.4	5.4±0.03	0.06	1.1	3
앞발굽높이	3.5~4.5	4.1±0.1	0.3	8.3	10	3.9~4.3	4.1±0.07	0.1	2.9	3
뒷발굽높이	3.5~4.2	3.8±0.1	0.3	7.1	10	3.5~3.8	3.7±0.1	0.1	3.2	3
앞발굽두께	4.2~5.0	4.4±0.1	0.3	7.3	10	4.2~4.3	4.2±0.03	0.1	1.4	3
뒷발굽두께	3.6~4.5	3.8±0.1	0.3	8.4	9	3.5~3.8	3.7±0.1	0.2	4.1	3
목둘레	28~37	33±1.0	3.0	9.2	9	27~33	31±1.3	2.7	8.7	4
체중	26~41	33±1.5	5.0	15.3	11	27~45	32±1.9	4.2	13.0	5

<표 2> 라조브 지역 아무르산양 개체군의 외부 측정치(Bromley, 1963)

특징	수컷					암컷				
	한계치	평균치	평균편차	변이계수	측정동물수	한계치	평균치	평균편차	변이계수	측정동물수
몸길이	109~120	113.8±2.08	4.66	4.09	5	106~118	113±3.6	6.24	5.52	3
몸체둘레	78~98	86.0±4.54	9.09	10.57	4	70~77	73.5±3.54	5.0	6.81	2
어깨높이	69~78	73.2±1.46	3.28	4.48	5	71~75	73.3±1.23	2.12	2.89	3
귀길이	13~14	13.8±0.29	0.58	4.22	4	14~15	14.5±0.5	0.71	4.90	2
발바닥길이	28~32	30.0±1.16	2.00	6.67	3	27~30	28.5±1.59	2.24	7.86	2
꼬리길이	15~18	16.0±0.76	1.53	9.56	4	15~16	15.7±0.33	0.58	3.69	3
체중(kg)	30~38	33.6±1.34	3.00	8.93	5	24.5~33	29.9±2.52	4.36	14.63	3

<표 3> 아무르산양 심장의 중량 절댓값(g) 및 심장지수(g/㎏)

	수컷			암컷	
날짜	중량절댓값	심장지수	날짜	중량절댓값	심장지수
1977.12.21	293	10.5	1976.3.24	84	6.5
1978.10.15	283	8.1	1979.2.15	121	4.8
1979.5.6	218	7.5	1979.4.10	211	7.3
1984.2.7	300	8.3	1979.5.13	211	7.8
1984.2.20	257	9.5	1979.5.6	260	9.3
1984.5.12	270	9.3			
1984.5.8	285	8.9			

<표 4> 아무르산양 내부 기관의 평균지수와 그 변이 비교표

기관지수	한계치	평균치	평균편차	변이계수(V.%)	동물측정수
수컷심장	7.5~10.5	8.9±0.45	1.10	12.4	6
암컷심장	7.8~9.3	8.1±0.60	1.05	13.0	3
수컷간	13.8~22.0	16.1±1.36	3.06	19.0	6
암컷간	10.1~16.5	13.2±1.60	2.70	20.0	4
수컷오른쪽신장	1.0~2.7	1.7±0.30	0.56	32.9	6
암컷오른쪽신장	1.3~2.2	1.8±0.20	0.39	21.7	5
수컷신장	60~150	102.5±20.16	40.32	39.3	4
암컷신장	93~120	109±8.20	14.20	13.0	3

V. G. Gritsuk(1975)의 문헌에 야생면양과 가축형 면양의 심장의 상대적 중량지수를 나열하였다. 이것을 볼 때 심장지수치는 확실히 에너지 소모 수준과 부합되지만 개체의 크기와는 관계가 그리 확실하지 않은 것으로 나타났다(Schwarz, 1968).

보통 체구가 작은 개체일수록 운동성이 강하다. 여기에서 자연히 의문이 생긴다. 과연 무엇 때문에 심장지수가 증가하는가? 이는 동물의 운동성과 연관이 있으며 체구에 따라서 변화한다.

<표 5, 6, 8>의 신장, 부신, 간의 상대적 크기를 주의하여 관찰하면 그 속에서 다소 문제 해결의 단서가 나타날 것이다. 잘 알려져 있듯, 간은 신진대사의 중요한 기능 기관이다. 소화뿐만 아니라 조혈, 글리코젠(다당류), 지방, 그리고 단백질의 축적에 밀접한 관계가 있다. 때문에 이 기관의 기능은 무척 중요하다. 산양은 비교적 높은 간 지수를 지니고 있다. 수컷의 지수는 16.1, 암컷은 13.2에 달한다. 그러나 염소 수컷보다 낮은 수치이며 <표 7>, 설치류(35)나 들쥐(65) 보다도 훨씬 낮은 지수이다(Schwarz, 1968).

〈표 5〉 아무르산양의 신장 무게의 절댓값(g)와 신장지수(g/kg)

수컷			암컷		
폐사 날짜	중량절댓값	신장지수	폐사 날짜	중량절댓값	신장지수
1977. 12. 24.	45.2	1.6	1976. 3. 24.	20.8	1.6
1978. 10. 15.	35.0	1.0	1979. 2. 15.	32.0	1.3
1979. 5. 5.	49.0	1.7	1979. 4. 10.	63.0	2.2
1984. 2. 7.	52.5	1.5	1979. 5. 13.	60.0	2.2
1984. 2. 20.	65.0	2.7	1979. 5. 6.	53.0	1.9
1984. 5. 12.	44.0	1.5			

〈표 6〉 아무르산양의 부신 무게의 절대 중량(mg)과 상대 중량(mg/kg)

수컷			암컷		
폐사 날짜	절대 중량	부신 지수	폐사 날짜	절대 중량	부신 지수
1977. 12. 21.	3,200	114	1976. 3. 24.	1,500	120
1984. 2. 20.	3,300	120	1979. 2. 15.	3,800	150
1984. 5. 12.	2,700	93	1979. 5. 13.	2,200	80
			1979. 5. 6.	1,700	60

〈표 7〉 우제류(수컷) 내부 기관지수 측정비교표

종류	지수			문헌근거(출처)
	심장	간	신장	
아무르산양	8.9	16.1	1.7	Voloshina
동코카서스 투르	6.7	25.1	—	Aliev 1975
야생염소	5.3	23.2	—	Aliev 1975
아르갈리	7.5	—	—	Gritsuk 1975
가축면양	4.6	—	—	Gritsuk 1975
잠바르 사슴	8.0	14.0	0.8	Sablina 1970
문착	10.0	23.0	2.5	Sablina 1970
고라니	10.0	35.0	6.0	Sablina 1970
꽃사슴	4.8	11.8	1.9	Prisyazhnyuk 1984

〈표 8〉 아무르산양 암수간의 중량 절댓값(g)와 상대중량(g/kg)

수컷			암컷		
폐사 날짜	중량 절댓값	간 지수	폐사 날짜	중량 절댓값	간 지수
1977. 12. 21.	611	22.0	1976. 3. 24.	190	14.1
1978. 10. 15.	544	15.6	1979. 2. 15.	253	10.1
1979. 5. 6.	476	16.4	1979. 4. 10.	393	13.6
1984. 2. 7.	500	13.9	1979. 5. 13.	343	12.7
1984. 2. 20.	407	14.9	1979. 5. 6.	462	16.5
1984. 5. 12.	403	13.8			

개체에 따른 산양의 간 지수 변이성은 수컷이나 암컷을 막론하고 모두 매우 큰 것으로, 심장지수의 변이 폭보다 훨씬 넓다. 일반적으로 산양 심장지수의 변이 계수는 아주 낮다. 반면에 간, 신장, 부신의 지수는 순차적으로 높아지는 것으로 나타났다.

산양 수컷 간의 절대 중량은 400~600g이고 암컷은 100~200g에 달한다. 연구에 의하면 암컷 개체가 클수록 심장 중량의 상대적 비례는 높아지고 간의 중량과 그 지수는 훨씬 낮다. 심장 발달이 불완전하면 다른 기관 역시 불완전하게 발달한다. 그중 암컷의 신장 지수는 제일 낮다.

잘 알려진 것처럼, 굶주린 산양의 체중이 급속히 감소하면 간의 무게도 감소된다. 1984년 2월부터 5월까지 많은 눈으로 인해 6마리 수컷이 쉽게 잡혔다. 관찰에 의하면 채식 통로가 단절되어 포획된 것으로 보인다. 그러나 해부결과 그들의 간 무게는 다른 개체에 비해 거의 감소하지 않은 것으로 나타났다. 겨울 동안 간의 무게는 점차 줄어들어 4~5월 후에 가서야 회복되기 때문에 혹독한 초겨울에 원래 존재했던 질병으로 폐사할 수 있다. 1968년 C. C. Schwarz가 강조하기를 높은 심장지수를 소유한 종은 오히려 기타 지수는 떨어지는 경향을 나타낸다고 하였다.

신장지수는 물질 교환의 수준을 알려주는 지표이다(Schwarz, 1968). 산양의 신장 평균 지수는 수컷이 1.7, 암컷이 1.8이다. 그러나 그 계수변이가 상당히 유동적인 것을 보아 그 지수의 의의가 큰 것을 말해준다. 11 개체(수컷 6, 암컷 5)의 신장지수는 표 5에 기재하였다. 그중 한 개체만이 1978년 10월 15일 심각한 신우염에 의해 죽었다. 그러나 그 개체의 신장지수는 상대적으로 건강한 것이라 가정하여 기입하였다. 둘째는 역시 어느 정도 염증이 있는 개체인데, 해부 결과 지방피막에 지방류(알맹이)가 나타났다. 그로 인해 신장은 희미한 색을 띠었다. 반대쪽 신장도 이미 기능을 잃은 상태로 그 지수는 아주 낮아 겨우 1.0밖에 안 되었다. 기타 나머지 산양은 건강체였고 영양 상태도 좋았다. 그 외에 또 한 마리의 산양은 1984년 2월 20일에 폭설로 포획된 개체인데 이 역시 신장은 염증으로 부어있었고 흰색의 송이모양의 병소가 표면에 덮여 있었다. 병리-해부 진단에 의하면 비염증성 신장염이었다. 이 신장 지수는 3.48이었고, 신장의 절대 무게는 94g으로 기타 정상적인 산양의 신장과 완전히 다른 것으로 나타났다. 나머지 하나의 기능 또한 매우 저하된 것으로 나타나 역시 병적인 것으로 판단되었다.

부신은 유기체의 생리학적 상태의 지표로 여러 질병과 대사에 적응한 종합적 수준을 나타내주는 아주 중요한 기관이다. 그러나 우리가 <표 6>에 기입한 자료는 거의 전부가 병적인 특징을 지녔다. 병 또는 신체가 긴장된 상태 때문에 부신의 지수는 상대적으로 증가된다. 여기서 정상적인 상황을 모르고서는 그 자료의 연구 중요성도 알 수 없다.

창자의 길이와 그 지수는 <표 9>에 적어 두었다. 제일 긴 창자의 길이는 24.5m로 늙은 암컷(1979년 4월 10일)에서 나타났고 제일 짧은 것은 두 젊은 개체에서 발견되었다. 유감스러운 것은 C. C. Schwarz(1958)의 책에는 포유류 창자에 대한 언급이 전혀 없었기 때문에 다른 종과의 비교가 불가능한 것이다. T. B. Sablina(1970)는 사슴류 소화계통의 부분 지수를 제출한 바 있다. <표 10>에 기입한 것은 여러 문헌에 실린 우제목 동물의 창자 길이에 해당하는 자료들이다. C. C. Schwarz는 창자가 길어지는 것은 저에너지 사료의 이용과 관계가 밀접하다고 하였다. T. B. Sablina는 제일 짧은 창자를 가지고 있는 잠바르사슴과 문착(*Muntjacus* spp)이 열매를 많이 먹는 종이고, 제일 긴 창자를 지닌 것은 무스(Moose)인데 조잡하고 섬유가 많은 섬유 사료를 먹는 종이라고 하였다. H. A. Shaulskaya(1980)가 지적하듯 산양의 먹이는 초본 식물이 절대다수를 차지하여, 268종의 먹이식물 중 40종만이 교목이거나 관목이며 그중 즐겨 선호하는 종은 불과 3종류의 나무뿐이다. 이로 볼 때 산양의 창자가 반드시 길어야 하는 것은 아니다. 하지만 겨울에는 산양 먹이 중에서도 조잡하고 소화가 곤란한 사료-곡류, 띠 등의 껍질들이 많이 나타나기 때문에 산양의 창자지수는 말사슴이나 노루보다 작지 않고 개체적으로 무스의 창자지수와 비슷하다<표 10>.

〈표 9〉 아무르산양의 창자 길이(m), 몸길이(cm)와 몸무게(kg)와의 상대지수

암컷			수컷		
폐사 날짜	창자길이	체장대 창자비	폐사 날짜	창자길이	체장대 창자비
1976. 3. 24.	14.3	15.54	1977. 12. 21.	17	14.29
1979. 2. 15.	18.3	15.00	1984. 2. 7.	18.3	13.86
1979. 4. 10.	24.5	18.85			
1979. 5. 13.	19.7	15.15			
1979. 5. 6.	19	14.31			

<표 10> 유제류 체중에 비한 창자 길이의 상대치

종명	지수	문헌 출처
꽃사슴	13.1~14.5	Sablina, 1970
백두산사슴(말사슴)	15.3~16.7	Sablina, 1970
노루	16.0~17.1	Sablina, 1970
아무르산양	15.0~18.9	저자 자료
무스	21.5~24.5	Sablina, 1970

아무르산양 종에 대한 외부(24개 특징)와 내부(8개)의 정확한 측정은 우리가 처음 진행하였다. 아무르산양의 심장지수는 염소 수컷과 양 암컷 중 제일 높았다. 근육의 힘은 비교적 강하였다. 반대로 산양의 간 지수는 현재 집 염소보다 낮게 나타났다.

산양의 성적 동종이형은 외부적 특징으로는 찾아보기 어렵고 단지 심장지수가 서로 조금 다를 뿐이다. 산양은 먹이의 조잡성으로 인해 창자의 길이가 충분히 길어 그 지수는 15.0~18.8이었다. 심장지수의 계수 변이는 작고 부신지수의 변이는 컸다. 서로 멀리 떨어져 있는 라조브와 아브레크 두 개체군을 비교해 볼 때보다 남쪽에 위치한(라조브, 아브레크보다 더 남쪽) 개체군의 체중, 체장과 어깨높이는 아브레크 개체군의 것보다 훨씬 작았다.

Ⅶ. 아무르산양의 모피층 구조

B. E. Sokolov, O. F. Chernova, I. V. Voloshina, A. I. Myslenkov

산양 피부층에 관한 연구는 Sokolov 등(1982), Sokolov, Chernova(1988)에 의해 발표된 바 있었으나, 많은 문제는 밝혀지지 못한 채 그대로 남아 있었다. 즉, 피부의 연령, 성적, 그리고 계절 변화, 또 피부의 파생물인 털의 구조, 특수한 피부선, 뿔 등의 구조적 특징과 그의 생태적 적응 등이 아직 밝혀지지 않았다.

산양의 모피 색은 보통 회색, 갈색, 회갈색 또는 어두운 갈색을 띠는데 대부분 회색이 많다. 목 위의 갈기와 등에서 척추를 따라 꼬리를 잇는 중앙선 띠와 몸 뒷부분은 검은색이다. 가슴에는 밝은 흰색의 원형 반점이 있고 두 입술과 꼬리 밑 그 주위에도 흰 반점이 있다. 그리고 앞다리에는 양말을 신은 것 같은 흰 부분이 있고 뒷다리에는 흰색반점이 산발적으로 분포해 있다. 발끝의 모피는 항상 노란색을 띤다. 이것은 발가락 선에서 분비된 분비물에 의해 노란색으로 물들었기 때문이다. 전체적으로 보이는 회갈색의 모피는 보호색이다. 산양의 털색은 서식지 경관과 유사하고 검은 털은 산양의 윤곽을 흐리게 하므로 보호색이 된다. 산양 새끼는 갓 태어날 때는 밝은 갈색이 흔하다. 그러나 가끔 검은색을 띤 연한 황갈색도 있다. 새끼의 갈기나 등줄의 털색은 성체와 비슷하나 이마의 검은 줄 위에 별 모양 흰 반점이 있는데 그 형태와 크기는 개체에 따라 다르므로 어린 개체의 육안 식별이 가능하다. 그러나 별 반점은 만 1년이면 사라져 버린다. 위에서 서술한 바와 같이, 산양의 색깔은 신호표시를 가지고 있는데 종 내에서 시각적 소통 작용을 한다.

산양 신체 각 부분의 털 길이는 서로 다르다. 등 부분의 털이 제일 길고 배 쪽과 다리의 털이 제일 짧다. 두 마리 숫산양의 털 층 구조를 자세히 연구한 결과(3~4살과 10살), 아브레크 지역의 2월 털을 4종류로 분류할 수 있었다. 즉 방향이 있는 겉 털, 경모, 중간털과 솜털이다<표 1>. 각 범주의 털 길이는 많이 다르고, 서로 중첩되어 있기 때문에 길이 표준만으로 분류하는 것은 아무런 의미가 없다. 그래서 보통 신체 각 부분에 따라 털 구조를 세분화한다. 즉 아래턱, 천골부(엉덩이), 옆구리, 가슴, 배, 서혜부, 겨드랑이, 포피, 표피층, 진피층 등이다.

〈표 1〉 아무르산양(수, 3살, 10살) 털 길이 측정(2월)(한계치, 개체수=10)

부위		1. 겉 털			2. 경 모			3. 중 간 털			4. 속 털			밀 도 (매수 /㎠)	
		길이 (mm)	직경 (㎛)	중앙부 직경과 털두께 비율 (%)	길이 (mm)	직경 (㎛)	중앙부 직경과 털두께 비율 (%)	길이 (mm)	직경 (㎛)	중앙부 직경과 털두께 비율 (%)	길이 (mm)	직경 (㎛)	겉 털 (1+2)	속털 (4)
3살 수컷 (n=10)	아래턱	105~123	100~140	50~71	77~97	90~100	50~78	56~68	50~60	40~50	55	19	1010±177.2	7505±1673
	엉덩이	93~112	140~150	60~75	54~81	100~130	55~63	39~50	60~90	56~67	58	20	804±101	5402±871
	옆구리	95~115	130~150	57~67	64~85	100~140	71~81	46~56	63~71	40~50	61	20	433±77	3051±909
	가슴	85~97	120~130	46~50	58~75	100~110	20~50	37~51	50~70	20~29	39	18	–	–
	배	97~109	120~150	50~73	64~88	100~130	47~67	45~59	70~88	43~70	43	18	660±105	4846±1218
	서혜부	92~136	110~140	55~58	46~77	80~100	50~55	26~33	40~60	30~40	24	15	–	–
	겨드랑이	92~111	130~140	42~50	51~77	110~125	38~45	33~45	40~80	35~48	27	15	–	–
	포피	결 핍			21~35	90~120	35~50	결 핍			25	20	–	
10살 수컷 (n=10)	아래턱	103~129	100~130	45~67	80~97	80~100	44~70	45~65	55~70	30~45	49	19	1093±124	5134±1330
	엉덩이	97~113	140~150	63~74	51~81	100~130	55~65	38~48	40~65	55~68	50	20	701±137	4536±832
	가슴	90~106	110~145	34~64	64~86	75~115	28~68	45~61	50~60	20~30	52	30	804±120	4289±634
	배	58~65	120~140	60~71	36~51	100~130	45~68	21~32	60~75	35~57	29	20	412±92	4907±966
	서혜부	85~104	115~150	45~56	48~69	80~110	48~53	33~46	40~70	25~35	35	20	–	–
	겨드랑이	87~103	130~140	34~45	44~74	105~120	36~41	31~40	40~70	30~45	30	20	–	–
	포피	결 핍			29~45	80~130	30~45	결 핍			결 핍		–	

포피에는 겉 털이 없다. 아래턱과 엉덩이 부분의 겉 털은 곧고 길며 축 방향으로 ⅔ 정도 꼬여 있다. 털 기부는 약간 굵고 끝 부분은 가늘어진다. 기부직경이 가늘어지는 경우(다리털)는 없다. 털의 횡단면은 형태상 큰 변화가 없다. 기부와 끝 부분은 원형이고 중앙부는 타원형이다. 최상과 최저기부를 제외한 털 중간 부분은 거의 같은 굵기로 자라고 중앙의 수강직경(털내의 수직 공간, 골수가 채워지는 공간 같은)도 거의 변하지 않는다. 겉 털의 표피층은 두껍다. 비늘 박막의 무늬는 털 종류와 부위에 따라 변한다. 기부의 비늘은 옆으로 확장되며 수직축에 1~1.2개가 많아진다. 비늘의 높이는 14~15㎛로 비교적 고정적이다. 그러나 상반부의 비늘 높이는 5~20㎛로 변화가 크다. 옆구리의 겉 털은 약간의 파상을 이루나 수축방향으로의 꼬임은 없다. 그래서 겉으로 보기에 약간 다리털과 흡사하다. 동시에 털색은 연한 갈색에서 점차적으로 흑색으로 변한다(즉, 기부에서 끝으로 가면서 흑색으로 변한다). 털 수축상에서 수평 횡단면은 피부에 붙은 최기부가 불규칙적인 타원형이고 내부의 수강은 약간 납작한 것을 제외하고는 모두 원형이다. 이곳의 표면은 외표면만 아니라 내표면도 잘 발달하였다.

가슴 쪽의 겉 털은 곧고, 구조상 옆구리의 털과 같으나 등 부분의 털보다는 길이가 짧다. 배 쪽의 털은 옆구리 털과 같이 약간 파상을 이루고 턱의 털과 같이 절반쯤은 꼬인다. 그러나 중간의 수강 위치는 변화하여 하반부는 표면을 향하고 윗부분에서는 중앙으로 위치한다. 표피층의 겉 털은 곧고 아래 ⅓ 부분의 수강은 잘 발달하였으나 기부의 수강은 사라진다. 서혜부와 겨드랑이 털의 수강은 기부에서 위에까지 모두 잘 발달하였으나 끝 부분만은 제외이다. 박막 위의 비늘 모양과 그 너비는 매우 다르다.

경모는 수직축에서 약 ⅓ 길이가 꼬이므로 약간 파상을 이룬다. 그 상반부는 어두운 색깔에 흰색의 가로무늬가 새겨 있고 끝 부분은 어두운 색이다. 가슴 부위에서는 경모를 찾아볼 수 없다. 갈기, 엉덩이, 표피에서는 다리털 같이 기부가 가는 털은 없으나 옆구리와 가슴에서 약간 찾아볼 수 있다. 갈기털, 엉덩이 털은 중앙축(계측을 위한 가상의 선)이 보다 굵으나 옆구리 털은 윗부분이 굵다. 그 기부와 끝 부분의 횡단면은 원형이고<그림 1. A>, 굵어진 부분에서는 불규칙적인 타원형을 이룬다(갈기와 엉덩이 부분)<그림 1. B>. 또는 한 면이 납작한 신장형을 이루기도 한다<그림 1. E>. 옆구리 털의 또 다른 특징은 경모는 납작하고 수축방향에서 굵어진 부분에 따라 두 개의 자그마한 홈이 파인 것이다. 아래턱, 엉덩이와 가슴부 분의 털의 중앙 수강 직경은 변화하고 그 속에는 작고 큰 공기구멍이 생긴다<그림 1. C>. 그리고 옆구리 부위의 털 수강은 직경이 균일하고 작은 구멍이 몇 개 있을 뿐이다<그림 1. F>. 껍질층의 발육은 일정하지 않아 옆구리와 가슴 털 수축의 제일 굵은 부분은 기타 부분보다 약 두 배 직경이 된다. 털 기부 박막 위의 비늘은 긴축 횡단면(세로축으로 잘랐을 때의 면)이 넓어지지만 높이는 언제나 15㎛의 불변치를 유지한다. 비늘가장자리는 균일하고 조밀하며 바깥층에 딱 붙어 있다<그림 1. D>. 털의 넓어진 부분의 비늘 높이는 15~25㎛이고 목덜미 부분의 비늘 가장자리에는 그리 깊게 파이지 않은 세포 홈이 있는가 하면 배 부분의 비늘 가장자리는 파상을 이룬다. 배 부분의 경모는 곧고 아래 1/5부분은 납작해진다<그림 2. C>. 중앙 수강벽을 따라 크고 작은 세포들이 분포하는 데 빈 공기구멍은 없다. 서혜부와 겨드랑이 부분의 경모는 다소 파상을 이루고 수강의 직경은 좁다. 포피, 항문주위 그리고 발가락 사이의 털은 곧으며 다리털과는 다르지만 중앙 부분은 굵다. 포피털의 수강은 보편적으로 좁고 발달이 균일하지 않아 직경이 많이 변한다. 항문 주위 털에는 수강이 존재하지 않는다. 항문 주위 피부의 경모는 한 가지 종류의 털로 균일하게 구성되었다.

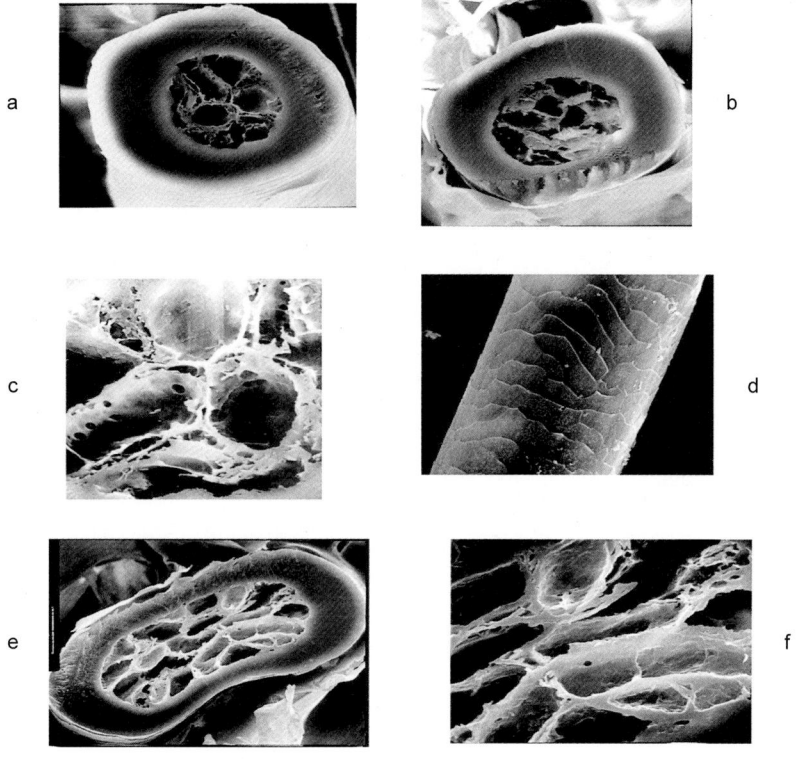

〈그림 1〉 아무르산양 성체 수컷. 목덜미와 옆구리 털의 구조
a. 목덜미 경모의 기부 횡단면, ×1000; b. 확대된 윗 부분, ×1000; c. 목덜미 경모의 수강, ×3000;
d. 목덜미 경모의 박막, ×800; e. 몸 옆구리 경모의 횡단면, ×1000; f. 몸 옆구리 경모의 수강, ×3000

발가락 사이의 털과 포피부의 털은 바깥층 박막 위 비늘 높이의 변화가 크고 비늘 가장자리는 심하게 파손되어 있다<그림 2. F>. 표피층의 경모는 파상을 이룬 것이 특징이고 수강의 발달은 미약하고 작은 기포가 밀집해 있다. 기부 박막 위의 비늘크기는 균일하고 중간 부분의 비늘은 균일하지 않다<그림 2. E. F>.

포피와 항문 주위의 피부 외에 기타 부위에서는 중간형 털이 모두 발견되었다. 중간형 털들은 끝 부분에 밝은색의 세로 간 무늬(수직무늬/세로무늬)가 약간 보였으나 심하게 굽어졌고 축 방향으로 가로로 꼬였으며 중간이 굵은 다리털은 없었다. 털 굵기는 변화하지 않는 부분도 있고(목덜미, 엉덩이 부분) 기부에서 끝 부분까지 계속 변화하기도 하였다(가슴 부분의 털). 털의 횡단면은 원형이거나 타원형이다. 기부에서 축 중간 부위까지의 수강은 발달하였고 끝 부분으로 가면서 사라지기도 했지만(목덜미 부분의 털), 가슴 털의

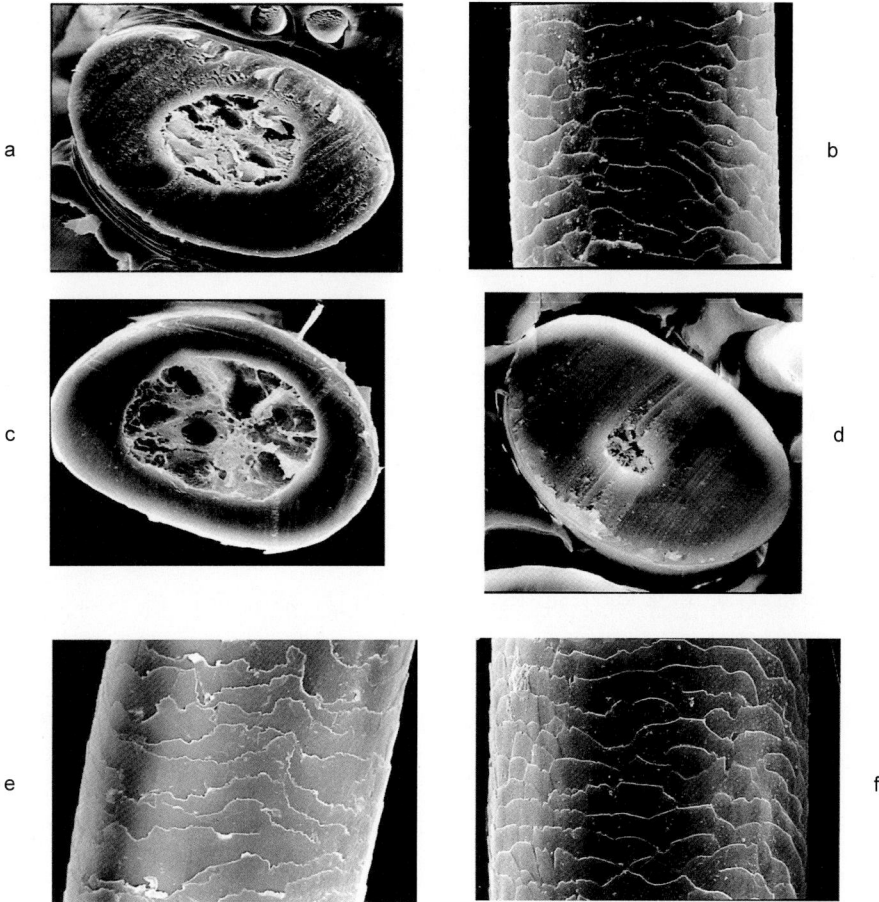

〈그림 2〉 아무르산양, 성체 수컷　신체 각 부분의 털 구조
a. 가슴부 마찰부 경모의 횡단면, ×1500; b. 가슴부 경모의 박막 위의 비늘, ×1000;
c. 배 부분 경모의 횡단면, ×1000; d. 배 부분 표피 경모의 횡단면, ×1200;
e. 표피 경모의 박막, ×1200; f. 포피 경모의 박막, ×1200

털 수강은 끝까지 잘 발달하였다. 물론 수강 속에는 작은 구멍들이 많이 보였다. 박막의 비늘형태는 다양하지만 그 높이는 15~20㎛로 거의 비슷하거나(목덜미, 엉덩이, 가슴 부위의 털) 다르기도 하였다(배 부분의 털). 비늘 바깥쪽은 비교적 평평하였으나 간혹 깊지 않은 세로로 홈이 파이기도 하였다. 홈은 바깥층으로 밀집해 위치하였다.

　솜털은 굴곡이 심한 단일색이며 길이는 다르나 직경은 비교적 안정하여 변화가 적었다. 솜털의 절단면은 항상 원형이고 수강은 발달하지 못하였다. 박막의 비늘 모양은 비 원형이거나(목덜미, 옆구리, 엉덩이 부위의 털), 반원형이다(가슴 털). 비늘의 높이는 일정하다. 비늘 가장자리는 밋밋하였고 깊은 홈이 파이거나(목덜미 털), 평평하기도 하고(가슴 털) 바깥층 쪽과 밀접하게 붙어 있지 않다(배 쪽 털). 발가락 사이와 항문주위의 털 층에는 솜털이 없다.

세 살 된 산양 수컷의 가슴 부위 털은 독특하였고 몇 가지 색깔 변이도 있다. 견본을 뽑아 조사한 결과, 어두운 색깔의 털은 총 털 숫자의 92%를 차지한다. 털 길이의 범위는 42~92㎜이고, 기부 근처의 제일 굵은 부분은 2㎜이고 가는 끝 부분은 70~130㎛이다. 길이가 42~68㎜와 81~92㎜의 털에는 위 ⅓에만 수강이 있다<그림 2, A>. 일정 부분의 털은 1~2㎜의 넓지 않은 흰색 가로무늬가 있는데 이 부분의 수강은 발달하지 않았다.

흰 파상 털은 많지 않은데 이는 종축으로 회전하고 길이는 34.5~73.8㎜, 기부 근처와 중앙부가 굵어진다. 털기부의 수강부는 총 털 직경의 50~59%를 차지하고 중간부에서는 42~47%, 제일 아래 기부와 꼭대기에서는 수강이 완전히 사라진다.

균일하고 연한 갈색 털은 약간 파상을 이루며 길이는 65㎜이다. 위 ⅓에는 뚜렷한 밝은 가로무늬가 나타난다. 털 중간 제일 굵은 곳의 직경은 130㎛까지 달한다. 기부의 수강은 잘 발달하였고(58%), 중간부는 69%, 위 ⅓의 가로무늬 부분의 수강은 총 굵기 직경의 42%를 차지한다.

수강이 잘 발달하지 않거나 전혀 없는 털의 횡단면은 불규칙적인 타원형(계란형)이고 수강이 발단된 털의 횡단면은 규칙적인 타원형이다. 그리고 수강은 외측으로 치우친다 <그림 2. A>. 털 바깥층도 잘 발달되고 측면도 원만하다. 색깔이 연한 털의 박막 윤곽은 보통 일치한다. 그리고 비늘의 크기도 일정하고(10~15㎛), 그 가장자리도 평평하다<그림 2. B>.

수강의 발달이 불충분하나 바깥층 박막이 잘 발달하고 세로로 꼬인 털은 산양에서는 겉 털과 경모로써 주로 방어 기능을 수행하여 열을 차단하므로, 열대지방의 우제목이나 가젤보다 보온성이 좋다<표 2>. 신체 표면과 옆구리 털의 표층은 두터워 물리적 압력을 최대한 막아준다. 재미있게도 산양 옆구리 털에서 세로축을 따라 세로 홈이 파인 것을 찾아볼 수 있다(횡단면은 신장형-콩모양이다). 이것과 유사하거나 혹은 더 깊게 홈이 파인 털은 임팔라, 푸른 영양, 가젤류에서도 발견되었다(Sokolov 등, 1984). 털의 수강과 연령, 계절, 그리고 성적인 변이에 대한 자료가 충분하지 못하여 열 차단과 개체 발생의 기작 특징을 이야기할 수 없지만 발표에 의하면 성체 수컷의 겨울 신체 각 부분의 털 수강의 직경은 일정한 수치를 유지하고(겨울철의 털수강은 여름보다 발달하였다), 보호되거나 감추어진 부분, 서혜부와 겨드랑이 등의 털 내부 수강은 발달하지 않아 총 직경의 58%를 초과하지 않는다.

〈표 2〉 가을-겨울철 소과 동물 목덜미 털 특징 비교표(암수 평균치)

동물 종	직경(최대1/1,000㎜)		길이(최대 ㎜)		수강/총털직경 (%)	밀도(털수/㎠, 최대)	
	경모	솜털	경모	솜털		경모	솜털
수니(Suni)	90	-	15.2	-	75	2310	-
워터벅	160	-	71.8	-	69	2828	-
임팔라	120	-	17.8	-	75	747	-
Wildbeest	240	-	18.1	-	75	1797	-
톰슨가젤	120	-	28.6	-	80	875	-
그랜트가젤	160	-	18.1	-	81	876	-
일런드	90	-	22.1	-	66	2632	-
Sand 가젤	128	-	38.8	-	88.7	6000	-
사이가	63	-	10.3	-	89.8	2695	-
샤모아	149	13	25.9	4.1	79.1	1000	2333
야생염소	109	11	35.4	38.7	84.3	670	4166
사향소	212.8	34.4	454	95.5	-	-	-
아무르산양	117	19	11.5	52	71	1051	6319.5

주: 1. Sokolov, 1973; Sokolov 외, 1984의 자료에 의거.
  2. 3살, 수컷, 겨울, 머리와 몸의 털.(Yakyshkin, Olkova, 1998)
    3살, 수컷, 겨울, 배털의 밀도는 6,292개/㎠. 저자는 위와 같음.
  3. 겨울 두 수컷의 겉털과 경모를 함께 측정.

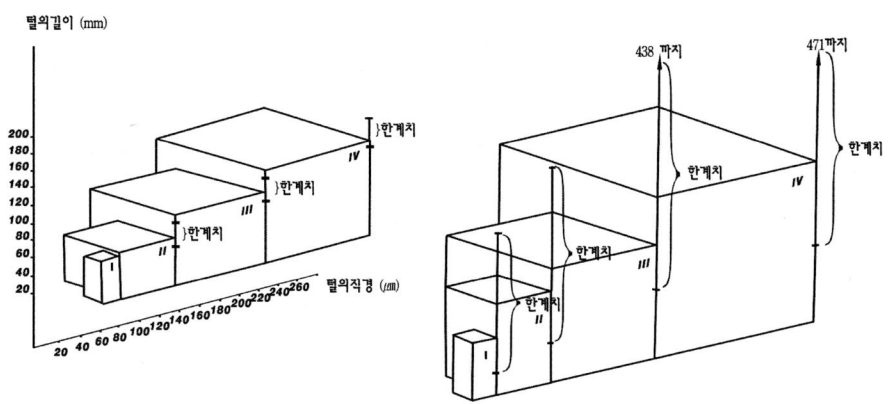

〈그림 3〉 겨울철 산양 수컷 털 바깥층의 구조
A: n=20, 산양, 수컷, 성체, 겨울철
B: n=24-82, 사향소
I-솜털, II-중간형, III-경모, IV-겉 털

산양의 털 바깥층은 4개의 층으로 구성되었다<그림 3>. 그리고 층과 층 사이는 길이상 서로 겹쳐지지 않는다. 즉 아래층의 제일 긴 털은 위층의 제일 짧은 털과 겹치지 않는다. 털들은 구역이 나뉘어 있고 배열도 신체 부분에 따라 각기 다르다. 제일 밑층의 털은 가장 많은데 보통 솜털로 구성된다. 그러나 겨울철에는 일정한 수량의 경모가 섞인다. 그 비례는 1/5 또는 1/10 정도로 5~10개 솜털에 하나의 경모가 한 그룹을 이루는 셈이다. 산양 신체 표면 모든 부분에 털의 숫자는 아주 많다. 특히 턱밑과 양 뿔 사이의 털은 더욱 많아 신체 어느 부분보다 높은 밀도를 나타낸다. 신체 뒷부분 표면(등)의 털 밀도는 배 쪽보다 높다. 암컷의 털 숫자도 수컷처럼 많으나 배 쪽의 털은 적다. 그리고 겨울철이 되면 어느 털 종류이건 신체 각 부분에서 거의 모두 증가한다. 예를 들어 암컷 성체의 엉덩이 부분의 경모와 솜털의 최대 수치는 3,988개이다(경모와 솜털의 비례는 1:10이고 여름에는 1,009개로 1:5이다). 가슴 털은 2,714개로 1:5이고 여름에는 498개로 1:3이다. 옆구리는 겨울에 4,764개로 1:13이고 여름에는 1,378개로 1:5이다(Solomkina). 그러나 암컷의 털은 겨울에도 그리 길게 자라지 않는다. 오직 엉덩이 부위의 겉 털만이 길어지는 듯하다(여름에는 84㎜, 겨울에는 102㎜).

산양의 털 밀도와 길이는 열대지방의 가젤 영양류, 사이가와 검은임팔라보다 높다. 또한 솜털 밀도도 확실히 높다. 북쪽의 극히 험악한 기후 조건하에서 서식하는 사향소의 털층 밀도와 비슷하다<표 2>. 사향소의 털 밀도는 4,200개/㎠(Flood 외, 1989), 턱밑의 털 밀도는 6,648개/㎠(Yakyshkin, Olkova, 1988)이고, 경모와 솜털의 비례는 1:37로 다른 사향소 아종의 2배에 달하며 산양의 3/4배에 달했다. 사육 상태 하의 산양과 야생산양의 털 층 밀도를 비교하였을 때 흥미로운 결과가 나올 것이다. 왜냐하면, 알려진 바와 같이 사육 상태에서는 야생 상태와 달리 털의 밀도가 균일해지기 때문이다(Panfilova, 1978). 거친 경모의 직경은 작아지고 솜털은 굵어진다(그 예로, 사육 상태의 사향소는 가는 털로 바뀐다(Petrischev, 1978). 사향소는 산양과 같이 털 층이 4층으로 구성되었다. 그러나 층과 층 사이의 명확한 경계선이 없다. 이는 각 층의 털 길이가 심하게 변하여 서로 침입하기 때문이다<그림 3>. 즉 산양과 같이 털 층의 단계가 없어진 것이다. 물론 사향소의 각종 털은 산양털보다 훨씬 길다. 그 예로 3살 난 수컷의 겨울철 겉 털 길이는 471㎜까지 달할 수 있고 경모는 세 가지로 각기 254, 345, 438㎜에 달하며, 중간형은 두 가지로 215~222㎜이고 솜털 역시 두 종류로 76~170㎜이다(Yakyshkin, Olkova, 1988, p.64).

산양의 개체 발생 중 털 길이는 변한다.[3] 수컷의 경우, 겉털과 경모는 여섯 달 만에 가장 길어졌고 그 후 두 살 때까지 거의 변화가 없었다. 그다음 옆구리 털은 조금 짧아지고 목덜미와 가슴 털은 약간 길어지기도 했다(3살, 수컷). 솜털의 변화도 이와 흡사하였다<그림 4>.

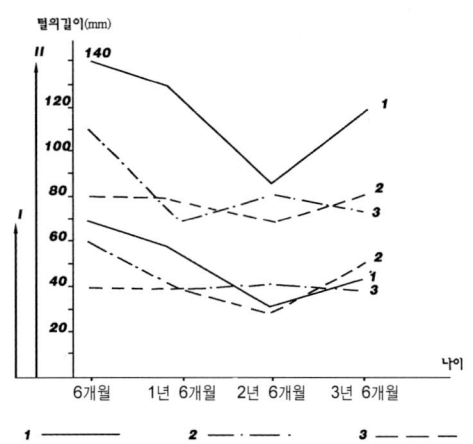

〈그림 4〉 산양 연령에 따른 털길이의 변화(n=10, 최대치)
I-솜털, II-겉 털
1. 목덜미, 2. 가슴, 3. 옆구리

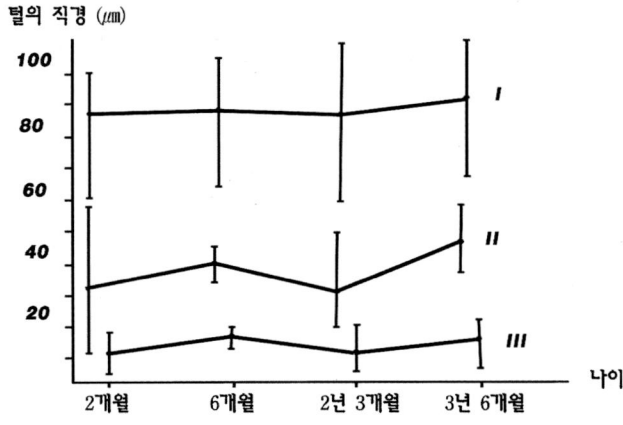

〈그림 5〉 연령에 따른 수컷 산양의 목덜미 털 직경의 변화(n=20, 평균치)
I-겉 털, II-경모, III-솜털

---

3) 길이의 측정은 I. V. Solomkina가 산 산양의 털을 뽑지 않고 직접 진행하였다. 그렇기 때문에 위에서 인용한 수컷, 겨울털 측정치와 커다란 차이가 있어 비교할 수 없다.

개체 발생 중 산양털의 직경 성장은 그리 뚜렷하지 않다. 그 평균치를 측정해보면 <그림 5>와 같다. 그러나 최대치를 비교해 보면 겉털의 직경은 성체 개체가 2달 개체의 2배에 달했고(각기 60과 112㎛였다), 경모는 5배(10과 59㎛), 솜털은 4배(5와 21㎛)였다. 이렇게 어린 산양의 털도 이미 잘 발달한 솜털과 길고 촘촘한 겉털 층으로 보온과 기계적 보호 작용(충격, 외부로부터의 보호)을 확실히 수행하고 있다.

봄철이 되면 산양은 털갈이를 하지만 등 부분 털의 길이는 원래의 치수를 유지하고, 몸의 각 부분과(등, 가슴(성체, 수컷) 엉덩이(10달 연령)) 솜털은 많이 빠진다. 털갈이 때 털 직경의 굵기는 여전히 겉 털이 제일 굵고, 그다음으로 경모, 마지막으로 솜털 순이다. 흥미로운 점은 산양도 사향소와 같이 털갈이 시 솜털이 제일 먼저 집중적으로 함께 교체되고 겉 털과 경모는 점차적으로 빠지는 것이다(Yakyshkin, Olikova, 1988).

이렇게 산양의 두터운 털층은 보온 작용을 확실히 수행하고 있다. 이는 털의 구조적 특징, 그리고 적절한 배열과 엄청난 털 밀도, 특히 솜털의 밀도 등이 종합적으로 작용하고 있다.

산양의 피부, 특히 목덜미와 가슴 부위의 피부는 주름이 아주 많다<표 3>. 산양도 기타 우제목이나 대형 초식 포유류와 같이 외부 형태학 연구가 충분히 되어있지 않아 결론을 내리기는 곤란하지만 신체 각 부분의 피부 두께는 차이가 있어 싸움에서 어떤 보호 작용을 하고 있는 것만은 사실이다(Jarman, 1999; Sokolov 등, 1984).

거의 모든 영양류가 그렇듯이 산양의 목덜미와 가슴의 피부는 두텁다. 이는 수컷 간의 경쟁으로 인해 진화한 것이다.

〈표 3〉 성체 산양의 겨울철 피부선체의 측정치(개체별 최대치)

개체수	부위	두께		경모피지선크기 (10㎛)	땀선분비구직경 (10㎛)
		피부(㎜)	표피(10㎛)		
1	턱	4.1	34	113×56	
2	가슴	3.1; 4.2	23; 34	339×56; 452×34	11;11
1	등	1.1	23	90×23	
1	엉덩이	1.6	34	79×23	—
1	옆구리	1.3	34	23×23	—
1	배	1.2	23	56×23	—
2	서혜부	1.2; 2.8	23;45	79×34; 56×34	—
2	겨드랑이	3.1; 3.0	56;56	248×45; 226×45	11;11

산양의 피부 구조는 전체적으로 동일하고 앞뒤 표면의 피부도 아주 흡사하다. 표피층은 보통 얇다(일반 27~34, 간혹 45~56㎛). 기저층은 어두운색의 큰 핵을 가진 큰 입방(cubic)모양의 세포로 구성되어 있다. 비늘 층의 세포는 한 줄 또는 두 줄로 배열된다. 오돌토돌한 층의 구조도 몸 피부와 별로 다르지 않다. 뿔 층은 표피층 두께의 2/3 정도이고 적색으로 물든 피부는 돌기 층과 망상 층으로 구분된다. 돌기 층은 총 피부층의 가슴 부위에서 20%를 차지하고 목덜미에서는 25~30%를 차지한다. 그 특징으로는 얇고 조밀한 교원질 섬유가 뭉쳐 팽팽히 평행으로 늘어져 피부 표면과 모낭 주위를 덮고 있는 것이다. 털을 움직이고 올려주는 근육은 잘 발달되었다. 턱밑의 근육 두께는 113㎛에 달하고 몇 개의 늑막으로 구성되었다. 망상층의 교원질 섬유가 집중된 두꺼운 부분은 섬유가 여러 방향으로 교차되어 있다. 턱 아랫부분과 등 부분의 망상 층에는 100㎜ 두께의 힘줄이 피하 근육층 위에 있다. 피부의 표피층은 노출되어 있지 않다. 가슴, 옆구리, 겨드랑이의 피하 세포조직은 발달했으나 표피세포는 함유하지 않는다(가슴, 옆구리, 겨드랑이에 표층피부세포가 없다). 산양 성체의 겨울 피부구조는 기타 우제목 동물의 신체 피부 구조가 다 그렇듯이 일정한 고정형태를 유지한다.

망상 층이 주머니 같은 곳에 들어 있어 단단한 토대를 이루므로 매우 견고하고 등 쪽의 피부는 피하 근육에 잘 접착하여 배아래 쪽으로 끌러 내려가지 않는다. 세포막질에 지방이 없는 것은 개체 차이로 추정된다. 산양은 험한 기후 조건하에 생활하므로 당연히 피하에 지방이 축적되어 있어야 하는데 그것이 없는 것으로 보아 소모된 것으로 추측된다.

보통 피지선은 긴 자루 모양이며 그리 크지 않은 각 경모 모낭 주위에 2~3개씩 에워싸며 위치한다. 피하의 피지선 크기는 23×23㎛에서 452×34㎛로 변동이 심하다<표 3>. 분비선은 표피 밑 621㎛에 깊이 위치하고 모낭을 따라서 또는 그 밑에 작은 주머니를 이루거나 짧고 좁은(23㎛) 관상을 이루어 모낭과 연결된다. 가슴 측의 피지선은 등 쪽보다 크고 매개 피지선은 몇 개의 작은 여포로 구성되었다. 여포의 벽에는 흑색소가 포함되어 있다. 솜털에 붙어 있는 피지선의 크기는 23×56/1,000㎜를 초과하지 않는다. 그리고 솜털마다 있는 것이 아니라 2개의 솜털에 하나씩 분포한다. 한선(땀샘)은 가슴과 겨드랑이 피부에만 존재한다. 한선은 영양실조 상태에서 발견되었다. 땀이 통과하는 분비관의 직경은 11㎛를 초과하지 않으며 선체 세포는 작거나 완전히 없다. 분비관 벽에는 많은 색소 육아(肉芽)가 있다. 좁은 분비관은 모낭 출구 앞에서 깔때기 모양으로 확장되고 표피 밑 282㎛의 깊이에 위치하거나 한선 출구 위 113㎛에 위치한다. 피부선은 눈앞, 그리고 눈꺼풀 위쪽 등에는 절대 확장되지 않는다. 산양 피부선의 기본구조는 기타 영양류와 별 차이가 없다. 그러나 주목 할 점은 한선의 숫자가 많지 않다는 점과 피지선과 한선이 색소를 형성하고 분비한다는 점이다. 그리고 열대지방의 동물, 모피동물과 고산동물의 피부선과 색소의 형성은 강한 일사량과 직접 연관되는 것이다. 산양의 피부선은 신체 특정 부위에만 집중 분포하여 발달되어 있다.

눈꺼풀 아래에는 잘 발달된 피지선이 있다. 이는 마치 선체의 구조를 상기시킨다. 피지선은 모낭과 연관되어 있으며 한 횡단면에 적어도 3개 이상 분포한다. 피지선의 크기는 452×452㎛에서 452×994㎛까지 변화가 크다. 각 피지선은 작은 원형 또는 확대된 2~3개 여포양(濾胞樣) 배엽(胚葉)으로 구성되었고 분비물은 넓게 확장된 실강((室腔) 직경 339㎛) 속에 흘러들게 된다. 이 선체의 색소 형성은 아직 발견하지 못하였다. 전형적인 선체층을 찾아볼 수 없는 것은 매우 이해하기 어려운 것이다. 이는 포유류에서 심지어 천산갑속 동물, 관박쥐과에서도 대체로 존재하는 선체이기 때문이다. 아마도 속눈썹의 피지선 발달로 그 기능을 대치한 듯하다.

콧등 비경 위의 여포관선(濾胞管腺)은 아주 잘 발달하였다. 이 선체를 형성한 선체층은 전체 코 피부층의 ⅔ 이상을 차지한다. 선체의 최대크기는 1.0×1.0㎟에 달한다. 선체는 크고(56×56㎛) 작은(23×23㎛) 원형 또는 연장된 여포양(여포세포의 방울)으로 구성되었고 중앙에는 빈 간격이 있으나 삽입된 관은 없다. 비경선은 영양류에 보편적으로 존재하는 전형적인 선체인 것으로 이번 산양에서 또다시 본 선체의 존재를 발견한 것은 다시 한 번 위의 주장을 보충해주는 것이다. 그 작용은 두꺼운 입술과 코의 축축함을 유지하는 것이고 호흡, 후각, 체온조절에도 관여하는 등 커다란 영향을 준다(Sokolov 외, 1984).

코 양옆 피부에 위치한 피지선은 크게 확대되어 226×226㎛에 달한다. 대개 모낭주위에 3~4개씩 배치되어 있고 그 속에 흑색소나 색소를 만드는 육아세포가 많이 함유되어 있으며 분비물은 관벽으로부터 침투해 나와 중앙관에 집중된다. 산양류 2종에서 이마선 주름 피부 속에서 발달된 피지선이 발견되었다. 반면 한선은 그리 발달하지 못하였다 (Sokolov 외, 1982). 큰 형태선체의 유무를 확정하기 위하여 5개체(수컷 3, 암컷 2)의 서로 다른 연령(수컷: 9개월, 1.5년, 5~10년: 암컷-5년, 15년)과 6개 산양 피부를 수집하여 관찰 하였다. 조직학 연구 샘플(성년성체 수컷 3, 성년성체 암컷 3-이마선체 샘플, 이들은 시호테알린 자연보호구 사육장과 자연사 개체)중 10%는 지랍(脂臘)에 물들거나 에오신 식물성 염료에 염색되는 물질이었고 기능과 관련이 없는 형태였다. 외부 검사에서도 아성체에서는 선체가 뚜렷하게 나타나지 않았다. 즉 이마선체 기부의 피부는 두텁지도 않았고 주름도 없었다. 오직 조밀한 털이 두텁게 덮여 있을 뿐이었다. 성체 산양의 이마선 기부의 피부에는 주름이 있다.

주름살과 고랑의 숫자, 선체가 차지한 면적, 그리고 피부의 두께는 연령에 따라 많이 달랐다<그림 6>. 9개월 된 수컷에는(2월 말에 얻은 샘플) 고랑이 없었다. 이마선체 기부 피부의 두께는 3㎜, 면적은 3×3㎠이었다. 1.5세 된 수컷(11월)의 선체 면적은 성체 수컷과 암컷보다 위축되어 있었으나 이미 두 개의 기본 궁형 고랑이 나타났다. 이는 턱 중간 축을 기준으로 양측에 대칭되어 위치하였다. 그리고 가로방향으로 생긴 고랑도 이미 한 줄 생겨 있었다. 성체 산양의 선체는 암수 간의 큰 차이는 없었다(면적은 7×7㎠, 두께는 5~10㎜이었다).

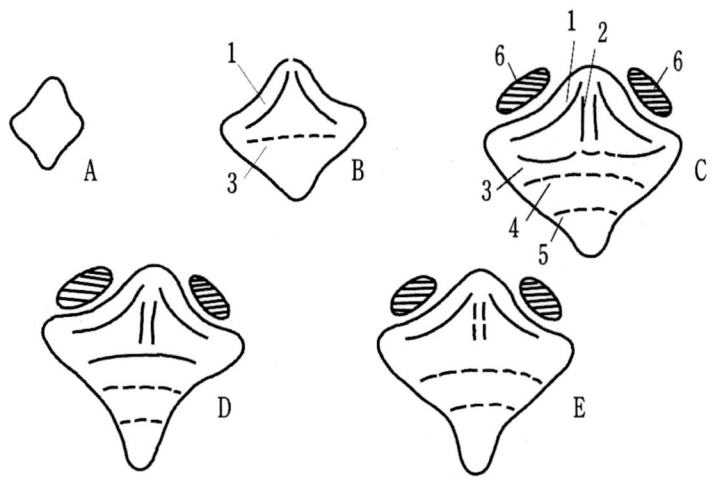

〈그림 6〉 아무르산양 뿔선 주름 고랑 해부도
A. 9개월 숫산양, B. 1.5살 숫산양, C. 5~10살 숫산양, D. 5~10살 암산양,
E. 15살 이상 암산양
1. 기본 궁형 고랑, 2. 세로 고랑, 3, 4, 5. 가로난 무늬, 6. 뿔

그리고 외부형태나 주름살의 모양도 흡사하여 모두 두 개의 기본 궁형 고랑, 세 줄난 고랑, 3개 가로 주름살이 있었다. 두개골 위의 가로 주름살은 5~10살의 암수 산양에서 보다 뚜렷이 나타났다. 5살, 갓 발정기에 들어선 암산양(10월)과 같은 연령의 암산양(5월-비발정기) 선체를 비교했을 때 예상과는 달리 전자는 이마선체의 발육이 나약했다(죽은 개체의 샘플이기 때문인지도 모른다). 15세 이상의 늙은 암산양의 주름살도 그리 깊지 않았다. 성체 산양의 주름살에는 응고된 분비물의 부스러기가 가득 차 있었고 이는 특이하고 강렬한 냄새가 났다. 선체 가장자리 주위를 둘러싸고 있는 피부에는 주름이 졌으나 두께는 두껍지 않았고(2.6~3.5㎜, 성체), 표피는 얇았다(23㎛). 피부의 돌기층은 총 피부

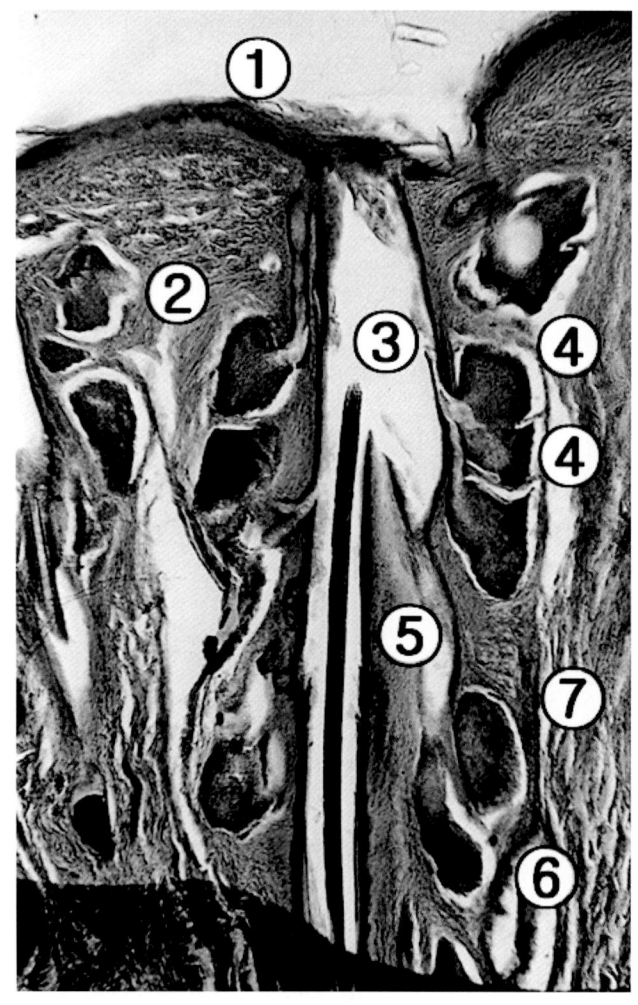

〈그림 7〉 아무르산양의 이마선 구조
1. 표피, 2. 진피, 3. 털, 4. 피지선, 5. 피지선관, 6. 한선, 7. 한선관

두께의 30%를 차지하였다. 교원질 섬유층은 각 방향으로 얽혀 있었고 다만 망상층만이 표피층과 평행하게 있었다. 일반 피지선은 연장되어 주머니 모양을 이루고 있으나 그리 크지는 않았다. 한선의 주머니 양 분비체는 직경이 23~56㎛이고 분비출구의 직경은 6~11㎛인 관이었다. 이마선체 부분의 피부는 산양 기타 부분의 피부와 흡사하였으나 어떤 부분에는 내부에 다공성 틈이 있었다. 그 구멍의 벽두께는 그리 두껍지 않아 34~45㎛이었다. 이마선체 위의 피부는 매우 거칠고 굵고(직경 56㎛) 두터운 관선의 벽이 돌기층의 중앙부에 위치했다. 조밀하고 만곡된 특수한 무늬는 교원질 섬유로 이루어진 것이고 돌기층에 위치하여 피지선을 감싸고 있었다. 이마 부위의 피지선은 발달하여 선체의 가장자리를 형성하고 있으며 그 평균 두께는 성체 수컷에서는 4.5, 암컷에서는 2.1㎜에 이르렀다<표 4>. 피지선의 구조는 복잡한 여포형이고 분비관은 두 개로 갈라지며 분비층은 세분화되어 있었다<그림 7>. 모낭은 분비관과 연관되어 있다. 그러나 그런 털은 나이 든 개체에서 잘 빠질 가능성이 있다.

〈표 4〉 아무르산양 성체의 이마선 측정(Sokolov 등, 1982, 다소 축소함)

샘플 부위	선체두께(㎜)	피부두께의 %	피지선크기 (1㎛)	한선분비체의직경 (1㎛)
수컷(5월)				
일반피부	–	–	56×23	56
고랑사이의 중앙선체	4.5	71	3,500×1215	113
고랑속의 중앙선체	2.1	66	1,050×350	56
두개골 가장자리의 선체	3.1	77	1,050×350	67
암컷(5월)				
가장자리의 선체	1.7	40	678×452	56
측면 가장자리 선체	3.1	67	3,150×1,400	56
고랑사이의 중앙선체	2.1	36	678×113	79
고랑속의 중앙선체	2.1	40	2,100×113	56
암컷(5월)				
두개골 가장자리의 선체	–	–	169×56	67
가장자리 선체	1.7	49	1,750×350	79
측면 가장자리 선체	2.1	58	1,017×565	–
암컷(12월)				
일반피부	–	–	34×45	23
중앙선체	1.4	19	1,400×700	23

분비표피층 높이는 56~113㎛로 변화하는데 이는 여포의 크기와 분비주기의 단계와 연관된다. 성체 암컷의 매개 선체 크기는 3.5×1.2㎜이고 성체 수컷의 두개골 가장자리의 선체는 169×56㎛이다. 한 여포의 크기는 최대 169×56㎛에서 최소 350×350㎛로 변화한다. 분비물 통과 관은 34~455㎛로 직경이 다양하다. 피지선은 잘 발달하여 피부층에 깊게 침투하고 모낭부 밑까지 완전히 침투한다. 선체 보존의 어려움으로 인해 피지선의 정확한 식별에 어려움이 있었지만 이들은 샤모아(*Rupicapra rupicapra*)의 이마선과 흡사한 간장지방선 종류에 해당되는 걸로 추측이 된다(Schaffer, 1940). 즉 주위 세포들을 구별이 가능하며 넓고 분리된 세관이 없는 에오신 세포가 액포와 세포 사이에 있는데 이는 가젤류의 피지선과 흡사하다. 낭포는 없었다. 한선은 깊게 분포하는 것이 아주 드물었고 0.5~4.3㎜ 깊이에 분포하였다. 한선은 보통 피지선의 끝 부분 위에 놓여 있었다. 한선의 구조는 일반 피부선체구조와 별다른 점이 거의 없었으나 분비부의 직경은 일반 한선 직경보다 두 배 더 넓었다(성체 수컷의 직경은 113~56㎛이었다). 암컷도 마찬가지로 예외가 있겠지만 10월에 얻은 개체의 일반 한선 직경은 이마부 피부의 한선과 흡사하였고 보통 23㎛를 초과하지 않았다.

암수 산양의 이마선을 비교해 보았을 때 수컷의 이마선이 보다 잘 발달되었음을 발견할 수 있었다. 이마선 각 부위의 피부샘플을 연구한 결과 피지선의 발육 상태는 서로 달랐다. 그 예로 암산양 두개골 위 뿔 근처의 선층 최대 두께는 3.1㎜였고 측면 변두리의 선체도 3.1㎜였다(발정기). 5월과 12월, 암컷의 이마선체를 비교해 보았을 때 겨울철의 선체 발육이 약했다. 하지만 12월의 샘플은 죽은 개체에서 얻은 것이므로 이미 병리적 변화가 일어났기 때문에 발달이 저조하게 나타났을 것이다.

산양에 대한 생태관찰을 통해 알다시피, 산양은 뿔 중간과 이마 부분의 피부를 나무줄기나 관목의 가는 가지에 마구 비비는 것을 볼 수 있다(내부의 상피층 다공성 분비선은 피부 표면에 기계적인 자극이 작용했다는 것을 보여준다). 이렇게 산양은 뿔 사이나 뿔 바깥쪽을 나뭇가지에 대고 비빔으로써 나무껍질을 벗기고 그 위에 분비물을 발라 남겨 놓는다(Myslenkov, Voloshina, 1978; Solomkina 1983; Rohle, Rudloff, 1985). 산양은 벗겨진 나뭇가지를 아주 꼼꼼히 냄새 맡아보며 일일이 점검한다. 같은 곳에 일정한 시간 간격(며칠 또는 일주)으로 반복적으로 표시한다. 또한 다시 표시하기 전에 보통 예전 표시를 면밀히 점검한다. 첫 번째 표시행동은 반년생 수컷에서 10월에 처음 나타난다. 그리고 발정기에 들어서며 표시행동은 급격히 증가한다(총 표기 숫자의 92%를 차지한다). 그리고 비 올 때에도 급격히 증가한다. 표시 시간은 0.1~8분, 평균 1.6분 지속된다. 산양의 표시행동은 자주 다니는 통로를 따라 양옆의 나무나 관목가지에 표시한다. 표시의 최대 밀도는 일 평방미터에 6곳(표시처)에 이른다. 한 줄기, 한 곳에 몇 개체가(최대 4마리 암컷과 4마리 수컷이 한 곳에 표시) 개체군적으로 표시한 곳도 몇 번 발견되었다. 이런 표시는 확실히 시각적인 효과만 있는 것이 아니라 후각적인 자극도 있다.

전체적으로 염소아과의 동물 중 산양 외 집염소(*Capra hircus*)에도 이마선이 존재한다(Schaffer, 1940), 그러나 시베리아아이벡스(*C. sibirica*)에서는 아직 관찰되지 않았다(Sokolov 1973; Sokolov, Chernova, 1986). 특이한 것은 로키산양(*Oreamnos americanus*)에는 존재하고 일본산양(*Capricornis crispus*)에는 존재하지 않으며 샤모아(*Rupicapra rupicapra*)에는 아주 잘 발달 되어 있다는 것이다(Schaffer, 1940; Tosi 등, 1990). 산양류와 같이 샤모아에서도 이마선의 발달 정도와 분비물의 분비는 성별과 연령 그리고 계절과 긴밀한 관계가 있다(173개체 연구). 발정기인 11~12월의 분비가 제일 많았다. 연령과 성별 상으로는 성체 수컷(4살)이 암컷과 젊은 수컷(2~3살)보다 분비가 많았다(Tosi 등, 1990). 흥미 있는 점은 상세한 최근 연구 결과에서 샤모아 암컷에는 이마선이 아예 존재하지 않는다는 것이다. 여기서 다시 한번 강조하고 싶은 것은 과거 많은 문헌에(Schaffer, 1940 등) 기록되어 있지만, 이런 유형의 피부선의 확증은 보다 신뢰성 있는 연구 결과를 근거로 삼아야지 널리 알려져 있다하여 그렇게 취급해서는 안 된다는 것이다. 우리가 관찰한 산양 이마선의 발달 정도 역시 성적으로 성숙됨과 긴밀한 관계를 가지고 있으며 성별 상에도 동종이형을 나타낸다. 형태학 재료의 부족으로 확실한 종속관계는 찾아보기 어렵고 번식기와 기능선체와의 관계도 아직 잘 파악 되어 있지 않지만 생태관찰에 의하면 '구애' 의식에서 내분비선은 아주 중요한 작용을 하는 듯하다. 이마선체는 확실히 눈앞선을 대치하여(본종에 존재하지 않음) 표기작용을 수행한다. 영양류들은 분비선의 분비물을 이용하여 동종 다른 개체에 자신의 존재를 알리는 작용을 하고 있다고 알려져 있다. 제레눅(*Litocranius walleri*, Gerenuk)과 디바탁(*Ammodorcas clarkei*, Dibatag)의 수컷은 발정기 암컷의 대퇴부나 상박부에 표시하고(Backhaus, 1958; Walther, 1958: 1963; Leuthold, 1971). 맥스웰 듀이커(*Cephalophus maxwellii*, Maxwell's duiker) 수컷과 암컷은 항상 턱선을 비벼 표시한다(Aeschlimann, 1963; Ralls, 1975). 또한 사육 상태의 다른 종들 사이에서도 표시행동이 관찰되었다. 맥스웰 듀이커(*Cephalophus maxwellii*)가 바이 듀이커(*Cephalophus dorsalis*)와 줄듀이커(*Cephalopus zebra*)에게 표시행동을 취했다(Fedrich, 1964). 베를린 동물원에서도 수컷 산양이 암컷의 이마선을 가볍게 비벼대는 것이 관찰되었다(Pohle, Rudroff, 1985).

피지선은 가슴 부위의 활동 부위에서 잘 발달하였다. 피지선은 가슴 앞부분의 모낭 주위에 5~6 선체가 모여 한 복합체를 형성한다. 피지선은 길게 연장된 다엽체로서 흑색세포를 많이 포함하고 있다. 선체 크기는 565×113㎛이다. 한선은 크고 분비 부분은 길며 분비물은 흩어지기 쉬운 구형체를 이룬다. 선체의 기능은 활발하다. 밑 부분의 분비관은 연약하나 확장되어 있다(226㎛까지). 분비관은 때로는 한 곳에 뭉쳐 복잡한 집합체를 이루어 그 횡단면은 다각형을 형성한다. 위에 서술한 바와 같이 이 부분의 털 구조는 특이하여 이곳의 선체확장과 잘 어울려 조밀한 구조를 이루고 있어 특화된 선체의 피부 구조라 할 수 있다. 그러나 그 기능은 아직 잘 알려지지 않고 있다. 생태연구 역시 아직까지 믿을 만한 답안을 내놓지 못하고 있다.

성체 산양의 표피선은 다엽의 피지선으로 크기는 452×452㎛이고 4~6개씩 모낭 주위에 위치하고 선체는 확장된 공강(空腔)으로 이루어져 있다. 공강에는 에오신 염료에 약간 염색되는 독특한 분비물이 있고 색소세포육아가 들어 있다. 한선에는 뚜렷이 길게 늘어진 분비 부분이 있는데 그 직경은 23~34㎛이다. 선체 벽에는 다량의 색소세포육아가 들어 있다. 보통 영양류의 표피선은 잘 발달되어 있는데 산양의 표피선도 예외가 아니다. 연구된 종류로는 일본산양(*Capricornis crispus*)(Sawada 외, 1987), *Capra*, *Ovis*, *Ammotragus*, *Saiga*(Sokolov, Chernova, 1986) 등이다. 그 작용은 호르몬의 분비에 의해 완성된다. 예로 일본산양의 포피선은 혈액 속의 남성호르몬의 농도와 선체 본선의 발육단계에 의해 작동된다(Sawada 외, 1987).

Bromley(1963)는 최초로 발굽선에 관심을 가지고 그의 배열, 크기(앞포낭 크기는 23×14.5㎜, 뒷발바닥 부분에서는 14×13㎜)와 무게(각각 0.98과 0.45g)를 측정하였다. 관찰에 의하면 발굽 사이의 선체낭의 크기는(성체, 수컷) 10×40×10㎜, 10×45×15㎜이었고 분비물 출구의 직경은 2~5㎜로 변화하였다. 발바닥 부분의 선체낭 크기는 29×9와 24×17㎜이었고 출구 직경은 1~3㎜였다. 선체낭의 형태는 원추형이었고, 출구부에서 좁아지며 발굽 사이 피부에 깊이 묻혀 있다. 발굽 사이와 발바닥 출구 부분의 피부는 두텁고 거기에 분포한 피지선은 452×113, 452×339㎛로 크고 여러 갈래로 세분화되어 모낭 주위에 배치하며, 452×452㎛ 크기의 복합체를 형성한다. 분비관은 큰 모낭을 따라 배열되고 피부 표면에서 904㎛ 깊이에 분포한다. 한선은 잘 발달되지 않았고 좁은 파이프형으로 색소세포가 심하게 농축되어 있었고 끝 부분의 밀도 높은 구형낭의 크기는 452×113, 339×339㎛이었다. 분비세포의 크기는 균일하였다. 피지선의 낭벽은 얇은 피부였고 선체의 크기는 113×113㎛이었다. 한선은 풍부했고 그리 크지 않은 구형체(113×113㎛)가 밀집해서 형성되었다. 한선은 모낭 밑에 위치해 있다. 신체 어느 부분과 마찬가지로 많은 분비관의 벽은 위축되어 있었으며 분비기능을 상실한 상태였다. 어떤 개체의 비정상적인 피부선은 질병(비염증성 신장염)이나 영양 결핍으로 생성된 것이라고 볼 수 있다. 영양류에 보통 발굽선이 있듯이 염소아과(Caprinae)에도 발굽선이 있다. 그 예로 프롱혼(*Antilocapra americana*)의 발굽선도 산양의 발굽선과 흡사하여 길게 늘어진 주머니 모양을 이룬다. 발굽선의 출구는 발굽 사이 피부 속의 모낭을 통해 넓은 관으로 열려 있다. 주머니 속에는 분비물로 차있고 주머니 벽에는 수많은 피지선과 소수의 한선관이 연결되어 있다(Moy, 1971). 그리고 피지선의 상세한 구조는 프롱혼의 기타 선체(귀뒷선, 등선)와도 달라 분비물 성분도 다를 것이라 추측된다. 타킨(*Budorcas taxicolor*)의 발굽선 분비물에는 풍부한 단백질 또는 17가지 아미노산(방향족 아미노산은 제외)을 포함하고 있으며 지방산 중 카프릴산이 제일 많았고 그다음으로는 리놀레인산, 리놀레닌산와, 올레인산이다(Qu 외, 1986). 산양과 기타 영양류의 내분비물의 화학성분을 분석 비교한 결과, 계통 발생상 종간의 상호관계는 명확하였고 같은 발굽선이었지만 한 아과내에도 같은 성분은 존재하지 않았다.

발굽선의 작용은 냄새표시이다(Walther, 1964: 1968; Leuthold, 1977; Fedosenko, Blank, 1982). 산양의 발굽선 분비물은 산양 개체 간의 의사소통과 표시행동에서 일정한 작용을 하고 있다(Myslenkov, Voloshina, 1978; Bromley, 1963). 산양은 아침 몸치장 때 자기 발목 부분을 핥으며 남아 있는 발굽선 분비물을 깨끗이 제거하는 것이 여러번 관찰되었다. 이는 발굽위생에 커다란 의의를 가진다. 각종 질병과 전염성 또는 발병 균류를 없애는 것이다. 선체의 분비물은 종내 개체 간의 의사소통 역할을 하며 개체 확인이 가능하다. 암수 사이의 표시행동은 발정기에 빈번해지면서 서로를 확인하는 것이다. 수컷은 앞발을 암컷의 얼굴이나 목에다 대고 자신의 분비물을 묻힌다. 사육 상태의 산양에서도 하루 종일 이러한 표시행동이 지속되었다. 물론 이마선의 표시행동보다는 많지 않았다. 우두머리 숫양은 특히 표시를 부단히 자주 바꾼다. 여름에는 한 달에 한 번, 또는 여름 내 단 한 번 표시하지만 가을에는 표시를 반복한다. 더욱이 암컷이 자주 다니는 오솔길 입구에는 발자국 흔적이 더욱 많다. 그 과정을 보면, 발가락 근육이 먼저 수축하여 분비선낭의 출구를 넓혀 분비물을 밖으로 내뿜어 피층에 분비물을 묻힌다. 분비물이 수컷 발굽 사이의 털층에 마치 솔잎과 같이 굳으면 이를 암컷에게 직접 발라주는 것이다. 또한 털 바깥 박막 위의 비늘층은 굴곡이 심한 구조를 가지고 있어 분비물을 전달하는데 유리하다는 것이 확인되었다. 이와 유사한 분비물의 운반기작은 흰꼬리누(*Connochaetes gnou*)에서는 육안으로 직접 볼 수 있으며 선분비물을 운반하는 경모가 존재하였다(Sokolov 외, 1984). 발굽선 분비물 속의 휘발성 암모니아 물질(요소)이 오줌에 흡수될 가능성도 있으므로 산양 오줌(요소)에 대한 보다 상세한 관찰과 연구가 필요하다. 이미 알려진 바이지만 사슴의 발굽 선체낭에서 요소가 발견되었다(특수한 요소채집 방법으로). 만약 요소 표시방법이 산양에게도 적합하다면 아마도 표시물질의 원천은 발굽선체의 분비물이 아니고 수컷의 오줌일 수도 있다. 여러 피부선체의 특이한 분비물은 거의 모두 상대방의 신경계층에 자극을 주는 동시에 그로 인해 상대방 체내의 기타 내분비선을 자극하여 대량의 분비물을 분비하게 한다. 범에게 물려 죽은 산양에게서 성공적으로 관찰된 예로, 다리 발목 부분의 털이 발굽선의 분비물로 인해 축축히 젖어 있는 것이 발견되었다. 평상시 이 부분은 철저히 핥아 항상 깨끗하고 건조한 상태를 유지하고 있다. 물론, 이런 비정상적인 현상은 특수한 스트레스의 영향하에서 일어난 것이라고 해석할 수밖에 없다. 산양에는 서혜선이 없다. 서혜선은 소과와 염소아과의 몇몇 대표종에 존재하는 피부선이다. 이는 산양의 생활방식과 관련 있는 듯하다. 즉 산양은 그리 크지 않은 그룹을 형성하므로 서혜선이 필요 없다. 그러나 이와 흡사한 가젤이나 기타 영양류는 서혜선으로 자기 그룹이 차지한 영역을 표시한다. 이 분비선은 역시 모자간의 개체 식별에도 작용하리라고 생각된다.

염소속(*Capra*)과 바바리양(*Ammotragus*)의 꼬리 밑 분비선은 시각적 소통에 관련되어 있다(Fedosenko, Blank, 1982). 산양의 항문주위와 꼬리 밑 피부에 대한 연구는 아직 불충분하다. 여기에도 어떤 분비선체가 존재할 가능성이 있다고 본다. 더욱이 산양이나 염소 그리고 면양들의 꼬리는 곧추세우거나 흔드는 등 가지각색의 행동이 존재하므로 많은 연구가 필요하다(Pohle, Rudloff, 1985).

산양 피부선체의 발육단계의 관찰과 판단은 피부선체의 형태 특징을 고려하면서 이마

부위와 가슴의 주름살 등의 특이한 변화에 주의를 가져야 할 것이다. 산양이 샤모아와 아주 흡사한 선체를 가지고 있다는 것은 그들 사이의 진화 계통 발생상의 근친관계와 생태특징의 유사성을 반영해준다.

Ⅷ. 야생과 사육에서 나타난 산양의 질병

I. V. Voloshina, N. V. Solomkina

산양의 생존은 사육이 시작되면서부터 가장 복잡하고 해결하기 어려운 문제 중 하나이다. 1937년 수드지힌스끼 자연보호구에서 잡은 10마리 산양을 모스크바 동물원에 보냈다. 이들은 8개월간 사육 상태에서 살았지만 후에 전부 죽어버렸다(Bromley, 1963). 1984년 라조브스키 자연보호구의 사육장에서 4마리 산양을 또다시 모스크바 동물원에 보냈으나 사육 첫해에 두 마리가 죽었다. 이런 사육 실패는 당시 모스크바 동물원의 사육 환경이 불량했기 때문이라 추측된다. 그리고 브라스키 동물원에서 기른 두 마리 붉은 산양(*Nemorhaedus baileyi*) 역시 알 수 없는 이유로 좋지 않은 결과를 얻었다고 Dobroruka (1968)는 보고하였다. 암컷은 뒷다리 마비로 장기간 고생하였고 수컷은 3년을 살고 죽어버렸다. 중국 북부에서 보내온 회색 수컷만 성공적으로 번식했다. 그러나 이 수컷이 7살까지 살고 죽자 그 후 그룹 번식이 또 중단되었다(Volf, 1983). 포획, 수송, 비정상적인 상황에서의 오랜 계류 등으로 인해 사망률이 아주 높았다. 이는 예민한 산양이 급격한 환경변화를 겪으며 심한 스트레스를 받았기 때문이다. 산양은 이마선의 표시 행동이 사라지면 얼마 지나지 않아 영양실조가 나타나고 신체가 쇠약해지면서 질병에 걸리기 쉽고 다른 일련의 실조를 나타낸다.

시호테알린 자연보호구 사육장에 들어온 16마리 산양 중 포획된 4마리가 즉시 죽었고 장기간의 체류로 또 한 마리가 죽어 사망률은 30%에 달했다. 이 사육장은 야생 자연생태계를 그대로 유지하였다. 그렇기 때문에 도시공원의 많은 부족한 점을 극복하였다. 그래서 이곳에서 태어난 7마리 새끼는 한 마리도 죽지 않고 잘 자랐다. 모든 어미는 자기 젖으로 새끼들을 다 잘 키워냈다.

라조브스키 사육장은 1973~1990년에 보호구 내부의 기에브까 마을에 건설되었고 당시 49마리 산양을 사육하고 있었다. 사육장 내에서 태어난 새끼산양은 전부 39마리로 그중 15마리가 새끼 때 죽었고(3마리 죽은 태아 출생도 포함), 8마리가 성체 때 죽었으며 10마리는 모스크바와 로스또브스끼 동물원에 분양해주었다. 그리고 라조브스키 보호구 내부에서는 포획 후 폐사 개체는 발생하지 않았다. 단지 생후 이틀 된 새끼산양 한 마리가 잡혔는데 죽은 경우가 있었다. 이 역시 자연 상태에서 이미 병에 감염된 상태였다. 사육장 내에서 태어난 새끼의 사망률은 26%이었고 사육장 건립 후 17년간 총 사망률은 47%이었다. 최근 10년 동안 죽은 개체는 1년에 단 한 마리로 이 또한 노쇠한 개체였다. 반드시 지적할 것은 사육장 내의 사육밀도는 아주 높아 30마리/ha에 달했다는 것이다. 이 밀도는 자연 서식지의 겨울 밀도와 같았고 총 연평균밀도보다 2배나 높았다. 이 외에 동물원으로 분양 중에도 과밀한 상태였으나 그렇게 나쁜 결과 없이 사망률이 높지 않았다<부록 Ⅴ>.

산양이 흔히 걸리는 질병과 그의 예방조치는 재도입 사업에서도 아주 중요한 것으로 반드시 잘 파악하여야 한다. 또한 사육장에 들어올 때 반드시 야생 상태에서 전염된 질병이 있는가를 세심히 점검하여 사육장(공원)의 사망률을 낮추어야 한다.

문헌 중 산양 질병에 관한 논문은 많지 않다. 전문적인 상세한 논문도 아직 없다. 1963년 Bromley의 모스크바 동물원에서 죽은 10마리 산양에 대한 간단한 병리학적 해부진단이 있을 뿐이다. Dobroruka(1968)는 사망원인을 밝혔으나 질병 증후는 서술하지 못했고 Volf(1983)는 간단한 사망보고서를 제출한 것으로 출생년대와 사망날짜, 그리고 간단한 사망진단 리스트뿐이었다. 우리는 시호테알린 자연보호구 내에서 12마리 죽은 산양을 부검하였는데 그중 7마리는 야생 상태에서 죽은 개체였고 5마리는 포획 직후 죽은 개체였다. 그리고 라조브스키 자연보호구에서 또 24마리를 부검하였는데 이들은 사육장 내에서 죽은 개체로, 죽은 채 태어난 태아도 포함된다. 우리에게 야생과 사육개체의 질병진단에 도움을 주신 수의사 S.I.Demishkevich 와 M.M.Yakushkin에게 감사드리고 부검을 해주신 S.N.Kirilyuk와 수의사 R.M.Amuzarov와 N.I.Sysolyatin에게도 뜨거운 감사를 보내는 바이다.

호흡계통 질병

기관지 폐렴

자연계에서 제일 흔하게 나타나는 질병의 하나이다. 우리는 이 병을 2회 발견하였다. 1980년 5월 9일, 밀렵꾼의 총에 맞아 죽은 것에서 발견되었는데 상처로 인해 크루프성(가막성후염(假膜性喉炎)) 기관지 폐렴에 걸린 것이었고 또 하나는 1978년 10월 8일에 죽은 것으로 역시 기관지 폐렴이었다. 프라하 동물원에서도 8마리 산양이 이 병에 걸려

3마리가 죽었고 모스크바 동물원에도 10마리 중 9마리가 죽었다. 그러나 라조브스키 자연보호구에서는 산양의 기관지 폐렴이 발견되지 않았다.

[증상] 처음 한 암산양에서 발견되었는데 이 산양은 시호테알린 자연보호구에서 아무일 없이 5달 동안 머물다가 죽었다. 1979년 2월 12일. 습기 찬 강설이 내린 후 눈 위에 누워 있는 산양이 발견되었다. 이 산양은 긴 시간 차갑고 습기 찬 데 누워 있어 아랫배가 다 젖은 상태였다. 2월 13일 고산 강풍이 불었다. 눈보라가 시작되고 지면에 얼음이 생기자 두 암컷은 헛간으로 몸을 피했다. 13일 아침 우리는 이 암컷이 귀리를 잘 안 먹는 것을 발견했고 그 후 다른 한 산양과 떨어져 있다가 후에 죽은 사체로 발견되었다.

[병리학 특징] 발병 근원은 폐의 급성 폐렴이었다.

[예후] 치명적이다.

Protostrongylus andrejevi(Lung worm) 선충이 병원체인 기관지 폐렴

산양은 이 선충의 중간숙주로, 산양의 폐에 기생한다. R. S. Schulz과 A. I. Kadenazii(1950)는 모스크바 동물원에서 죽은 산양 체내에서 이 기생충이 발견되었다고 보고한 적이 있다.

1987년 라조브스키 자연보호구의 뚜마나야와 꼬랄 산악지구 두 개체군의 아무르산양에서 애비루지야 유행성 질병이 발견되었다(A. Laptev, 개인 통신). 야외에서 간단하게 부검했으므로 기록이 완전치는 못하였다(S. A. Khokhryakov, 구술). 그러나 우수리 강 지역에서 산양 내부조직의 샘플을 점검한 결과 *Protostrongylus andrejevi* 유충 세 마리가 산양에서 발견되었다. 여기서 R. S. Schulz과 A. I. Kadenazii가 보고하기를 이는 라조브스키 보호구에서 4번째로 산양이 유행성 애비루지야 질병에 걸린 예라고 하였다.

[증상] 처음에는 가끔 마른기침이 있다가 전형적인 폐렴으로 넘어간다.

[예후] 때로 예후가 좋지 못하다.

심장순환계통 질병

선천적 동맥류

동맥류는 균일하게 확대된 동맥관으로, 내피세포로 유지되는 혈관벽이 터지면서 일어나는 질병이다. 동맥류가 위치한 혈관이 파열되면 체강 내에 치명적인 출혈이 발생한다. 위에서 서술한 폐렴으로 인해 죽은 암컷의 혈관에서 동맥류가 발견되었다.

[증상] 5달 동안 보호구에 머물고 있을 때 암산양은 두려움을 피해 도망갈 곳도 없이 서 있을 수밖에 없는 상태였다. 울음소리도 다른 개체보다 훨씬 낮고 조잡하였다. 그래도 꽤 안정한 상태라고 볼 수 있었다.

[병리학적 특징] 중앙 동맥관에서 갈라진 지맥의 혈관 횡단면은 타원형이고 관벽은 아주 얇아져 반투명화 되었다. 이 암컷의 심장지수는 아주 낮았다. 이는 선천적으로 심장의 발육이 불충분하였던 것을 말해준다. 즉 선천적 심장장애이다. 이 경우 전신 혈액순환 장애와 호흡 장애가 나타난다.

동맥근 확장

이 질병은 1979년 1월 6일 죽은 한 암컷에서 발견되었다. 이는 개체군 내의 가장 늙은 개체였다(16세).

심근경색

[증상] 생후 10~14일 후 붙잡힌 새끼 산양 수컷 한 마리가 있었다. 이 새끼는 포획 때문에 오랜 시간 쫓겼고 하루 종일 비를 맞으며 추위에 떨고 있었다. 잡힌 후 한 달이 지나자 첫 경련이 관찰되었다. 경련은 두 시간 동안 지속되었다. 일주일이 지나자 두 번째 경련 발작이 있었다. 이번에는 7시간 동안 지속되었다. 붙잡힌 지 2.5달 후 걸음걸이가 흔들렸고 뒷발은 오른쪽으로 기울여지고 한 방향으로 회전하였다. 이런 증상은 이틀간 지속되었고 머리 또한 이틀 동안 흔들었다. 잡힌 지 3달 후 경련이 또다시 시작되었다. 새끼산양은 걷지도 못했고 머리를 선회시켰다.

[치료] 피하주사 sulfadi(SD) metoxia(설폰 캠퍼유 주사). 젖에 쥐오줌풀액(신경진정제, Valeriana)을 섞여 먹였다. 병은 3개월 동안 지속되었다.

[결과] 폐사.

[병리학 변화] 간이 부어오르고 쉽게 손상된다. 간세포 조직은 가장자리가 심하게 손상되었고 주름투성이었다(간 선세포 조직에 염증 발생). 신장은 부었고 피막은 신장과 긴밀히 붙어 있었다. 뇌피질 경계선과 뇌수층은 선명하지 않았다. 신장 조직세포는 붉은색이

고 쉽게 손상된다(융합성 신장염). 림프선은 신장과 간장같이 역시 부었고 단면은 물기가 있었고 약간 덩어리를 지었다. 표면은 암홍색을 나타냈다(폐기종). 심장은 부었고 오른쪽 심실은 증대하여 왼쪽의 4~5배나 되었다. 왼쪽 심실의 심근은 충출혈이 있었다. 이상 장애 부분의 크기는 1×1㎠이었고 삼각형이었다.

심근경색은 시호테알린 자연보호구에서 잡은 한 마리 수컷에서 발견되었다. 위에 서술한 심장혈관계통의 질병· 외에도 또 심장 발육 불충분과 심내막염이 있었고(브라스까 동물원), 모스크바 동물원에서는 심외막염과 심장 섬유성 늑막염이 관찰되었다.

신장계통 질병

신우신염(腎盂腎炎)

1978년 10월 10일 우볼노체네이만 지역에서 죽은 야생 산양 수컷에서 발견되었다. 이 산양은 3~4m 높이의 물가 절벽에서 굴러떨어졌다. 그러나 죽은 원인은 다른 데 있었다.

[병리적 변화] 부검에서 나타난 신장은 아주 부드러웠고 한쪽 신장은 지방성 변화가 있었으며 모든 세포에 지방이 꽉 차있었다. 이차적 전염성 신우신염이 발생한 것이다. 한쪽 신장이 기능을 상실한 후 의식이 약해지고 물가의 절벽에서 떨어진 것이다.

1963년 출생한 한 암컷에서 만성 신장염이 발견되었다(Volf 1983). 이 암컷은 장기간 신장염에 걸려 있었으나 동물원에서 17년 5개월 동안 살았다. 프라하(체코) 동물원에서 시행한 치료는 기록되지 않았다.

[예후] 신장염에 걸린 산양은 허약하지만 오래 살 수 있다. 1980년 5월 9일에 한 밀렵꾼의 총탄에 맞아 죽은 사체를 부검해 본 결과 이 산양은 몇 년 동안 만성 신장염에 걸려 살아온 것이 분명하였다.

비뇨계통 질병

방광염

사육한 2개월령 산양 새끼에서 발견되었다.

[증상] 전체적으로 허약하고 식욕이 없으며 자주 배뇨한다.

[치료] 이주일간 4시간마다 복합 분말제를 투입, 즉 헥사민(요도 수렴제), 잘롤(살리실산 페닐에스테르), 클로로마이세틴 설파제 등을 먹이고 이뇨제로 수박을 먹였다.

[예후] 양호하다. 6일 후 완치되었다.

신장결석

라조브스키 자연보호구 내 2개월령 산양 새끼 몸에서 발견되었다.

[증상] 암컷 새끼는 걷지 못하였고 일어서다 다시 쓰러졌다. 아픈 소리를 내고, 젖도 거의 빨지 않았다.

[치료] 피하주사를 하루 한 번 카페인 2mL, 하루에 두 번 생리 혼합액 5mL, 포도당 칼슘을 근육주사 하였다. 치료 후 새끼는 활발해졌고 다리도 들 수 있었으나 역시 먹지 못했고 물을 많이 마셨다. 산양 새끼는 대야 물속에 들어가 오랫동안 서 있거나 물을 마신다. 병은 6일 동안 지속되었다.

[결과] 폐사.

[병리학적 변화] 모든 기관은 정상이었으나 신장과 담낭이 부어 있었다. 신우(腎盂)에는 작은 신사(腎砂)(요산염의 작은 결석)로 가득 차 있었다. 5월 17일, 사냥으로 죽은 수컷을 부검한 결과, 방광은 신사로 덮여 있었고(투명한 황색이었다), 이러한 결석과 신사는 야생산양이나 사육 산양에서 모두 발견되었다.

신장암

[병리적 변화] 아브레크 지역에서 1984년 2월 20일 발견된 한 수컷은 오랜 사슴분지의 물가에 쓰러져 죽어 있었다. 부검결과, 모든 기관은 정상이었으나 한쪽 신장에 심하지 않은 신우염이 발견되어 굳은 감이 나타났다. 그러나 다른 한쪽 신장은 부어 있었고 부드러웠으며 중량은 정상보다 1.5배 더 무거웠다. 신장표면에는 직경이 2~3mm의 흰색 마디

양병소로 꽉 덮여 있었다. 그것들은 전부 내부선 세포조직이었다. 이렇게 신장의 표면은 많은 굴곡이 있었고 신우가 줄어들어 있었다. 신장 기능의 악화로 영양실조가 나타나고 이 과정이 지속되면서 끝내 죽음을 초래한 것이다. 부검한 산양의 담낭은 비어 있었다. 즉 담즙이 없었다.

소화기관 질병

소장염(小腸炎)

만성 장만병(腸滿病)(제1위에 바람이 차는 병)이다. 아브레크 지역의 야생산양 9개월령 개체와 라조브스키 자연보호구의 사육장 내의 새끼 산양에서 발견되었다.

[증상과 경과] 1975~1976년 아브레크 11개 관찰점에서 자주 발견되었다. 그중 한 새끼가 여름철에 어미를 잃고 홀로 1976년 3월까지 있는 것을 자주 보았는데 그는 항상 홀로 누워 있었고 기력이 없었으며 다른 산양과 떨어져 있었다. 끝내 3월 21일 누운 상태에서 죽어버렸다.

사육 상태의 한 암컷 새끼도 이와 유사한 증상이 나타났다. 이 산양도 8월 말까지 극도로 쇠약한 상태에서 얼마 먹지도 않고 먹이 구유 옆에 장기간 누워만 있었고 때론 소금을 핥아 먹었다. 그의 어미와 다른 어미도 그에게 젖을 먹이지 않았다. 새끼의 성장은 점차 지연 되었고 허리는 굽었으며 젖도 안 먹고 풀만 씹었다. 배는 항상 부어오른 상태였고 설사를 하거나 입에서 거품이 나왔다. 배는 꾸르륵 끓는 소리가 나고 자주 신음을 내고 있었다. 증상은 오랫동안 지속되었다.

[치료] 브다로졸, 드리메라진을 먹이고 카로피 비치린, 비타민 C와 알로에를 근육 주사해 주었다.

[결과] 폐사

[병리학적 변화] 야생산양을 부검한 결과로 볼 때 창자와 점막이 얇았으며 내용물도 희박하였고 갈색을 나타냈다. 창자의 긴 토막 사이에는 출혈 반점이 보였고 벽이 두꺼운 창자 속에는 대량의 똥이 들어 있었다. 그러나 정상적인 덩어리 똥은 없었다. 새끼산양은 소장염에서 야기된 만성 변비증으로 사망하였다. 창자에는 염증이 있었고 창자의 연동은

불규칙적이었다. 결장염의 발생원인은 새끼산양이 어미를 잃어 젖을 섭취하지 못한 데 있다. 사육장에서 죽은 산양을 부검한 결과, R. M. Amyzarov의 진단은 만성 위장염과 첫 위의 장만(腸滿)이었다.

1963년 프라하 동물원에서 죽은 한 수컷 붉은산양(*Nemorhaedus baileyi*)의 원인도 장염이었고 모스크바 동물원에서 죽은 두 산양도 역시 장염이었다. 이렇게 장염, 위장염과 첫 위의 염증 등의 악화는 흔히 산양의 죽음을 가져온다.

일반 견해에 따르면 기생충이 염증과정을 일으킨다고 여긴다. 야생 산양 새끼에서 발견된 촌충류 단편은 *Moniezia*의 한 종이다. R. S. Schulz과 A. I. Kadenazii(1950)가 지적하기를 *Moniezia expanza*는 산양의 장염을 일으키고 죽음의 원인으로 될 수 있다고 하였다. 사육 상태의 산양 새끼 창자의 두꺼운 벽 부분에서 특수한 기생충 알이 발견되었다. 태어난 지 2일 만에 죽은 새끼 산양에서도 위장염이 발견되었다. 태어난 초기 단계에서는 설사가 나타났다.

장 폐색

아브레크 지역에서 1990년 5월 9일 한 밀렵꾼에게 잡힌 야생산양이 1990년 5월 23일에 죽었다. 그 사체에서 이 질병이 발견되었다.

[증상] 목소리는 신소리였고 코에서는 콧물이 흘렀고 근육은 경련이 일어났으며 걸음걸이는 비틀거렸다.

[병리학] 창자가 우회하여 유착이 일어났고 위의 소화물이 창자로 넘어가지 못하였다. 호흡곤란으로 서서히 죽었다. 야생산양에서는 창자와 복막이 심하게 유착된 것이 관찰되었다. 과거 소장염 또는 복막염이 있었던 것이 분명하다.

설사

독립적인 병으로 인공 사육 상태에서 흔히 발견되며 특히 성체 산양에서 많이 나타났다.

[증상] 식욕이 안 좋고 침울해 하며 반추는 정지된다. 배설물은 액상이거나 묽은 것으로, 속에 점액이 섞여 있으며 호두알 똥을 형성치 못한다. 꼬리 밑의 털은 배설물로 오염되어 있다. 사육장에서 기른 산양의 화장실에는 호두알 똥이 없었다.

[치료] 젖을 적게 먹이고 여뀌의 뿌리로 다린 탕제, 귀리 또는 아마씨 탕제, 에리스로마

이신(항생제), 설파구아니딘을 먹였다. 사육장의 성체 산양은 귀리나 보리를 먹이자 설사가 점차 멎었다. 활엽수 싹이 첨가된 사료를 서서히 늘려준다.

[예후] 예후는 이상적이다. 2~3일 후 새끼 산양은 회복되었다. 성체 산양은 3~5일 후에 완치되었다.

단복고창(單腹鼓脹)

7~8월, 야생산양이 콩과식물을 많이 먹었을 때 흔히 나타나는 병이다.

[증상] 병든 산양은 자주 뒤를 돌아보고 배설하는 포즈를 취한다. 그러나 배설 대신 방귀를 많이 뀐다. 사육 상태에서는 단복고창병이 많이 나타나지 않는다.

변비

어미 없는 1개월 령의 새끼 산양에서 발견되었다.

[증상] 병든 산양은 불안해하고 수시로 뒤를 돌아보며 서서 뒷다리를 들거나 꼬리를 올린다. 거의 누워 있다.

[치료] 수지를 바른 약솜이나 온수로 적신 솜으로 병든 산양의 항문 주위를 마사지 해준다(어미 산양이 핥아주는 것을 대신함).

급성중독

1986~1990년에 라조브스키 보호구에서 여섯 차례 발견되었다. 겨울에 흔히 나타난다.

[증상] 1986년 1월 말, 늙은 수컷이 식욕이 없어지고 근육에 경련이 일어났다. 3일 동안 아무것도 먹지 않았다. 눈에 생기가 없어지고 온종일 누워 있었다.

1988년 10월 14일, 한 암컷은 먹지 않고 일어서지도 못한채 계속 누워 신음소리를 내다가 밤에 죽었다.

1988년 12월 14일, 7개월령 새끼암컷이 병에 걸렸다. 먹이를 거절하고 근육은 떨렸다. 이튿날 쓰러져 죽었다.

1989년 1월 2일, 6개월령 새끼수컷은 먹이를 먹지 않은 채 먹이통 옆에 누워 바르르 떠는 부자연스러운 행동을 보였다. 후에 설사가 생기더니 1월 4일 죽었다.

1990년 6월 19일, 한 살짜리 암컷이 갑자기 병에 걸렸다. 낮에는 온 종일 먹이를 먹었고 밤이 되자 심한 경련이 일어나서 높은 소리로 울다가 7월 10일 죽었다.

[치료] 한 개체는 3일 치료하자 완치되었다. 망초(설사용) 소금물을 복용시켰다. 식욕은 점차 회복되었다. 3일 후 반추가 회복되었고 5일 후 근육경련이 사라졌다. 산양은 완치되었다. 기타 두 마리 산양에도 같은 방법으로 치료를 시도해보았다. 그중 한 산양은 젖에 계란, 포도당과 심장약을 타서 복용시켰다. 다른 한 산양에게는 캠퍼주사를 놓았으나 아무런 개선이 없었다. 두 마리 모두 죽었다.

[병리학 변화] 두 마리 산양의 부검 결과, 모두 중독증상이 발견되었다. 손상된 조직과 위 속에 남아 있는 내용물(풀)을 지방 수의연구소에 보내었으나 유감스럽게도 명확한 진단이 없었다. 다만 전염병이 아니란 사실은 확인되었다.

간과 담관의 질병

간경화

1980년 5월 9일, 아브레크 지역에서 밀렵꾼에게 죽은 한 야생 산양에서 발견되었다.

[병리학] 간조직은 단단하고 밀도가 높았으며 가장자리는 완전히 사라졌다. 색깔은 삶은 고기와 흡사하였다.

[예후] 2차적으로 발생한 간경화는 바이러스성 간염이나 기타 간질환 후 나타난다. 간경화에 걸린 산양은 폐사율이 높다.

기생충증

산양에는 많은 기생충이 발견되었다. *Protostrongylus andrejevi*의 위험에 대해서는 이미 호흡계통 질병에서 언급한 바 있다.

산양의 배설물 속에서 가끔 장내 기생충의 유충과 *Moniezia expanza*와 *Trichocephalus ovis*의 알이 종종 발견된다. 사육 상태의 산양은 흔히 기생충의 유충이나 알이 붙은 풀을 먹어 확장형 촌백충이나 선충에 전염된다.

헤노지아지는 구충제로 여러 방식으로 쓰이고 있다. 농후사료(濃厚飼料)에 섞어 1차적으로 투입한다(복용양은 몸무게 1kg에 0.5g씩). 예방용으로 쑥, 파, 다래, 호박씨 등을 먹이면 효과가 있다. 여름철 야생산양은 이러한 식물을 쉽게 많이 찾아 먹을 수 있다.

신경계통 질병

뇌염

새끼 암컷에게서 발견되었다.

[증상] 1987년 6월 13일, 공격성이 강한 한 수컷이 암컷을 쫓았다. 암컷은 울타리를 따라 도망갔다. 이 암컷의 연령은 1.5개월의 새끼였다. 수컷이 얼마 움직이지 않아도 암컷은 몹시 무서움에 떨었고 급히 도망갔다. 긴 시간의 치료작업이 필요하다고 생각하여 눈을 가리고 안정시킨 후 울타리 밖으로 격리시켜 치료하였다. 2주가 지난 후, 이 암컷은 마구 물체에 부딪히며 소리를 질렀다. 사료를 먹을 때도 냄새로 찾았다. 즉, 실명된 것이었다. 6월 11일에 죽었는데 연령은 2달 20일이었다.

[병리학] 뇌 염증이 발견되었다. 브라스키 동물원의 붉은산양((Nemorhaedus baileyi))의 암컷에서도 똑같은 병리현상이 나타났다. 이 병으로 인한 마비 상태는 2년 동안 지속되었다. 사냥꾼에게 붙잡힐 때의 정신적 충격이 전염성 뇌염으로 발전되었고 폐사의 직접적인 원인이 된 것이다.

[예후] 좋지 않다.

양쪽 대뇌신경 마비

한 젊은 수컷에서 발견되었다. 1984년 10월 29일, 한 성체 수컷이 이 젊은 수컷을 뿔로 공격하여 척추에 타박상을 입혔다. 이로 인해 마비가 왔다.

[증상] 뒷다리는 반 정도 부러진 상태였다. 그래서 앞다리만 써서 움직였다.

[치료] 염증 부위에 연고(또는 캠퍼유, 알코올)를 바르고 마사지를 해주었다. 비치린, 스트리크닌을 근육주사 하였고, 비타민 B12를 피하주사하였다. 병은 두 달간 지속되었다.

[결과] 폐사.

눈병(라조브스키 보호구의 사육장에서만 발견됨)

결막염

새끼 산양 두 마리에서 발견되었다.

[증상] 결막에 고름 같은 분비물이 쌓였다.

[치료] 3% 붕산 혼합액으로 눈을 씻고 연고를 넣어준다. 테트라사이클린(항생제) 또는 술파닐아미드제제(안과용) 10% 용액을 넣어준다.

각막염 사육 상태의 3마리 새끼 산양에서 발견되었다.

[증상] 각막이 흐려지며 광택이 사라진다. 유류증이 나타나며 각막이 연기처럼 뿌연 색으로 변한다. 한 산양의 오른쪽 눈에는 백내장이 생겼으나 후에 완치됐다.

[치료] 부은 눈을 3% 붕산 혼합액으로 씻어주고 산화테트라사이클린(항생제)를 넣어주고 당분(糖粉)을 불어 넣어준다.

[예후] 완치된다. 2~3주 후면 회복될 수 있다.

산과 질병

본 병 역시 라조브스키 보호구 사육장에서만 나타났다.

태아기종(氣腫) 또는 부패 5살 암컷의 임신 후 5달 만에 나타났고 4개체에서 발견되었다.

[증상] 병든 임신 개체는 전체적으로 상태가 좋지 않았고 식욕이 없으며 자주 누워 있었다. 근육이 수축되어 쇠약하였고 외음부에서 썩은 냄새가 나는 액체가 흘렀다. 그러다 증상이 돌변하여 아침 발병 3시간 후 죽었다.

자궁내막염

사육한 한 암컷에서 발병하였다.

[증상] 새끼를 낳은 후 태반이 나오지 않았다. 손으로 분리하려 하였으나 불가능하였다. 이 암컷은 죽었다.

[병리 변화] 자궁 내막 또는 태아 융모막 염증의 병리적 과정에서 태반과 태아에 비정

상적인 부분적 유착이 생기었다.

[치료] 신애스트롤의 1% 용액을 넣었다. 효과는 좋지 않았다.

[예후] 좋지 않다.

자궁 내막염으로 인한 병리적 난산

1989년 8월 19일, 한 암산양이 정상 출산을 하지 못하였다.

[치료] 응급조치가 필요하다. 새끼의 뒷다리와 탯줄은 모두 나왔지만 새끼는 죽었다. 산후 암컷은 매우 허약하였고 질에서는 핏물이 흘러나와 냄새가 났다. 치료는 비치린을 근육주사 하였다.

[예후] 예후는 좋다. 치료 3주 후 출혈이 멈추었고 얼마 지나지 않아 완치되어 식욕도 회복했다.

태반정체로 인한 산후 중독

[증상] 한 암컷의 산후 태반이 완전히 배출되지 못하였다. 이 암컷은 우울증에 빠졌고 맥박은 급격히 증가하였으며 호흡곤란을 겪었다.

[치료] 분만촉진제(호르몬)를 사료에 섞어 먹였다. 피하주사 후 증상이 많이 경감되었고 태반이 떨어져 나왔다. 식욕은 돌아와 일주일 후 건강을 회복하였다.

산후 불완전 마비

임신한 한 야생산양이 6월 25일 사냥꾼에게 붙잡혔는데 6월 28일 새끼를 낳았다. 오른쪽 앞다리는 골절로 인해 화농이 있었다.

[증상] 산후 몸 아랫부분이 반마비 상태에 있었다. 식욕이 없고 젖도 나오지 않았다. 눈은 흐릿하고 앞다리는 거의 움직이지 못하였다. 1979년 9월 5일, 부러진 다리 상체에서는 종양이 생겼고 그 속에서 고름이 차올랐다. 2 주 후 두 군데의 상처가 생겼고 역시 고름이 나왔다. 왼쪽 앞다리도 부어 있었고 발목 관절의 기능은 이미 상실한 상태였다. 오른쪽 앞다리의 발목도 굵어졌음을 한눈에 알아볼 수 있었다. 1980년 1월 말 상태는 보다 악화되었다. 앞다리 발목 관절은 팽팽히 부어올랐다. 썩은 냄새가 풍기는 작은 상처가 터지며 고름이 흘러나왔다. 이 암컷은 이미 걸을 수 없었다. 사지는 펼 수 없어 간신히

움직였다. 혈액 중 백혈구 수치가 증가했다(중성 백혈구가 많아졌다).

[치료] 다친 관절의 상처에 산화테트라사이클린(항생물질)을 발라주거나(암적색), 설파지메톡신을 뿌려주었다. 신코카인 마취제로 마취하고 관절강(腔)에 0.5% 프로카인(50만 단위)과 페니실린을 섞어 주입한다. 상체에 에어졸을 뿌리고 이히티올 연고를 발라준다. 근육주사로 에크모노워치닐, 벤질페니실린을 놔주며, 2주일 동안 한 치료과정이다. 부은 관절에 장뇌 연고를 바르고 부드럽게 마사지 해준다. 환부에 솜을 대고 붕대를 감아 보온해주며 파라핀을 칠한다. 이 병은 2년간 지속되었다. 기타 약으로 항생제를 대치해도 좋다.

[결과] 폐사.

패혈증, 중독

[증상] 산후 이틀째 갑자기 병에 걸리며 쓰러졌다.

[병리변화] 자궁의 수축이 불완전하였다. 자궁에서 나오는 분비물은 폐사를 의미했다. 노화 때문인 듯하다(15살).

새끼 산양의 질병

갓난 새끼 산양의 패혈증

출생 2주 후에 잡힌 새끼 산양에서 발견되었다.

[증상] 관절에 종양이 생겼고 다리를 절었다. 질에서는 흰색의 걸쭉한 분비물이 흘러나왔다.

[치료] 장뇌기름으로 부어오른 관절부를 문지르고 붕대로 감아주었다. 이히티올 연고를 문질러 환부에 스며들게 한다. 관절강을 소독제로 소독한다. 프로카인으로 환부를 환상 마취하며 항생제를 주입한다. 병은 17일 지속되었다.

[결과] 폐사.

골질연화증

아브레크 지역의 "할머니"라는 별명을 가진 야생 암컷이 병을 앓고 있었다.

[증상] 1974년 한 늙은 암산양을 줄곧 관찰해왔다. 이 산양은 매년 새끼를 낳았다. 1979년 1월 4일, 갑자기 제대로 움직이지 못하는 것을 발견하였고 그 후 목장에서 쓰러졌다. 뒷다리는 주기적으로 한쪽으로 기울어지다 또 다른 쪽으로 기울어지곤 하였다. 1월 5일 강변을 거닐고 있는 이 산양을 우리는 잡을 수 있었다. 뒷다리를 관찰한 결과 실제 병은 골반부에 있었다. 그를 놓아주자 절벽 쪽으로 도망가서 자리를 찾아 누웠다. 그리고 다시 강변을 따라 거닐었다. 1월 6일 아침 사체가 발견되었다.

[병리변화] 해부학적으로 나타난 변화는 골반 관절 오른편에 골반좌상 골절과 혈종이었다. 표본을 물에 삶아 근육을 제거하고 관찰한 결과 좌상골절은 4곳이었다. 그러나 골절 범위는 작았다. 흉강늑골에는 이전의 골절 상처가 네 군데 있었고 골절된 늑골은 다소 변위가 있었으나 이미 유착되어 있었다. 골절로 인해 골 조직은 증식하여 그 부분이 두터워졌다. 이는 병의 형태적 특징의 하나이다. 이빨은 심하게 흔들렸다. 무릎 관절부의 굳은살은 많았다. 뼈를 손으로 만져 봤을때 거친 감이 뚜렷하여 마치 샌드페이퍼를 만지는 느낌이었다. 간은 침윤되어 조밀해 보였고 색깔은 청색을 띤 녹색이었으며 전형적인 영양실조를 한눈에 알아볼 수 있었다. 제1위와 제2위에서는 결석이 발견되었고 그중 제일 큰 것은 무게가 21g에 길이가 3.5㎝로 제2위에 있었다. 제1위에는 8개의 끝이 날카로운 돌이 있었다. 모든 창자(굵은 창자, 대장, 직장)에는 뚜렷한 암갈색의 반점이 있었고 이는 이 조직의 염증 상태를 말해준다. G. A. Klevezal가 측정한 결과 이 암컷의 연령은 16~18세 또는 더 늙었으리라고 하였다.

두개골에는 사냥총 산탄이 끼어 있었다. 이것으로 추측하면 이 산양은 먼저 두개골에 산탄을 맞아(치명적이 아님) 염증이 생긴후 다시 골반에 산탄을 맞았던 것 같다. 하지만, 골격의 상처와 염증변화는 국부적이었기 때문에 이 병은 인산칼슘의 흡수순환의 파괴와 비타민의 부족과도 연관되는 듯하다. 또한 매년의 임신, 수유, 그리고 연령상의 노화와도 관계가 있는 것도 사실이다.

포획증후군

[증상] 1∼2일 사냥에 쫓긴 산양에서 발견되었다. 산양은 점차 뒷다리를 끌기 시작하였다. 자주 누워 있었고 더 나아가서는 복사뼈 관절로 지탱할 정도였다. 이 병은 처음에는 한쪽 또는 양쪽 뒷다리에서만 발생하였다. 이어서 대퇴근육과 경골근육이 쇠퇴하기 시작하였고 뒷다리는 마비현상이 나타났다.

[경과] 이 병은 4차례 4마리 산양에서 일어났다. 두 젊은 수컷개체의 병은 그리 심각하지 않았다. 3일이 지난 후 다리의 힘이 쇠약해지는 듯하더니 2주가 지나자 증상이 완전히 사라졌다.

그러나 한 암컷은 국부 마비로 거의 3개월을 앓았다. 이로 인한 합병증의 발생은 그 후 이용하였던 여러 운송방식과 관련된다. 이 암컷에 대해 수의사는 뒷다리에 아미나진(중추신경진정제)을 피하주사하였다. 엉덩이가 아니라 대퇴근육에 놓았다. 이 산양은 물론 오랜 시간을 지탱해 띨 수 없었다. 절벽을 향해 위로 오를 때 몸무게는 거의 모두 뒷다리의 근육에 부담을 준다. 만약 이 발작적인 근육(경련)에 임의의 의용 약제를 투입했을 때 근육 상태는 더욱 악화될 것이다. 1.5단위의 아미나진을 오른편 대퇴근육에 주사 치료하였을 때 사지는 이미 악화된 상태였다. 사냥으로 잡힌 이틀 후에 다리는 매우 쇠약하였다. 그러나 5일이 지난 후 왼쪽 뒷다리로 설 수 있었고 오른편 복사뼈 관절도 지탱하고 설 수 있었다. 한 달 후에는 조금 절었지만 걸을 수 있게 되었고 최종적으로 마비 상태에서 완전히 회복되어 1989년 말에 공원을 뛰쳐 도망갔다. 보행 시 뒷다리를 약간 끄는 것이 보였지만 뛰거나 점프 때에는 거의 정상적이었다. 이 병에 대해 우리는 실제 아무런 치료도 하지 않았다. 이상의 증후는 기타 산양 개체군에서도 발견되었다.

1979년 10월 18일 사냥으로 잡힌 한 수컷도 이 병으로 2년 반 동안 앓았다. 산양의 첫 인상은 매우 신경질적이었다. 잡힐 때 심하게 떨고 있어서 먼저 신경안정제(아미나진)를 평소의 두 배로 피하주사하였다. 두 넓적다리 근육에 피하주사, 주사량은 매차 1.5단위로 하였다. 작은 장에 가두어 놓았더니 여기저기 마구 부딪치며 얼굴, 가슴 그리고 다리에 전부 상처를 입었다. 이틀이 지나자 처음으로 근육의 위축이 나타나기 시작하였고 그 후는 네 다리를 제대로 펴지 못하였다. 그러나 놀라 띨 때는 아주 빨랐다. 상처를 돌이나 흙에 비벼서 감염되었고 고름이 계속 흘렀다. 강제로 이 산양을 어둡고 작은 나무 칸막이 공간에 가두어 놓았다. 며칠이 지나자 산양은 안정 상태를 나타냈고 억지로 조금씩 사료를 먹이자 식욕은 점점 좋아졌다.

[치료] 수의사의 지시에 따라 비타민 요법을 택해 비타민 B1, B12, E, 브로제린, 지바졸을 주사하고 사지를 마사지해주었다. 2주가 지나자 전체적으로 몸 상태는 좋아졌고 식욕이 돌아와 귀리와 보리 등 사료를 손에 쥐고 주어도 와서 받아먹는 것이 습관화되었다. 그러나 사지의 상태는 여전하였다. 3주 후는 모든 치료를 중단하고 오로지 베라트린만을 주어 근육의 기능 회복을 보조해 주었다. 치료의 모든 과정 중 위 5가지 비타민 공급은 지속되었다. 산양의 움직임은 여전히 어려웠다.

상처에는 방부제(프라실닌)를 첨가해 붕대로 잘 감아 주었고 정기적으로 나을 때까지 새로 바꾸어 주었다. 또한 특수한 '슬리퍼'를 만들어 신기고 상처에 흙이 붙지 않게 가죽으로 안에 보온층 면직물을 대고 붕대 위를 싸주었다. 하지만 상처가 실질적으로 완치되지는 않았다. 1980년 1월에 들어서며 우리가 그의 서식지에 나타나자 이마선 분비물로 자기 영역 표시를 시작하였다. 동시에 원래 있던 옆 칸에 화장실을 설치해 주었다. 우리는 이 산양을 어두운 장안에서 몇 번이고 끌어내 보았다. 산양은 도망가려고 시도하였으나 눈에 붕대를 감고 있어 멀리 도망갈 수 없었다. 5월이 되자 산양은 밤마다 장을 뛰쳐나오려 시도하였고 언제나 창문 있는 쪽을 선택하였다. 그 후 5월 8일이 되자 끝내 창문의 유리를 부수었다. 창문에 그물을 잘 씌워 주었는데도 5월 9일 아침, 산양은 끝내 그물을 뚫고 창문으로 뛰쳐나갔다. 창문이 마루에서 높이가 1.5m이었다. 그 후 이 산양은 다시 관찰되지 않았다.

문헌에 의하면(Dobroruka, 1968), 북경에서 프라하 동물원에 온 붉은산양 암컷 한 마리도 뒷다리 마비로 2년 동안 누워서 앓았다는 기록이 있다.

Solomkina는 5달 동안 아주 늙은 한 암컷을 보살펴 키운 경력이 있었다. 그때 앞다리의 마비를 발견한 적이 있었다. 이렇게 부분적인 반 마비 상태는 근육의 위축을 초래하고 사지의 완전마비를 일으켰다. 이는 산양의 전형적인 병이라 할 수 있다. 이 병은 사냥때 오랫동안 쫓긴 것과도 큰 관계가 있다. 올가미나 기타 함정에 잡힌 산양은 근육질환으로 앓지 않는다.

[예후] 양호하나 앓는 기간이 오래 지속된다.

허약증, 영양실조

[증상] 겨울철, 특히 적설이 30㎝ 이상, 그리고 눈 내린 면적이 아주 넓거나 습한 눈이 내릴 때 산양은 배불리 먹지 못하고 풀밭이나 절벽 안전한 곳을 찾아 한곳에 모여 누워 있기를 즐긴다. 산양은 눈을 헤치고 풀을 뜯어먹을 줄 모른다. 그래서 눈이 오면 눈이 녹기를 기다린다. 산양의 굶는 시기는 2～3월에 제일 심각하다. 1984년 2월 초에 강설이 내렸다. 우리는 산양이 있는 공원 내의 먹이와 물먹는 곳 그리고 그들이 통과하는 오솔길을 깨끗이 쓸어주었다. 하루가 지나자 음침한 헛간이 싫었던지 먼저 한 늙은 수컷이 밖을 나와 우리 내를 순환하며 여기저기 살피었다. 이 수컷은 밤에 입구 계단에서 노숙하였다. 산양은 높은 소리로 울면서 바닷가를 향해 달려갔다. 바로 이날 아브레크 지역 남부의 농가가 있는 곳에서 다른 수컷이 나타났다. 이 산양 역시 물을 마시라고 쓸어준 오솔길을 이용한 것이다. 이틀 후 바다를 향하는 오솔길에서 죽은 수컷 한 마리를 발견하였다. 체중은 28㎏, 이 시기 정상적인 성체 산양의 평균 체중은 35～45㎏이었다.

[병리변화] 부검 결과, 담낭에는 담즙이 완전히 없었다. 기타 기관은 비교적 정상이었고 창자도 정상적인 주머니 모양을 이루고 있었으나 외부 상처가 많았다. 심장과 폐도 거의 변화가 없었다. 그 후, 4～5월에 죽은 한 수컷의 부검에서도 밝혀진 일이지만 그의 담낭도 비어 있었다. 이것은 기아 상태와 관련된 것이라 볼 수 있다.

발굽의 과도 성장

[증상] 다리를 전다. 발굽의 표면 벽이 지나치게 자라 굽고 갈라져 있었다.

[치료] 과도하게 자란 발굽을 자르고 깨끗이 청소해주었다. 발바닥 부분도 칼로 깨끗이 다듬고 노쇠하고 갈라진 각질 부분도 철저히 제거해주었으며 전용집게로 과도 성장한 발굽벽을 잘 다듬어준다.

이상 우리는 산양의 32종 체내 각 기관의 질병을 서술하였다. 프라하 동물원에서 두 마리 산양이 죽었는데 그 원인은 전부 외상으로 인한 것이다. 그 외, 이 동물원에서 죽은 산양의 원인은 폐기종과 섬유성 늑막염이었다. 그러나 유감스럽게도 이에 대한 상세한 설명은 없었다(Volf, 1983).

시호테알린 자연보호구 사육장에서 기른 산양 총 개체수의 연 변화 상황은 다음 <표 1>과 같다. 밀도가 높아서 현재 장 내에 기르고 있는 수컷은 다른 동물원에 보낼 생각이다.

지금 이 사육장에 키우고 있는 15마리 산양 중 12마리가 한 암산양의 후손이다<표 2>. 그들 간의 혈연관계는 딸과 아비 또는 손녀와 할아비 같은 가까운 관계이다. 반드시 알아두어야 할 점은 혈연관계가 가깝기 때문에 암컷의 교미기가 중복되고, 죽은 태아가 태어나거나, 새끼가 쇠약하고 때늦게 태어나는 등 좋지 않은 결과가 나온다. 근친 관계가 조직의 구조와 생리학에 미치는 영향은 심각하고 저항력 하강, 그리고 후대의 소형화 등도 있다. 사육장에서 태어난 3마리 새끼 산양에서 이미 선천적인 소화계통 질병이 나타났다. 한 수컷과 그 딸 중간에 태어난 모든 새끼는 출산 후 첫 주에 쓰러졌다. 수컷과 그의 손녀 사이에 태어난 새끼는 출산시기가 제일 길게 지연되었다. 그리고 새끼의 성장도 동갑들보다 현저히 떨어졌다.

　　근친 관계가 후대에게 미치는 영향을 해소시키기 위해서는 반드시 친척관계가 없는 쌍을 이루어 주어야 한다. 즉 유전적인 다양성을 확보해야 한다. 이를 위해 야외에서 새로운 개체를 잡아 자주 번식개체를 바꾸어 주어야 한다. 친척관계가 있는 개체들은 따로 분리하여 사육하고 다른 개체와 쌍을 지어 교미시켜야 좋은 후대를 기대 할 수 있을 것이다(Krasota 외, 1933).

　　근친번식 외에 후천적인 질병의 빈번한 발생, 선천적인 병리변화, 소화계통의 질병, 발굽의 굴곡, 척추의 만곡으로 인한 상처와 파손도 모든 사육개체의 미네랄 교환의 교란을 일으킬 수 있다.

<表 1> 산양 사육의 연 변화 일람표

연도	개체수	변화원인
1973	1♂	야외에서 1일생 개체 사냥
1975	2♂	야외에서 1~2일생 암, 수 각 한 마리 포획. 우 폐사
1976	2♂	한 개체도 포획 못함
1977	4♂	포획. 2살 ♂, 1일생 ♂, 10일생 우. 우 폐사
1978	5♂	야외에서 2일생 ♂ 포획
1979	5♂ / 2우	포획. 성체 우 한 마리와 3일생 우
1980	6♂ / 3우	야외에서 성체 우 포획. 사육하에 첫 출생
1981	5♂ / 4우	사육장에서 2♂, 1우 출생. 3마리 폐사
1982	7♂ / 4우	3♂ 출생. 그중 한 마리는 죽은 태아
1983	10♂ / 5우	3♂, 1우 출생
1984	6♂ / 6우	2우, 1♂ 출생. 4♂ 모스크바 동물원에 인도 1우 성체와 한 살반 ♂ 폐사
1985	6♂ / 8우	2우, 1♂ 출생. 수컷 새끼 한 마리 폐사
1986	4♂ / 7우	3우 출생. 그중 한 마리 폐사. 한 암산양 탈출 2우, 2♂ 모스크바 동물원 인도
1987	4♂ / 7우	2우, 2♂ 출생. 그중 1우, 2♂ 폐사. 한 성체 우 폐사
1988	8♂ / 6우	5♂, 1우 출생. 그중 2♂, 1우 폐사. 한 성체 우 폐사
1989	9♂ / 5우	4♂, 1우 출생. 그중 1♂, 1우가 죽은 태아로 출생. 5월령 폐사 1우, 1♂ 성체 산양 도스또브스키 동물원으로 인도
1990	11♂ / 4우	2♂, 2우 출생. 2우 폐사. 한 늙은 우 폐사

〈표 2〉 산양의 혈연 관계도(족보)

Benya: 1973년 6월 6일 출생(야외에서)

Tuman: 1975년 야외에서 출생

Taifun: 1983년 7월 3일 출생

어미・Taina 1979년 야외생	아비・Tuman 1975년 야외생

Rusya: 1984년 5월 16일생

어미・Rada 1974년 야외생	아비・Gosha 1978년 야외생

Taiga: 1986년 5월 21일생

어미・Taika 1981년생	아비・Tuman 1975년 야외생
외할머니・Taina 1979년 야외생	외할아비・Tuman 1975년 야외생

Nyura: 1986년 5월 26일생

어미・Naina 1983년생	아비・Tuman 1975년 야외생
외할머니・Naiya 1975년 야외생	외할아비・Gosha 1978년 야외생

Nyusha: 1987년 7월 13일생

어미・Naina 1983년생	아비・Tuman 1975년 야외생
외할머니・Naiya 1975년 야외생	외할아비・Gosha 1978년 야외생

Nalchik: 1988년 5월 21일생

어미・Naina 1983년생	아비・Tuman 1975년 야외생
외할머니・Naiya 1975년 야외생	외할아비・Gosha 1978년 야외생

Timosha: 1988년 5월 27일생

어미・Taiga 1986년생		아비・Tuman 1975년 야외생	
외할머니・Taika 1981년생		외할아비・Tuman 1975년 야외생	
외증조할머니・Taina 1979년 야외생		외증조할아비・Tuman 1975년 야외생	

Nord: 1988년 7월 9일생

어미・Naiya 1975년 야외생	아비・Taifun 1983년생
할머니・Taina 1979년 야외생	할아비・Tuman 1975년 야외생

Romka: 1989년 5월 23일생

어미・Rusya 1984년생		아비・Taifun 1983년생	
할머니・Rada 1972년 야외생	할아비・Gosha 1978년 야외생	할머니・Taina 1979년 야외생	할아비・Tuman 1975년 야외생

Neman: 1989년 6월 7일

어미・Naiya 1975년 야외생	아비・Taifun 1983년생
할머니・Taina 1979년 야외생	할아비・Tuman 1975년생

Tosha: 1989년 10월 8일생

어미・Taiga 1986년생	아비・Tuman 1975년 야외생
외할머니・Taika 1981년생	외할아비・Tuman 1975년 야외생
외증조할머니・Taina 1979년 야외생	외증조할아비・Tuman 1975년 야외생

Nolik: 1990년 5월 28일생

어미・Naiya 1975년 야외생	아비・Taifun 1983년생
할머니・Taina 1979년 야외생	할아비・Tuman 1975년 야외생

Neptun: 1990년 8월 30일생

어미・Nyura 1985년생	아비・Tuman 1975년 야외생
외할머니・Naina 1983년생	외할아비・Tuman 1975년 야외생
외증조할머니・Naiya 1975년 야외생	외증조할아비・Gosha 1978년 야외생

Ⅸ. 산양 체내 기생충의 종 구성, 풍부도와 병원성

I. V. Voloshina, A. V. Khrustalev

    산양 체내 기생충에 대한 체계적인 연구는 오늘날까지 이뤄지지 못하고 있다. 이 문제에 대한 제일 훌륭한 연구는 R. S. Schulz과 A. I. Kadenazii의 「극동지구 산양의 기생충」 논문일 것이다(1950). 그들은 1937년 모스크바 동물원에서 죽은 10마리 산양의 부검을 거쳐 수집한 기생충 27종을 열거하였다. 기생충 재료의 수집과 동정 등 모든 작업은 아주 면밀히 진행되었다. 1944~1946년 동안 M. M. Belopolskaya-Volkova는 스즈힌스끼 자연보호구에서 3마리 산양을 부검해 보았는데 한 산양에서만 담낭관 속에서 한 마리 흡충류의 유충을 발견하였을 뿐이다. M. M. Belopolskaya 본인은 부검 결과를 발표하지 않았다. 그들은 단지 G. F. Bromley(1963)의 연구에 동참하였을 뿐이다. 산양을 연구한 기타 동물학자는 L. G. Kaplanov, O. V. Vendland, K. G. Abramov를 들 수 있다. G. F. Bromley는 전문적인 기생충 부검이 아닌 일반적인 부검만을 수행한 후 아무런 기생충을 발견하지 못하여 산양에게는 기생충이 없다고 주장하였다. 이에 대해 기생충 전문가인 R. S. Schulz 과 A. I. Kadenazii 는 매우 놀랐다. G. F. Bromley(1963)는 자신이 부검한 산양이 모스크바 동물원에서 8개월 동안 사육되었다는 사실을 잊었던 것 같다. 또한 R. S. Schulz과 A. I. Kadenazii가 네 번씩이나 아무르산양의 기생충을 동정하고 코스모폴리탄(*Cosmopolitan*)속과 애브리크세네속 11종과 희귀종 2종을 동정한 사실을 간과하였다. 하지만 그들은 야생에서 오래 산 산양일지라도 감염될 수 있는 기생충은 10종에 불과하다고 인정하였다.

    1976~1984년 동안 시호테알린 자연보호구에서 수집한 재료를 볼 때(야생개체는 제외), 대부분 산양 개체에서 기생충 유충이 발견되었으나 그리 심각하지는 않았다. 우리가 부검한 12마리 산양 중 8마리에서 기생충이 발견되었으나 그 종의 수는 그리 많지 않았다. 보통 창자 속에는 촌충류가 많았고 선충류는 적었으며 기생충의 색깔에 따라 검은형과 흰형이 창자를 씻어낸 액체 속에서 발견되었다. 동정한 기생충 총 수는 7종뿐이었고 나머지는 샘플의 부족으로 확인하지 못하였다.

Diphyllobothrium sp.는 산양의 소장 중앙부에 기생한다. 우리는 이 종을 두 아종으로 간주하였다. 두 아종은 비슷했으나 확실히 한 아종으로 인정하기에는 애매한 점이 있었다. 이 종은 기타 모든 우제목에서 발견된 기생충과는 완전히 다른 것이 특징적이었고 우리의 샘플종의 특징은 사람, 그리고 물고기를 먹는 조류, 물고기를 먹는 포유류의 기생충과 흡사하였다. 숙주가 물고기를 먹어 이 기생충에 감염되고 기생충은 근육 계통에 침입하여 유충단계로 발육한다. 그러나 형태학으로 세분한다면 구조상 이미 발견된 촌충류 *Diphyllobothrium* 대표종 또는 그의 어느 발육단계와도 많은 차이가 있었다.

E. V. Belous(1953)는 바다빙어(*Hypomesus olidus*)에서 *Diphyllobothrium sobolevi* Belouss를 발견하였다. 본 종은 해수의 중간 숙주 체내에서 유충으로 발육하여 강이나 하구의 요각류(橈脚類, 작은 새우)에서 발견된다. 해수 그리고 기수역에서 다른 숙주에게로 감염될 수 있다.

P. G. Oshmarin과 A. M. Parukhin(1963)는 테르네이 지역의 한 마을의 집 고양이에서도 *Diphyllobothrium sobolevi* Selouss(1953)를 발견하였고 그 기생충의 발육단계를 해명하였다.

산양의 서식지, 특히 동해 깊숙이 들어간 곳에는 봄철에 빙어가 바닷물이 얇은 곳에서 산란하므로 죽은 빙어 시체가 종종 떠오를 수 있는 것이다. 그렇기 때문에 산양이 빙어를 먹을 수 있는 확률이 존재하며, 때로 그곳의 다시마나 기타 해초를 먹는 것은 이미 관찰되었다.

Moniezia sp.-3마리의 가축과 같이 키운 1~3마리 산양 샘플의 소장에서 발견되었다. *Moniezia* 대표종은 모든 동물, 특히 우제목 동물에서 감염특징을 나타낸다. R. C. Shylich와 A. I. Kadenachii가 수컷 산양 체내에서 *Moniezia expanza*를 발견하였다. 우리가 발견한 기생충은 이 종과 차별이 있었으나 속 구별 단계에 이르렀다고 확실히 인정하기에는 자료가 부족하였다.

Ostertagia sp.-한 산양의 창자 내에서 발견되었다. 산양 1~4마리의 암컷에게서 기생충을 발견하였는데 수컷이 없었으므로 종을 확인할 수 없었다(속 단위의 파악이 모호함). 이 속 기생충은 우제목의 대표적인 기생충이라 할 수 있다. 본 속 4종 중 2종은 R. S. Schulz 과 A. I. Kadenazii 가 처음 발견한 신종이다.

Nematodirus filicollis-한 산양의 소장에서 발견되었다. 이 기생충은 가축이나 야생동물에서 가장 널리 분포하는 기생충이다. 그러나 산양에서는 우리의 기록이 처음이다. R. S. Schulz 과 A. I. Kadenazii 의 목록에도 이 종이 없었다.

Nematodirus ershovi-한 산양의 소장 내에서 발견되었다. 이 기생충은 큰노루에서 N. C. Nazarova 등(1980)이 처음 기록하였다. 산양에서의 기록은 우리가 처음이다.

Nematodirus sp.-2마리 산양의 소장 내에서 발견되었다. 이 기생충은 16마리 수컷과 70마리 암컷에서 보고되었는데 산양에서는 처음이었다. 이 종은 형태상 이미 기록된 *Nematodirus*의 모든 종과 달랐다.

대체로 본 속의 대표종들은 초식동물에서 기생한다. R. S. Schulz과 A. I. Kadenazii가 산양 체내에서 발견한 2종은 이 속의 신종이다.

Trichocephalus sp.-한 산양의 소장 내에서 발견하였다. 우리가 한 암컷에서 채집한 견본에서 발견된 이 기생충을 신종으로 명명하기는 자료가 부족하였다. 서로 다른 포유류에서 발견된 이 속(*Trichocephalus*)의 각 종은 다양한 형태를 나타낸다. R. S. Schulz과 A. I. Kadenazii는 산양에서 이 속의 3종을 발견하였고 그중 1종은 *T. loagispiculum* Artjuch이었는데 산양에서는 첫 기록이 된다.

아래 표에 아무르산양 체내에서 발견된 모든 기생충 이름을 열거하였다. 이 목록은 기본적으로 R. S. Schulz 과 A. I. Kadenazii가 작성한 것이다. 우리가 첨가한 종은 3종에 불과하다. 만약 *Nematodirum* sp.와 *Moniezia* sp.를 신종으로 인정한다면 5종이 된다.

이처럼 자연 상태에서 모든 기생충은 산양에게 감염될 수 있으나 그 정도는 그리 크지 않다고 본다. R. S. Schulz과 A. I. Kadenazii가 연구하여 열거한 26종 기생충 중 9종(또는 4종)만이 자연 상태에서 산양에게 감염될 수 있다. 즉 *Ostertagia*의 3종, *Nematodirus*의 1종, *Moniezia*의 1종, *Trichocephlalus*의 3종, *Protostrongylus andrejevi* 1종뿐이다.

*Cosmopolitan*의 11종이 자연 상태에서 산양에게 감염될 가능성이 있고 포충(胞蟲), 낭미충(囊尾蟲) 그리고 분포가 넓은 기타 기생충도 전염가능성이 크다고 볼 수 있다. 우리가 동정한 7종 중 5종이 산양에게서만 발견된 종이고 그중 *Ostertagia*, *Nematodirus*,

*Moniezia*의 종들은 라조브스키 개체군과 시호테알린 개체군에서 모두 발견되었다.

B. G. Oshmarin와 A. M. Parukhin(1963)가 시호테알린지역에서 발견한 선충류와 흡충류는 205종에 달한다. 그중 산양에서 발견된 *Dicrocoelium lanceatumn, Oessophagostomum verulozum, Spiculopteragia shulzi*는 노루와 붉은 사슴에서도 발견되었다.

〈표 1〉 아무르산양의 기생충 목록

1. *Dicrocoelium lanceatum* Stiles et Hassal, 1896.
2. *Diphyllobothrium* sp.
3. *Moniezia expanza* Rud, 1810.
4. *Moniezia* sp.
5. *Taenia hydatigena* Palls, 1766.
6. *Cysticercus* sp.
7. *Echynococcus granulozus*, Batsch, 1786.
8. *Trichostrongulus axei*, Cobdold, 1897.
9. *Trichostrongylus longispicularis* Gorden, 1933.
10. *Trichostrongylus capricola* Ransom, 1907.
11. *T. vitrinus* Looss, 1905.
12. *T. colubriformis*, Giles, 1892.
13. *Ostertagia circumcincta*, Stademan, 1894.
14. *Ostertagia trifurcata* Ransom, 1987.
15. *Ostertagia(Grosspicularia) nemorhaedi*, Schulz, Kadenzazii, 1950.
16. *Ostertagia(Costarcuata nov.* subgen.) *muraschkinzevi*, Schulz, Kadenazii, 1950.
17. *Ostertagia* sp.
18. *Spiculopteragia assimetrica*(Ware, 1925).
19. *Spiculopteragia spiculoptera*, Guschanskaja, 1931.
20. *Haemonchus contortus*, Rud, 1808.
21. *Nematodirus helvetianus* May, 1920.
22. *Nematodirus spatiger*, Raillet, 1896.
23. *Nematodirus filicollis*.
24. *Nematodirus ershovi*, Nazarovi, 1975.
25. *Nematodirus* sp.
26. *Oessophagostomum venulozum*, Rud, 1809.
27. *Chabertia ovina*, Fabricius, 1788.
28. *Protostrongylus andrejevi*, Schulz et Kadenazii.
29. *Capillaria bovis*, Schnyder., 1906.
30. *Trichocephalus ovis*, Abildgaard, 1795.
31. *Trichocephalus globulosus*, Linst, 1901.
32. *Trichocephalus longispiculum*, Artjuch, 1948.
33. *Trichocephalus* sp.

1937년 꽃사슴과 노루가 살고 있던 우리에 산양을 키웠으므로 이 3종 기생충은 산양에게 감염될 수 있었을 것이다.

R.S.Schulz과 A.I.Kadenazii는 이 외 2종-*Trichostrongylus longispiculoris, Spiculopteragia assymetric*a-은 아주 희귀한 종으로 이번 모스크바 동물원에서 우연히 발견된 것이라 하

였다.

이로 볼 때, 26종의 기생충 중 5종은 사육 상태에서 전염된 것이다. 창자 속의 선충류와 흡충류의 자연적인 구성은 우리가 작성한 목록과 R. S. Schulz과 A. I. Kadenazii의 목록은 일치하였다.

종 풍부도를 볼 때, 촌충류는 언제나 1~3개의 변이가 나타났다. 한 암컷에서 150마리 선충이 나타났으나 너무 작아 총 생물량은 촌충류의 1/2밖에 되지 않는다. 다행히도 창자 속의 선충은 산양의 생명에는 위험을 주지 않는 듯하다.

간과 폐의 기생충은 완전히 다르다. 세 마리 산양에서 발견된 *Dicrocoelium lanceatum*은 아주 다양하여 그 변종은 최고 142종까지 이르렀다(Bromley, 1963). 기생충의 감염이 심할 때는 산양의 죽음까지 초래할 가능성이 있다. 하지만 산양의 간에서는 면밀히 조사하였지만 한 마리도 발견치 못하였다.

R. S. Schulz과 A. I. Kadenazii(1950)가 거듭 강조하듯이 산양의 폐질환은 주로 한 유형을 이루며 병원 발생을 볼 때 어느 정도 폐의 기생충과 관련된다. 이번 연구에서 발견된 일이지만 *Protostrongylus andrejevi*는 병원균 관점으로 볼 때 아주 위험한 종이다.

산양의 기관지염이나 폐렴은 상당히 흔한 질병이다. 그러나 죽은 산양을 부검한 결과 폐의 기생충은 어디서도 발견할 수 없었다. 관찰을 소홀히 해서 그랬을 가능성이 크다고 본다. 라조브스키 자연 보호구에서 사냥한 한 산양 체내에서 *Suntetocaulus* sp.가 발견되었는데(Bromley, 1963), 후에 규명된 일이지만 그 기생충은 *Protostrongylus andrejevi*이었다.

라조브스키 자연보호구의 개체군 산양 체내의 *Protostrongylus*의 숫자는 기타 산악지대의 산양에서보다 훨씬 높았다. 라조브스키 자연 보호구에서 발견된 폐의 기생충은 이미 가축의 전염병에 명명되어 있었다.

산양은 대량의 쑥과 들파를 많이 먹어 구충효과를 얻는다고 생각된다. N.A. Shaulskaya(1980)의 논문에 의하면 쑥은 산양의 주요 사료식물이고 초여름이면 애파, 쑥, 기타 구충식물을 많이 뜯어먹는다. 기생충 연구에서 계절적인 구분은 커다란 의의를 가진다. 산양을 볼 때, 늦은 여름이나 가을의 해부에서는 기생충 발견이 아주 어렵고, 초봄(2월 말~3월)에는 기생충 숫자가 최고에 달한다. 이 관점으로 볼 때, R. S. Schulz과 A. I. Kadenazii가 부검한 산양은 유럽의 산에서 봄철에 잡힌 산양이고 동물원의 우리 속에서 표준 인공사료를 먹고 자란 산양으로, 인공 사육하의 모든 기생충은 다 포함하고 있었을 것이며 제한된 우리 내에서 자랐으므로 그 종수도 많이 증가되었던 것이다. 사육 상태의 산양은 정상적인 방목생활을 할 수 없고 구충 사료식물에 대한 선택과 소비를 할 수 없어 기생충의 생장과 번식에 알맞은 환경이 조성되는 것이다. 그렇기 때문에 야외에서 잡아 온 동물은 일주일 동안 사육장에서 머물면서 잠시 안정된 후 반드시 구충작업과 분변검사를 진행해야 한다. 장기적으로 기른 산양, 또는 재도입시킬 산양 개체에 대해서는 기생충을 구충하고 예방조치까지 취해야 한다. 재방사할 개체는 반드시 그 시기에 건강하고 영양 상태가 좋고 기생충이 적은 개체를 선택해야 한다. 다시 한 번 강조하지만 체내 기생충의 숫자는 3～4월에 절정에 달한다는 점을 잊지 말아야 한다.

우리 연구의 결론은 자연 상태에서의 산양은 기생충에 감염될 가능성은 있지만 그 피해가 심하지 않고, 기생충의 종류와 숫자도 많지 않다. 산양체내의 기생충 구성은 매우 다양하며, 야생상태에서 산양에게만 감염되는 기생충은 이미 관찰된 30~32종의 기생충 중 총 9종뿐이다. 그중 병원성이 강한 종은 *Protostrongylus andrejevi*이고 이는 산양의 기관지 염증을 유발한다.

아브레크 지역 야생산양의 위와 창자 내의 선충류는 150개를 초과하지 않으나 사육 상태에서는 810개를 초과할 수 있고(Bromley, 1963), 낭미충(*Cysticercus* sp.)은 1～3개 또는 20～30개에 불과하다.

X. 아무르산양의 재도입에 관한 이론과 실천 문제

I.V. Voloshina, A. I. Myslenkov

앞의 논문에서 제출한 내용과 결론을 한마디로 요약한다면 아무르산양의 재도입이다. 지금 국내외 학자들은 흔히 '도입'이란 용어를 많이 쓰는데 그 말은 '사육 상태에서 증식시킨 동물을 야생에 방사한다'(Kampbell, 1983), '야생에 방사 또는 도입한다'(Klimov, 1985)라는 뜻이다. 하지만 '도입'이란 단어와 병행해 사용되는 '재도입'이란 새로운 단어는 이미 아무런 보충 설명이 없이 독립적으로 사용하고 있다(Sulei, Wilkox, 1983; Kampbell, 1983). 이 상황에 접두사 '재'를 붙이는 것은 '반대'나 '대치'한다는 뜻이 아니라 '갱신', '회복', '재현'한다는 뜻이다. 그러므로 '재도입'이란 단어는 도입종을 얼마 전에 서식했던 그 지역에 다시 방사하는 것을 의미한다.

Kampbell(1983)은 실제 조사를 거친 후 계획대로 방사하여 성공한 예는 다음 몇 가지 뿐이라고 지적하였다. 폴란드의 유럽들소(*Bison bonasus*), 아이벡스(*Capra ibex*)와 샤모아(*Rupicapra rupicapra*)를 독일 뮌헨 동물원에서 원래의 분포지역으로 방사하고 아라비아오릭스(*Oryx leucoryx*)를 상티아고 동물원에서 요르단 자연보호구로 방사한 것이다. 희귀조류의 재도입 사업도 훌륭하게 진행된 예가 있다. 러시아에서는 브리로크-제라스노 자연보호구의 특별 사육장에서 유럽들소를 여러 지역에 재방사한 적이 있다(Nemtsev, 1980; Tarasov, 1975). 그리고 방사한 기타 대형 또는 소형 포유류들도 러시아 풍토에 적응하여 잘 정착해 살고 있다. 즉 원 분포지 외에서도 잘 거주하며 번식되고 있다.

연해지역과 하바로브스끼 지역은 아무르산양이 멸종하였으므로 아무르산양의 재도입은 타당한 일이다. E. Odum(1986)의 견해에 따르면 서식지는 유기체가 살고 있는 지역으로, 유기체는 그곳에서 자신의 생태적 지위를 차지하고 있으므로 지리적 공간을 조성해주고 그 개체군·개체군의 한 구성원으로 자기의 기능과 작용을 발휘할 수 있게끔 주위 환경의 온도, 습도, pH, 토양과 기타 조건의 구비와 그 변화가 알맞아야 한다. 그렇기 때문에 서식지는 지리적 공간, 먹이자원, 복잡한 생태적 지위 등 3개 요소와 이들의 주기적인 변화리듬이 포함된다.

재도입이 모두 실현될 수는 없으며 매우 유사한 서식지를 선택한 경우일지라도 반드시 성공하는 것은 아니다. 어떤 한 종을 이 종이 살았던 유사한 서식지에 재도입하기 전에 반드시 이곳의 먹이자원에 대한 연구를 진행해야 한다. 그리고 도입될 종의 경쟁자, 천적, 기생충과 질병에 대한 연구가 반드시 선행되어야 한다. 예를 들면 V. V. Klimov(1985)는 프셰발스키(몽고야생마)의 종 보존에 관한 학위논문을 발표했는데 이는 사육상태의 프셰발스키에 대한 연구이지 고비 사막의 야생 프셰발스키에 대한 연구는 아니었다. 우리도 역시 산양의 재도입에는 기생충 질병, 그리고 개체군과 가족의 사회적 구성이 중요한 과제가 될 것으로 생각한다. 그리고 사육장 내의 번식은 근친 교배로 인해 오랫동안 지속하지 못할 것이다.

산양의 개체 표시 방사는 대폭적으로 진행하지 못하였다. 우리가 개체 표시하여 방사한 총 산양 수는 10마리에 불과했고 그들은 한 번도 아브레크 지역을 떠난 적이 없었다. 우리도 어느 개체가 어떻게 확산했고 몇 마리가 이주하여 살아남았는지도 파악하지 못하고 있다. 근접한 개체군끼리의 교류도 극히 적으며 관찰된 바도 적다. 일반적으로 50, 100, 그리고 150㎞ 떨어진 개체 간에는 서로의 교류가 불가능하다고 본다. 재도입한 개체 간의 남북 50㎞만 지나면 환경조건이 달라지기 때문이다. 그렇기 때문에 방사 전 반드시 해안에서 바다로 깊숙이 들어간 곳의 변화, 경사면의 지속, 절벽의 구성과 단절, 그리고 이 모든 조건의 조화와 분포 특징, 식물상의 종구성, 지형, 채식지의 생물량, 바람의 특징과 방향변화, 미세 기후조건을 동시에 잘 파악해야 한다.

산양은 특수한 환경에 적응된 특화종이다. 산양의 서식지는 절벽의 침식과 경사면 서식지의 특수한 식물상, 서식지 내 고유한 종들과 긴밀한 관계를 나타내며 이러한 식물종들은 산양에게 없어서는 안 될 먹이자원이다. 절벽의 모습, 방향, 그리고 식물상은 산양 서식지의 미세 환경을 조성하므로 산양 서식에 중요한 의의를 가진다. 그리고 서식지 선택에서 보다 중요한 영양층의 생태 위치라고 덧붙이고 싶다. 영양층의 위치는 특히 산양과 같은 기타 초식동물(유제목과 설치류)의 서식에 기반이 된다. 산양의 먹이자원 구성은 풍부하지 못하다. 이용이 가능한 식물종은 266종에 달하나 그중 50종만을 즐겨 먹고 열매(도토리), 지하근경, 마른 풀줄기 등 각 부분을 모두 이용한다(Shaulskaya, 1980). 현재 산양의 목장은 초지 면적, 종구성과 생물량에 의해 등급을 나누고 있다. 또한 장래 재도입할 생활권 지역의 사료기지의 평가는 당연히 1년 사계절, 특히 겨울철을 포함해야 한다. 이에 대한 필요조건은 산림지대가 포함되어야 하는 것이다. 겨울 목장의 종구성은 최저 40～50종의 나무나 풀, 관목종이 존재해야 하고 줄참나무, 삼나무 또는 개암나무 등의 여러 종이나 변종이 군락을 이룬 곳이 좋다.

서식지에 대한 서술은 기후조건이 빠지지 않는다. 그러나 우리가 강조하고 싶은 점은 먹이자원 평가와 동시에 반드시 적설 상황을 확실히 사전에 연구해야 한다는 점이다. 산양은 눈이 많이 오고 장기간 쌓여있을 경우 생존률이 저하된다. 그렇기 때문에 겨울에는 눈이 신속히 사라지는 남향 경사면을 즐겨 찾고 북쪽 경사면은 여름철에만 찾아간다. 이처럼 '적설지역'은 겨울철 먹이가 부족하여 재도입 개체의 폐사율에 커다란 영향을 미친다. 산양은 적설량이 많을 때 풀을 뜯을 수 없으므로 기아 상태에 빠지게 된다. 해안가와 가까운 지역은 폭풍우 때 뿌려진 바닷물이 절벽에 묻어 높은 농도의 소금이 축적되어 있어 눈이 빠르게 녹아버린다. 강설 후 보통 폭풍우가 겹치므로 바닷물보라가 하늘로 치솟아 100～150m까지 달하기도 한다. 이런 물보라는 눈을 녹이고 풀을 노출시켜준다. 물론 내륙지역의 적설 상황은 소금이 없기 때문에 강변과 많이 다르다. 연해지구 내륙개체군에 대한 본질적인 전문연구가 부족하여 그곳의 산양이 어떠한 특수한 생태특징에 적응된 것인지는 잘 모르지만 그들은 내륙분포권에서 생계를 잘 유지하고 있다. 재도입사업을 기획할 때 사전에 인식할 점은 해안가 서식지에서 살던 개체를 해안가로 운반해 방사할 수 있지만, 해안가 개체군의 개체를 내륙 쪽 강변이나 산악지대로 방사한다는 것은 실패하기 쉽거나 정착하지 못할 가능성이 크다. 반대로 내륙 개체를 해안가로 방사하는 것도 마찬가지이다.

재도입을 고려할 때 반드시 파악해야 할 점은 방사지역의 우제목 동물의 분포와 개체수, 그리고 그 지역의 지리적 공간과 생식생태를 정확히 평가해야 한다는 것이다. 동시에 그 지역의 포식자인 맹수의 구성과 개체수를 밝혀주는 것 역시 중요한 것이다. 위의 조건을 평가할 때에는 한 지역만을 선택해서 조사할 것이 아니라 여러 지역을 정확히 평가해야 한다. S. Kampbell(1983)은 재도입에 주의할 점을 제안한 바 있다. 그중 몇 가지를 재검토해 본다면 다음과 같다.

1. 재도입 개체가 방사지역을 떠나버린다. 이 문제는 척추동물의 지역성 또는 원 서식지에 대한 회귀성에서 오는 행동이라고 볼 수 있다. 산양은 성별과 연령을 막론하고, 모든 개체는 1년 사계절 자기가 살고 있는 고정적 지역이 있는데 이를 개체 또는 개체군의 영역이라 한다. 방사된 개체가 새로운 서식지에서 생활에 불편을 느낄 수 있으므로 이러

한 개체는 또다시 원 서식지로 가고 싶은 욕망이 생기게 되는 것이다. 그렇기 때문에 이를 방지하여 재도입에 성공하려면 방사개체를 그 새로운 방사지 내부의 사육장내에서 오랫동안 키우는 것이 아주 중요하다.

2. 방사개체는 새로운 질병을 야기하는 매개체가 될 수 있고, 이들이 방사지역의 야생개체에 그 질병을 전염시킬 수 있다. 산양 방사는 그 어떤 방법보다도 빠르게 예전에 없던 기생충을 야생개체에게 전염시킬 수 있다. 우리가 진행한 방사 전의 구충, 그리고 체외 기생충의 철저한 제거는 재도입 사업에 빠져서는 안 될 실질적인 작업이다. 추가할 것은 그 지역의 식물에 존재하는 체외 기생충의 유무, 목장 검사, 기생충과 알 및 각 발육단계의 기생충 유충과 성충의 제거, 그리고 소독을 염두에 두는 것도 재도입의 중요한 사전 준비작업이라고 할 수 있다. 재도입 개체, 재도입 서식지 및 그 안의 사육장 등을 모두 고려해야 한다.

3. 먼저 방사지 내의 사육장에서 방사 개체를 적응시킨 후, 수시로 그 효과를 관찰하여 적당한 시기에 야생으로 방사해야 한다. 과거 재도입 사업은 사냥, 운반, 방사 세 단계뿐이었다. 그리고 방사한 동물에 대한 아무런 추적 관찰도 없이 그들로 하여금 스스로 새로운 서식지에 적응하기만 바랐을 뿐이다.

4. 인공사육하여 동물을 증식시킨 후 자연에 방사하는 작업은 흔히 행정절차과정과 법률의 보장이 필요하다. 그렇기 때문에 반드시 여러 서류를 작성하고 직접 일에 착수할 단위와 구체적인 계약을 체결해야 한다. 그리고 산양 재도입시 반드시 인근 마을의 주민 구성과 숫자를 파악해야 한다. 특히 총을 휴대한 사람(밀렵꾼)은 재도입의 모든 사업을 망쳐버릴 수 있으므로 방사지점을 선택할 때 반드시 행정단위와 지리적 위치를 동시에 고려해 결정지어야 한다.

아브레크 지역의 사육산양의 방사와 생존율

우리는 아무르산양을 3번 자연환경에 방사하였다. 즉 1983년 5월 25일, 1984년 10월 20일, 1985년 10월 15일이었다. 처음 두 번은 자연적으로 이루어진 방사로, 산양이 울타리 밑에 구멍을 뚫고 도주하여 방사가 된 것이다. 세 번째는 우리가 문을 열어주어 서서히 방사시켰다. 1983년 5월부터 1986년 8월까지 우리는 방사한 산양 개체를 89차례 관찰하였다. 그러나 첫 번째 도주한 산양은 개체군 내에서 오직 5번밖에 관찰되지 않았다.

그들은 1984년 10월까지 그 그룹에서 살다가 다시 어디론가 도망갔다. 한 번은 우리가 처음 도주한 3마리 수컷(Bart, Fen, Yasnei)을 전부 잡았다(그중 한 마리(Fen)는 장내에서 근 1년을 키웠던 것이고 처음 도주한 것이라 첫 번째 관찰 때에는 그를 붙잡지 않았다). 그 후 봄에 두 암컷(Dusya, Dina)을 잡았다.

첫 번째 도주한 산양의 상황은 다음과 같다. 젊은 세 개체(Dina, Yasnei, Bart)는 5월 26일, 29일과 31일은 방사지 내에서 빙빙 돌아다녔다. 즉, 도주한 해, 사육장을 나간 후에도 방사지 내에서 며칠을 빙빙 돈 것이다. 그중 Dusya는 방사지 북쪽 경계에서 북으로 50m 떨어진 곳에서 그날 또 잡혔고 Bart는 그 개체가 1979년에 잡힌 그 자리에서 빙빙 돌고 있었다. 그리고 도주한 후 근 2달 만인 7월 15일에 그물로 이 산양을 다시 포획하였다. 이렇게 이 개체가 살고 있었고 또한 처음 붙잡혔던 자기영역을 4년이 지난 후 다시 찾아 거닐고 있었던 것이다. Bella, Jane, Fen이 낳은 다섯 마리 새끼는 공원에서 태어나 야생에서 자유로이 살고 있었다.

Flora는 더욱 북쪽으로 서식지를 옮겨갔다. 이 암컷은 11월 27일에 산 정상부의 좁은 지역을 차지하였다. 이곳은 방사지에서 북으로 2㎞쯤 떨어진 곳이다. 이 개체는 1983년 여름까지 계속 독신으로 관찰되었다. 1984년 여름 그 곁에 새끼(Flirt)가 있었고 그 해 가을, 겨울 내내 함께 있는 것이 관찰되었다. 1985년 여름 또 다른 한 새끼가 태어났고 1986년 봄까지 어미와 함께 자랐다. 우리는 이 새끼를 1986년 5월 27일 다시 관찰할 수 있었다. 1년이 지난 후 1986년에는 새로운 새끼가 태어나지 않았다. 그러나 1987년 12월 25일 또다시 새끼를 데리고 있는 모습을 발견할 수 있었다.

Fen, Jane, Bella 세 새끼 산양은 몇 달 동안 함께 지냈다. 그러나 Beta는 다시 포획될 때까지 야생 암컷과 합류하고 새끼도 낳고 살았으며 원 서식지인 험준한 절벽지역을 떠났었다(27~28 관찰소 사이의 절벽지대). 겨울철, Fen과 Jane은 30번 관찰소로 자리를 옮겼고 폭설이 오기 전 이들은 관찰소 남쪽의 곳지대에서 자주 관찰되었다. 그곳은 방사지에서 북으로 500m 떨어져 있었고 방사지 북쪽으로 0.5~1.5㎞ 떨어진 곳이었다. Bur만이 도주한 산양 중에서 유일하게 1983년 이래 한 번도 관찰되지 않은 개체이다. 그러나 1984년 2월 5일, 혹설 후 이 개체는 자신이 살았던 사육장내 헛간 곁에 나타났고 그물을 사이에 두고 사육장내 산양과 접촉을 했다. Bur는 헛간 문 옆에서 밤을 지낸 후, 사라졌는데 발자국은 바닷가를 향해 있었다. 그 후 2월 7일, 해안가에서 Bur의 사체가 발견되었는데 굶어 죽은 것으로 추측된다. 부검 시 특수한 병리 현상이 나타나지 않았기 때문이다. 1984년 2월에는 눈이 엄청나게 많이 내렸다. 이 시기 아브레크 지역에서는 많은 성체 숫산양이 폐사하였다.

이처럼 방사 후 첫 이동은 어느 개체나 예외 없이 모두 방사지에서 북쪽을 향해 옮겨 갔다. 즉, 그곳은 모두 그들이 예전에 살았던 곳이다. 하지만 그 거리는 방사지 경계선에서 2㎞를 넘지 못하였고 산양은 종종 원 절벽지역의 채식지에 나타났다. 그곳은 산양이 자주 다니는 오솔길이 이미 형성되어 있었다. 원 지역에서만 나타나는 개체는 늙은 암컷 Beta뿐이었다. 1978년 북으로 9㎞ 떨어진 곳에서 붙잡힌 Bur와 Flora는 자기의 원래 영역에서 나타나지 않았다. 1983년 우리가 직접 관찰한 바에 의하면 이곳을 떠난 줄 알았는데 Bur가 방사지 부근에서 죽은 것으로 발견된 것을 볼 때 그 역시 계속 이곳에 머무르고 있었다는 것을 말해준다.

두 번째 도주한 산양의 상황도 첫 번째 도주한 산양인 Beta의 상황과 흡사했다. 이 역시 사육장 밑에 구멍을 파고 도주하였다. 즉 일 년 내 또다시 한 산양이 두 칸 사이의 경계 울타리에 틈을 내고 도주한 것이다. 울타리 밖의 풀은 보다 잘 자라 있어서 그들은 울타리 내에서 정기적으로 그물을 두고 그곳의 풀을 뜯어먹었던 것이다. 울타리 칸 사이에 뚫린 두 번째 틈은 공원에서 보다 낮은 지역이었고 두 그물 사이에는 일정한 공간이 있었고 그곳에는 전년도의 참나무 낙엽이 수북이 쌓여 있었다. 낙엽은 여기저기 흩어져 있었고 토양이 노출되어 있기도 했다. 우리는 한 번도 산양이 땅을 파는 것을 관찰하지는 못하였다. 오랜 기간을 지속 관찰했지만 산양이 우리의 존재를 인식하였는지 산양이 울타리 근처에서 땅을 파는 것을 볼 수 없었다. 파헤친 구멍은 항상 우리가 관찰하지 않은 날에 만들어지곤 했다. 그러나 산양이 그물 밑을 비비고 지나는 것은 몇 번 관찰되었다. 산양이 옆으로 누워 발로 밀면서 땅과 그물 사이 틈을 억지로 비비고 빠져나가는 것이었다. 울타리 그물과 바다 쪽을 향한 경사면의 몇몇 곳에 떡갈나무 잎으로 덮인 곳이 있었다. 그리고 이 험한 지형에서 그물을 고정시키는 데는 그곳에 자란 나무를 이용하는 것이 제일 적합하였다. 그러나 산양은 60~70° 되는 경사진 그물 면을 넘어 절벽 위 2m 까지 뛰어오를 수 있었다. 산양은 그물을 흔들어 바위사이에 틈을 내어 그물을 뛰쳐나갔다. 특히 경사가 심하고 관목이 있는 곳을 많이 선택했다. 때로는 다시 뒤로 되돌아와 옆으로 누워서 그물 틈을 비비고 도주하기도 하였다. 이러한 행동은 자주 발생하였다. 가끔은 두 개체가 함께 협력하여 하나는 그물을 흔들어 틈을 넓히고 다른 하나는 교대로 옆에서 가만히 지켜보기도 하였다. 그리고 성체 산양은 그물 밖의 바위 경사도가 크지 않으면 2m 높이의 그물을 직접 뛰어넘기도 하였다. 새로 붙잡아온 수컷은 흔히 나무가 있는 그물로 된 칸막이를 통해 도주하곤 하였다. 또한 그물이 경사진 곳이나 각을 이룬 그물을 이용해 도주하기도 한다. 산양은 이렇게 땅과 그물 사이의 틈을 이용해 그곳을 넓힌 후 밖으로 도주하는 데 성공했다. 그렇기 때문에 산양을 성공적으로 사육장내에 가두어 두려면 울타리를 반드시 수직으로 세워야 한다. 그리고 둘레 그물을 최하 땅 밑으로 25㎝ 정도는 묻어야 한다.

야생 수컷은 자기 영역 내에 울타리가 둘러싸여 있다면 울타리 문을 열어놓았을 때 사육장 속으로 들어올 수 있다. 그 시기를 맞추어 제때에 문을 닫으면 산양은 그물 밑의 틈을 찾아 도주하거나 계속 장내를 뛰며 돌거나 그물을 기어오르며 도주하려 시도한다. Yasnui와 Bart는 두 번째 도주 후 한 달 내에 다시 되돌아와 닫힌 문을 열고 울타리 내로 들어왔다. 그 후 29번 관찰소에서 Fen이 잡히었고 최초로 Beta와 만난 후 12월에는 다시 자기의 원 서식지로 돌아갔다. 1985~1986년 겨울에는 계속 그 지역에서 살았고 우리도 다시 그 개체를 잡지 않았다. Dusya와 Dina는 방사지 북쪽으로 200~300m 떨어진 곳에 있으면서 겨울 동안 정기적으로 그곳을 채식지로 이용하였다. 4월에 이들은 다시 사육장내로 돌아왔고 울타리 문을 닫아 포획하였다. 5월 말 Dusya는 Dik를 낳았고 6월에는 Dina가 Denis를 낳았다. 이 둘은 모두 야생수컷과 쌍을 지었다.

1985년 9월 15일, 7마리 산양은 모두 사육장에서 도주하였다. Dusya, Dina와 그의 후손들은 모두 칼라표식을 하였다. 그 후 관찰에 의해 밝혀진 것이지만, Flora와 그의 후손들은 Beta와 합류하여 Flora가 선택한 고정된 영역에서 같이 살고 있었다. Flora는 3년 동안 종종 관찰되었다. 겨울 내 Yasnui에게 보충 사료를 주었고 이 산양 역시 정기적으로 이 바위 많은 사육장을 찾아와 보충사료를 먹었던 것이다. 다시 말하면 실제 3년 동안 이 사육장내에서 살았던 것이다. 1986년 1월에 27번 관찰점에서 Dusya와 Dik가 관찰되었다. Bart는 봄이 되자 이 사육장을 되찾아왔다. 그의 영역은 사육장과 30번 관찰점 사이에 있었고 자주 Fen과 Yasnui와 합류하였다.

1986년 8월 21일, 27번 관찰점 위치에서 Dina가 새로운 새끼를 데리고 있는 것이 발견되었다. 이처럼 Dina는 사육장에서 이미 두 번째 새끼를 낳았다. 1986년 Jane만이 확실한 관찰기록이 없다. 관찰에 의하면 암산양은 지속적으로 사육장에서 2km 이내 범위에서 살고 있었고 야생 수컷의 영역을 확대하여 살고 있었다. 사육장에서 나온 숫산양은 사육장에서 아주 가까운 곳에 머물러 있었고 원래 살던 사육장을 자주 방문했으며 그곳을 자기 영역 내라고 인정한 것이다. 오직 늙은 산양만이 자기 옛 서식처를 다시 찾는다. 이것으로 볼 때, 4살 이상 늙은 산양만이 자기 옛 지역을 기억하는 것이다. 재도입 사업에서 이 점을 꼭 염두에 두어야 한다. 산양의 귀소성은 강하고 언제나 도주를 시도하며 옛 서식처를 되찾는 습성이 있다. 그렇기 때문에 재도입 개체는 반드시 한 살, 두 살, 그리고 새끼가 없는 세 살 암컷을 선택해야 한다.

재도입에 알맞은 산양의 연령

다른 곳으로 이동하여 정착에 적합한 연령은 암컷은 1～2살이고 수컷은 1～3살이다. 어미를 떠난 1년 미만의 개체는 암수를 막론하고 생존율이 낮았고 그룹이 필요 했다. 재도입할 그룹을 선택할 때는 반드시 성체 산양의 영역에 자유로이 진출하는 암컷을 선택해야 하고 수컷은 성체 영역 내에 정착하지 않은 개체를 선택해야 한다.

젊은 개체는 성년 개체(특히, 늙은 개체)보다 활발하고 쉽게 새로운 환경에 적응하는 반면 쉽게 천적에게 포식될 가능성이 크고 수송도 어렵다(Ioganzen, 1963). 산양의 경우 재도입할 개체 반드시 성숙한 개체로써 이주할 능력을 갖춰야 한다. 어미와 떨어진 기간이 아주 짧고 자기 힘으로 영역을 차지한지 얼마 지나지 않은 개체일수록 좋고 사육하에서의 제1대 후손이 제일 이상적이다. 또한 바로 이 시기에 산양 개체들은 가장 쉽게 이주한다.

도입의 기준

개별적인 개체를 도입하면 실패하기 쉽고 그룹으로 방사하면 재도입에 성공률이 높다. 그렇다면 그룹의 개체수는 최저 몇 마리로 결정해야 하는가? 이미 알려진 사실이지만 꽃사슴과 말사슴을 15～20마리의 작은 무리로 방사한 것은 실패로 끝이 났다(Bavlov 외, 1974). 반드시 50～100마리 정도를 방사해야 한다. 그러나 산양은 희귀 동물이다. 가장 큰 개체군이 라조브스키와 시호테알린 지역의 개체군이지만 200마리를 넘지 못한다. 이 지역에 정착한 개체군의 번식에 지장을 주지 않고 20～30마리를 잡을 수는 없다. 물론 내륙개체군의 최저 숫자가 얼마인지는 아직 모르고 있다. 실제 도입한 개체수는 5∼6마리 또는 한 그룹에 7마리를 초과하지 않았다. 한 동물 사육장에서 수용되는 개체를 쉽게 이주시킬 수는 있지만 아직까지 러시아 자연 보호구는 그만한 규모의 사육장을 가지고 있지 못하며 당장 그 많은 개체수를 그룹으로 이주시키기는 곤란하다. 그러므로 실제 상황을 기초로 하여 생각할 때, 우리가 제안하는 개체수는 한 사육장내에서 자란 5∼7마리를 한 그룹으로 방사하는 것이 적합하다고 본다. 즉, 새로운 지역에 사육장을 건립하고 재도입 개체를 증식, 사육한 후 이 개체들을 사육장에서 야생으로 방사하는 것이다. 이렇게 함으로써 방사개체나 그룹의 도주를 방지할 수 있다. 그렇기 때문에 만약 개체수가 적을 경우에는 15∼20마리가 될 때까지 증식시킨 후 함께 방사해야 한다.

   모스크바(Bromley, 1963), 프라하(Dobroruka, 1968), 그리고 다시 모스크바(Solomkina의 구두 통신, 1985) 동물원의 산양 수송 경력을 볼 때, 모든 산양의 수송은 어려웠고 이는 산양의 순화나 적응의 첫 단계라 할 수 있다. 만약 이 단계에서 실패하면 그 후 모든 것이 수포로 돌아간다. 1937년에 모스크바 동물원에 보낸 10마리 산양이 전부 사망하였고 프라하의 산양은 심한 질병을 앓게 되었다. 산양 Tima는 1985년 1월에 모스크바 동물원에 수송되었는데 도착 후 한 달이 못 되어 죽어버렸다. 이곳 사육장에서는 순조로이 10년을 넘게 잘 살았던 개체이다. 우리 사육장에서도 장기간 심한 질병을 앓던 개체가 있었다(Beta와 Fedya). N. V. Solomkina 사육장도 건립 후 6년 만에야 첫 세대의 산양이 태어났다. 이는 반복적으로 새 개체를 잡아들이고 적응시켜 키우는 데 시간이 걸렸기 때문이다.

요약

1. 사육 상태에서 번식이 잘된 개체일수록 방사 후 야생에서도 잘 적응하며 생존율도 높다. 그리고 풍족한 '재도입 자금'을 마련하는 것도 성공의 한 조건이다.
2. 사육장에서 태어난 개체도 야생에서 포획한 새끼 개체와 같이 야생에 잘 적응할 수 있다.
3. 사육장에서 도주한 개체나 방사한 암컷도 야생에서 성공적으로 번식할 수 있다.

4. 사육장에서 방사한 암컷은 사육장 1~2㎞ 범위 내의 야생 숫산양의 영역 내에 들어가 살 수 있다. 사육장에서 방사한 수컷은 사육장에서 멀지 않은 곳(0.5~1㎞)에 영역을 정하고 사육장도 자기 영역의 일부로 간주하고 이용한다.

5. 산양의 재도입은 사육장 내의 젊은 개체를 방사함으로써 성공할 수 있다. 그러나 방사 후 새로운 서식지에 아무런 보호조치가 없다면 모든 개체는 얼마 지나지 않아 죽어버릴 수 있다.

6. 재도입의 최저 개체수는 5~7마리이다. 재도입의 성비와 연령구성은 아래와 같이 추정해본다. 성체 수컷(연령은 3~4살) 1마리, 한 살 수컷 1마리와 0.5~3살짜리 암컷 3~5마리이다.

결론

생태자료를 분석하고 여러 측면에서 볼 때 산양은 절벽-산림의 비좁고 특수한 서식지에 적응한 특화종이고 식성(食性)은 가축성(可縮性)을 띤 종이다. 연해 지역의 산양 개체군은 많지 않다. 이는 산양의 서식지에 필요한 조건인 절벽지형이 부족하기 때문이다.

인간의 무분별함으로 지구상의 희귀종들이 사라져가고 있으며 생태계가 파괴되어 가고 있다. 생태계의 안정과 자정 능력은 생태계에 존재하는 생물종과 그 개체수에 직접적인 영향을 미친다. 또한 한 생물종의 멸종이나 한 생태 유형이 사라지는 것은 생태계에 극단적으로 나쁜 영향을 준다.

우제목 동물은 수렵 동물의 한 종으로 옛부터 인류의 무자비한 박해를 받아왔다. 그런 이유로 우제목 동물은 인류사의 수렵업에 대한 비참한 희생자로 간주되고 있다. 게다가 인류 세계관의 형성은 전통적인 다윈진화론이나 계통진화론의 영향 하에 형성된 것은 아니다. 1930년대 동물에 대한 사람들의 인식은 사람에게 이로우냐 이롭지 않느냐 뿐이었고 이러한 관점은 매우 유치하며 인간중심적이다. 지금은 멸종위기종과 사라진 종, 두 개의 큰 범주로 나누고 있다. 또한 현재 적색목록의 멸종위기종이 나날이 증가되고 있는 추세이다. 국가 적색목록서에 기입된 각 생물종은 해당 국가에서 그 분포가 심하게 줄어들거나 개체수가 최소 경계선 아래로 축소된 것을 의미한다. 적색목록의 목적은 그 종의 현황을 밝혀주고 그 종 또는 아종의 자연 상태 또는 물리~지리적 분포 경계선을 명확히 그어주는 역할을 하는 것으로, 반드시 정기적으로 출판이 되어야 할 것이다.

국가 적색자료서가 지금은 IUCN으로 바뀌었지만 유감스럽게도 이해가 안 되는 점은 대부분 희귀종 연구 논문뿐이라는 것이다. 아무르산양의 상황만 보아도 명확한 사실이다. 그 책의 저자는 20년 동안 희귀종 연구에 종사해 왔다고 주장하지만 항상 모순된 이야기만 늘어놓곤 한다. 적색자료서라면 한 번만 보아도 쉽게 알아보게 써야 할 것이지만, V. I Lenin의 서술을 보면 오히려 아무르산양 또는 기타 영양류를 이 책에 기입해야 할지 말지 도저히 갈피를 못 잡을 정도이다. 국제 적색자료서가 전체적으로 승인하였다 하여 러시아 역시 거기에 따라 그 분포와 개체수를 작성하여 발표하는 것은 절차적으로 보아도 거꾸로 되고 비정상적인 일이다. 물론 특수한 상황이지만 몇 아종은 실제 멸종위기에 처한 것도 사실이다.

아무르산양에 대한 다른 한 저서는 적색자료서의 공저자인 A. Fisher(1976)가 쓴 책인데 여기에도 러시아 산양 개체군의 구체적인 상황을 표현하지 못하였다. 본 책의 서문에서 A.G. Bannikov가 지적하듯이 이 책에도 모든 종을 모두 기술하진 못하였다. 심지어 최근 1972년에 적색자료서에는 산양이 기입조차 되어있지 않았다. 산양은 IUCN적색자료 1판에 기입된 것이 확실하다. 그러나 1984년에 발행된 제2판에는 기입되어 있지 않다. 정기적으로 출판되는 'RCFCR 적색자료'(1983)와 '극동지구 희귀 척추동물' 역시 산양이 국가 적색자료서에 정해진 종이라 인정하였다. B. E. Sokolov는 본인의 『희귀와 멸종동물』(1986)이란 책에 IUCN(1978: 1982)과 국가 적색자료서에 기입된 종들을 열거했지만 산양은 CITES <부록 Ⅴ>의 종이라고만 기술하였다. 이처럼 산양은 적색목록서에 까지 올랐으나 그 상황은 지금까지 명확하지 못하다.

정기적으로 출판되는 적색자료서는 공정하게 학술적인 문제와 고유관념에 관한 문제들을 거론한다. '우크라이나 희귀 · 멸종위기 동식물' 안내서(1988)에서 지적하듯이 희귀종의 보호관점을 말로 하기는 쉽지만 실제 실천에 옮기기는 일련의 어려운 문제가 많이 발생한다. 여기에는 분류상의 문제, 보존 종의 선정과 도태에 관한 평가 표준 등이 있을 수 있다(Sytnik, 1988). 똑같은 한 종이라도 한 지역에서는 희귀종이고 다른 지역에서는 흔한 종이 될 수 있다. 바꿔 말하면 희귀종 개념은 분류상의 종 자체 관점에 적용되지 않는다. 오직 지정된 지역에 해당하는 것이다(한 지방에 고유한 아종의 형성도 포함). 희귀종, 종, 흔히 보는 종과 가끔 나타나는 종을 어떻게 구별할 것인가? 희귀종은 특징적인 생태적 지위를 차지하고 있는 종을 일컫는 것이다. 희귀동식물의 발생은 다양한 원인이 있을 수 있다. 어떤 동식물 상에는 분포권이 좁은 종이 있을 수 있다. 이런 종들은 자기 분포권 내의 일정한 생태적 지위를 가지고 있으며 특수한 과정과 자연선택에 의해 희귀종으로 되었거나 앞으로 희귀종으로 되고 만다. 아브레크 지역의 동물과 식물은 모두 돌이 많은 서식지 조건과 관련된다. 특히 산양은 비좁은 생태공간과 연관되어 있고 생태공간 또한 절벽이 많은 서식지와 직접 연관된다. 만약 분포지점이 1~10개밖에 안 되는 종을 희귀종이라 간주한다면(우크라이나 희귀 멸종위기 동식물 책의 정의를 채용한다면), 아무르산양은 연해 지역 내에서도 47~57개 분포점이 존재하므로 희귀종이 아니다.

'희귀종'을 흔히 '멸종위기종'과 동일시하는 데 그것은 잘못된 것이다. 멸종위기종은 개체수가 많던 종이 개체수가 급속히 줄어들어 희귀종으로 변할 수 있고 더 나아가 멸종위기에 처할 수도 있다. 개체수의 감소 원인은 서식지의 단편화, 지나친 개발, 도입종의 교란, 먹이자원의 고갈이나 우발적인 사망 등으로 다양하다. 그러나 산양의 경우 단지 마지막 원인이 작용한 것으로 보이며 또한 그의 존재에는 위협을 주지 않는 듯하다.

문헌 중에 19세기와 20세기 초 산양 개체수의 감소 원인에 대한 기술은 부정확하다. G. F. Bromley는 과거 극동지구의 산양 총 개체수는 2,000마리에 가까웠으나 본 세기 중반에 들어서면서 400~500마리로 떨어졌다고 하였다(Bromley, 1963; Bromley 등, 1978). 우리가 보기에는 이 산양 개체수는 지나치게 높이 추정한 것이다. 이렇게 지적하는 데는 나름대로 이유가 있다(Nesterov, 1985; Myslenkov, Voloshina, 1989). 현재 산양 개체수의 측정결과는 그것과 일치하지 않는다. 그러나 다행히도 그 변동·범위는 500~750마리로 그리 심하지 않다(Bromley, 1963; Pikunov 등, 1973; Bromley, 1977; Bromley 등, 1978). 여러 평가를 비교해 본바 총 개체수는 늘지 않았다고 짐작할 수 있다. 또한 최근 40~50년간 산양 개체수는 상대적으로 안정한 추세를 보이고 있다.

산양 개체군의 개체수 조사는 오직 시호테알린(Sikhote-Alinsky)과 라조브스키(Lazovsky) 보호구에서만 진행하였다. 이 자료로 개체수의 현저한 감소가 없음을 증명하는 것이다(소련 적색자료, 1984). 그러나 보호구 내부의 개체수는 증가하고 있다(Myslenkov, Voloshina, 1975; Voloshina, Myslenkov, 1977; Glebov 외, 1980). 그렇기 때문에 '멸종위기종'은 산양에게 적합하지 않다. 현재 산양의 분포와 개체수 자료들을 모두 수집하고 더 나아가 그의 종 구성의 특징을 분석 한 후 그것을 지도에 표기, 열거하여 자료를 얻었는데, 서식지 지점과 개체수는 일치하였다<그림 1>. 보다시피 산양의 주요 개체군 개체수는 두 자연보호구 내에 집중되고 제일 큰 그룹은 해안가에 위치한다.

이렇게 산양은 희귀종이고 개체군 개체수가 적으며 좁고 특수한 생태적 지위를 가지는 종이다. 그리고 개체군 전체 개체수는 일정한 수준으로 안정되어 있다. 물론 국부적인 지역에서는 다소 가감이 있다. 연해 지역의 산양 개체수는 두 자연보호구와 6개 금렵구 내에 집중되어 있고 양호한 보호를 받고 있다. 그 외에 또 다른 두 개의 비전문 금렵구에도 분포한다. 산양은 반드시 적색자료 <부록 Ⅲ>급에 기입되어야 한다. 즉 희귀종으로 기입하고 그 개체수는 많지 않고 제한된 구역에만 분포하며 불리한 조건에서는 신속히 감소될 수 있는 종이라는 것을 알아야 한다.

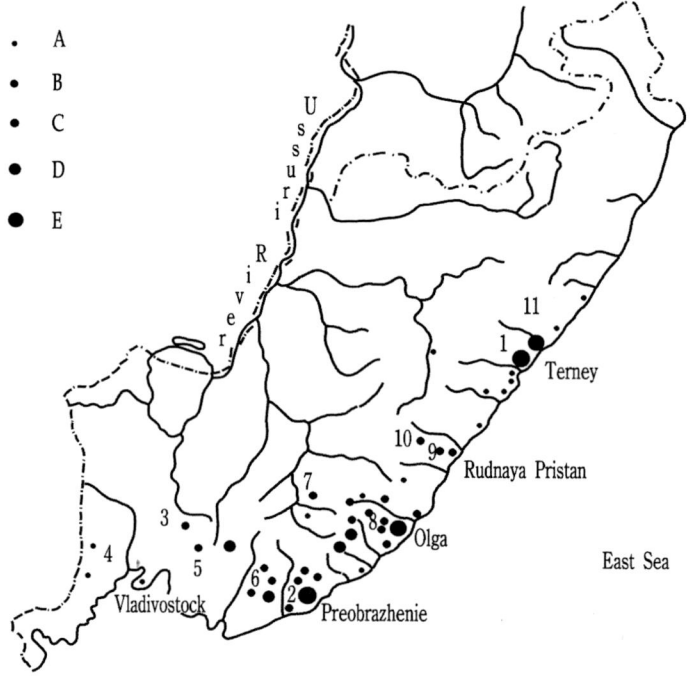

〈그림 1〉 연해지구 산양의 분포와 개체수

A: 0~1 개체, B: 1~10개체, C: 10~20개체, D: 20~50개체, E: 150~200 개체

산양 서식지 내의 보호구역 상태:

*보호구: 1. Sikhote-Alinsky, 2. Lazovsky, 3. Ussurijsky

*금렵구: 4. Leopard's, 5. Arsenievsky, 6. Partizansky, 7. Berezovui, 8. Vasilkovsky, 9. 검은 바위, 10. Krivaya, 11. Terneysky(Zvheleznyakovsky)

식물종	참나무림					엽생식물 목장	연해지구 높은풀목장	낮은잡초 목장	바위퇴적지 식생	Arundinella 목장
	개암	싸리	진달래	실새풀	잡초					
1	2	3	4	5	6	7	8	9	10	11
초 본										
Achillea millefolium L.	+	−	−	+	+	−	+	+	−	−
Aconitum sichotense Kom.	+	+	−	+	+	−	+	+	+	+
A. desoulavyi Kom.	+	+	+	−	+	−	+	−	−	−
Adenophora tetraphylla (Thunb.) Fisch.	+	+	−	+	+	−	+	+	+	+
A. pereskiifolia(Fisch. ex Roem. et Schult.) G. Don.	+	+	+	+	+.	−	+	+	−	−
A. sublata Kom.	+	+	+	+	+	−	+	+	+	−
A. coronopifolia Fisch.	+	+	+	+	+	−	+	+	−	−
Agastache rugosa (Fisch. et Mey.)Kuntze	+	−	−	−	−	−	+	+	+	−
Agrostis trinii Turcz.	+	+	+	+	+	−	+	+	+	+
Allium strictum Schrad.	+	+	+	+	+	−	−	+	+	−
A. senescens L.	+	−	−	−	−	−	−	+	+	+
A. ochotense Prokh.*	+	−	−	−	+	−	−	−	−	−
A. condensatum Turcz.	+	−	−	−	+	−	−	+	+	+
Anemone brevipedunculata Juz.	+	+	+	+	+	−	−	+	+	+
A. udensis Trautv. et Mey.	+	+	+	+	+	−	−	−	−	−
Ammodenia peploides (L.) Rupr.	−	−	−	−	−	+	−	−	−	−
Angelica maximowiczii (Fr. Schmidt) Benth ex Maxim.	+	+	+	+	+	+	−	−	−	−
A. amurensis B. Schischk	+	+	−	+	+	−	+	+	−	−
A. dahurica (Fisch.) Benth.	+	−	−	+	+	−	+	+	−	−
Anthriscus aemula var hirtifructus (Ohwi) Kitag.*	−	+	−	−	+	+	+	−	−	−
Aquilegia parviflora Ledeb.	−	+	+	−	−	−	−	+	+	+
Arabis hirsuta Scop.	+	+	−	−	−	−	+	+	+	−
Artemisia gmelinii Web. ex Stechm.	+	+	+	+	+	−	+	+	+	+
A. keiskeana Miq.	+	+	−	−	+	−	+	+	−	−
A. littoricola Kitam	+	+	+	−	+	−	−	+	+	+

A. laciniata Willd.	−	−	+	−	−	−	+	+	+	+
A. stolonifra Kom.	+	+	+	+	+	−	+	+	−	−
A. saitoana Kitam.	+	+	+	+	+	−	+	+	+	+
A. maximowicziana Krasch. ex Poljak.	+	+	+	+	+	−	−	−	−	−
A. manshurica Kom. et Aliss	+	+	−	−	+	−	−	+	+	+
A. integrifolia L.	−	+	−	−	−	−	−	−	−	−
A. kodizumii Nakai	−	−	−	−	+	+	+	−	−	−
A. pannosa Krasch.	−	−	−	−	+	+	−	+	+	+
A. rubripes Nakai	−	−	−	−	−	+	+	+	−	−
Aruncus asiaticus Pojark.	+	+	+	+	+	−	+	+	−	−
Arundinella hirta (Thunb.) Tanaka	+	−	+	−	+	−	−	+	+	+
Asparagus schoberioides Kunth.	−	−	−	−	+	−	+	−	−	−
Asperella coreana (Honda) Nevski	+	+	+	−	−	−	+	+	+	−
Asperula platygalium Maxim	+	+	+	+	+	−	−	+	−	−
Aster ageratioides Turcz.	+	+	−	−	+	−	−	−	−	−
Astilbe chinensis Franch. et Sav.	−	−	−	−	+	−	−	−	−	−
Asplenium incisum Thunb.*	+	−	−	−	−	−	−	+	−	−
Athyrium rubripes Kom.	+	−	−	−	+	+	+	−	−	−
A. spinulosum (Maxim.) Milde	+	−	−	+	+	−	+	−	−	−
Astragalus maritimus Boriss.	−	−	−	−	−	−	−	+	+	−
Atriplex patula L.	−	−	−	−	−	+	−	−	−	−
A. litoralis L.	−	−	−	−	−	+	−	−	−	+
Bromus pumpellianus (Scribn.) Holub.	+	+	+	+	+	−	−	−	−	−
Bupleurum longiradiatum Turcz.	+	+	+	−	−	−	+	−	−	−
B. komarovianum Lincz.	+	+	−	−	+	−	−	+	+	+
Calamagrostis latissima (Worosch.) Tzvel.	+	+	+	+	+	−	−	+	+	+
C. langsdorffii (Link) Trin.	+	+	+	+	+	+	+	+	+	+
C. brachytricha Steud.	+	+	+	+	+	−	+	+	−	+

Calystegia sepium (L.) R. Br.	−	+	−	−	−	−	+	−	−	−
Campanula cephalotes Nakai	+	−	−	−	+	−	−	+	+	−
C. punctata Lam.	+	−	−	−	+	−	+	+	+	−
Cardamine impatiens L.*	−	−	−	−	−	−	−	−	+	−
C. leucantha (Tausch) O. E. Schulz	+	−	−	−	−	−	+	−	+	−
Carex pediformis C. A. Mey	+	+	+	+	+	−	+	+	+	+
C. longirostrata C. A. Mey	+	+	+	+	+	−	−	+	−	+
C. lanceolata Boott	+	+	+	+	−	+	+	+	+	−
C. nanella Ohwi	+	+	+	−	+	−	−	+	+	+
C. gmelinii Hook. et Arn.	+	−	+	−	−	−	+	+	−	−
Cerastium fischerianum Ser.	+	+	−	−	+	−	−	+	+	+
C. pauciflorum Stev.*	+	−	−	−	+	−	+	−	−	−
Chamaenerium angustifolium (L.) Scop.	−	−	+	−	−	−	+	+	−	−
Chelidonium majus L.	−	−	−	−	−	−	+	+	−	−
Chenopodium hybridum L.	−	−	+	−	−	−	−	−	−	−
Ch. album L.	+	−	−	−	−	−	+	+	+	−
Ch. bryoniifolium Bge.	−	−	−	−	−	−	+	+	+	−
Climicifuga dahurica (Turcz.) Maxim.	−	+	+	−	+	−	+	−	−	−
Circaea alpina L.	+	−	+	−	−	−	−	−	−	−
C. quadrisulcata Maxim.	+	−	−	−	−	−	+	+	−	−
Cirsium vlassovianum Fisch.	+	+	−	−	−	−	+	+	−	−
C. schantarense Trautv. et Mey.	+	+	+	+	+	−	−	−	−	−
Coelopleurum gmelinii (DC.) Ledeb.	−	−	−	−	−	+	−	−	−	−
Codonopsis lanceolata (Sieb. et Zucc.) Benth. et Hook.	+	−	−	−	−	−	−	−	−	−
Convallaria keiskei Miq.	+	+	+	+	+	−	+	+	−	−
Corydalis ambigua Cham. et Schlecht.	+	−	+	−	+	−	+	+	−	−
Cynanchum inamoenum (Maxim.) Loes.	+	−	−	−	−	−	−	+	−	−
Chrysosplenium flagelliferum Fr. Schmidt	−	−	−	−	−	−	+	−	+	−

Clematis serratifolia Rehd.	−	−	−	−	−	−	−	−	+	−
C. fusca Turcz.	−	−	−	−	−	+	+	+	−	−
Clinopodium chinense (Benth.) Kuntze	−	−	−	−	−	−	+	−	−	−
Dianthus amurensis Jacq.	+	−	−	−	+	−	−	+	+	+
Dioscorea nipponica Makino	+	+	+	+	+	−	−	−	+	−
Dontostemon dentatus (DC.) Ledeb.	+	−	−	−	+	−	+	+	+	+
Dryopteris crassirhizoma Nakai	+	−	−	−	−	−	−	+	−	−
D. fragrans Schott	−	−	+	−	+	−	−	+	+	+
Doellingeria scabra (Thunb.) Nees	+	+	+	+	+	−	+	+	−	−
Dictamnus dasycarpus Turcz.	−	−	−	−	+	−	−	−	−	−
Draba lanceolata Royle	−	−	−	−	−	−	−	+	+	−
Dracocephalum argunense Fisch.	−	−	−	−	−	−	+	+	+	+
D. multicolor Kom.	−	−	−	−	−	−	−	+	+	−
Elymus gmelinii (Ledeb.) Tzvel.	+	+	−	−	+	−	−	+	+	−
Euphorbia lucorum Rupr.	+	+	−	−	+	−	+	+	+	+
Elsholzia partrinii (Lepech.) Garck.	−	−	−	−	−	+	+	−	−	+
Epilobium glandulosum Lehm.	−	−	−	−	−	−	+	+	−	−
Ralcata japonica (Oliv.) Kom.*	−	−	+	−	−	−	−	−	−	−
Filipendula palmata Maxim.	+	+	−	−	+	−	+	−	−	−
Fritillaria maximowiczii Freyn	+	+	−	+	+	−	+	+	−	−
Galeopsis bifida Boenn.	+	−	−	−	+	−	+	+	+	+
Galium verum L.	+	+	+	−	+	−	+	+	−	+
Geranium erianthum DC.	+	+	+	+	+	−	−	+	−	+
G. vlassovianum Fisch. ex Link.*	−	−	−	−	−	−	+	−	−	−
G. sibiricum L.	−	−	−	−	−	+	+	+	−	−
Gypsophila pacifica Kom.	+	+	+	−	−	−	−	+	+	+
Glycine ussuriensis Rgl. et Maack	−	−	−	−	−	−	+	−	−	−

Hemerocallis middendorffii Trautv. et Mey	+	+	+	+	+	−	+	+	+	+
Hieracium umbellatum L.	+	−	+	+	+	−	−	−	−	+
H. virosum Pall.	−	−	−	−	+	−	−	−	−	−
Hypericum attenuatum Choisy	+	−	−	−	+	−	−	+	−	+
H. ascyron L.	−	−	−	−	+	−	+	−	−	+
Heteropappus villosus Kom.	−	−	+	−	+	−	−	+	+	+
Hackelia deflexa (Wahl.) Opiz	+	+	+	−	−	−	+	+	−	−
Impatiens noli-tangere L.	−	−	−	−	+	−	+	+	+	−
Iris uniflora Pall.	+	+	+	−	+	−	−	+	+	+
Koeleria askoldensis Roshev.	+	+	+	−	+		−	+	+	+
Krascheninnikovia rigida Kom.	+	+	+	+	+	−	−	−	−	−
Lactuca tringulata Maxim.	+	+	+	−	+	−	−	−	−	−
L. raddeana Maxim.	−	−	−	−	+	−	−	−	−	−
Lamium barbatum Sieb. et Zucc.	+	−	−	−	−	−	+	+	+	+
Lathyrus humilis Fisch.	+	+	+	+	+	−	−	−	−	−
L. japonicus Willd.	−	−	−	−	−	+	−	−	−	−
Ligularia calthifolia Maxim.	+	+	+	+	+	−	−	−	−	−
L. fischeri (Ledeb.) Turcz.	+	+	+	−	+	+	+	−	+	−
Lilium distichum Nakai	+	+	−	−	+	−	+	−	−	−
L. dahuricum Ker-Gavl.	+	−	+	+	+	−	+	+	+	−
Lychnis fulgens Fisch.	+	+	−	−	+	−	+	−	−	−
Ligusticum hultenii Fern.	−	−	−	−	−	+	+	−	−	−
Linaria japonica Miq.	−	−	−	−	−	+	+	−	−	−
Libanotis seseloides (Fisch. et Mey.) Turcz.	−	−	−	−	−	+	+	−	−	−
Leymus mollis (Trin.) Hara	−	−	−	−	−	+	+	−	−	−
Melampyrum setaceum (Maxim.) Nakai	+	+	+	+	+	−	−	−	−	−
Melica nutans L.	+	+	+	+	+	−	−	+	−	+
M. turczaninowiana Ohwi	+	−	−	+	−	−	+	+	+	+
Mertensia asiatica Macbr.	-	-	-	-	-	+	−	−	−	−

Menispermum dahuricum DC.	−	−	−	−	−	−	+	−	+	−
Moehringia lateriflora (L.) Fenzl.	+	+	−	+	+	−	−	−	−	−
Orostachys malacophylla (Pall.) Fisch.	−	+	+	−	+	−	−	+	+	+
O. spinosa (L.) C.A. Mey	+	+	+	−	−	−	−	+	+	+
Oxytropis mandshurica Bge.	−	−	−	−	−	−	−	+	+	+
Paeonia lactiflora Pall.	−	−	−	−	−	−	+	−	−	−
Patrinia rupestris (Pall.) Dufr.	+	+	+	−	−	−	−	+	−	+
P. scabiosifolia Fisch. ex Link	−	+	+	+	+	−	−	−	−	−
Pedicularis mandshurica Maxim.	+	+	+	−	+	−	−	−	−	−
P. resupinata L.	−	−	+	−	+	−	+	+	−	−
P. verticillata L.	−	−	−	−	−	−	+	−	−	−
P. spicata Pall.	−	+	−	−	−	−	−	−	−	−
Peucedanum elegans Kom.	+	+	+	+	+	−	+	+	+	−
P. deltoideum Makino ex Yabe	−	+	+	−	−	−	−	+	+	−
Picris koreana (Kitam) Worosch.	+	−	−	−	+	−	−	−	−	−
Pleurospermum camtschaticum Hoffm.	+	−	−	−	+	−	+	−	−	−
Plantago camtschatica Link	−	−	−	−	−	+	−	−	−	−
Platycodon grandiflorus (Jacq.) A. DC.	-	-	-	-	-	-	-	-	+	-
Plectranthus glaucocalyx Maxim.	+	+	+	−	−	−	+	−	+	+
P. excisus Maxim.	+	+	−	−	+	−	+	−	−	−
Poa skvortzovii Probat.	+	+	+	+	+	−	+	+	+	+
P. sichotensis Probat.	+	+	+	+	+	+	+	+	+	+
Polemonium liniflorum V. Vassil.	+	+	+	+	+	−	−	−	−	−
Polygonatum humile Fisch. ex Maxim.	+	+	+	−	+	−	−	+	+	+
Polypodium virginianum L.	+	+	+	−	−	−	−	−	−	−
Potentilla fragarioides L.	+	+	+	+	+	−	−	−	−	−
P. sprengelliana Lehm.	+	+	−	−	+	−	−	+	+	+

P. rugulosa Kitag.	−	−	−	−	−	−	−	+	+	+
P. chinensis Ser.	−	−	−	−	−	−	−	+	−	+
Pteridium aquilinum (L.) Kuhn	+	+	−	+	+	−	+	−	−	−
Polygonum pacificum V. Petrov	+	+	+	+	−	−	−	+	+	+
P. platyphyllum Li et Chang	+	+	+	+	+	−	+	+	+	+
P. convolvulus L.	+	+	−	−	+	−	+	+	−	−
P. ochotense V. Petrov ex Kom.	+	−	−	−	−	−	−	−	−	−
Ranunculus japonicus Thunb.	+	+	−	−	−	−	+	−	− ·	−
Rubia silvatica (Maxim.) Nakai	+	−	−	−	+	−	−	−	−	−
R. pratensis (Maxim.) Nakai	+	+	−	−	−	−	−	+	+	−
Rumex gmelinii Turcz.	−	−	−	−	+	−	+	−	−	−
R. acetosa L.	+	−	−	−	−	−	−	+	+	+
Rhaponticum uniflorum (L.) DC.	−	−	−	−	−	−	−	+	+	−
Sanguisorba officinalis L.	+	+	+	+	+	−	+	+	+	+
S. glandulosa Kom.	+	+	+	+	+	−	+	+	+	+
Saussurea neoserrata Nakai	+	−	−	+	+	−	+	−	−	−
S. pulchella Fisch.	−	+	−	−	+	−	+	+	+	+
Scabiosa lachnophylla Kitag.	−	+	+	−	−	−	−	+	+	+
Scorzonera radiata Fisch.	+	−	−	+	−	−	−	+	+	+
Scrophularia amgunensis Fr. Schmidt	−	−	+	−	−	−	−	−	+	−
Sedum aizoon L.	+	+	+	+	+	−	+	+	+	+
S. selskianum Regel et Maack	−	+	+		+	−	−	+	+	+
S. purpureum (L.) Schult.	+	+	−	−	+	+	+	+	−	−
S.sichotense Worosch.	+	+	+	−	+	−	−	−	+	+
Senecio kawakamii Makino	+	+	+	−	+	−	−	+	+	−
Serratula coronata L.	+	+	−	+	+	−	+	+	+	+
Silene repens Patrin	+	−	−	+	−	−	−	+	+	+
S. foliosa Maxim.	+	+	+	−	+	−	−	+	+	+
S. cucubalus Wib.	+	−	−	−	−	−	−	−	−	−
S. obscura Worosch.	−	+	+	−	+	+	−	+	+	−
Spodiopogon sibiricus Trin.	+	+	+	+	+	−	+	+	+	+

Stipa effusa Nakai	+	−	−	−	+	−	+	+	−	+
Solidago pacifica Juz.	+	+	+	+	+	−	+	−	−	−
Synurus deltoides (Ait.) Nakai	+	+	-	+	+	-	+	+	-	-
Thalictrum tuberiferum Maxim.	+	+	+	+	+	-	+	-	-	-
Th. contortum L.	+	-	-	+	-	-	-	-	-	-
Th. simplex L.	+	−	−	+	+	−	+	+	+	+
Trifolium lupinaster L.	−	+	+	−	+	−	−	+	+	+
Trollius chinensis Bge.	+	−	−	−	+	−	+	+	−	−
Turritis glabra L.	+	−	−	−	−	−	−	−	−	−
Taraxacum mongolicum Hand.-Mazz.	−	−	−	−	−	−	+	−	−	−
Thermopsis lupinoides(L) Link	−	−	−	−	−	+	+	+	−	−
Urtica angustifolia Fisch.	+	+	−	−	+	−	+	+	+	−
Vaccinium vitis-idaea L.	−	+	+	−	+	−	−	+	+	−
Valeriana coreana Briq.	+	+	+	+	+	−	+	+	−	−
Veratrum ussuriense Nakai	+	+	−	−	+	−	+	+	−	−
Veronica sibirisca L.	+	+	−	−	+	−	+	+	−	−
V. dahurica Stev.	+	−	+	+	+	−	−	+	+	−
Vicia amoena Fisch.	+	−	−	−	+	−	+	+	−	−
V. cracca L.	+	−	−	−	+	−	+	+	−	−
V. unijuga A. Br.	+	+	+	+	+	−	+	+	−	−
V. japonica A. Gray.	+	+	+	+	+	−	+	+	+	+
V. amurensis Oett.	+	+	+	+	+	+	+	+	−	−
V. multicaulis Ledeb.	−	−	−	−	−	+	−	+	+	+
Viola sachalinensis Boissieu	+	+	−	−	+	−	−	−	−	−
V. colling Bess.	+	−	+	−	+	−	−	−	−	−
V. acuminata Ledeb.	+	+	−	+	+	−	−	−	−	−
V. orientalis (Maxim.) W. Bckr.	+	+	+	+	+	−	+	+	+	+
Woodsia ilvensis R. Br.	+	+	+	−	+	−	−	+	+	−
W. manchuriensis Hook.	−	−	+	−	−	−	−	−	+	−

교　목

Acer mono Maxim.	+	−	−	−	+	−	−	−	−	−
A. tegmentosum Maxim.	+	−	−	−	+	−	−	−	−	−
Alnus maximowiczii Call.	−	−	+	−	−	−	−	−	+	−

Betula dahurica Pall.	+	+	+	−	+	−	+	−	+	−
B. lanata V. Wassil.	−	−	+	+	−	−	−	−	+	−
B. platyphylla Sukacz.	−	−	+	+	−	−	−	−	−	+
Cerasus maximowiczii (Rupr.) Kom.	−	−	+	−	−	−	−	−	−	+
Larix olgensis A. henry										
Malus mandshurica (Maxim.) Kom.										
Pinus koraiensis Sieb. et Zucc.										
Populus davidiana Dode										
Rhamnus dahurica Pall.										
Quercus mongolica Fisch.										
Salix caprea L. Sp. pl.										
Sorbus amurensis Koehne										
Tilia amurensis Rupr.										
Ulmus propinqua Koidz.										

관목(덩굴 포함)

Actinidia kolomikta Maxim.	−	−	+	−	+	−	−	−	−	−
Berberis amurensis Maxim.	+	+	−	−	+	+	+	−	+	−
Corylus heterophylla Fisch. ex Bess.	+	+	+	+	−	−	+,	−	−	−
C. mandshurica Maxim.	+	+	−	−	−	−	−	−	+	−
Crataegus maximowiczii C. K. Schn.	−	−	+	−	−	−	+	−	−	−
Euonymus macroptera Rupr.	+	−	+	−	−	−	−	−	−	−
Eleutherococcus senticosus (Rupr. et Maxim.)	−	+	−	−	−	−	−	−	+	+
Grossularia burejensis (Fr. Schmidt) Berger.	−	−	−	−	−	−	−	−	+	+
Lonicera ruprechtiana Regel	−	−	−	+	−	−	+	−	−	−
L. gibbiflora (Rupr.) Dippel	−	−	+	−	−	−	+	+	−	+
L. maximowiczii (Rupr.) Rgl.	−	−	−	−	−	−	+	−	−	−
Lespedeza bicolor Turcz.	+	+	+	+	+	−	+	+	+	+
Potentilla mandshurica (Maxim.) Jngwersen	−	+	−	−	−	−	+	+	+	+
Philadelphus tenuifolius Rupr. et Maxim.	+	−	−	−	+	−	−	−	−	−
Ribes pallidiflorum Pojark.	−	−	+	−	−	−	−	−	−	+

R. triste Pall.	+	+	−	−	−	−	−	−	−	+
Rhododendron sichotense Pojark.	−	+	+	+	+	−	−	+	+	+
Rosa rugosa Thunb.	−	−	−	−	−	+	+	−	−	−
R. ussuiensis Juz.	−	−	−	−	−	−	−	−	+	+
Schizandra chinensis (Turcz.) Baill.	+	−	−	−	+	−	+	−	−	−
Spiraca flexuosa Fisch.	−	+	−	−	−	−	−	−	+	+
S. sericea Turcz.	−	−	−	−	−	−	+	−	−	+
Sorbaria sorbifolia (L.) A. Br.	+	−	−	−	−	−	+	−	−	+
Sambucus coreana (Naka) Kom. et Aliss.i	−	−	+	−	−	−	−	−	−	+
Viburnum sargentii Kochne	+	−	−	−	+	−	+	−	−	−
Vitis amurensis Rupr.	+	−	−	−	+	−	+	−	−	−
지 의 류										
Anaptychia sorediifera (Mull.) Arg. DR. et Lynge	+	+	+	+	−	−	−	−	−	−
Cladina stellaris (Opiz) Brodo	+	+	+	−	−	−	−	−	−	+
Leptogium cyanescens (Hoffm.) Koreb.	+	+	−	−	−	−	−	−	−	−
Nephroma helveticum Ach.	−	+	+	−	−	−	−	−	−	−
선 태 류										
Porella grandiloba Lindb.	+	−	−	−	−	−	−	−	−	+
Abietinella abiretina (Hedw.) Fleisch.	+	−	−	−	+	−	−	−	−	−
Hedvigia ciliata (Hedw.) P. Beauv.	+	+	+	+	+	−	−	−	−	−
Russula vesca Fr.	+	+	+	+	+	−	−	−	−	−
Boletus edulis Fr.	+	+	+	+	+	−	−	−	−	−

주: 1) 원문과 표 중의 먹이식물 이름은 『연해지구와 아무르지역 식물분류』에 따름(Vorobiev 등, 1966). 벼과는 N. N. Chvelevy(1976), 지의류는 『소련 지의류 분류』(1971~1978)에 따름.
    2) 별표는 이전에 발표한 목록에 없었던 종임(Shaylickaya, 1980).

〈부록 II〉 아무르산양(암) 외부 측정치

항목(㎝)	측정 시기, 연령							
	1976.3.24 9개월	1979.2.15 2년	1979.4.10 15세	1979.5.6 5세	1979.5.13 15세	1980.2.28 2.5년	1980.2.28 1.5년	1983.7.15 10세
체장	92	122	130	128	130	126	120	135
동체길이	58	74	80	73	68	77	70	–
동체둘레	52	69	75	74	72	82	74	–
어깨높이	63	77	84	85	74	–	–	–
엉덩이높이	62	75	82	82	71	–	–	–
머리길이	23	27	28	28	28	–	–	–
귀길이	11	14	14	15	14	–	–	13
꼬리길이	12	16	17	16	16	–	–	–
	26	43	41	43	33			
앞다리길이	38	46	51	49	47	–	–	–
뒷다리길이	61	73	81	80	75	–	–	–
앞발길이	22	26	26	26	25	25	27	–
뒷발길이	27	32	33	32	32	31	31	–
발목둘레	7	9	9	9	9	–	–	–
발둘레	7	9.5	8.5	9	9	–	–	–
앞발가락길이	9	11.0	10.5	10.0	–	11	10	–
뒷발가락길이	9.5	10.5	10.0	10.0	–	11	11	–
앞발굽길이	4.7	6.2	6.1	6.3	5.7	–	–	–
뒷발굽길이	4.2	5.0	5.3	5.4	5.4	–	–	–
앞발굽높이	2.9	4.5	4.0	4.3	3.9	–	–	–
뒷발굽높이	2.8	3.8	3.5	3.8	3.8	–	–	–
앞발굽두께	3.4	4.2	4.2	4.3	4.2	–	–	–
뒷발굽두께	2.9	3.4	3.5	3.7	3.8	–	–	–
골반길이	17	25	22	25	18	–	–	–
골반넓이	8.5	18	12	13	11	–	–	–
목둘레	–	28	27	32	30	33	–	–
몸무게(㎏)	12.5	25.5	28.5	27.5	27.2	34	31	–

〈부록 Ⅲ-1〉 아무르산양(수) 외부 측정치

항목(cm)	측정 시기, 연령								
	1977.12.21 1.5년	1978.10.15 2.5년	1978.10.16 4개월	1979.5.6 3년	1979.10.12 1.5년	1979.10.12 2.5년	1980.2.28 8개월	1984.2.7 10세	1980.2.20 4세
체장	119	126	90	130	120	128	105	132	125
동체길이	76	75	55	78	62	71	66	76	74
동체둘레	77	79	57	77	79	84	66	81	75
어깨높이	86	83	65	81	–	–	66	84	77
엉덩이높이	85	82	66	80	–	–	–	81	78
머리길이	29	26	22	28	–	–	–	32	28
귀길이	14	13	12	14	13	16	12	14	–
꼬리길이	15	15	14	15	16	18	–	16	14
	38	30	26	38	–	–	–	40	–
앞다리길이	49	50	41	49	–	–	–	50	49
뒷다리길이	79	82	61	81	–	–	24	81	78
앞발길이	28	26	22	25	–	–	29	27	27
뒷발길이	33	34	28	33	–	–	–	33	32
발목둘레	10	10	8.5	9	–	–	–	1.5	10
발둘레	9.5	9.5	8.5	9	–	–	9.0	11	10
앞발가락길이	10.5	10.5	9	10.2	–	–	10.0	9.0	10.0
뒷발가락길이	11.0	11.0	9.5	10.2	–	–	–	10.0	10.5
앞발굽길이	6.5	6.5	4.9	6.2	–	–	–	6.5	6.0
뒷발굽길이	5.5	5.8	4.4	5.2	–	–	–	5.8	5.5
앞발굽높이	4.0	4.5	3.3	4.1	–	–	–	4.1	4.0
뒷발굽높이	3.7	4.2	3.2	3.6	–	–	–	4.0	3.5
앞발굽두께	5.2	4.2	3.7	4.5	–	–	–	4.0	4.5
뒷발굽두께	4.4	3.9	3.3	3.9	–	–	–	–	4.0
골반길이	–	24	19	25	–	–	–	26	24
골반넓이	19	17	11	12	–	–	–	13	12
목둘레	–	33	24	32	30	33	–	35	–
몸무게(kg)	28	35	15	29.2	32	40	21	36	27

〈부록 Ⅲ-2〉 아무르산양(수) 외부 측정치

항목(㎝)	측정시기, 연령							
	1984.2.21 4세	1984.4.27 3년	1984.5.12 3년	1984.5.26 3년	1984.12.14 2.5년79	1984.12.20 3.5년	1985.9.6 2개월	1985.9.7 3개월
체장	128	128	123	128	132	130	86	99
동체길이	80	74	75	74	79	–	–	–
동체둘레	79	75	70	78	83	87	51	61
어깨높이	81	78	84	78	81	81	56	61
엉덩이높이	81	79	83	–	81	80	–	–
머리길이	28	27	29	29	29	28	20	21
귀길이	14	13	14	14	14	14	–	–
꼬리길이	15	–	–	14	15	15	–	–
	40			40	41	38		
앞다리길이	51	47	49	49	49	48	35	39
뒷다리길이	82	79	81	79	79	78	54	64
앞발길이	28	26	25	25	26	26	20	21
뒷발길이	34	32	32	32	32	33	25	28
발목둘레	11	9	9	9.5	10.5	9	8.5	8
발둘레	11	9	9	9	10.0	8.5	8	8
앞발가락길이	10.5	10.0	9.0	9.5	10.5	10.5	8.5	9.5
뒷발가락길이	11.0	11.0	10.0	10.5	11.0	11.0	9.0	10.0
앞발굽길이	7.0	5.7	5.7	6.3	7.0	6.5	–	–
뒷발굽길이	6.5	5.3	5.5	5.5	6.0	5.5		
앞발굽높이	4.0	3.5	3.7	4.5	4.5	4.0	–	–
뒷발굽높이	4.0	3.5	3.5	4.0	4.0	3.6		
앞발굽두께	5.0	4.0	4.5	4.5	4.0	−4.5	–	–
뒷발굽두께	4.5	3.6	3.7	4.0	3.5	3.5		
골반길이	25	24	21	21	–	–	–	–
골반넓이	13	13	11	12	–	–	–	–
목둘레	–	28	29	37	36	2332	23	24
몸무게(㎏)	31	26	29	33	41	32	–	–

항목 단위	측정 날짜. 산양 성별, 연령											
	1976.3.24 ♀,9달	1977.12.21 ♂,1.5년	1978.10.15 ♂,2.5년	1979.2.15 ♀,2.5년	1979.10.4 ♀,15세	1979.5.6 ♀,5세	1979.5.6 ♂,3세	1979.5.13 ♀,15세	1980.5.8 ♂,3세	1984.2.7 ♂,10세	1984.2.20 ♂,4세	1984.5.12 ♂,4세
몸무게 kg	12.5	28	35	25.5	28.5	28	29	27	32	36	27	29
심장무게(g)	84	293	283	121	211	260	218	211	285	300	257	270
간무게(g)	190	611	544	253	393	462	476	343	468	500	402	403
우신장무게(g)	21	45	35	32	63	53	49	60	66	53	72	44
우부신장무게(g)	1.5	3	—	3.8	—	1.7	—	2.2	—	—	303	2.7
창자길이,m	14.3	17	—	18.3	24.5	19	—	19.7	20	18.3	—	—
맹장길이,(cm)	11.5	—	—	—	32	76	—	68	71	—	—	—
위선무게(g)	16.3	—	—	12.7	—	—	—	—	—	—	—	—
안구무게(g)	7.7	7.2	7.2	—	10.7	—	—	—	27	—	—	—
난소무게(g)	2.1	—	—	—	—	—	—	—	—	—	—	—
허무게(g)	33.5	61.7	—	—	86	61	—	86	50	102	—	—
음경무게(g)	—	9.5	—	—	—	—	15	—	22	—	—	—
우고환무게(g)	—	7.3	—	—	—	—	—	—	16.5	—	—	—

산양명	출생날짜	1981년 5월1일부터 계속살아온연령	래원	개체특징	주
1	2	3	4	5	6
암컷					
Rada	1975	11	야외에서	대형. 뿔대칭. 짙은회색	1986년 우리 지붕을 뚫고 도주.
Naiya	1975	15	−	오른쪽 뿔이 안으로 굽음. 밝은 회색	1990.5.29. 출산 후 죽음
Taina	1979.6.20	5	−	대형. 뿔대칭. 암회색	태아 죽음으로 사망
Taika	1981.6.24	9	Taina−Tuman	대형. 뿔대칭. 암회색	로스또브스끼 동물원에 양도. 1990년 사망.
Naina	1983.6.1	5	Naiya−Gosha	길고뾰족한뿔. 밝은회색	1988.10.15. 중독으로 사망.
Rusya	1984.5.1	7	Rada−Gosha	오른쪽뿔 굽음. 암회색	보호구 우리에서 생활.
Nyusya	1984.5.20	3	Naiya−Gosha	왼쪽뿔 짧음. 밝은 회색	1987.8.13.출산 후 사망
Taiga	1986.5.21	5	Taika−Tuman	휠씬 육중. 긴뿔	보호구 우리에서 생활
Nyura	1986.5.26	5	Naina−Tuman	오른쪽뿔 약간 안으로 굽음. 암회색	
Nyusha	1987.6.13	4	Naina−Tuman	뿔대칭. 회색	우리에서 생활
수컷					
Gosha	1978.6.14	13	야외에서	몸체가 아주 큼. 뿔이 매우 닳음. 왼쪽뿔 짧음. 암회색.	로스또브스끼 동물원에 양도.
Tuman	1975	16	야외에서	뿔이 많이 닳음. 밝은회색. 발정기 공격 심함.	장내에서 생활
Taifun	1983.7.3	8	Taina−Tuman	뿔이 많이 닳았고 넓게 펼쳐져있음. 암회색. 공격적임.	우리에서 생활
Timosha	1988.5.27	3	Taiga−Tuman	뿔은 대칭. 약간 닳음. 회색.	보호구 우리에서 생활.

임팔라(impala)	*Aepyceros melampus* Lichtenstein
무스(Moose)	*Alces alces* I.
디바타그(Dibatag, Clarke's gazelle)	*Ammodorcas clarkei* Thomas
바바리양(Barbary sheep)	*Ammotragus lervia* Pallas
프롱혼(Pronghorn)	*Antilocapra americana* Ord
유럽들소(European bison)	*Bison bonasus* L.
타킨(Takin)	*Budorcas taxicolor* Hodgson
야생염소(Wild goat)	*Capra aegagrus* Erxleb.
서코카서스 투르(West Caucasian tur)	*Capra caucasica* Güld. et Pall.
동코카서스 투르(East Caucasian tur)	*Capra cyllindricornis* Blyth
마콜(Markhor)	*Capra falconeri* Wagner
집염소(Wild goat)	*Capra hircus*
아이벡스(Ibex)	*Capra ibex* L.
시베리아아이벡스(Siberian goat)	*Capra sibirica* Pall.
노루(Roedeer)	*Capreolus capreolus* L.
큰노루(Siberian Roedeer)	*Capreolus pygargus*
일본산양(Japanese serow)	*Capricornis crispus* Temminek
검은머리꼬리감기원숭이(Black-capped capuchin)	*Cebus apella* L.
두이커(Maxwell's duiker)	*Cephalophus maxwellii*
붉은두이커(Red forest duiker)	*Cephalophus natalensis* A. Smith
아메리카 말사슴(American red deer)	*Cervus canadensis*
말사슴(백두산사슴, 누렁이, Red deer)	*Cervus elaphus* L.
꽃사슴(대륙사슴, 우수리사슴, Sika deer)	*Cervus nippon* Temm.
삼바(Sambar)	*Cervus unicolor* Kerr.
흰꼬리누(White tailed gnu)	*Connochaetes thaurinus* Zimmermann
몽골야생말(Asiatic wild ass)	*Equus przewalskii* Pol.
집고양이(Domestic cat)	*Felis catus*
그랜트가젤(Grant gazelle)	*Gazella granti*
고이터가젤(Goitered gazelle)	*Gazella subgutturosa*
톰슨가젤(Thomson's gazelle)	*Gazella thomsoni* Gunther
히말라야타르(Himalayan Tahr)	*Hemitragus jemlahicus* H. Smith
빙어(Pond smelt)	*Hypomesus olidus*
워터벅(Water buck)	*Kobus ellipsiprymnus*
게레누크(Gerenuk)	*Litocranius walleri* Brooke
인도문착(Indian muntjac)	*Muntiacus muntjak* Zim.
붉은산양(Red goral)	*Nemorhaedus baileyi*

아무르산양(Amur goral)	*Nemorhaedus caudatus* Milne-Edw.
수니(Suni)	*Neotragus moschatus*
너구리(Racoon dog)	*Nyctereutes procyonoides* Gray.
로키산양(Mountain goat)	*Oreamnos americanus* De Blainville
겜스복(Gemsbox, Beisa)	*Oryx gazella* De Blai.
아라비아오릭스(Arabian oryx)	*Oryx leucoryx* Pallas
사향소(Musk ox)	*Ovibos moschatus* Zimmermann
아르갈리(Argali)	*Ovis ammon* L.
양(Domestic sheep)	*Ovis aries*
큰뿔양(American Bighorn sheep, Mountain sheep)	*Ovis canadensis*
돌양(Dall sheep, White sheep)	*Ovis dalli*
시베리아설양(Siberian bighorn sheep)	*Ovis nivicola* Esch.
우리알(Urial)	*Ovis vignei* Blyth.
아무르호랑이(Siberian tiger)	*Panthera tigris altaica*
바랄(Bharal, Blue sheep)	*Pseudois nayaur* Hodgson
순록(Rein deer, Caribou)	*Rangifer tarandus* L.
샤모아(Chamois)	*Rupicapra rupicapra* L.
사이가(Saiga)	*Saiga tatarica* L.
다람쥐원숭이(Squirrel-monkey)	*Saimari sciureus* L.
멧돼지(Wild boar)	*Sus scrofa* L.
일런드(Eland)	*Tragelaphus oryx* Palls
말레이시아 쥐사슴(Lesser Malay chevrotain)	*Tragulus javanicus* Osb.

기획후기

이항(서울대학교 야생동물유전자원은행)

안정화(환경부 국립생태원건립추진기획단)

러시아어판 "아무르산양의 생태와 행동"을 번역하기로 처음 계획했던 것이 2001년이었고, 번역서가 출판하게 된 것이 2012년이니 그간 강산이 바뀐다는 10년이 더 흘렀다. 많은 우여곡절이 있었지만 어쨌든 이렇게 마무리 되어 출간된다는 사실에 기쁘기 한량없다. 그 동안 직간접으로 기획, 번역, 편집, 교정을 위해 수고해 주신 많은 분들께 진심으로 감사드린다. 특히 원저자이신 Myslenkov와 Voloshina 박사 부부, 그리고 번역을 맡아주신 박인주 교수님께 깊이 감사드린다.

책을 번역해야겠다고 마음먹게 된 것은 2001년 가을, 미슬렌코프와 볼로쉬나 박사 부부가 한국을 방문한 후 박그림, 최태영 선생님 두 분의 제안을 받고 나서였다. 이들 부부와 얘기를 하고 나서 비록 당시 경제적 어려움을 겪고 있었지만 러시아라는 나라가 그리 만만한 나라가 아니라는 것을, 저력이 있는 사회라는 것을 다시 깨닫게 되었다. 자연을 사랑하며 평생 외길로 기초학문을 하겠다는 사람이 나올 수 있고 존경을 받는 사회는, 비록 한 때 어려움이 있다 해도 그 미래는 그리 어둡지만은 않을 것이다. 그러나 지금은 잘 나가는 듯이 보이지만 기초학문이 부실하고 자연을 사랑하는 사람들이 대접받지 못하는 사회는 먼 미래를 내다보기 어려울 것이다.

야생동물유전자원은행에서 수행한 한국 산양과 러시아 산양의 비교 유전학적 연구결과도 한국과 러시아 산양이 유전적으로 매우 가깝다는 것을 보여주고 있었다. 그러나 안타깝게도 국내에서 산양에 대한 생태 연구 환경은 매우 척박하였던 것이 현실이었다. 형태적으로, 유전적으로 유사하다면 생태학적으로도 분명 유사한 부분이 많을 것이고, 그렇다면 아무르산양에 대한 연구결과는 한국 산양을 대상으로 한 생태 연구의 기초를 다지는

데 중요한 가치가 있을 것이다.

그러므로 "아무르산양의 생태와 행동"이 번역된다면 산양의 생태와 행동에 대한 학술 정보에 목말라 있는 국내 산양 연구자와 보전활동가들에게 진정 커다란 도움이 될 것이라 확신하게 되었다. 다만, 러시아를 원문으로 한 책이다 보니 번역할 일이 막막했다. 러한 번역업체가 없는 것은 아니지만 이런 전문적인 서적을 번역한 경험이 있는 번역자를 구할 수 있을지 의문부터 앞섰고 번역료를 조달할 방안도 보이지 않았다. 그러다 중국에서 야생동물 생태학을 전공하신 박인주 박사님을 소개받게 되었고, 이 분께서 러시아, 영어, 중국어, 한국어 등 외국어에 능통하시다는 것을 알게 되었다. 무엇보다 야생동물 전공을 하신 분이 한국어와 러시아어를 읽을 수 있다는 사실 자체만으로도 번역을 본격적으로 시작해 볼 수 있으리라 기대감을 갖게 했다.

당시 국내에서 유일하게 산양을 사육하고 있던 에버랜드에 도움을 구했고, 약간의 번역료 지원을 받을 수 있었다. 마침 국립공원관리공단의 지원으로 국내에 체류하고 있던 박인주 선생님께 번역을 부탁 드렸고, 또한 문화재청의 지원으로 수행하고 있던 산양 유전자 연구과제에서도 도움을 받을 수 있었다.

약 1년간의 작업을 거쳐 2권의 러시아 원서는 한글로 번역을 마쳤다. 그런데 번역 초벌본을 검토하였을 때 많은 문제점이 발견되었다. 전문 번역가가 아닌 재중 교포학자가 번역을 하다 보니 전공자들이 읽기에도 매끄럽지 못하고 이해하기 어려운 문장들이 많았다. 우리 말이기는 하지만 지금은 사용되지 않는 용어나 단어, 문장이 종종 사용되어 마치 50~60년대 말투 혹은 연변 조선어 같은 느낌을 주었다. 연구실 내 대학원생들이 검토하였지만 역시 비전문가라 윤문에 있어 여전히 한계가 있었다. 박인주 선생님이 중국으로 귀국하신 후라 번역된 문장을 교정하는 데에도 어려움을 겪었다. 교정된 원고의 정확성을 검증해 줄 러시아어와 한국어를 동시에 이해하고 있는 야생동물 전문가를 만날 수 없었던 까닭이었다. 그래서 러시아, 중국, 한국을 넘나드는 오랜 기간의 지리한 교정 작업이 있었다. 때로는 원저자인 러시아 학자가 한국을 방문할 때, 또는 한국 측 연구원이 러시아를 방문할 때, 영어로 묻고 영어로 답을 얻어가며 모호한 문장들을 조금씩 확인할 수 있었다. 그러나 러시아 학자도 영어로 상세한 수준에서 함축된 의미를 표현하는 데는 한계가 있어 이해가 가능한 수준에서만 문장을 수정·보완하였다. 또 중국의 번역자가 한국을 방문할 때에도 조금씩 의문점을 풀어 나갔다. 또 미진한 점들은 이메일로 묻고 답하기를 반복하였다.

이렇게 러시아 학자들 및 번역자와 계속 연락하며 어렵사리 수정한 번역본을 다시 연구실 대학원생들이 검토했고, 매끄럽지 못한 문장들, 통일되지 않은 단어들, 여전히 의미를 알 수 없는 문장들을 다시금 확인하였다. 그럼에도 불구하고 이대로는 일반 독자들을 대상으로 출판하기에는 무리라는 판단을 했고, 재수정을 위해 다른 수단을 찾아야 했다. 그러던 중 서울대에 유학 온 한국어와 러시아어에 능통한 우즈베키스탄 출신 대학생 '자이니진'을 만나게 되었다. 자원봉사 차원에서 번역 일을 도와달라 부탁했고, 러시아 학자들과 했던 작업처럼 모호한 문장들을 해당 원문과 대조해가며 하나씩 확인해 뜻이 분명히 전달되도록 최선을 다했다. 이 자리를 빌어 자이니진의 세밀한 검토와 교정 노력에 대해 감사드린다.

이렇게 수정된 번역본은 국내 전문가들(최태영 박사, 김영준 수의사, 김백준 박사 등)의 검수를 거쳐 출판을 준비하는 단계까지 오게 되었다. 많은 사람들이 참여한 프로젝트였고, 오랜 시간이 걸린 일이었지만, 결국 마무리 되었다는 사실이 참으로 뿌듯하다. 그러나 한 편으로 여전히 불완전한 번역 문장이 남아 있고 또 찾아내지 못한 오류들이 있을 것이라 생각된다. 이것은 오로지 번역 기획과 편집을 책임졌던 필자들의 게으름과 무능함 탓이며, 발견되는 오류에 대해서는 다시 산양 홈페이지(www.goralserow.org)를 통해 정오표를 제공할 계획이다.

한반도와 중국 동북부, 러시아 연해주를 포함하는 동북아시아 생물상이 매우 유사하다는 것을 감안하면 산양만이 아니라 다른 야생동물에 관한 많은 러시아어 또는 중국어 문헌들이 존재할 것이라고 생각된다. 척박한 국내 야생동물 생태 연구를 촉진하고 자극하기 위해 앞으로 이러한 외국어 문헌들이 한글로 번역될 기회가 많아졌으면 한다. 이것은 생물학도들을 자극하여 첨단 생명공학뿐 아니라 야외 생물학자의 길에 관심 갖도록 젊은 이들을 유인하는 효과도 있을 것이다.

우리나라 첨단 생명공학 수준은 누구나 인정하는 세계적 경지에 이르렀다. 그러나 우리는 우리와 함께 우리 땅에서 살아가는 흔한 이웃인 너구리, 고라니, 멧돼지에 대해 얼마나 알고 있을까. 이들이 어떻게 짝을 만나 번식해서 얼마나 많은 새끼를 낳아 어떻게 키우는지, 새끼들은 언제 독립하고 아비 어미와는 얼마나 멀리, 어떻게 떨어지게 되는지, 이 땅에 도대체 몇 마리나 살고 있으며, 이들 가족들은 어떻게 만나고 어떻게 헤어지는지, 어떤 경우에 사람과 맞닥뜨리게 되는지, 왜 어떤 놈들은 사람에게 미움 받으면서도 사람 가까이에 오려고 하는지, 왜 죽음을 무릅쓰고 도로에 뛰어드는지, 잠자고 먹고 싸고 하는 일 외에 밤과 낮에 무엇을 하고 지내는지, 어떤 병에 걸리고 어떻게 죽어 가는지 등에 대해 얼마나 알고 있을까.

야생동물이 살아가는 법을 아는 것이 우리 삶과 무슨 상관이 있을까. 우리 인간이 야생동물들의 삶과는 아무 관련이 없다고 생각하는 것은 매우 잘못된 생각일 것이다. 산양과 같은 멸종위기 야생동물을 살리려면 그들의 생태와 행동을 잘 알아야 할 것이다. 뿐만 아니라 너구리, 고라니, 멧돼지와 같이 흔한 야생동물의 생태와 행동을 이해하지 못한다면 이들이 우리 인간과 함께 살아가는 법을 배울 수도 없을 것이다. 더구나 이들 야생동물과 가축, 사람은 같은 지구 환경에서 같은 물과 공기를 마시고, 같은 병을 앓는다. 사람과 동물이 같이 앓는 질병을 인수공통질병이라 하고 SARS, AI, 광견병, 광우병과 같은 것들이 그 예이다. 그러므로 야생동물의 삶이 우리 인간의 삶과 완전히 구분되어 있는 별개의 것이라 생각하는 것은 위험한 일이다. 야생동물의 삶을 이해해야만 우리 인간의 삶도 지킬 수 있는 것이다.

일본포유류학회는 매년 연례학술대회를 열고 있다. 올해도 야생포유류에 대해 알기 위해 애쓰는 포유류학자들과 학생들이 2012년 9월 20일부터 23일까지 4일간 일본 아자부대학에 모여 학술대회를 열었는데, 일본 전역에서 600명 이상의 전문가, 학생들이 모여 300편이 넘는 논문을 발표하고 열띤 토론을 벌이고 있었다. 이를 부러운 마음으로 지켜보면서 포유류를 정식으로 연구하는 학자들의 숫자를 손에 꼽을 수 있는 우리의 열악한 현실을 생각하지 않을 수 없었다.

쉽게 접할 수 없는 러시아어, 일본어 또는 중국어로 된 야생동물 생태·행동 관련 문헌 번역 사업은 어쩌면 젊은 학자들이 야생동물에 관심 가질 수 있도록 이끌 수 있는 좋은 수단이 될 수도 있을 것이다. 앞으로 관심 가져야 할 정책 분야가 아닌가 생각해 본다.

"아무르산양의 생태와 행동" 번역 출판기념회를 "제1회 산양의 날" 행사 및 산양 보전을 위한 국제심포지엄과 함께 갖게 됨을 기뻐하며 이러한 번역작업과 국제협력의 중요성을 인식하고 도와주신 환경부 자연자원과, 대구지방환경청, 국립공원관리공단 종복원기술원, 문화재청, 에버랜드, 국립생물자원관, 국립환경과학원, 경상북도, 울진군, 양구군, 울진 숲길, 야생동물연합의 여러 관계자들께 이 자리를 빌어 심심한 감사의 뜻을 표한다.

또한 많은 시간과 노력을 번역 원고의 교정과 편집을 위해 할애해 주신 서울대학교 야생동물유전자원은행 연구원들과 대학원생들께 진심으로 감사드린다. 은행에 근무하는 거의 모든 학생들과 연구원이 교정과 편집에 참여하였다. 이들의 자발적 봉사가 없었더라면 이 번역서가 나올 수 없었을 것이다. 특히 박소라, 정유진, 홍윤지, 이윤선, 최성경 연구원들의 많은 노고를 잊을 수 없다.

부디 "아무르산양의 생태와 행동" 한국어 번역서가 한국 산양의 생태와 행동을 이해하는 연구의 시작이 되고, 한국 산양이 옛날처럼 다시 번성하게 되어 백두대간의 상징으로서, 또 동북아시아 생태축의 주인공으로서 복원되는 시초가 되기를 기대해 본다.

2012년 10월

▌지은이 ▌

알렉산더 미슬렌코프 ──────────────────────────────────────

▌학력

B.S. 1973(학사)
우크라이나 카르코프 주립대학 생물학과
M.S. 1981(석사)
러시아 모스크바 과학학술원, 동물생태 및 진화형태학 연구소
Ph.D. 1983(박사)
러시아 모스크바 과학학술원, 동물생태 및 진화형태학 연구소
학위논문 제목: "Behavior and intrapopulation structure of Amur Goral"

▌경력

1973~2003 시호테알린 자연보호구 동물학 연구원
1978~1985 Primorsky Krai 지역 산양 보전을 위한 기초과학 연구 프로젝트 중 시호테알린 및 라조브스키 자연보호구
　　　　　　연구 그룹 리더
1998~2002 시베리아호랑이 프로젝트 중 우제목 책임자
2003~현재 러시아 연해주 라조브스키 자연보호구 부소장

▌회원

Russian Society of Mammologists
Moscowian Society of Nature Testers
IUCN Species Survival Commission
Caprinae Specialist Group

이나 볼로쉬나 ──────────────────────────────────────

▌학력

대학: 우크라이나 카르코프 주립대학(1968~1973)
석사: 석사학위 논문 제목 "Ecology of the Siberian dipper Cinclus pallasii pallasii Temm"(1973)
박사: 박사학위 논문 제목 "The biology of Goral (*Nemorhaedus caudatus*) and its reintroduction in Primorsky Krai"(1989)

▌경력

1973~1977 시호테알린 자연보호구 연구원
1977~1981 모스크바 Severtsov Institute 박사후 연구원
1981~1988 시호테알린 자연보호구 선임연구원
1989~2003 시호테알린 자연보호구 책임연구원
2003~현재　라조브스키 자연보호구 동물다양성 및 장기생태연구 수석연구원

▌회원

Russian Society of Mammologists from 1975
Moscow Society of Naturalists from 1976
Mammalogical Society of Japan from 2005
Mammalogical Society of Italy from 2007

▌옮긴이▌

박인주 ───

▌약 력
  중국 흑룡강성 출생(1945)
  동북임업대학 야생동물 단과대학 학사(1968)
  동북임업대학 야생동물 단과대학 석사(1981)
  미국 세계명인과학원 생물학 박사(2003)
  대흥안령 임업관리국 영림국 과장(1968~1978)
  동북임업대학 교수(1978~1981)
  흑룡강성 임업과학원 야생동물연구소 수석연구원(1982~2005)

기획편집: 이항, 안정화(야생동물유전자원은행)
감수: 박그림, 최태영
교정에 도움주신 분: 박소라, 정유진, 홍윤지, 이윤선, 최성경, 자이니진

아무르산양의
생태와 행동

초 판 인 쇄 | 2012년 12월 21일
초 판 발 행 | 2012년 12월 21일

지 은 이 | 알렉산더 미슬렌코프 · 이나 볼로쉬나
옮 긴 이 | 박인주
펴 낸 이 | 채종준
펴 낸 곳 | 한국학술정보㈜
주   소 | 경기도 파주시 문발동 파주출판문화정보산업단지 513-5
전   화 | 031) 908-3181(대표)
팩   스 | 031) 908-3189
홈 페 이 지 | http://ebook.kstudy.com
E - m a i l | 출판사업부 publish@kstudy.com
등   록 | 제일산-115호(2000. 6. 19)

ISBN   978-89-268-3879-2 93490 (Paper Book)
          978-89-268-3880-8 95490 (e-Book)